北京市高等教育精品教材立项项目

教育部"软件工程课程体系研究"规划教材

软件工程实例教程

吴洁明　方英兰　编著

U0249109

清华大学出版社
北　京

内容简介

本书以培养应用型软件人才为目标,全面系统地阐述了软件工程的基本概念、原理和典型方法。全书突出 4 个特点:第一,从始至终贯穿案例教学的思想,提高读者的学习兴趣;第二,内容新颖实用,介绍了软件模式、XML、代码重构等内容在软件工程中的应用;第三,可操作性强,读者可参照书中给出的模板和案例,构建自己的应用;第四,通过对反面案例的点评,帮助读者深刻地领会软件工程的原理和规范,促使读者在实际工程中自觉应用软件工程的方法,自觉遵守软件工程规范。

本书适合作为高等院校"软件工程"课程的教材或参考书,书中给出了大量的表格和模板,可作为软件公司的培训教材使用,对具有一定实践经验的软件工程人员也有很好的参考价值。

图书在版编目(CIP)数据

软件工程实例教程/吴洁明编著. —北京:清华大学出版社,2010.11(2024.1重印)
(教育部"软件工程课程体系研究"规划教材)
ISBN 978-7-302-23809-6

Ⅰ. ①软… Ⅱ. ①吴… Ⅲ. ①软件工程—教材 Ⅳ. ①TP311.5

中国版本图书馆 CIP 数据核字(2010)第 173235 号

责任编辑:张瑞庆 薛 阳
责任校对:焦丽丽
责任印制:曹婉颖

出版发行:清华大学出版社
　　　　　网　　　址:https://www.tup.com.cn,https://www.wqxuetang.com
　　　　　地　　　址:北京清华大学学研大厦 A 座　　　　邮　　编:100084
　　　　　社 总 机:010-83470000　　　　邮　　购:010-62786544
　　　　　投稿与读者服务:010-62776969,c-service@tup.tsinghua.edu.cn
　　　　　质 量 反 馈:010-62772015,zhiliang@tup.tsinghua.edu.cn
印 装 者:北京嘉实印刷有限公司
经　　销:全国新华书店
开　　本:185mm×260mm　　　印　　张:24.25　　　字　　数:558 千字
版　　次:2010 年 11 月第 1 版　　　印　　次:2024 年 1 月第 14 次印刷
定　　价:60.90 元

产品编号:028994-04

PREFACE

前　言

　　本书历经两年多的时间,今天终于完成了。

　　软件工程方面的教材已经非常多了,本书以培养应用型软件人才为目标,突出 4 个特点:第一,突出案例教学,从始至终贯穿了生活实例和软件项目的案例,帮助读者理解软件工程的内容、掌握软件工程的方法,灵活应用到实际的软件工程项目之中。第二,内容新颖实用,软件工程本身强调不断改进和完善过程,因此本书充实了软件模式、可扩展标记语言、代码重构等内容,并介绍了这些内容在软件工程中的应用。第三,可操作性强,在介绍分析和设计方法时,给出了详细的步骤,使初学者可以参照具体的步骤,尽快掌握并应用书中介绍的方法。第四,不仅告诉读者应该怎么做才是好的,还告诉了读者什么是不好的,为什么不好,以帮助读者深刻地领会软件工程的原理和规范,促使读者在实际工程中自觉应用软件工程方法,自觉遵守软件工程规范。

　　"软件工程"任重而道远,我们应该从两个方面理解"软件工程":一方面是把"软件项目"或"软件产品"的开发和维护工作当成一个工程去做,也就是说,作为一个"软件工程"的建设者和管理者,我们应该强调规划、设计、实施和验收过程的规范化和文档化;另一方面把"软件工程"作为一门学科,深入研究这门学科存在的问题,找出解决问题的方法,设计解决问题的过程,发明解决问题的工具。

　　本书共分为 14 章,第 1 章介绍软件工程概述,从软件危机的现象入手,介绍经典案例,并且进行详细的点评,由此引起读者对软件危机的重视,对软件工程的渴望。接着介绍软件的特点,讲述软件工程的基本原理、研究的主要内容,以及软件工程的发展历史。为了让读者对软件工程学科有一个完整的认识,第 1 章还介绍了软件工程学科的知识体系,最后介绍了软件工程师的职业素质和从业要注意的十大问题。第 2 章介绍软件过程,结合生活事例讲述了软件过程的基本概念和主要活动,介绍了几个主要软件过程模型的特点。第 3 章介绍软件工程管理,通过剖析一个项目经理的工作案例,介绍了软件项目管理的主要内容和方法,特别强调了人员管理、项目计划、配置管理和质量管理的内容,通过有趣的小故事把枯燥的质量管理内容变得鲜活一些,使读者感悟到软件质量是软件工程的基本保证。第 4 章介绍需求工程,特别强调需求在软件工程中的重要地位,介绍了需求的类别、高质量需求的特征,分析了影响需求的因素,阐述了需求获取的方法,最后重点介绍了应对需求变更的方法。第 5~6 章介绍传统的结构化分析和设计方法及步骤,结构化方法中常用的数据流程图、实体关系图、状态转换图、数据字典和软件结构图、判定表等技术在许多实际项目中仍然在使用,即使是在面向对象方法中,某些局部也还是要用到结构化的技术,因此,本书还是把结构化方法作为一个主要内容进行了详细的讲述。第 7~9 章全面介绍了面向对象基础、面向对象建模技术、面向对象分析和设计方法。根据以往在教学中遇到的问题,以一个例子作为引导,剖析结构化方法存在的问题,并且以相同的案例分别用结构化方法和面向对象方法进行分析和设计,使初学者能够体会两种方法的特点。书中把面向对象分析和设计的过程分解为可操作的步骤,使初学者可以仿照书中的案例和步骤,快速掌握面向对象分析和设计方法,解决实际的软件工程问题。

第 10 章软件界面设计,介绍了软件界面设计的原则、要素和设计规范。结合实际项目的用户界面进行了设计点评,指出界面设计存在的问题,用这些反面案例帮助读者加深理解界面设计的原则。

第 11 至第 13 章分别介绍软件编码、软件测试和软件维护。在软件编码一章重点介绍了软件编码规范和良好的编程风格,简要介绍了通过软件重构手段保持软件结构清晰、简洁和规范的方法。软件测试一章的篇幅较大,因为我们发现软件测试环节在实际工程中越来越受到重视,并且很多计算机专业的毕业生走出校门后的第一份工作或多或少都与测试相关,因此,我们在讲述测试概念和方法的基础上,更加强调测试计划、测试策略和测试过程的实用化。软件维护通常对在校本科学生来说确实体会不到它的重要性,但是对实际的系统运维部门来说又非常需要软件维护的相关资料,针对这些问题,第 13 章软件维护,以理论与实践相结合的方针,在介绍维护理论的基础上,介绍了软件维护的内容、流程和实用的报表模板,便于系统运维人员参考和使用。

第 14 章介绍如何编写软件文档,分析了目前软件文档编写和管理中存在的具体问题,详细介绍了主要软件文档的作用和内容,讲述了如何写好软件文档的具体方法,最后给出了一些软件文档模板,供读者写作时参考。

本人自 1985 年在北京航空航天大学计算机系读硕士研究生期间开始学习软件工程。1988 至 1993 年在大学从事软件工程教学,这期间对软件工程的理解还只是停留在书本上,基本上是照本宣科。幸运的是 1994 年至 2001 年在软件公司里主持参与了国内多个大型软件项目的设计和开发,特别是与 IBM、Motorola 等知名的软件公司合作,经历了由理论-实践-再体会理论-再次回到实践中检验-总结提高理论的过程,对软件工程有了比较深刻的理解。

本书的第 5、6 和 10 章由方英兰老师编写,第 14 章由段建勇老师编写,其余章节由吴洁明老师编写。在编写过程中参与了教育部"高等学校计算机科学与技术专业核心课程内容实施方案研究"项目中的"软件工程课程研究"组的工作,该项目的负责人是北京工业大学的蒋宗礼教授,还有清华大学的刘强教授、浙江大学的陈越教授。大家一起交流软件工程教学和实践的经验,讨论存在的问题和困惑。该项目组根据科学型、工程型和应用型计算机专业人才的培养目标,给出了"软件工程课程内容实施方案"。本书的内容组织基本上符合该实施方案的要求。

在此非常感谢上述各位教授,他们给予我许多的灵感。另外历运伟、李鹏、高振安、朱银涛、许士宾等研究生也参与了书稿的录入和文字检查工作。在此对所有帮助本书出版作出贡献的朋友和家人表示感谢!

由于时间关系和篇幅的限制,特别是本人水平有限,书中一定存在许多问题和不足,真诚地希望读者能够提出宝贵的意见和建议,帮助我们逐步完善本书的内容。清华大学出版社网站(www.tup.com.cn)提供本书的 PPT 课件、文档模板电子版、课程实验指导资料。

作者联系方式 E-mail:wujieming@263.net。

吴洁明

2010 年 6 月于北京

CONTENTS

软件工程概述

1968 年在德国格密斯(Garmish)举行的学术会议上,北大西洋公约组织(NATO)正式提出了"软件工程"这一术语。软件工程作为工程学科家族中的新成员,对软件产业的形成和发展起了决定性作用,它指导人们科学地开发软件,有效地管理软件项目,对提高软件质量具有重要作用。

在 20 世纪 70 年代基本形成了软件工程的概念、框架、方法和手段,被称之为第一代软件工程,即传统软件工程。结构化分析、结构化设计和结构化编程方法是这个时期的代表。20 世纪 80 年代出现的 Smalltalk-80 程序设计语言标志着面向对象程序设计进入了实用阶段。从 20 世纪 80 年代中到 20 世纪 90 年代中,研究的重点转移到面向对象分析和设计上来,从而演化成第二代软件工程,称之为对象工程。20 世纪 90 年代后期,软件工程的一个重要进展就是基于组件的开发方法,到目前为止,组件技术的研究和发展形成了新一代软件工程,即第三代软件工程,也有不少人称之为组件工程。

软件工程至今还在不断发展,无论是组件工程还是对象工程也都在不断发展,即使是传统软件工程的一些基本概念和框架,也随着技术的进步在发生变化。总之,软件工程代与代之间并没有鸿沟,它们不仅交叉重叠,也携手并进。

本章主要介绍软件工程的基本概念,从软件危机的现象入手,分析软件的特点,引出解决软件危机的方法——软件工程。软件工程的 7 条基本原理非常经典地概括了软件工程的本质。简单讨论了软件工程学科的知识体系、软件工程的相关标准和规范。最后,介绍了一些作为软件工程师应该自觉遵守的软件工程师职业道德规范和职业素质修养的内容。

1.1　软件危机

目前软件行业面临着前所未有的挑战,一方面是软件的规模越来越大,复杂程度越来越高,对软件需求量越来越多;另一方面是软件生产率低下,开发成本和进度难以控制,软件质量难以保证。这种现象早在 20 世纪 60 年代就被定义为"软件危机"。

1.1.1 软件危机的表现

软件危机是指在计算机软件的开发和维护过程中所遇到的一系列严重问题,具体表现如下。

现象 1:软件开发成本和进度的估计不准确,交付时间一再拖延,造成开发成本超出预算。

案例 1:1995 年,新丹佛国际机场自动化行李系统的软件出现故障,导致机场延期 16 个月才正式启用,并且大部分行李采用人工分拣,系统成本超出预算 32 亿美元。

案例 2:2002 年的 Swanick 空运控制系统,包括英格兰和威尔士全部空运线路。在系统交付时,已经延期 6 年,实际花费 6.23 亿英镑,比原计划超出 2.73 亿英镑。

点评 1:软件复杂程度高,开发周期长,并且各种变化不断,因此软件项目按期完成交付的很少。

现象 2:"已完成"的软件不满足用户的需求。

案例 3:1984 年,经过 18 个月的开发,一个耗资 2 亿美元的系统交付给了美国威斯康星州的一家健康保险公司。但是该系统不能满足用户的正常工作需求,只好追加了 6 千万美金,又花了 3 年时间才解决了问题。

点评 2:软件开发人员不是用户业务的专家,用户不懂计算机软件技术,因此,软件人员按照自己的理解开发出的软件往往不能满足用户的业务需求。

现象 3:软件产品的质量没有保证。

案例 4:1990 年 4 月 10 日,在伦敦地铁运营过程中,司机还没上车,地铁列车就驶离车站。当时司机按了启动按钮,正常情况下如果车门是开的,系统就应该能够阻止列车启动。当时的问题是司机离开列车去关另一扇卡着的车门,但当他关上车门时,列车还没有等到司机上车就开动了。

案例 5:1996 年 6 月 4 日,Ariane 5 火箭首次发射,在升空大约 40 秒且高度不到 4 千米处,火箭突然发生爆炸,该事件造成了 50 亿美元的损失。事故原因是在 Ariane 5 中使用了 Ariane 4 火箭的程序代码,在将 64 位浮点数转换为 16 位带符号整数的程序中,更快的运算引擎导致了 Ariane 5 中的 64 位数据要比 Ariane 4 中更长,直接诱发了溢出条件,最终导致了航天计算机的崩溃。

点评 3:软件质量和可靠性的评估非常困难。这些投资巨大、技术一流、管理规范、测试充分的软件也难保不出现质量问题。

现象 4:软件通常没有适当的文档资料或文档与最终交付的软件产品不符。

点评 4:软件几乎不可能一版保证成功,而是经历反复修改,其中的文档很难与每次的修改保持一致,错误的文档就像错误的地图一样更危险。

现象 5:软件的可维护程度低。

点评 5:软件开发过程中,起着重要作用的是开发者的逻辑思维过程。如果若干年后,由其他人来修改,必须要理解开发者当时的思维过程,因此说读懂别人的程序比重新编写难度更大。

为什么会出现软件危机呢?主要有两方面的原因:其一是软件本身的特点;其二是

软件开发过程不成熟。软件开发过程不成熟的主要表现为：忽视软件开发前期的调研和分析工作，没有统一、规范的方法论指导，轻视文档管理和质量保证工作，缺乏相关人员之间的沟通等。

1.1.2　软件特点

首先，我们要认识到软件和程序的区别：软件和程序是不同的概念。程序是能够完成预期功能、并且满足性能的可执行的指令序列。

软件是程序、数据及其相关文档的集合。1983 年，IEEE(国际电气与电子工程协会)为软件下的定义是：计算机程序、方法、规则和相关的文档资料以及在计算机上运行时所必需的数据。更通俗的解释为：软件是计算机系统中与硬件相互依存的另一部分，它包括程序、相关数据及其说明文档。

如果把程序和软件等同起来，就会出现问题，在程序代码完成之前无法进行软件质量管理，并且交付的只有一堆程序代码，没有说明文档，如何对其进行维护？因此，一定要树立明确的概念，软件是文档、数据和程序的完整组合。那么，软件的本质特性有哪些呢？

特点 1：软件是一种逻辑实体，具有抽象性。这个特点使它与对应的硬件产品有着明显的差异，人们可以把它记录在纸上、磁盘或光盘等介质上，但却无法看到软件本身的形态，必须通过观察、分析、思考和判断才能了解它的功能和性能。例如，加工一个轴承一定有严格的尺寸约定和误差限制，很容易确定质量是否合格。而软件即使记录在纸上或存储在设备上，我们仍然很难判断它的质量是否合格。例如，一个简单的四则运算软件，实现了两个数字的加、减、乘、除，但是并不能说明质量合格了。在运行时出现除数为 0 的情况怎么办？用户输入了无效的数据怎么处理？运算结果计算机不能表示怎么办？将来扩充其他计算时程序易修改吗……对于软件必须通过分析、运行，才能了解它的功能和性能。

特点 2：软件一旦研究开发成功，其生产过程就变成复制过程。软件不像其他工程产品那样有明显的生产制造过程，软件产品的成本主要是研发成本，其生产成本甚至可以忽略不计。因此就出现了软件产品的版权保护问题和打击盗版的问题。

特点 3：软件对硬件和环境有着不同程度的依赖性，这导致了软件升级和移植的问题。计算机硬件和支撑环境不断升级，为了适应运行环境的变化，软件也需要不断维护。例如，2007 年开发的一个支持微软 IE 6.0 浏览器的应用软件，在 IE 7.0 浏览器上有些功能无法正常执行，因此必须修改软件。

特点 4：软件生产至今尚未摆脱手工方式，成本高、效率低。随着软件开发环境的改善，市场上出现了一些辅助开发工具，可以辅助生成代码框架、生成部分开发文档。但是最终的核心代码仍然要程序员手工编写和组织。并且，随着科学技术的进步，人们对计算机的依赖程度越来越高，对软件的需求量和规模更大，所以软件开发人员的工作压力也越来越大。

特点 5：软件开发的手工行为造就了一个致命的问题，就是为应用"量身订做"软件，规范性差。其他工程领域有产品标准，所有生产厂家按照标准生产产品，客户买来就可使用。例如，不管哪个厂家生产的灯泡，只要瓦数、电压、电流、接口几个指标符合要求，用户买来装上就可以使用。而长期以来,软件给人的感觉是修改代码很方便,用户总是强调软件要适应自己的业务需求。因此,软件产品大多是为用户"订做"的,通用性差。近几年来,基于组件的软件开发取得了重大进展,这样,在遇到不同的应用需求时,就可以考虑用已有的组件搭建新的系统。当组件不能满足要求时,可以购买其他厂家生产的组件或自己开发部分组件。

特点 6:软件服务于人类社会的各行各业,常常涉及不同领域的专门知识。软件人员通常缺少专门领域的业务知识,而领域专家往往缺少软件知识,由此加剧了软件和业务之间的鸿沟,造成开发的软件不满足业务需求。

特点 7:软件不仅是一种在市场上推销的工业产品,往往又是与文学艺术作品相似的精神作品。与体力劳动相比,精神活动过程的特点是"不可见性",这大大增加了组织管理上的困难。

1.2 软件工程

针对软件的特点,用什么办法来消除或减少"软件危机"呢?我们先来看下面两张图片。

建设一个像图 1-1 所示的茅草屋很容易,没有必要当作一项建筑工程去做,不必规划、设计,找些木头和草很容易搭建。但是如果要建设像图 1-2 所示的农村别墅,有客厅、卧室、卫生间、上下水、暖气等,它的结构复杂、建设成本高、建设周期长,必须要进行规划。如何规划呢?要设计效果图、施工图,说明施工方法、用料量和建设成本预算,除此之外还要有建设项目计划书、施工质量计划书、建设标准和规范、施工手册等文档资料。

图 1-1　茅草屋　　　　　　　　　　　　　　图 1-2　农村别墅

现在对比一下软件的建设过程。我们都记得第一次学习 C 语言时的著名程序 HelloWorld 如下。

```
#include<stdio.h>
int main()
{
    printf("HelloWorld!");                    //输出 HelloWorld!
```

```
        return 0;
    }
```

这个程序代码就好比茅草屋,编写这样的程序不必规划和设计,太简单了! 但是如果要开发一个像图书馆图书信息管理系统的软件就必须要设计了。软件的设计同别墅的设计类似,也需要效果图、结构图,还要有数据说明、过程说明、操作界面设计和开发规范等,比建设一栋别墅需要的图纸更多、文档更多、规范更多,建设过程更加复杂。

通过对比和观察软件与其他行业的生产过程,我们发现:

(1) 软件开发同其他行业类似,也需要工程化、规模化、自动化和标准化。

(2) 软件生产过程中也有中间环节,要设计物理模型、逻辑模型、界面原型、数据结构、处理过程等,也可以随时进行质量检查。

(3) 软件生产中也需要有高效的工具。

(4) 软件开发人员的工种可以细分为分析员、设计员、程序员、测试员和维护人员。

(5) 软件生产低水平的手工作坊不能适应当今的大规模软件开发需求。

……

因此,软件开发和维护必须走工程化的道路!

1.2.1 软件工程的概念

软件工程是一门旨在生产无故障的、及时交付的、在预算之内的和满足用户需求的软件的学科。实质上,软件工程就是采用工程的概念、原理、技术和方法来开发与维护软件,把经过时间考验而证明正确的管理方法和先进的软件开发技术结合起来,运用到软件开发和维护过程中,来解决软件危机。

1983 年 IEEE 的软件工程术语汇编中,把软件工程定义为:对软件开发、运行、维护、消亡的系统研究方法。1993 年新版的 IEEE 软件工程术语汇编重新定义了软件工程:①将系统化的、规范的、可度量的方法应用于软件的开发、运行和维护过程,也就是说将工程化应用于软件中;②研究①中提到的途径。

从以上的定义中可以看出人们对软件工程的理解是逐步深入的。软件工程研究所依据的基础理论极为丰富,主要有数学、计算机科学、工程学、管理学等其他学科。其中,数学和计算机科学用于构造模型、分析算法;工程学用于评估成本、制定规范和标准;管理学用于进度、资源、环境、质量、成本等的分析和管理。

最近几年,人们发现软件工程具有层次化结构,它的核心层是质量保证层,中间是过程层和方法层,最外层是工具层,如图 1-3 所示。

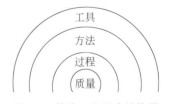

图 1-3 软件工程层次结构图

全面的质量管理是推动软件工程过程不断改进的动力,导致了更加成熟的软件工程方法不断涌现。过程层与方法层结合在一起,定义了一组关键过程域框架,目的是保证软件工程技术被有效地应用,使得软件能够被及时地、高质量和合理地开发出来。方法层提供了软件开发的各种方法,包括如何进行软件需求分析和设计,如何实现设计,如何测试和维护等方法。工具层为软件工程方法和过程提供了自动或半自动的支撑环境。目前市场上已经有许多不错的软件工程工具,应用效果良好。使用软件工程工具可以有效地改善软件开发过程,提高软件开发的效率,降低开发和管理成本。

1.2.2　软件工程基本原理

自从 1968 年提出"软件工程"这一术语以来,研究软件工程的专家学者们陆续提出了100 多条关于软件工程的原理。美国著名的软件工程专家 Boehm 综合这些专家的意见,并总结了多年开发软件的经验,于 1983 年提出了软件工程的 7 条基本原理。Boehm 认为,这 7 条原理是确保软件产品质量和开发效率的最小集合。它们是相互独立的,是缺一不可的,同时,它们又是完备的。下面简要介绍软件工程的 7 条基本原理。

1．用分阶段的生命周期计划严格管理

经统计发现,在不成功的软件项目中有一半左右是由于计划不周造成的,可见把建立完善的计划作为第一条基本原理是汲取了前人的教训总结出来的。在软件开发与维护的漫长生命周期中,需要完成许多性质各异的工作。这条基本原理意味着,应该把软件生命周期划分成若干阶段,并相应地制定出切实可行的计划,然后严格按照计划对软件的开发与维护工作进行管理。Boehm 认为,在软件的整个生命周期中应该制定并严格执行 6 类计划:项目概要计划、里程碑计划、项目控制计划、产品控制计划、测试验收计划、运行维护计划。

不同层次的管理人员都必须严格按照计划各尽其职地管理软件开发与维护工作。

2．坚持进行阶段评审

软件的质量保证工作不能等到编码阶段结束之后再进行。大量的统计数据表明,大部分错误是在编码之前造成的,其中,设计错误约占软件错误的 63%,编码错误仅占37%。在前期改正错误所需要的可能只是橡皮和铅笔;而在交付后改正错误需要的工作就太多了:查找出错的代码,重新组织程序结构和数据结构、测试、修改文档。也就是说,错误发现与改正越晚,所需付出的代价也越高。因此,在每个阶段都应该进行严格的审查,以便尽早发现在软件开发过程中所犯的错误,这是一条必须遵循的重要原则。

3．实行严格的产品控制

在软件开发过程中不应随意改变需求,因为改变一项需求往往需要付出较高的代价。但是,在软件开发过程中改变需求又是难免的,由于外部环境的变化,进行相应的变化是一种客观需要。因此不能硬性禁止改变需求,而只能依靠科学的产品控制技术来顺应这种要求。其中主要的技术是实行基准配置管理,基准配置管理的思想是:一切有关修改软件的建议,特别是涉及对基准配置的修改建议,都必须按照严格的规程进行评审和控制,获得批准以后才能实施修改。目的是当变化发生时,其他各阶段的文档或代码随之相应变动,以保证软件的一致性。

4．采用现代程序设计技术

从提出软件工程的概念开始,人们一直把主要精力用于研究各种新的程序设计技术。

20 世纪 60 年代末提出了结构化程序设计技术,以后又进一步发展到结构化分析与设计技术、面向对象的分析和设计技术。实践表明,采用先进的技术既可以提高软件开发和维护的效率,又可以提高软件质量。

5. 结果应能清楚地审查

软件是一种看不见、摸不着的逻辑产品。软件开发小组的工作进展情况难以评价和管理。为更好地进行管理,应根据软件开发的总目标及完成期限,明确地规定开发小组的责任和产品标准,从而使所开发的产品有明确的标准,能清楚地审查。

6. 开发小组的人员应该少而精

开发小组人员的素质和数量是影响软件产品质量和开发效率的重要因素。素质高的人员开发效率比素质低的人员开发效率可能高几倍至几十倍,并且高素质人员所开发的软件质量高、错误少。开发小组人员过多,信息交流造成的通信开销会急剧增加。

7. 承认不断改进软件工程实践的必要性

软件工程是一门年轻的学科,随着计算机技术、电子信息技术的发展,不断有新的技术和方法等研究成果出现。因此,应把不断改进软件工程实践作为软件工程的第 7 条基本原理。按照这条原理,不仅要积极主动地采纳新的软件技术,而且要注意不断总结经验、汲取教训。

1.2.3　软件工程方法

前面我们已经列举了软件危机的现象,以及产生软件危机的原因,为了克服软件危机,软件工程研究人员不断探索新的软件工程方法。下面简要介绍几种典型方法。

1. Parnas 方法

D. L Parnas 在 1972 年发明了 Parnas 方法,这个方法主要有两个特点:一个是信息隐蔽技术;另一个是错误预防措施。

信息隐藏技术的主要内容是:在概要设计时列出可能会发生变化的因素,并在模块划分时将这些因素放到个别模块的内部。一旦由于这些因素变化需要修改软件时,只需修改相应的个别模块,其他模块不受影响。信息隐蔽技术的主要目的是提高软件的可维护性,减少模块之间的相互影响,提高软件的可靠性。

错误预防的主要内容是:在每个可能产生的错误之前增加一些判断,防止软件出现不可预料的结果。例如,在分配和使用设备前,应该查看设备状态,检查设备是否可用,如果可用则进行分配。模块之间也要采取错误隔离措施,防止错误蔓延。

遗憾的是 Parnas 方法的使用没有明确的工作流程和具体的实施步骤,所以这一方法不能独立使用,只能作为其他方法的补充。

Parnas 本人一生发表了大量的技术文章,其中有几篇文章在计算机领域颇有影响,他对软件开发过程的理解非常深刻,读者可以查看相关的资料。

2. Yourdon 方法

1978 年,E. Yourdon 和 L. L. Constantine 提出了 Yourdon 方法,即 SA/SD 方法,也

可称为结构化方法或面向数据流的方法。1979 年 Tom DeMarco 对此方法作了进一步的完善。

Yourdon 方法是 20 世纪 80 年代使用最广泛的软件开发方法。它首先用结构化分析技术进行需求分析,然后用结构化设计技术进行总体设计和详细设计,再后面是结构化编程。这一方法的精髓是自顶向下、逐步求精,也就是将功能逐步分解,直到人们可以理解和控制它为止。Yourdon 方法的主要问题是:用户的功能可能经常变化,导致软件系统的框架结构不稳定。另外,从数据流程图到软件结构图之间的过渡有明显的断层,导致设计回溯到需求有一定困难。

但是无论如何,这个方法应用的非常普遍,至今仍然有许多软件开发机构在使用 Yourdon 方法。

3. 面向数据结构的软件开发方法

面向数据结构的方法有两种,一种是 Warnier 方法,于 1974 年由 J. D. Warnier 提出;另一种是 Jackson 方法,由 M. A. Jackson 于 1975 年提出,它们都是面向数据结构的软件设计方法。其基本思想是:从要求的输入/输出数据结构入手,导出程序框架结构,再补充其他细节,得到完整的程序结构。这两种方法的差别有三点:一是它们使用的图形工具不同,分别使用 Warnier 图和 Jackson 图;第二个差别是使用的伪码不同;第三个差别是在构造程序框架时,Warnier 方法仅考虑输入数据结构,而 Jackson 方法不仅考虑输入数据结构,而且还考虑输出数据结构。面向数据结构的方法适合对中小型软件进行详细设计,由于它无法构架软件系统的整体框架结构,所以不适合进行概要设计。

面向数据结构的方法可以看成是结构化方法与面向对象方法之间的一种方法。它是以数据结构为研究的起始点,针对不同的数据结构分配相应的处理。

4. 面向对象的软件开发方法

面向对象方法的研究始于 1966 年,当时 Kisten Nygaard 和 Ole-Johan Dahl 开发了具有高级抽象机制的 Simula 语言,它提供了比子程序更高一级的抽象和封装。大约在同一时期,Alan Kay 正在进行图形化开发和模拟仿真的研究,由于软硬件的限制,Kay 的尝试没有成功。到了 20 世纪 70 年代初期,Alan Kay 加入了 Palo Alto 研究中心(PARC),他汲取了 Simula 中关于类的概念,开发出 Smalltalk 语言。1972 年 PARC 发布了 Smalltalk 的第一个版本,同时,"面向对象"这一术语正式确定。Smalltalk 被认为是第一个真正的面向对象语言,在 Smalltalk 中一切都是对象。1981 年 8 月的 *BYTE* 杂志公布了 Smalltalk 开发组的研究结果,Smalltalk 关于开发环境的研究导致了后来的一系列进展:窗口(Window),图标(Icon),鼠标(Mouse)环境。之后出现了许多面向对象语言,自 20 世纪 80 年代初到 20 世纪 90 年代初,面向对象研究从编程语言向着软件生命期的前期阶段发展。也就是说,人们对面向对象方法的研究与运用,不再局限于编程语言,而是从分析和设计阶段就开始采用面向对象方法。这标志着面向对象方法已经发展成一种完整的方法论和系统化的技术体系。

面向对象的方法从建立问题模型开始,然后是识别对象、构造类。从本质上讲面向对象开发方法是一种迭代和渐增的反复过程,随着迭代的范围扩大,系统不断完善。

5. 可视化开发方法

可视化开发方法属于一种原型构造方法。在 20 世纪 90 年代,随着图形用户界面的兴起,图形用户界面在软件系统中所占的比例也越来越大,有的甚至高达 60%～70%。可视化开发方法就是在可视化开发工具提供的图形用户界面上,直接使用界面元素,诸如菜单、按钮、对话框、编辑框、单选框、复选框、列表框和滚动条等,这些界面元素都是由可视化开发工具提供的。开发人员引用这些元素,并且在这些元素的某些事件上添加需要处理的代码即可自动生成应用软件。这类应用软件的工作方式是事件驱动,对每一事件,由系统产生相应的消息,并传递给相应的响应函数去处理。

1.2.4 软件工程工具

软件工程研究的主要内容之一是软件工程工具,工具是人类进步的标志,熟练地掌握和应用软件工程工具对于提高生产效率,保障质量具有重要作用。与其他传统的工程类似,软件工程工具按照功能、用途和使用阶段可分为计划和管理类、分析和设计类、文档与版本管理类、集成化平台工具和软件测试类等工具。

1. 图稿绘制工具

软件工程中的图稿绘制工具是一类绘制图形的软件,这类软件通常提供了丰富的信息领域的物理元素图形符号,有助于系统建模和人员沟通,能够将难以理解的复杂文本通过图形符号表现。目前比较常用的图稿绘制工具有微软公司的 Office Visio 2007,它提供了画流程图、网络图、数据库模型图和软件图等图稿的可用模板,并且图稿可嵌入到 Word 文档之中,使用方便、操作简单。

2. 源码浏览工具

这类工具通常与具体的编程语言相关,用于管理和组织源程序。比较典型源代码浏览工具有 SourceInsight、Xcscope 和 Etags,通常的界面分成三个部分:左边树型结构提供工程内的所有变量、函数、宏定义;右边提供程序阅读和编辑;下边显示鼠标所在源代码涉及的函数或者变量定义,关键字以高亮显示。具有函数交叉调用分析功能,并以树状格式显示调用关系。

3. 配置管理工具

配置管理工具是一类用于对软件产品及其开发过程进行控制、规范的软件,这类软件主要是通过对软件开发过程中产生的变更进行追踪、组织、管理和控制,建立规范化的软件开发环境,确保软件开发者在各个阶段都能得到精确的产品配置。比较常用的配置管理工具有微软的 VSS、Merant 公司推出的 PVCS 和 IBM 公司推出的 ClearCase。

4. 数据库建模工具

现代许多软件开发都离不开数据库的建设,而且数据库设计的质量直接影响软件开发效率和软件的运行效率,因此数据库设计所需要的建模工具应用非常普遍。目前最常用的数据库建模工具有 CA 公司的 ERWin 和 Sybase 公司推出的 PowerDesign,它们都是著名的数据库设计工具。主要是采用实体关系模型,分别从概念模型和物理模型两个层次对数据库进行建模,并且能够产生数据库管理系统需要的 SQL 脚本,还支持增量的数据库开发和局部更新。可以在概念模型、物理模型和实际数据库三者间实现设计的同步。最新的版本还支持逆向工程、再工程和 UML 建模。

5. UML 建模工具

提到软件建模,最著名的语言就是统一建模语言,简称 UML。目前支持 UML 建模语言的最佳工具可能就数 IBM 公司推出的可视化建模工具 Rational Rose。它集中体现了统一软件建模的思想,能够通过一套统一的图形符号简捷表达各种设计思想,可以完成 UML 的 9 种标准图形,静态建模图形:用例图、类图、对象图、组件图、配置图;动态建模图形:合作图、序列图、状态图、活动图。为了使静态建模可以直接作用于代码,Rose 提供了类设计到多种程序语言代码自动生成的插件。Rose 还具有逆向工程能力,逆向工程指由代码归纳出设计。通过逆向工程 Rose 可以对已有系统作出分析,经人们改进后,再通过正向工程产生新系统的代码,这样的设计方式称之为再工程。

6. 项目管理工具

用于软件工程的项目管理工具主要是有 Primavera 公司推出的 P3E 和微软的 MS Project。这类工具主要的有计划制定、任务执行进度管理和变更控制等管理功能。

1.3 软件工程学科知识体系

1991 年,IEEE-CS 与 ACM 计算学科教程 CC1991 专题组将软件工程列为计算科学的 9 个知识领域之一。1993 年,IEEE-CS 和 ACM 为了把软件工程建设为一个专业,建立了 IEEE-CS/ACM 联合指导委员会,随后,该委员会被软件工程协调委员会(SWECC)替代。SWECC 给出了"软件工程师职业道德规范"、"本科软件工程教育计划评价标准"和"软件工程知识体(Software Engineering Body of Knowledge,SWEBOK)"。SWEBOK 全面描述了软件工程实践所需要的知识,为本科软件工程教育计划打下了基础。2008 年 8 月,全世界 500 多位来自大学、科研机构和企业界的专家、教授推出了软件工程知识体、软件工程教育知识体两个文件的最终版本。由此,软件工程、计算机科学、计算机工程、信息系统、信息技术并列成为计算学科下的独立学科。

1.3.1 软件工程学科知识体系简介

软件工程知识体系由 10 个知识域组成,分别是软件需求、软件设计、软件构造、软件测试、软件维护、软件配置管理、软件工程管理、软件工程过程、软件工程工具与方法、软件质量,其组成结构如图 1-4 所示。

1. 软件需求

软件需求是为解决现实世界问题而必须展示的特性。软件需求涉及需求获取、需求分析、建立需求规格说明和需求验证,还涉及建立模型、可行性分析。软件需求直接影响软件设计、软件测试、软件维护、软件配置管理、软件工程管理、软件工程过程和软件质量。

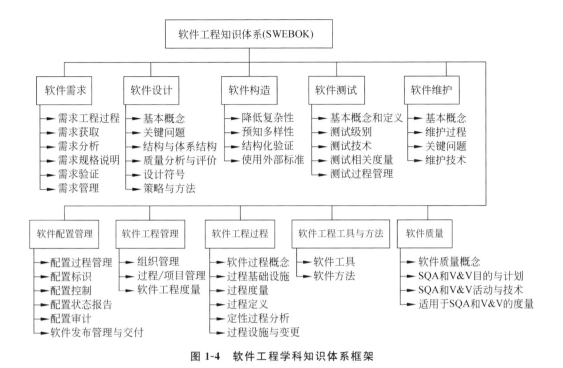

图 1-4 软件工程学科知识体系框架

2. 软件设计

软件设计是软件工程最核心的内容之一,设计既是"过程",也是这个过程的"结果"。软件设计由软件体系结构设计、软件详细设计两种活动组成。它涉及软件体系结构、构件、接口,以及系统或构件的其他特征,还涉及软件设计质量分析和评估、软件设计的符号、软件设计策略和方法等。

3. 软件构造

通过编码和单元测试等活动,生成可用的、有意义的软件。软件构造除要求符合设计功能外,还要求控制和降低程序复杂性、预计变更、进行程序验证和制定软件构造标准。软件构造与软件配置管理、工具和方法、软件质量密切相关。

4. 软件测试

测试是软件生存周期的重要部分,涉及测试的标准、测试技术、测试度量和测试过程。测试不再是编码完成后才开始的活动,测试的目的是标识缺陷和问题,改善产品质量。软件测试应该围绕整个开发和维护过程,测试在需求阶段就应该开始,制定测试计划和规程,并随着开发的进展不断求精。正确的软件工程质量观是预防,避免缺陷和问题。代码生成前的主要测试手段是静态技术检查,代码生成后采用动态技术执行代码。测试的重点是动态技术,从程序无限的执行域中选择一个有限的测试用例集,动态地验证程序是否能够达到预期的目标行为。

5. 软件维护

软件产品交付后,需要改正软件的缺陷、提高软件性能或其他属性、使软件产品适应新的环境。软件维护是软件进化的继续,也是软件生存周期的组成部分,然而,历史上维护从未受到重视。现在情况有了改善,软件组织力图使软件运营时间更长,软件维护成为令人关注的焦点。

6. 软件配置管理

为了系统地控制配置变更,维护整个软件生命周期中配置的一致性和可追踪性,必须按时间管理软件的不同配置,包括配置管理过程的规范性、软件配置鉴别、配置管理控制、配置管理状态记录、配置管理审计、软件发布和交付管理等。

7. 软件工程管理

运用管理活动,如计划、协调、度量、监控和报告,确保软件开发和维护是系统的、规范的和可度量的。它涉及基础设施管理、项目管理、度量与控制三个层次。度量是软件管理决策的基础,近年来软件度量的标准、测度、方法和规范发展较快。

8. 软件工程过程

管理软件工程过程的目的是实现一个新的或者更好的过程。软件工程过程关注软件过程的定义、实现、评估、管理、改进等活动。

9. 软件工程工具和方法

软件工具是指为支持计算机软件的开发、维护、模拟、移植或管理而研制的程序系统。在软件工程范围内是为支持软件生存期中的各种处理活动,包括开发、维护和管理活动的自动化和半自动化的程序系统。通常,软件工具是为特定的软件工程方法设计的,以减少手工操作的负担,使软件工程更加自动化。软件工具的种类很多,具体可分为需求工具、设计工具、构造工具、测试工具、维护工具、配置管理工具、工程管理工具、工程过程工具和软件质量工具等。

软件工程方法支持软件工程活动,使软件开发更加系统化。软件工程方法不断发展,目前的软件工程方法总体上可分为三类:①启发式方法,包括面向数据流的方法、面向数据结构的方法、面向对象的方法和面向服务的方法;②基于数学的形式化方法;③用软件工程多种途径实现的原型方法,原型方法帮助确定软件需求、软件体系结构、用户界面。

10. 软件质量

软件质量贯穿整个软件生存周期,涉及软件质量需求、软件质量度量、软件属性监测、软件质量管理技术和过程等。

1.3.2 软件工程学科与其他学科的关系

软件工程的研究和实践涉及对人力、技术、资金和进度的综合管理,是开展最优化生产活动的过程;软件工程必须划分系统的边界,给出系统的解决方案。软件工程的相关学科有计算机科学与技术、数学、计算机工程、管理学、项目管理、质量管理、软件人类工程学和系统工程 8 个学科,它们的许多知识对软件工程学科的发展具有重要作用。

(1)计算机科学与技术。在计算机学科发展的早期,计算机科学家开发软件,电子工程师生产支持软件运行的硬件。随着软件规模和复杂性、重要性的增加,人们意识到确保软件按人们的意图运行格外重要。也就是说,计算机科学和技术作为软件工程的基础比电子技术作为软件工程的基础更合适。但是,有效的软件开发实践不仅需要计算机科学的理论、方法和工具,还需要加强工程严密性、提高合理使用各种资源的管理水平。

(2)工程学科。软件工程强调采用工程化的方式开发软件,软件工程具有下列工程特征:①通过成本和收益的折中分析调整软件工程策略;②能对软件工程涉及的某些对象,如质量、成本、工作量、进度等进行度量,根据经验和实验数据进行估算;③强调团队的效率和纪律性;④工程师能胜任多种角色,如研究、开发、设计、生产、测试、构造、操作、管理,以及销售、咨询和培训;⑤在软件工程过程中选择和使用合适的工具;⑥通过专业协会和最佳实践提高个人能力;⑦重用设计和设计制品。

因为软件的特殊性,软件工程与传统工程学不同。软件工程更关注抽象、建模、信息组织和标识、变更管理等内容。软件工程在产品的设计阶段必须考虑实现和质量控制。重用和基于构件开发在工程设计实践中越来越受到重视。

(3)管理学科。软件开发是一个项目目标实现的过程,管理科学的目标性和约束性原则在软件开发和维护过程中得到重要的体现。软件的特殊性增大了管理的难度,因此,软件工程在软件生存周期的整个阶段中,对任务、计划、成本、风险、过程和质量进行度量、跟踪、管理与控制。

1.4　软件工程师职业道德

目前计算机在各行各业以及人们日常生活中无所不在,作为软件工程师,从事的事业正在影响着世界的每一个角落,因此,软件工程师的职业素养和道德规范越来越受到人们的重视。1999 年由 ACM/IEEE-CS 软件工程师道德规范和职业实践(SEEPP)联合工作组制订了《软件工程师职业道德规范》,规范由总则和 8 组行为准则组成。

总则描述了软件工程师的从业基本要求,目标是树立软件产业界整体的优良形象。8 组行为准则分别是:①软件工程师应当以公众利益为目标;②在保持与公众利益一致的原则下,软件工程师应注意满足客户和雇主的最高利益;③软件工程师应当确保他们的产品和相关的改进符合最高的专业标准;④软件工程师应当维护他们职业判断的完整性和独立性;⑤软件工程的经理和领导人员应赞成和促进对软件开发和维护过程进行合乎道德规范的管理;⑥在与公众利益一致的原则下,软件工程师应当推进其专业的完整性和声誉;⑦软件工程师对其同行应持平等、互助和支持的态度;⑧软件工程师应当参与终生职业实践的学习,并促进合乎道德的职业实践方法。

1.4.1　软件工程师的职业素质

所谓职业化,简单说就是能胜任工作,让人放心。"能胜任工作",就需要具备相应的专业技能、知识和经验;"让人放心"意味着很多,包括遵守行业成文的或不成文的规则和规范,积极有效地和同事沟通,确保自己的工作产品是大家所期望的,尽可能地向客户提供最专业的服务和产品。自律、沟通和技能是成为职业化软件工程师的必要条件。

自律：软件区别于其他传统产品，软件只有安装运行后，人们才看见它的界面；开发进度也是肉眼看不见的，很难准确判断开发任务完成了80%还是30%；质量更是不可见的，只有通过非常认真、全面的测试和度量，才能了解代码的质量。一个程序员认真思考问题时的模样和他发呆时的表现一样，外人很难判断。因此说，"自律"对软件工程师来说更为重要。

沟通：软件的规模越来越大，而且处在不断的变化过程中。因此需要软件工程师进行大量书面的、口头的或面对面的沟通。大到产品的整体功能和性能要求，小到程序的结构，甚至一个函数、一个变量的含义都需要沟通。软件工程强调文档的重要性就是以文档作为沟通的工具，与客户沟通明确用户需求，工程师之间沟通明确设计方案，市场人员和工程师沟通确定产品特征。软件工程的实践表明，缺乏主动沟通，往往导致整个团队的技术方案出现偏差，使整个项目的进度受到影响。

技能：软件工程师常常强调自己掌握的编码技术，往往忽视用户需求和软件开发的规范。作为职业化软件工程师，需求分析、软件设计、软件构造、软件测试、软件维护、配置管理、软件项目管理、软件过程改进、软件工具和方法以及软件质量保证等是更为重要的技能。

1.4.2 职业化软件工程师要注意的十大问题

软件工程师职业道德规范的内容是比较概要的、框架式的描述，为了更具体地说明职业化软件工程师的形象，我们列出软件工程师十大与"职业化"相悖的行为。

行为1：对外交付半成品。

不职业的软件工程师满足于把工作做成半成品，等着让别人来纠正他们的错误。例如，开发者提交没有经过测试的代码，这种代码往往在集成和系统测试阶段会发现大量的问题，要修复这些问题需要付出很大的代价，这个代价比开发者自己发现并修复要大得多，给组织造成巨大损失，影响整个团队的工作效率。

行为2：不遵守标准和规范。

职业化的重要特征是遵守行业标准，不能肆意按照自己的想象来发挥。自从人们认识到软件危机以来，总结软件开发的失败教训和成功经验，并把它们总结成为最佳实践，进而形成标准，要充分利用这些最佳实践和标准来指导软件过程。任何闭门造车、想当然的行为都是不被提倡的，注定要走弯路。

行为3：不积极帮助他人。

有些技术人员生怕将技术成果共享给他人后影响自己在组织内的地位，不愿与同事沟通和交流自己的经验，甚至故意设置障碍不让别人学会。在软件开发组织中，帮助别人能为组织降低成本、缩短开发周期、提高产品质量，是解决软件危机的有效途径。

行为4：版权意识不敏感。

软件工程师既是软件的制造者，也是软件的使用者。如果自身不遵守版权，就会给其他人造成极大的负面的示范作用，也是对自己劳动成果的不尊重。由于软件开发者往往具有破译其他产品"许可证"的能力，大量的软件工程师盗版使用了其他公司的产品，并以此炫耀自己的能力。

不尊重版权的另一些表现是：不认真阅读源代码的使用限制条款就随意利用；随便找到一个开发包，不问来龙去脉就嵌入到自己的系统中；错误地认为他在组织内所做的工作成果是自己的，在离职后转让给他人。

行为 5：对待计划不严肃。

软件工程强调计划性，计划的内容包括设备资源、进度安排、人力资源、任务分配等。在项目的进行过程中要跟踪计划执行情况，记录计划执行过程中的偏差，对任何变更都要经过评审和批准才能付诸行动。

行为 6：公事私事相混淆。

公私分明是职业化的重要特征之一。利用公司设备做自己的事情，上班时间浏览与工作无关的网站，这些都是非职业化的行为和习惯，属于假公济私。反之亦然，用私人的设备处理公务，用免费的邮箱发送和接收公司邮件，带个人的计算机来办公室处理公司的业务，带自己的移动硬盘到办公室。这些都可能给组织的安全性造成危害，造成工作麻烦。因为，私人设备上往往没有部署组织的安全策略，如病毒可以通过个人计算机和 U 盘带入内部网络，个人免费的邮箱没有按照组织的安全规定受到保护，可能造成公司的商业机密通过免费邮件外泄，来历不明的软件可能侵犯他人的著作权，还有可能含有病毒。

行为 7：不注意知识更新。

软件行业新技术、新方法不断出现，作为一个职业化的软件工程师必须不断学习，保持行业竞争能力。但是，许多软件工程师想走捷径，对技术浅尝辄止，不愿意钻研技术，愿意做管理工作，这些都是和职业化的软件工程师很不相称的。

行为 8：不主动与人沟通。

软件不可见的特性，需要软件工程师进行大量书面的、口头的或面对面的沟通，沟通的目的是为了使相关的人员了解项目的进展、遇到的问题、应用的技术、采用的方法。

行为 9：不遵守职业规则。

一些工程师不能很好地遵守软件行业的职业规则。例如，互相告知或打听薪水，离职时带走公司的源代码和文档，急于到新单位工作而不专心交接。此外，故意隐藏自己的经验和教育方面的不足，明知故犯地使用非法渠道获得的软件，未经授权使用客户或雇主的资产，另做其他的兼职工作，这些表现在软件行业中都属于违反执业规则的行为。

行为 10：不够诚实和正直。

软件开发有许多潜在的工作量很难用精确的数字衡量，这就需要软件工程师为人正直、诚实。实际工作中，有些工程师虚报工作量，一天能完成的任务故意拖延两天，为自己争取到过分宽松的环境。

练习 1

1. 软件工程管理包括哪些内容？
2. 软件产品与其他传统的工业产品相比较有哪些特殊性？请举例分析。
3. 什么是软件工程？它的目标和内容是什么？
4. 软件工程为什么要特别强调规范性和文档化？试着举例说明缺乏规范性、缺乏文档可能造成的后果。

5. 分析一下软件工程研究可能面临哪些问题？

6. 查找资料，看看目前有哪些主流的软件开发方法？这些软件开发方法的特点是什么？

7. 通过查找资料，了解软件开发经历了哪些历史阶段？各个阶段的硬件条件、主流工具和软件方法是什么？

8. 什么是软件危机？其产生的原因是什么？

9. 谈谈你对现代软件技术的理解，预测一下软件工程的发展方向。

10. 软件和程序的区别是什么？

11. 试说明软件工程是如何克服软件危机的。

12. 简述文档在软件工程中的作用。

13. 写一篇关于软件工程工具的调查报告，报告目前国内外各种主流的软件工具、它们的分类、用途、提供商、价格、主要功能、评价。

14. 仔细阅读一个软件工程的国际或国家标准，说明在信息化建设过程中，遵循标准的重要性。

15. 仔细分析软件工程学科知识体系，并通过互联网查询"SWEBOK"的含义，阅读它的最新版，写一篇关于软件工程知识体系的论文。

16. 查找并阅读"软件工程师职业道德规范"，列出几个著名的计算机犯罪案件和处理结果。

第 2 章

软 件 过 程

过程是为了达到目标所进行的一系列活动,或者说是为达到目标而设计的"路线图"。例如,为了培养一名世界体操冠军,需要研究训练的方法、运用先进的训练器械、不断改进训练过程,最终才有可能培养出世界体操冠军。软件开发和维护工作的目标是按时交付高质量的、满足需求的、低成本的软件。为此也需要研究软件工程的过程、工具和方法。例如一个软件项目的开发过程可以选择 RUP 过程或者敏捷过程,开发工具可以选择 JBuilder,分析和设计工具可以选择 Rational Rose 或者其他建模工具,开发方法可以选择面向对象方法,也可以选择面向过程的方法。

本章首先讲述软件过程的基本概念和基本活动,重点介绍几个经典软件过程模型,使读者了解相关过程的核心内容,并分析这些过程模型的优缺点。由于 RUP 过程和敏捷过程是目前比较流行的软件过程模型,因此,本章最后将详细介绍这两个过程模型的主要活动。

2.1 软件过程的概念

一个人的生命周期中蕴含着多种过程:有受教育的过程,有身体发育的自然过程,有工作的过程。例如,一个条件优越的家庭,可能要把孩子培养成钢琴家,为了实现这个目标,家长为孩子选择了钢琴家的培养过程:从小每日练习钢琴、培养乐感、拜师学艺,最终成为钢琴家。而贫困山区的孩子,从小没有练习钢琴的机会,十几年和土地打交道,他没有经历钢琴家的培养过程,因此很难成为钢琴家。由此我们想到,为了开发出优秀的软件,我们是否能够总结出一套"软件过程"? 在人们开发软件的时候,严格按照这套"软件过程"的要求去做,增加软件开发成功的机会。

2.1.1 软件过程定义

《计算机科学技术百科全书》中指出,软件过程是软件生存周期中的一系列相关过程。过程是活动的集合,活动是任务的集合。

我们先来解释什么是软件生存周期。同任何事物一样,一个软件产品或软件系统也要经历孕育、诞生、成长、成熟、衰亡等阶段,一般称为软件生存周期。把整个软件生存周期划分为若干阶段,每个阶段有明确的任务,对于规模大、结构复杂的软件的开发变得相对容易控制。在软件生存周期中一般可划分为可行性分析、项目计划、需求分析、总体设计、详细设计、编码、测试、运行和维护等阶段,如何把软件工程的活动分配到整个软件生存周期的各个阶段呢? 不同的分配方式就引出了不同的软件过程模型。

　　了解了软件生存周期,现在我们要分析一下软件生存周期中的活动有哪些。经过大量的软件开发实践,人们发现提高软件生产率和软件质量的困难之处在于开发和维护中的管理问题。1984 年开始,出现了一系列研究软件过程的文章,进入 20 世纪 90 年代以来,IEEE 制定了"软件生存周期过程开发标准",规定了获得软件产品所需要完成的一系列有关软件工程的活动。它与软件生存周期模型、软件开发工具和参与开发的人员等多方面因素有关。不同的开发机构有不同的软件过程,有时同一个机构针对不同的软件项目会制定不同的软件过程。1995 年国际标准化组织公布了新的国际标准《ISO/IEC 12207 信息技术——软件生存期过程》,该标准把软件生存周期中可以开展的活动分为 5 个主要过程、8 个支持过程和 4 个组织过程。每个过程包含一组活动,每项活动又进一步划分了一组任务,如图 2-1 所示。

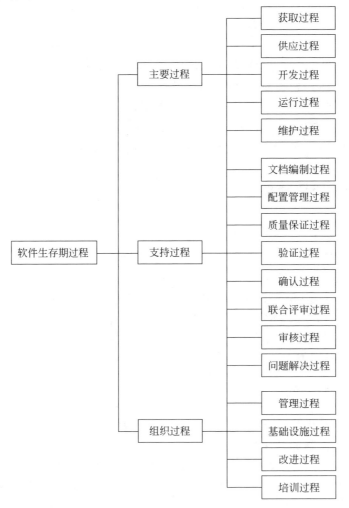

图 2-1　ISO/IEC 12207 定义的软件过程

下面简要说明每个过程的主要任务。

（1）获取过程——需方获取系统、软件产品或软件服务的活动。由需方定义需求，然后委托供方或双方一起进行需求分析，其结果由需方确认。需方应该准备招标书、合同以及验收条款。

（2）供应过程——由供方向需方提供系统、软件产品或软件服务的活动。供方要对需求进行研究，准备投标，中标后签订合同。制定项目计划、实施计划、开展评审、交付产品。

（3）开发过程——开发者定义并且开发软件产品的活动。由开发者参与进行系统分析和系统结构设计，然后进行软件分析、软件结构设计和软件详细设计。在设计的基础上着手编码和测试，将通过单元测试的软件集成在一起，进行系统集成和系统测试，最后进行安装，并且提供验收支持。

（4）运行过程——供方协助需方制定运行计划并进行运行测试；最终由运行支持者运行系统。

（5）维护过程——维护者提供系统维护服务的活动。用户对系统运行中出现的问题进行记录，维护者分析维护记录，实施变更，对维护结果做维护评审。

（6）文档编制过程——制定文档标准；确认文档信息的来源和适宜性；进行文档的评审及编辑；批准文档发布；文档的生产、提交、存储和访问控制；进行文档维护。

（7）配置管理过程——实施配置管理过程，包括配置标识，配置控制，记录配置状态，评价配置，发行管理。

（8）质量保证过程——为确保软件产品和软件过程符合规定的需求并能按计划完成所需的活动。

（9）验证过程——为证明一个产品符合规格要求所进行的工作。验证包括合同、过程、需求、设计、编码、集成和文档的验证。

（10）确认过程——为确保最终产品满足使用要求的活动。包括对测试结果、软件产品用途的确认，测试软件产品的适用性。

（11）联合评审过程——实施项目管理评审，包括项目计划、进度、标准、指南等的评价；技术评审，包括评价软件产品的完整性、是否符合标准等。

（12）审核过程——检验项目是否符合需求、计划、合同、规格说明和标准。

（13）问题解决过程——分析和解决开发、运行、维护或其他相关过程中出现的问题，提出相应对策，使问题得到解决。

（14）管理过程——制定计划、监控计划的实施，评价计划实施情况；包括产品管理、项目管理和任务管理等内容。

（15）基础设施过程——为开发、运行和维护等其他过程所需的硬件、软件、工具、技术、标准建立基础设施，并提供维护服务。

（16）改进过程——对整个软件生存周期过程进行评估、度量、控制和改进。

（17）培训过程——对人员进行相关培训所需的活动，包括制订培训计划，编写培训资料，培训计划的实施。

ISO/IEC 12207 给出了一个软件过程的公共框架，提供了一组标准的过程、活动和任务。但是，并不是说所有的开发组织、所有的软件项目都要严格遵循这个框架的所有活动。而是要根据具体的情况,对这个公共框架进行适当的裁减,以符合实际的需要。

从上面的内容我们发现,三类过程中分别包含了许多活动,每个活动还有任务,太复杂了。这么多过程应该何时用?如何使用?为了便于大家使用软件过程,软件工程的前辈给我们提供了一些常用的软件过程模型。

软件过程模型描述了从问题提出直至软件废弃为止,跨越整个生存期的系统开发、运作和维护所实施的全部过程、活动和任务的结构框架。不同的开发组织可以根据所开发的软件项目选择一种合适的软件过程模型,并将软件工程过程所包含的各种过程、活动和任务映射到该模型中。

目前还没有最佳的软件过程。软件开发机构并不一定要严格遵循某个软件过程模型,比较提倡的是软件过程不断改进,也就是说,汲取典型软件过程模型的精华,根据开发机构和软件项目的特点,制定适合的软件过程。选择软件模型时通常要考虑软件项目的规模和应用的性质、采用的方法、需要的控制以及特点等因素。

2.1.2 软件过程能力成熟度模型

软件开发组织从事着软件开发和维护工作,不同的组织在能力和过程规范性等方面存在巨大的差异,需要有一个公平、有效和规范的评价标准。因此,在 20 世纪 80 年代末美国的卡耐基·梅隆大学软件工程研究所(SEI)研究了一个能力成熟度模型(CMM),专门用于评价软件开发组织的软件过程能力。初衷是为大型软件项目招投标活动提供全面而客观的评价依据,目前它已成为业界评价软件开发组织软件过程能力的公认标准。

CMM 划分了 5 个能力成熟度等级:初始级、可重复级、已定义级、已管理级、优化级。这 5 个级别不仅为软件项目的招投标活动提供了评判依据,也为软件机构过程改进提供了方向和目标。每个级别都给出了具体的特征和该级别应该具有的关键过程,见表 2-1 所示。

表 2-1 软件过程能力成熟度模型的 5 个级别

级别	特 征	关键过程域(KPA)
第 1 级: 初始级	软件过程的特征是无序的、偶然的,有时甚至是混乱的。几乎没有过程定义,成功完全取决于个人的能力	无
第 2 级: 可重复级	建立了基本的项目管理过程,能够跟踪费用、进度和功能。有适当的和必要的过程规范,可以重复以前类似项目成果	软件配置管理、软件质量管理、软件子合同管理、软件项目跟踪和监督、软件项目计划、需求管理
第 3 级: 定义级	包含第 2 级所有特征。用于管理工程活动的软件过程已经文档化、标准化并与整个组织的软件过程相集成。所有项目都使用统一的、文档化的、组织认可的版本来开发和维护软件	包括第 2 级所有 KPA,还有同级评审、组内协调、软件产品工程、集成的软件管理、培训计划、组织过程定义、组织过程焦点
第 4 级: 管理级	包含第 3 级所有特征。软件过程和产品质量的详细度量数据被收集,通过这些度量数据,软件过程和产品能够被定量地理解和控制	包括第 3 级所有 KPA,还有软件质量管理、定量的过程管理
第 5 级: 优化级	通过定量反馈进行不断的过程改进,这些反馈来自于过程或通过试验新的想法和技术得到	包括第 4 级的所有 KPA,还有缺陷预防、过程变更管理和技术变更管理

上面的模型从低级到高级定义了每个级别应该达到的标准,如何判定一个软件开发组织是否达到了某个级别呢?SEI 同时还研究了一个评估调查表,表中列出了一系列问题,被调查机构填写调查表,根据结果分析确定开发组织的软件过程能力成熟度。

2.2 几个典型的软件过程模型

本节介绍几个典型的软件过程模型,读者应该仔细比较各个模型的特点,分析它们适用的范围。

2.2.1 瀑布模型

瀑布模型有时也称为生存周期模型或线性过程模型。瀑布模型是由 W. Royce 于 1970 年首先提出的,它规定了软件生命周期的各项活动:问题定义、需求分析、软件计划、软件设计、编码、测试、运行和维护。各项活动按顺序自顶向下、相互衔接如同瀑布一样。这里的“瀑布”非常贴切,表示了一个活动结束后,进入到下一个活动,并且很难再回到前一个活动中去,也就是工作不可逆转。

该模型如图 2-2 所示。首先是确定问题域,并接受用户和项目小组的审查;在审查通过后,进行需求分析,编写需求分析规格说明书,需求分析规格说明书也要经过用户和项

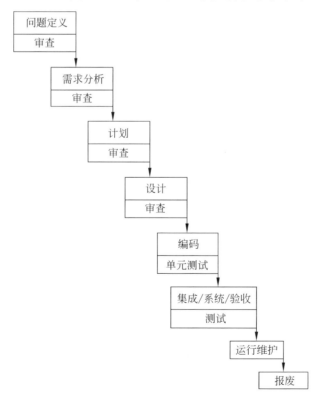

图 2-2 瀑布模型图

目小组的审查;一旦用户在需求分析规格说明书上签字后,就要编写详细的开发计划;当开发的进度和费用估算等评估通过后,就开始设计工作;设计说明书被审查通过后,开始编写程序代码并进行单元测试;最后将所有的模块集成在一起,进行集成测试和系统测试,之后由用户进行验收测试,验收测试通过后交付用户使用。

瀑布模型最重要的特点:只有当一个活动完成、交付相应的文档、通过审查小组的审查合格后,才能开始下一个活动。如果审查没有通过则要进行修改,有时可能是由于前一阶段的问题,使得本阶段不能通过审查,这种情况下就要使用带反馈的瀑布模型,如图 2-3 所示。

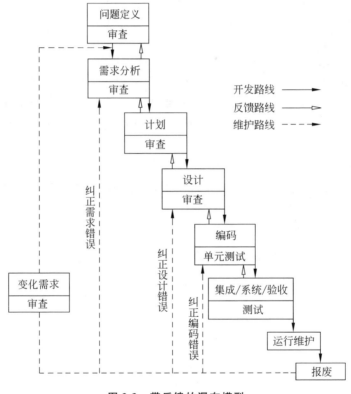

图 2-3 带反馈的瀑布模型

带反馈的瀑布模型特点是在每个活动中都可以修改前一个活动存在的问题,事实上,问题发现得越早越有利。当系统进入运行维护阶段后,仍然可能添加或更改需求,这实际上相当于进行二次开发,要对变化的需求进行分析、设计、编码和测试;除此之外,维护还包括纠正错误的需求、错误的设计和错误的编码,因此,从运行维护阶段可以向适当的活动反馈。

瀑布模型曾经广为流传,它配合结构化方法和严格的软件开发管理手段,在软件工程中起了重要作用。但是,通过长期的实践活动,人们发现,这种模型应付需求变化的能力非常弱。在工程刚刚开始时,系统分析人员和用户对新系统的需求很难完全描述清楚。特别是用户日常的一些工作,在他们看来已经是习以为常的活动,常常被无意识地忽略,而系统分析人员通常不是用户业务领域的专家,不知道这些活动,直到开发人员按照需求分析规格说明书开发出系统后,用户发现不符合业务需求,但为时已晚。因为这时对系统做修改,不但造成开发成本提高、交付期延迟,最关键的是会大幅度地降低软件的质量。为了避免这一现象,人们发明了快速原型化模型。

瀑布模型的优点:

(1) 为项目提供了按阶段划分的检查点。

(2) 当前活动完成后,只需要去关注后续活动。

(3) 它提供了一个模板,这个模板使得分析、设计、编码、测试和支持的方法可以在该模板下有一个共同的指导。

瀑布模型的缺点:

(1) 由于开发模型是线性的,用户只有等到整个过程的末期才能见到开发成果,从而增加了开发的风险。

(2) 各个阶段的划分完全固定,阶段之间产生大量的文档,极大地增加了工作量。

(3) 早期的错误可能要等到开发后期的测试阶段才能发现,进而带来严重的后果。

虽然瀑布模型有不少缺陷,但比在软件开发中随意的状态要好得多。

2.2.2　快速原型化模型

事实证明,一旦用户开始实际操作为他们开发的软件,便会对软件的功能、界面、操作方式等有了具体的认识,甚至会提出许多合理化建议。因此经过长期的实践,人们提出了快速原型化模型。

快速原型化模型的基本思想是:在需求分析的同时,以较小的代价快速开发一个能够反映用户主要需求的原型系统。用户在原型系统上可以进行基本操作,并且提出改进意见,分析人员根据用户的意见完善原型,然后再由用户评价,提出建议,如此往复,直到开发的原型系统满足用户的需求为止。通常原型系统是用户可以操作的系统,系统中已经包括了用户的主要需求,用户通过实际操作,比较容易发现需求中的问题。图 2-4 描述的是快速原型化模型。

从图 2-4 中可以看出,快速原型化模型的开发过程基本上是线性的,从创建系统原型到系统运行,期间没有反馈环。这是由于开发人员在原型的基础上进行系统分析和设计的,而原型已经通过了用户和开发组的审查,因此认为需求分析规格说明书是正确的。在设计阶段由于有原型作设计参考,所以设计的结果正确率比较高。

快速原型的本质是快速开发出系统的原型,以便让用户确认什么是真正的需求,一旦用户确认了需求,原型将被抛弃。因此,快速原型的内部构造并不重要。

快速原型化模型的优点:

(1) 客户和开发者可以通过原型快速对需求达成一致,明确的需求对软件设计和实现具有重要意义。

(2) 克服瀑布模型的缺点,减少由于软件需求不明确带来的开发风险。

有时开发组织对快速建立的原型舍不得抛弃,由此可能带来快速原型化模型的两条缺点:

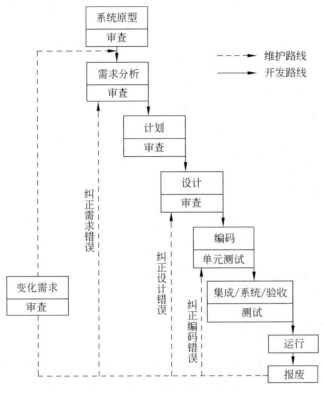

图 2-4　快速原型化模型

（1）所选用的开发技术和工具不一定符合主流的发展。

（2）快速建立起来的系统结构加上不断的修改可能会导致产品质量低下。

2.2.3　增量模型

增量模型是从一组给定的需求开始,通过构造一系列可执行的软件构件来实施开发活动,以增量方式逐步完善待开发的软件。当一个新的构件被编码和测试后,并入到软件系统结构中,然后将该结构作为一个整体进行测试。这个过程不断循环往复直到软件系统达到要求的功能为止。

增量模型在各个阶段并不交付一个可运行的完整产品,而是交付一个子集。整个产品被分解成多个构件,开发人员可以分别实现各个构件,每个构件都可以独立运行。增量模型如图 2-5 所示。

基本增量模型是先确定软件的问题域,然后进行需求分析、制订实施计划、对整个产品做总体设计,这些完成之后才对产品的各个构件分别编码、集成和交付。

另外一种比较冒险的增量模型是,一旦确定系统的问题域之后,就开始进行第一个构件的需求分析,完成后,开始第二个构件的需求分析,同时第一个构件进行设计和编码等工作,这样不同的构件是并行开发的。冒险的增量模型如图 2-6 所示。

这种方法有可能会导致所做的构件无法组装到一起,因为系统没有一个明确的总体

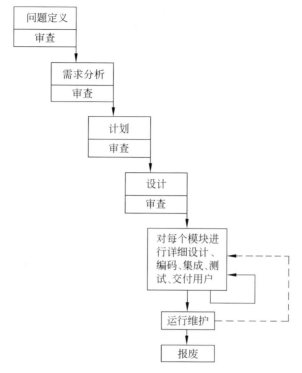

图 2-5 基本增量模型

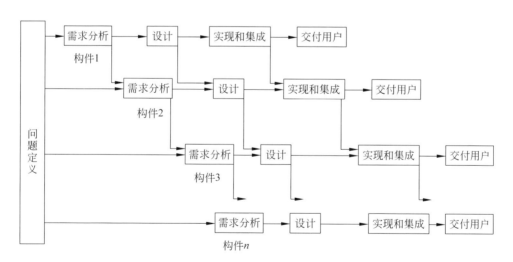

图 2-6 冒险的增量模型

设计过程,所以各个构件之间的接口有可能定义不清,而最终可能造成系统开发失败。

增量模型的优点:

(1) 由于能够在较短的时间内向用户提交一些有用的工作产品,因此能够解决用户的一些急用功能。

(2) 由于每次只提交给用户部分功能,用户有较充分的时间学习和适应新的产品。

（3）对系统的可维护性是一个极大的提高，因为整个系统是由一个个构件集成在一起的，当需求变更时只变更部分构件，而不必影响整个系统。

增量模型的缺点：

（1）增量模型要求设计者必须站在整个系统的角度，对系统的构架进行良好的设计，否则，可能会出现各个构件不能集成在一起的风险。

（2）开发期间，开发者和用户必须始终在一起，直到系统的完全版本出来。

2.2.4　螺旋模型

螺旋模型是瀑布模型和快速原型模型的联合体，强调风险控制，特别适合于大型复杂的系统。它是由 Boehm 于 1988 年提出的。它的基本思想是通过建立原型、划分开发阶段来降低风险，一旦在开发过程中风险过大就停止继续开发，因此，它不适合作为合同项目的开发。如果作为合同项目的开发模型，则要在签订合同之前将所有的风险考虑清楚，否则，不管哪一方中途停止开发都可能会导致经济赔偿或承担法律责任。

螺旋模型一般被划分为 2～6 个框架活动，沿顺时针方向布局，请看图 2-7 完整的螺旋模型。

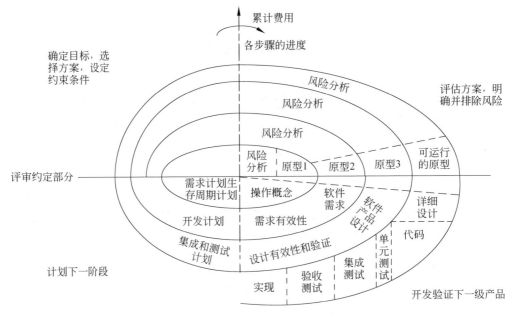

图 2-7　完整的螺旋模型图

其中的活动分别是：

- 确定目标（左上象限）——明确软件目标，确定实施方案，设定约束条件。
- 风险分析（右上象限）——针对确定的实施方案，评价可能的风险，制订控制风险的措施，开发原型。
- 实施工程（右下象限）——根据原型，分析操作概念，确定软件需求；设计软件产品;实施软件开发,这是一个纯粹的瀑布模型。需要注意的是,这些工作分解在不同的时期逐步进行。

- 评价成果,规划下一步工作(左下象限)——评估工作成果是否满足初始的目标,方案是否存在缺陷,规划下一步要开发的内容。

沿螺旋线自内向外每旋转一圈完成一个确定的目标。首先,确定初步的目标,制定方案和限制条件,进入右上象限,做风险评估后,进入右下象限,开发原型,以帮助客户和开发人员理解需求,通过对原型进行评价,确定操作需求,制定生命周期计划。针对操作需求和生命周期计划进入螺旋的第二层,制定新的目标和方案,再次分析风险,如果风险过大,应该就此终止;否则再次开发原型,确定新需求,并制定开发计划。然后进入第三层螺旋……如此下去,逐步延伸,最终用户获得完整的系统。

螺旋模型的优点:

对于大型系统及软件的开发,这种模型具有很好的风险控制。开发者和客户能够较好地对待和理解每一级迭代的风险。

螺旋模型的缺点:

需要具有较高的风险分析评估技术,另外,这个模型的应用比较复杂。

2.2.5　构件组装模型

面向对象技术为基于构件的建模提供了技术保证。面向对象方法强调将数据与操作该数据的方法封装在一个类中。将以前项目中创建的类存储在一个类库中,在开发新的项目时,一旦经过与用户交谈确定了需求后,首先搜索已有的类库,如果需要的类已存在,便从库中提取出来和新开发的类有机地结合在一起,形成一个完整的软件版本。如果不存在,就采用面向对象方法开发它。

构件组装模型有助于软件复用,如果软件行业逐步建立和完善软件构件标准,那么构件组装模型将是实现软件生产规模化、工程化的一个最有前途的模型。据统计,使用构件组装模型可以缩短 70% 的开发周期,节省 84% 的项目成本。

构件组装模型的优点:

(1) 充分利用已有的构件,提高了开发效率。

(2) 可以采用面向对象的技术,使程序具有更好的可维护性。

构件组装模型的缺点:

过分依赖于构件,构件库的质量影响着产品质量。

2.3　迭代与递增

人对于世界的认识是一项主观活动,由于多种因素的影响,使得人们很难一下子对所要认知的事物有一个全面的了解。具体到软件工程,很难在开发之前弄清楚客户的所有需求,一方面,客户对自己想要什么可能并没有一个明确的想法;另一方面,软件开发都是有时间期限的,在短时间内很难把所有的问题搞清楚。采用传统的瀑布模型,使很多软件项目在匆忙交付后发现用户不满意,于是进行修改,客户可能还是不满意,再次修正,在这样反复的拖延中,客户和软件开发商都筋疲力尽。

采用迭代过程开发软件,意义就在于开发商和客户一起探索客户真正需要的东西并且逐步确认和实现这些需要,这种探索是在不断的迭代过程中完成的。通过不断的检查和反馈,使得那些不适合的东西在早期被暴露出来,迭代给予了我们这样一种检查和反馈的机制,让我们不必在事情结束的时候才惊奇地发现我们一直努力在做的东西其实是一堆废品。

(1) 迭代所关注的第一个问题是变化。变化并不是对过去工作的否定,而是着眼于未来,是使工作更加完善的必要手段。无论是需求、设计还是编码,不可能一次性就把它们做到完美,只能通过不断的修正,让它们趋近于完美。有些团队为了保持开发的稳定性,会"冻结需求",也就是说在一段时间内要客户方代表承诺不对开发中的需求进行变动。事实上,需求变化是客观存在的,它是不会因为一个承诺就真正地"冻结"了。如果目前的需求定义并不能反映用户真正的意愿,在冻结周期过后,仍然需要对已经做完的工作进行修改。当然,如果需求变化太频繁,在某些时候有必要对需求进行冻结以便让开发更加平稳,同时也给软件开发者和客户一个反思的时间。迭代思想带给我们最重要的一个启示,就是要适应变化。让开发团队和开发过程具有适应变化的能力,因为这种变化是客户需要的、是能够让软件更能体现出本身的价值。

(2) 迭代的周期问题,一个迭代周期意味着对一些特定功能的探索。一个迭代周期应该有多长呢?这并没有一个统一的说法,而是应该视目标和可用的资源而定。迭代周期过长会延缓反馈的时间,许多问题堆积起来。迭代周期过短,会让人身心疲劳,难有大的成效。一般来说,迭代周期应该在 2~6 周,如果安排的迭代周期超过了两个月,可能就必须审视一下迭代计划的合理性了。每个迭代周期不必相同,刻板地把所有迭代规定为固定的时间是错误的做法,应该根据前一迭代周期的工作效率估算下次迭代时间。

(3) 每次迭代的目标必须明确,"通过这次迭代达到什么目的",同时还要考虑"如何检查该目标是否已经达到",这就是所谓的"里程碑"。例如,本次迭代的目标是对某个方面的需求做进一步细化和评审,完成某个模块的开发,并加入到软件的下一版本中去。软件项目是一个不断探索的过程,怎么能够明确地对未来的事情做具体的安排呢?例如,在项目初期调研客户需求时,为了实现"明确"的目标,我们规定本次迭代的任务是完成20%的用户需求调查。很显然,用户需求总量到底有多少并不清楚,所以这次迭代的结果就很难衡量。为了避免这种情况,必须换个角度规定本次迭代的目标:对某个部门的用户做需求调研,在迭代完成后,检查这个部门的所有用户访谈记录,确认这个部门的每个成员都认为记录表达了他们的全部意思。

(4) 迭代的一个重要目的是可以及时获得反馈。有个例子太形象了,一个男人在大街上走着,并没有发现裤子上的拉链已经松开了,虽然看到这个情况的人有很多,但大家有各种各样的担心,很少有人告诉他实情。这件事情至少带给我们两个启示:一是得到反馈是重要的,二是要想得到正确的、有价值的反馈,需要其他人的配合。

如果客户不能及时地反馈,就可能把那些不符合需求的开发继续下去,由于软件中各种功能和模块的相互依赖性,问题可能被放大数倍,越到后来,问题可能就越大。在意识到反馈的重要性之后,应该要求所有相关人员都对迭代的结果做出反馈。一般来讲,根据软件开发角色的不同,要非常关注两类人的反馈:项目组之外的客户和项目组之内的各类实施人员。软件项目一般都会要求客户方安排专门的业务人员进行配合,在迭代开发中,这种配合不只是进行需求的整理和发掘,还包括对已经完成软件版本的评测,在这个过程中应该有需求分析师的配合。在每次迭代完成之后,软件项目组应该有一些总结和分析活动,记录存在的问题,比如组织结构不合理,角色分配不明确之类。这些问题记录下来,在下次迭代中进行改善,如果相同的问题连续出现在几次迭代中,可能就说明项目管理出了问题。

软件工程的合作包括团队内部的协作、开发者与客户的合作。迭代开发需要快速反应,因此相关的人员必须清楚自己的职责,并且相互之间要密切配合,这需要事前的准备和任务的合理分配。最好能够有真正的系统使用者参加到迭代过程中来,他们最有发言权。有时出于各种原因客户确实不能到现场配合的,可以通过其他的途径获得客户反馈,比如一个迭代完成后,把相关操作用截屏加文字说明的方式发给客户,让他们对产品有一个直观的印象。为了让团队能够有效快速地配合,应该尽可能使用各种自动化工具,例如自动化测试管理工具、配置管理、集成以及发布之类的工具。通过对这些工具的有效应用,使得各个成员能够快速获得信息。

(5) 在实际应用中迭代和增量模型往往相伴使用,先来看二者的区别。假设现在要开发 A、B、C、D 4 个大的业务功能,每个功能都需要开发两周的时间。对于增量模型而言将 4 个功能分为两次完成,第一次完成 A、B 功能,第二次完成 C、D 功能。对于迭代模型,第一次完成 A、B、C、D 4 个基本业务功能但不含复杂的业务逻辑,而第二次迭代再逐渐细化补充相关的业务逻辑。两周过后,采用增量模型开发,A、B 全部开发完成而 C、D 还一点都没有动;而采用迭代模型开发的时候,A、B、C、D 4 个的基础功能都已经完成,但并不完善,还需要再次迭代来完成。

两个模型结合使用,在每次迭代中既有新增的模块,也有对已开发模块的完善,由此可以降低开发的风险和难度。

2.4 RUP 软件开发过程

统一软件开发过程(Rational Unified Process,RUP)是一个二维的软件开发过程模型,一维反映过程展开的生命周期特征,主要包括周期、阶段、迭代和里程碑;另一维是展开的逻辑活动,主要包括活动、产品、工作者和工作流。RUP 过程模型的表示如图 2-8 所示。

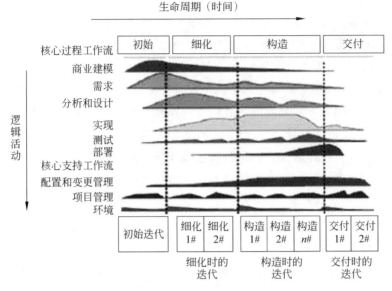

图 2-8　RUP 过程模型图

2.4.1　RUP 的 6 个最佳实践活动

1．迭代开发

迭代开发通过确立一个个小目标，经常性地提交可执行版本使最终用户持续介入和不断反馈，有效地控制风险。

RUP 的生命周期分为初始、细化、构造和交付 4 个阶段，每个阶段都包含了需求、设计、编码和测试等相关活动，只是活动主体不同而已。每次迭代里面仍然需要遵循需求→设计→编码的小瀑布过程，只是过程可以是些轻量化过程。与瀑布式开发比较，迭代开发更能规避风险，更好地获取用户需求。

2．管理需求

需求是动态变化的，对需求的管理应贯穿于软件生命周期的所有环节。需求管理包括三个活动：①获取需求，并将它们写成文档；②估计需求变化产生的影响；③跟踪需求变化，记录每次对需求变化所作的决策。有效的需求管理可以更好地控制复杂的软件项目，提高软件质量和客户的满意度，降低项目的成本和延迟的风险，加强项目成员之间的交流。

3．使用构件的体系框架

一个应用系统结构稳定、可扩展性强、可维护性好等诸多特性都是通过稳定的系统架构来实现的。RUP 支持基于构件的软件体系结构，基于构件的构架由于其柔性的结构、对复用的支持被认为是最佳的实践。

4．可视化的建模

建立一组可视的系统模型，每一个模型强调不同视点。这些模型可以使开发人员更好地理解系统,在团队成员之间建立良好的沟通。UML 可视化建模语言提供了 5 个视图,10 种图,能够对任何复杂的系统建立模型。

5. 持续的质量检验

软件工程中的缺陷越早被发现和解决其成本越低,因此需要在每个迭代周期内进行功能和性能测试。在 RUP 中软件质量评估不在是事后进行,而是嵌入在软件过程的所有活动中,目的是及早发现软件中的缺陷。

6. 管理变更

一个软件项目从始到终,可能的变更包括需求变更、资源变化、技术更新、平台变换等。在多人参加、位置分散的开发环境下,如何控制变更是项目成败的关键因素。对于变更要管理的内容包括:谁提出了变更? 什么时间提出? 变更的内容是什么? 变更的影响是什么? 变更的结果如何? ……

2.4.2 开发过程的 4 个阶段和里程碑

RUP 中的软件生存周期在时间上被分解为 4 个顺序的阶段,分别是初始阶段、细化阶段、构造阶段和交付阶段。每个阶段结束于一个主要的里程碑,每个阶段本质上是两个里程碑之间的时间跨度。在每个阶段的结尾执行一次评估以确定这个阶段的目标是否已经满意,如果评估结果令人满意的话,可以允许项目进入下一个阶段。

1. 初始阶段

初始阶段的目标是为系统建立商业模型并确定边界。为了达到该目的必须识别所有与系统交互的外部实体,在较高层次上定义交互的特性。在这个阶段中所关注的是整个项目需求方面的风险,阶段的里程碑是生命周期目标里程碑,它评价项目的基本生存能力。

2. 细化阶段

细化阶段的目标是分析问题领域,建立完整的体系结构,编制项目计划书,淘汰项目高风险的元素。在理解系统的基础上,确定项目的范围、主要功能和性能,建立支持环境,熟悉工具,开发原型。本阶段的里程碑是生命周期结构里程碑,它为系统的结构建立了管理基准,并且建立的结构能够在构建阶段中进行衡量。

3. 构造阶段

在构造阶段,开发构件和应用程序并集成为产品,所有的功能被详细测试。从某种意义上说,构造阶段是一个制造过程,其重点放在管理资源及控制成本、进度和质量。构造阶段的里程碑是初始功能里程碑,它决定了产品是否可以在测试环境中进行部署,确定用户是否可以在规定的环境中运行软件系统。此时的产品版本也常被称为 β 版。

4. 交付阶段

交付阶段的重点是确保软件对最终用户是可用的。交付阶段可以迭代多次,包括为发布进行的产品测试,对用户反馈的少量调整,这个时期用户反馈主要集中在产品调整、设置、安装和可用性问题,而主要的结构问题应该在项目的早期阶段解决了。交付阶段的里程碑是产品发布里程碑,主要检查确定的目标是否已经实现,有些情况下这个里程碑可能与下一个周期的初始阶段相重合。

2.4.3 统一软件开发过程的9个核心工作流

RUP共有9个核心工作流:其中6个核心过程工作流和3个核心支持工作流。9个核心工作流在项目中轮流被使用,在每一次迭代中以不同的重点和强度重复。

1. 商业建模

商业建模工作流描述了为企业或其他客户开发软件系统,以解决目前存在的业务问题,基于这个构想设计商业用例模型和商业对象模型、定义新的业务过程、角色和责任。

2. 需求

需求工作流的目标是描述系统应该做什么,并使开发人员和用户就这一描述达成共识。为了达到该目标,要对功能和约束进行提取、组织和文档化,最重要的是理解对问题的定义和范围。

3. 分析和设计

分析和设计工作流将需求转化成未来系统的设计,为系统设计一个健壮的结构,使设计与现实环境相匹配,创建一个设计模型和一个分析模型。设计模型是源代码的抽象,由设计类和一些描述组成。设计类被组织成具有良好接口的设计包和设计子系统,而描述则体现了类的对象如何协同工作实现用例的功能。设计活动以体系结构设计为中心,体系结构由若干结构视图来表达,结构视图是整个设计的抽象和简化。体系结构不仅仅是良好设计模型的承载媒介,而且在系统的开发中能提高被创建模型的质量。

4. 实现

实现工作流的目的是以层次化的子系统形式定义代码的组织结构;以组件的形式(源文件、二进制文件、可执行文件)实现类和对象;将开发出的组件作为单元进行测试,集成开发者提交的结果,使其成为一个可执行的系统。

5. 测试

测试工作流要验证对象间的交互作用,验证软件中所有组件的正确集成,检验所有的需求是否已被正确地实现,识别并确认缺陷在软件部署之前被提出并处理。RUP提出了迭代的方法,在整个项目中进行测试,目的是尽早地发现缺陷,降低修改缺陷的成本。

6. 部署

部署工作流的目的是生成可运行的软件版本,并将软件分发给最终用户。部署工作流描述了软件打包、生成与软件相关的产品、安装软件、为用户提供帮助等,总之是让最终用户能够顺利、方便、快捷、安全地使用软件产品。

7. 配置和变更管理

一个软件项目组通常由多人组成,配置管理和变更管理工作流描述如何控制项目进行过程中产生的大量中间产品(文档、代码和数据)。变更管理提供了管理变更的准则,配置管理提供了版本跟踪和控制的策略。

8. 项目管理

软件项目管理平衡各种可能产生的冲突和风险,克服各种约束并成功交付用户满意的产品。其目标包括为计划、人员配备、执行和监控项目提供实用的准则,为管理风险提供有效的措施等。

9. 环境

环境工作流的目的是向软件开发组织提供软件开发环境,包括确定软件开发过程需要的活动,搭建开发环境和熟悉开发工具。同样也支持开发项目规范的活动,提供指导手册,并介绍如何在组织中实现过程。

2.4.4 关于 RUP 的十大要素

这是从互联网上发现的一篇文章,作者是一位软件项目经理,名叫 Leslee Probasco。他通过一个准备爬山的过程案例告诉我们 RUP 过程的本质是什么。请看下面这个故事。

有天晚上,邻居 Randy 过来求助。她正在为周末野营做准备,但是不知道应该带些什么东西才好。她知道,Leslee 经常组织野外旅行,而且有一张准备工作清单,所以,她想借那张清单。

"借给你没有任何问题,但是恐怕帮助不大。" Leslee 解释道。因为,Leslee 的外出准备工作清单中有好几百项,涉及很多种类型的外出,从登山到滑雪,旅行时间从几天的短途旅行到几个月的远征探险。

如果没有相应的帮助,Randy 将会陷入冗长的清单之中,以致弄不清简单的外出需要准备什么。

Leslee 提出看一下 Randy 的包里面都装了哪些东西。看过之后,Leslee 发现 Randy 真正缺少的是对野外旅行的理解,也就是说,她没有抓住野外旅行的要点。

Leslee 列出以下 10 个项目:①地图;②指南针;③太阳镜和防晒油;④额外的衣服;⑤额外的食物和水;⑥头上戴的小灯;⑦急救箱;⑧打火机;⑨火柴;⑩刀子。

他告诉 Randy 应该从这 10 个要素出发,然后再根据旅行的特点进行加减,准备工作就清楚多了。

同样道理,RUP 的内容很多,那么我们是否也需要找到它的要素呢?

RUP 的十大要素:①开发前景;②项目计划;③标识和减小风险;④分配和跟踪任务;⑤检查商业理由;⑥设计组件构架;⑦对产品进行增量式的构建和测试;⑧验证和评价结果;⑨管理和控制变化;⑩提供用户支持。

(1)开发前景。有一个清晰的前景是软件项目的关键,如果软件设计者、开发者和用户对要完成的系统都描述不清楚,那么,开发出的系统怎么可能满足要求呢? 前景抓住了 RUP 需求流程的要点:分析问题、理解用户需求、定义系统,当需求变化时管理需求。

前景是软件项目的一个清晰的、高层的视图,能被过程中任何决策者或者实施者借用。它捕获了高层需求和设计约束,让相关的人员都能理解将要开发的系统。由于前景构成了"开发的系统是什么","为什么要开发这个系统",所以可以把前景作为将来验证系统的标准之一。对前景的陈述应该能回答以下问题,需要的话这些问题还可以分成更小、更详细的问题。

- 关键术语是什么?(词汇表)
- 要解决的问题是什么?(问题陈述)
- 涉众是谁?用户是谁?他们各自的需求是什么?
- 产品的特性是什么?
- 功能性需求是什么?(用例)
- 非功能性需求是什么?
- 设计约束是什么?

(2) 项目计划。在 RUP 中,软件开发计划(SDP)综合了管理项目所需的各种信息,并且必须在项目进行过程中不断地维护和更新。

SDP 定义了项目时间表和资源需求,可以根据项目进度表来跟踪项目进展情况,同时它也影响着其他计划,例如,项目人员组织结构、需求管理计划、配置管理计划、问题解决计划、质量计划、测试计划、评估计划以及产品验收计划。在简单的项目中,这些计划的陈述可能只有一两句话。例如,配置管理计划可以简单地陈述为:每天结束时,项目目录的内容将被压缩成 ZIP 包,加上日期和版本标签,放到中心服务器的指定目录下。

项目计划是 RUP 中项目管理流程的核心工作之一,所谓核心工作包括以下活动:构思项目、评估项目规模和风险、监测与控制项目、计划和评估每个迭代和阶段。

(3) 标识和减小风险。RUP 的要点之一是在项目早期就标识并处理最大的风险。项目组标识的每一个风险都应该有一个相应的缓解或解决计划。

(4) 分配和跟踪任务。在 RUP 中,定期的项目状态评估提供了解决管理问题、技术问题以及项目风险的机制。一旦发现问题就应该指定一个解决问题的负责人和解决时间,并且不断跟踪。定期的评估能捕获项目的历史,发现影响进度的障碍或瓶颈。

(5) 检查商业理由。从商业的角度提供必要的信息,以决定一个项目是否值得投资。它提供了开发项目的理由,并建立经济约束。当项目进行时,分析人员用商业理由来正确地估算投资回报率。在关键里程碑处,项目经理应该回顾商业理由,计算实际的花费、预计回报额,决定项目是否继续进行。

(6) 设计组件构架。在 RUP 中,软件系统的构架是指系统关键部件的组织或结构。部件之间通过接口进行交互,而部件是由一些更小的部件和接口组成的。RUP 提供了一种设计、开发和验证构架的系统方法。在分析和设计流程中包括以下步骤:定义可选构架、细化构架、分析行为(用例分析)、设计组件。

在 RUP 中,每个视图都描述了系统的某个方面,这些视图组成了系统的构架描述,它是系统相关人员之间进行沟通和交流的基础。

(7) 对产品进行增量式的构建和测试。在 RUP 中实现和测试的要点是在整个项目生命周期中以增量的方式进行编码,逐步集成和测试。每个迭代周期结束时生成可执行版本,在细化阶段后期,应该有一个可用于评估的构架原型,包括用户界面原型。在构建阶段的迭代中,组件不断地被集成到可执行的、经过测试的版本中,不断地向最终产品进化。在这个过程中,及时的配置管理和评审活动也是关键要素。

（8）验证和评价结果。根据系统的规模、开发风险和迭代的特点对结果进行评估，评估方法可以是对演示结果的一条简单的记录，也可以是一份完整的、正式的测试评审报告。

（9）管理和控制变化。RUP 的配置和变更管理流程要点是当变化发生时管理和控制项目的风险。目的是尽最大可能满足用户对系统的要求，同时仍能及时地交付合格的产品。

（10）提供用户支持。在 RUP 中，部署流程的要点是包装和交付系统，同时交付有助于最终用户学习、使用和维护系统的必要材料。至少要给用户提供一本用户指南，可能还有一个安装指南和版本发布说明。应该通过一份材料清单清楚地记录交付的文档。

在发现了 RUP 的十大要素之后，怎样才能让它给我们的软件项目带来根本的变化呢？Leslee 有一些建议。

（1）对于非常小的项目，并且开发小组没有 RUP 的经验。那么，前面所列的 RUP 十大要素是很有用的，项目经理仔细地规划和记录 10 个要素的执行过程就够用了。

（2）当一个项目的规模比较大、复杂度比较高时，记录 RUP 十大要素会产生巨大的数据量，因此需要有自动化工具支持。这时，最好还是将 RUP 十大要素和 RUP 的最佳实践相结合，逐步尝试自动化工具。

（3）对于成熟的项目团队，如果已经采用了某种软件过程，或使用了 CASE 工具，那么可以用 RUP 十大要素进行一种快速评估。

当然，不同的项目各有自己的特点，有些项目可能不需要所有的要素，在这些情况下，重要的是考虑：如果你的团队忽视某个要素后会发生什么问题？举例如下。

- 没有前景？会迷失方向，走很多弯路，把力气浪费在毫无结果的努力上。
- 没有计划？将无法跟踪进度。
- 没有问题列表？没有定期的问题分析和解决策略，小问题会演变成大问题。
- 没有商业理由？存在浪费时间和金钱的风险。项目最终要么超支，要么被取消。
- 没有构架？用什么进行交流和沟通，系统的伸缩性和性能上可能会出现问题。
- 没有变更请求？将无法估计变更的潜在影响，无法就互相冲突的需求确定优先级，无法在实施变更时通知整个项目组。

因此，建议将 RUP 十大要素作为项目组的一个起点，然后决定哪些是需要的，哪些是不需要的，哪些是要修改的。

2.5　敏捷开发

前面介绍的瀑布模型，其基本思路是像工厂流水线一样把软件开发过程分成各种工序，并且根据软件的规模、参与人员的数量进一步细分工序。它的特点首先是强调文档，前一个阶段的输出就是下一个阶段的输入，文档是各阶段衔接的必要信息，软件产品的"模样"只有到了开发的后期才能看到。

"敏捷"一词意味着快速、简单、灵活。敏捷开发过程重点强调以人为本，注重编程中人的自我特长发挥。强调软件开发的主体是程序，文档是为软件开发服务的，不是开发的主体。敏捷开发特别重视客户参与开发,因为开发者不是客户业务的专家,所以一定要客户来阐述实际的需求细节。编制周密的计划是为了最终软件的质量,但是为了要适应客户需求的不断变化,计划和设计要不断调整。

总结敏捷开发与瀑布模式的不同,主要是下面几个"敏捷"的关注点。

- 迭代:软件的功能是客户的需求,界面的操作是客户的"感觉",迭代缩短了需求到"感觉"的周期。
- 客户参与:以人为本,客户是软件的使用者和业务专家,没有客户的参与,开发者很难理解客户的真实需求。
- 小版本:快速展现功能,看似简单,但对于复杂的客户需求,合理地分割与总体上的统一是不容易的。分成小部分来部署应用软件,就是为了更早发现及补救软件错误和使用问题,从而减少补救成本。

注意:敏捷就是"快",要快就要充分发挥每个人的个性思维,个性思维的增多会造成软件开发规范性、一致性和可复用性的下降,因此把敏捷开发与传统的"瀑布式"开发有机地结合是软件开发组织者面临的新课题。另外并不是所有软件项目都适合敏捷开发。例如,难以分解的大型应用软件、需要分布式开发的应用软件等不适合使用敏捷开发模型。

2.5.1 敏捷开发的技巧

(1)任务板。把要做的任务、正在做的任务和已经完成的任务,贴在白板上,不同的颜色表示不同的重要程度。可以画一些泳道来表明任务应该是谁来完成。

(2)需求特性板。需求特性是软件大的功能需求,通常按照月份来进行归类。敏捷开发需要把软件设计分成三个部分:特性→用例→任务,特性是对最终用户有意义的一个功能,用例是由特性分解而来的一个可以用来做功能测试的小情节,任务是由用例分解而来,它是开发人员需要完成的一个最小的工作单元。

(3)敏捷过程中,时间分为:发布→迭代→每日,发布的周期通常为 1~6 个月,迭代的周期通常是 1~4 周,每天为完成任务进行编程。把任务和时间对应起来就是在每个发布周期过程中要完成的"特性",在每个迭代周期中要实现的"用例",每天要完成的"任务"。更形象一点,我们也可以准备下面三块黑板。

- 特性黑板:每一列标识一个发布需要完成的特性。
- 用例黑板:每一列标识一个迭代周期需要完成测试的案例。
- 任务黑板:每一天要做的任务。

2.5.2 敏捷开发实例

这是一个真实的故事。2006 年初,一位客户联系我们,希望为他的企业开发一个企业网站项目。该项目的主要功能包括新闻发布、产品信息发布以及后台的用户管理和权限设置,还有外围的论坛、FTP 和电子邮件系统。这应该是一个比较简单的 Web 应用软件。我们和客户一起将网站所有的功能整理成了列表,并标记出各个功能之间的关系,设计师和客户一起将所有网页的布局也设计出来。在整理需求过程中,我发现项目并不像客户最开始描述的那样简单。因为客户所在的企业有一百多个部门和车间,所以客户要求按照部门和车间对网站的用户进行管理,权限管理是层层授权的。从表面上看,这种设计没什么问题,但在实际操作中,这种设计要求对每一个部门的相关员工都进行培训,让其掌握系统的使用,增大了项目的应用成本。同时,由于繁琐的授权模式,最终负责产品管理的人员反倒没有充分的权力使用系统。我们对这些不合理的地方提出了自己的看法,希望采取更灵活更实用的设计方案,但是客户没有接受我的意见。

按照需求文档,开发人员不到 20 天,就拿出了一个原型系统,虽然细节上还有不少需要完善的地方,但主要功能都已经具备了。在余下来的时间中就按原型系统和文档进一步完善细节,很快完成了系统开发,并部署到服务器上。一周后,上门为客户提供培训的技术支持人员就带回来了一份详细的修改意见。修改意见主要集中在权限管理功能,层层授权太过繁琐,导致客户怨声载道,对系统提出各种各样的负面看法。经过与客户企业领导协商,决定一方面用最短的时间修改现有系统;另一方面重新做一套新系统来替换现有系统。

为了降低成本决定采用敏捷开发。

首先和客户方派来的代表一起模拟了权限管理功能的运作方式,模拟过程类似角色扮演游戏。先在许多张卡片上写好各个部门及员工的名字、职位信息。然后和客户代表一起,手持不同的卡片扮演不同的角色。然后将不同角色之间的交互过程记录下来。这个过程就是敏捷开发中倡导的 User Story,虽然简单,但是非常有效。不但能够真正理清各个角色之间的关系,还能找出实际运用时的不足之处。

客户代表在整个新系统开发期间,一直都与项目组在一起,加强了沟通。实际上,不管采用何种开发模式,充分的沟通都是保障项目成功的关键因素之一。沟通越充分,双方协作程度越高,项目就会进行得越顺利。敏捷开发中,通过小步前进的快速迭代来逐步逼近项目最终目标,所以沟通就更为重要,否则一次迭代完成后,得不到及时和正确的反馈,项目就无法进行下去。

这个系统的应用程序核心部分有 100 多个类,6700 多行代码。从与客户意向性洽谈到最后完成,3 个人花了 6 个月时间,期间开发实际上只进行了不到 3 个月,而且还是做了 2 次。其他时间全花在沟通、协调和开会上了。

2.5.3　极限编程简介

极限编程(Extreme Programming,XP),一提起"极限"人们马上就想到马拉松长跑,喜马拉雅山的登山者,总之是强调把事情做到极限、做到最好。支持敏捷开发过程的极限编程强调交流、简单、反馈和勇气。

交流包括开发人员与客户的交流、开发人员之间的交流、开发人员与管理者的交流。

开发人员与客户的交流,这一点与传统的软件工程中有些类似,特别是在需求分析、概要设计以及验收测试的时候,开发人员与客户有效的交流是必不可少的,直接影响到一个项目是否能够符合客户的要求。然而极限编程中客户所处的开发阶段有些不同,传统的项目开发过程中,客户只在最初的时候和最后的时候需要和开发人员在一起,他们的责任是帮助开发者理解客户的业务逻辑,但是这样就不可避免的导致:在项目最初的时候客户提出了错误的或者不准确的需求,开发组却全然不觉地沿着错误路线工作,到了项目验收的时候发现有错误或者需要修改,此时开发组不得不付出很多的时间和精力来适应客户的需求。在极限编程中,强调客户全程参与,客户随时提供业务上的信息,而且还要编写验收测试的场景和测试用例,这样可以在很大程度上保证项目的方向不会错误。

简单是指设计简单、编码简单、注释简单和测试简单。在极限编程的过程中,提倡一种简单设计的理念。在实际开发中,我们常常发现在项目结束的时候,当初的设计文档早已改得面目全非了,因此极限编程强调设计简单,以免浪费时间。

在最初的设计工作中明确要实现的重要功能,设计出总体框架和确定核心技术,篇幅不会很多,即使今后有了一些改变,也不需要花费太多的时间来进行修改。

注意:简单设计并不意味着设计是可有可无的,相反那简单的几页纸更加重要,因为一个项目的核心内容都在上面。

在极限编程的过程,并非要一下子实现所有需要的功能,极限编程中提倡变化。可以先实现部分功能,然后添加详细的内容,并逐步对程序进行重构。重构后的代码,所有的类和函数、过程都是非常清晰、合理的,每一个模块完成的功能非常明确。

注意:不要把简单和随意等同起来,尽管要实现简单的编码,依然要有编码标准,使得所有人都能够很容易地看懂程序代码。

如果按照瀑布式开发,测试会全部放在编码完成之后,其中包括单元测试、集成测试、功能测试以及验收测试。在极限编程中,测试是通过编写测试代码来自动完成的。特别是在一些面向对象的编程环境中,可以使用 xUnit 工具快速、有效地进行单元测试。编写测试代码甚至可以是在正式编码之前。每一次修改了程序之后,都要运行测试代码来看程序是否有问题。而且对于程序的集成,极限编程提倡的是持续集成,也就是不断地将编写好的、通过了单元测试的代码集成到系统中,并进行集成测试。

在极限编程中一个很重要的实践是有现场客户,有了现场客户就能够随时对软件做出反馈,有效地避免开发人员主观猜测引入的错误。现场客户责任重大,一个好的现场客户不仅可以准确地把握软件的方向,回答业务问题,而且可以编写验收测试场景和测试用例。

极限编程核心内容的最后一点是勇气,用于学习新的知识,尝试新的技术,接受新的挑战,勇于承担责任。

练习 2

1. 请查找软件过程的多种定义,发现其中的规律。
2. 软件开发的迭代与递增有什么不同?举例子说明。
3. 请列表对比说明各个过程模型的主要活动、适用范围和主要优缺点。
4. 查找几个著名软件公司的软件开发模式,说明软件开发过程的概念。
5. 请读者认真考虑图书馆图书信息管理系统使用哪个过程模型合适,提出理由,如果需要进行过程,请说明改进的思路。
6. 软件能力改进成熟度模型的初衷是什么?请分析一下,假设为了考察一个人的英语水平,我们设计一套考试题,从 1 级到 10 级,通过考试后发给相应级别的证书,没有通过者继续努力学习,准备再考。那么衡量一个软件企业的软件开发和管理水平的"考试题"应该是具有哪些内容呢?请在互联网上查找衡量组织软件能力的测试题。

7. "敏捷"开发与传统的开发存在哪些本质的不同?怎么看待传统开发过程中"文档"的问题?请仔细考虑一下解决问题的途径。

8. 请对照瀑布模型,理解 RUP 过程模型"二维"的特性。

9. 谈谈对 RUP 的 6 个最佳实践活动的理解。

10. "里程碑"在软件工程中的含义是什么?请说明软件生命周期各个阶段的里程碑。

11. 请认真体会 RUP 的十大要素,总结出自己理解深刻的要素,并在今后的软件工程实践中逐步修正和完善这些要素。

12. 有些人认为"敏捷"和软件工程的是矛盾的,你的理解呢?

第 3 章

软件工程管理

软件项目管理的提出是在 20 世纪 70 年代中期,当时美国国防部专门研究了软件开发不能按时交付、预算超支和质量达不到要求的原因,研究发现 70% 的项目是因为管理不善引起的。1995 年 Standish Group 的统计数据表明,美国共取消了 810 亿美元的商业软件项目,其中 31% 的项目未做完就被取消,53% 的软件项目进度通常要延长 50% 以上的时间,只有 9% 的软件项目能够及时交付并且费用也控制在预算之内。

为什么软件项目的管理如此重要呢? 因为软件是纯知识产品,其开发进度和质量很难估计和度量,生产效率也难以预测和保证,并且软件系统的复杂性也导致了开发过程中各种风险难以预见和控制。例如,像 Windows 这样的操作系统大约有 1500 万行源代码,有数千名程序员在同时进行开发,项目经理有上百个。这样庞大的系统如果没有很好的管理,其质量保障是难以想象的。

软件项目管理要管理的内容主要包括人员的组织与管理、软件度量、软件项目计划、风险控制、软件质量保证和软件配置管理等。这些内容贯穿于整个软件开发过程之中,其中人员的组织与管理把注意力集中在项目组人员组织结构优化和人员之间的沟通方式上;软件度量关注用量化的方法估算软件开发中的费用、生产率等要素;软件项目计划主要关注软件开发的工作量、进度等因素;风险管理预测可能出现的各种危害到软件项目的潜在因素,制定预防措施;质量保证是保证产品和服务满足使用者的要求;软件配置管理针对开发过程中的程序、数据、文档提出使用和管理的策略。

3.1 人员组织与管理

软件项目中的开发人员是最核心的资源。对人员的配置、调度和安排贯穿整个软件过程,人员的组织管理是否得当,对软件项目成败起着决定性作用。

3.1.1 项目负责人

项目负责人是一个项目的核心人物,对项目的成败起着关键的作用。目前的软件企业最缺的可能就是合格的项目经理,那么什么是合格的项目经理呢? 通常从基本素质和工作方法两个方面来考察一个项目经理。一个成功的项目经理应具备领导者的才能、沟通者的技巧、推动者的激情。工作主要有下面几项。

（1）确定项目目标。每个项目都应该有一个明确的、大家一致认可的主要目标。过多的目标会分散注意力，如果有些目标是在项目过程中自然产生的，那么不要一开始把它定为项目的目标。分析达到目标应该完成的具体任务，每个任务都围绕一个中心，并且不会互相抵触。

（2）明确职责权限。在项目开始前应该有岗位职责书，明确每个岗位的职责和权限。有些事情可能需要其他人协助或者授权给别人，但是责任人必须是明确的。作为管理者一定要明确有哪些权利，而且要清楚如何利用职权，这样才能采取有效的策略。权力很大，可以更威严；权力很小，试试多一些感情投资。

（3）熟悉工作流程。软件组织在制定一个企业或一个项目的管理规范时，应该首先了解一些国际或国家软件工程规范和标准，尽量使自己的项目过程符合大的规范和标准。

（4）掌握技术要点。通常项目经理不需要非常娴熟的技术能力，可以在项目组或公司层面配置技术专家。项目经理应该对需要使用的技术有一定的理解，便于沟通。

（5）了解人力资源状况。一般软件项目中人员的使用是分阶段的，不同的阶段需要不同的人员，应该根据需求选择合适的人员组建项目组。通常很难找到所有合适的人员，因此很多情况下项目经理要制定一个人员培训计划，在实际项目过程中培养技术和管理人才。

（6）把握内外资源。尽可能在项目早期明确提出需要的资源，除了前面提到的人力资源以外，还有资金和设备等。好的项目经理还要清楚通过什么途径可以获得这些资源。

（7）制定项目计划。以上工作都完成后，可以开始制定项目计划了。制定项目计划的第一个重要原则是尊重事实：计划要合理和可行，充分考虑项目背景、开发者的能力和项目风险等因素。计划的第二个原则是分步细化：很难在一开始就将所有的阶段计划细化，因此可以先定出阶段性的计划和细化计划的时机，然后只细化最近内容。计划的第三个原则是描述清晰、没有歧义。最后一个原则是计划一定要通过评审，得到所有相关部门和人员的认可。

（8）对项目变更要有完整的记录。项目从启动到设计、实施、上线通常经历一个较长的时间，其中不免会有变化。所有的变化项目经理都必须控制，包括需求分析、方案设计、人员和设备调整等，掌控变化，规避风险。

（9）保持良好的客户关系，建成一个项目，结交一批朋友。

案例1：下面结合一个实际的项目来了解一下项目经理的工作。这个项目的投资150万，项目经理做了以下工作。

（1）写技术可行性方案，到现场给客户讲解可行性方案并进行部分演示，主要目的是显示技术实力和对业务的理解程度，让客户了解开发组织的能力。

（2）根据客户发出的邀标书，编写投标书。

（3）中标后，写项目开发计划，包括预计需要的资源、项目预算、可能遇到的困难、开发进度等。

（4）需求调研，帮助客户梳理业务流程，同时自己了解客户业务，编写初步的需求文档。

（5）组建开发团队，分配任务。

（6）进行技术培训,制定软件框架和开发规范、数据库设计等规范。

（7）开发软件原型界面,并与客户一起讨论和完善原型界面,这个周期比较长也很重要。

（8）按照原型开发软件。

（9）测试人员陆续进行测试

（10）与其他外部系统接口厂商讨论接口方案。

（11）新系统与原有系统并行工作,发现问题及时解决,目的是使新系统基本能够稳定运行。同时对客户进行操作培训。

（12）并行一段时间后,准备正式上线,项目组检查所有的运行环境和外部接口。

（13）正式上线运行后,开始催客户付剩余的开发款。

从项目管理角度来说团队建设非常重要,好的团队需要有凝聚力和"战斗力"。

点评:这个项目经理的工作可谓是事无巨细,很辛苦、很负责任,但是有两点要特别注意的。第一,项目组的人员是有分工的,不可能全部由项目经理一个人来完成,分工之间有合作,但是一定要有责任人。对这个项目应该组织多个业务需求调研小组,每个小组分别进行调研,对调研结果进行讨论,并且由客户参加,然后编写调研报告。原型开发小组由专人负责,统一界面的风格、布局和操作方式。此外设专人负责数据库设计,所有关于数据库的创建和修改都由此人负责。测试、文档管理、变更管理各设一专人负责,所谓负责包括制定标准和规范(对现有的标准规范进行适当裁减,满足项目需要)、编写任务书、检查相应的工作结果、编写工作报告。项目经理要掌握完整的项目变更记录,因此,要设一名专人记录项目的变更。这里的专人不是指只做此项工作,他还要做其他工作,只是对此项工作负责。第二,项目商务问题,例如招投标、客户付款等问题不该由项目经理负责,项目经理可以协助商务人员工作。

3.1.2 软件项目组形式

常见的软件项目有两种,一种是单独的项目开发,一种是产品开发。如果是单独的项目开发应成立软件项目组,如果是产品开发则除了要成立软件项目组外,还要成立一个产品项目组,负责市场调研和销售工作。对于比较正规的软件公司,应该有项目管理委员会,它是公司项目管理的最高决策机构,一般由公司总经理或副总经理领导。项目管理委员会的主要职责是负责制定和维护公司的项目管理制度,并依照这些制度,监督项目的运作过程,对项目立项、项目撤销等关键活动进行决策。

在项目的初始阶段,要根据工作量、所需要的专业技能组建开发小组。一般来说,开发小组人数在 5～10 人之间最为合适,如果项目规模很大,可以采取分层结构,组建若干个开发小组。

软件项目组的结构主要有民主式、主程序员式和现代程序员组三种典型的组织结构。

民主式的组织结构中,小组成员完全平等,项目工作由全体成员讨论协商决定,根据每个人的能力和经验进行适当的任务分配。小组成员之间的通信是平行的,如果有 n 个成员,则可能的通信路径有 $n(n-1)/2$ 条。因此,这种结构要求组织内的成员不能太多,软件的规模不能太大。它的优点是容易激发大家的创造力,有利于攻克技术难关,问题是缺乏权威领导,很难解决意见分歧的问题。这种组织结构适合于规模小、能力强、习惯于共同工作的软件开发组,不适合规模大的软件项目。

主程序员式的组织结构中主程序员是技术熟练的和有经验的开发人员,对系统的设计、编程、测试和安装负全部责任,并且负责指导其他程序员完成详细设计和编码工作。程序员之间没有通信渠道,所有的接口问题都由主程序员处理。典型的主程序员组织结构如图 3-1 所示。

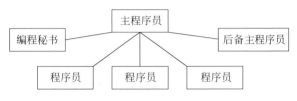

图 3-1　主程序员组的结构

后备主程序员也是富有经验的开发人员,支持主程序员的工作,负责设计测试方案、分析测试结构以及其他相对独立的工作,必要时接替主程序员的工作。编程秘书负责与项目有关的事务性工作,维护项目的资料、文档、代码和数据。程序员在主程序员的指导下,完成指定部分的详细设计和编程工作。

这种组织架构的优点是项目组人员的分工非常明确,所有人员在主程序员的领导下协调工作,简化了成员之间的沟通和协调,提高了工作效率。这种组织结构的问题是主程序员必须同时具备高超的管理才能和技术才能,在现实中这种全能人才很难得。

1972 年完成的纽约时报信息库管理系统项目中,使用了结构化程序设计技术和主程序员的组织结构,项目获得了巨大的成功。83 000 行源程序只用了 11 人一年就全部完成,验收测试中只发现了 21 个错误,系统运行第 1 年只暴露了 25 个错误。

前面介绍的民主式组织结构的最大优点是小组成员都对发现程序的错误持积极、主动的态度。主程序员组的组织结构中,主程序员对程序代码质量负责,因此他将参与所有代码审查工作,同时又负责对小组的成员进行评价和管理,会把所发现的程序错误与小组程序员的工作业绩联系起来,可能会造成小组成员不愿意发现错误的心理。为了摆脱这种矛盾,现代程序员组的结构中,取消了主程序员的行政管理工作,设置一名行政组长专门负责项目组的管理工作,其组织结构如图 3-2 所示。

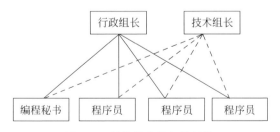

图 3-2　现代程序员组的结构

在图 3-2 的结构中,责任和工作范围定义得很清楚,技术组长只对技术负责,不必处理诸如预算、法律等问题;行政组长全面负责非技术性事务。

每个项目组的人数不宜过多,当项目规模比较大时,应该把成员分为若干小组,可采用图 3-3 所示的组织结构。

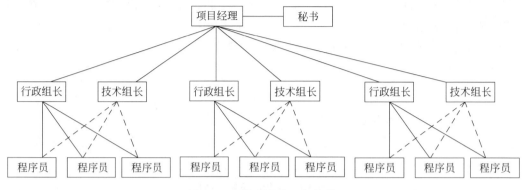

图 3-3　大型项目的组织结构

3.1.3　协调和沟通问题

项目沟通的方式是多种多样的,项目管理者应当合理地选择恰当的沟通方式,建立通畅的沟通渠道,保证能够及时准确地交流项目信息。常用的沟通方式有直接交流、电话、电子邮件和会议的方式。

直接交流用于项目组成员、用户、领导之间的沟通。在项目组内成员之间需要讨论用户需求、关键技术解决方案、工作任务之间的协调等内容。为了指导组内成员之间的有效沟通,项目经理应该有意识地提醒相关成员就一个问题进行讨论,并要求把讨论结果写成电子邮件发给项目经理备查。

电话交流主要是用于下达通知、了解或确认问题的一种快速沟通。有时一个软件项目可能由多家组织合作开发,或者用户距离较远,因此电话是非常有效的沟通手段。打电话之前要做好充分的准备:要解决的问题是什么? 自己的想法是什么? 需要对方做什么? 等等。总之,自己没有准备好之前不要打电话。对于重要的电话可以写备案或录音,以便事后整理备案。

在现代软件项目管理中,电子邮件的沟通方式起着无法替代的作用。例如,在一个大型软件开发项目中,我们要求用户将每次的需求变更都以电子邮件的形式发给项目组,项目组经讨论,估算出变更的影响和可能的工作量,以邮件的形式回复用户。当整个项目结束时,打印出所有的需求变更电子邮件,用户感到非常震惊,不但在第二期项目中追加了第一期需求变更引起的工作量,而且对待需求更加认真,使后期的工作更加顺利。

会议对软件项目管理来说必不可少。一些工作计划布置、落实、检查都要以会议的形式进行,以便快速地发现和解决问题。在软件开发的各个阶段,都要召开会议审查阶段产品。

其他的交流方式还有建立项目网站、书面报告等方式。

3.2 软件规模与成本估算

为了更好地完成软件项目,应该做计划,而做计划的依据是对软件规模和开发成本的估算。软件成本和工作量的估算不是一门精确的科学,因为影响估算的因素非常多——人员、技术、环境和管理过程都会影响软件成本和工作量,所以软件估算至今仍然是人们研究的热门问题。目前比较流行的估算方法主要是分解技术和经验模型技术。分解技术主张把软件项目分解成若干功能和相关的软件过程活动,以逐步求精的方式对成本和工作量进行估算。经验模型通常是软件开发实力雄厚的公司根据以往的历史数据导出的公式来预测软件的规模和工作量,比较主流的有 IBM、COCOMO Ⅱ 模型。

3.2.1 程序规模估算

软件规模估算主要有两种方式:代码行估算和功能点估算。代码行估算方法依据以往开发类似产品的经验和历史数据,估计实现一个功能所需要的源程序行数。如果有以往开发类似产品的历史数据可以供参考,用这种估算方法还是比较准确的。把实现每个功能所需要的源程序行数累加起来,可以得到实现整个软件所需要的源程序行数。

为了估算的准确性,可以选择多名有经验的软件工程师分别估算出程序的最小规模(a)、最大规模(b)和最有可能的规模(m),分别计算出这三个数的平均值 sa、sb 和 sm 后,再用下面的公式计算程序规模的估计值

$$LOC=(sa+4sm+sb)/6$$

用代码行技术估算软件规模时,当程序较小时常用的单位是行数(LOC),程序规模较大时常用的单位是千行代码数(KLOC)。

案例 2:大学图书馆图书信息管理系统主要实现读者管理、图书管理、借书、还书、处罚和预订,开发环境是 C♯,SQL Server 2005 数据库,程序规模估算见表 3-1。

表 3-1　程序规模估算表

功　能	最小规模	最有可能规模	最大规模	估算结果 LOC
读者管理	200	400	1000	(200+4×400+1000)/6=467
图书管理	200	400	1000	(200+4×400+1000)/6=467
借书	500	800	2000	(500+4×800+2000)/6=950
还书	500	800	2000	(500+4×800+2000)/6=950
处罚	300	500	1000	(300+4×500+1000)/6=550
预订	100	300	500	(100+4×300+500)/6=300
数据库存储过程*	300	600	1000	(300+4×600+1000)/6=617

* 读者管理、图书管理等功能需要操作后台数据库,为此将操作提炼出来用存储过程实现。

这个系统总代码量大约是 4301 行,软件代码的平均生产水平如果按每人每天平均 20 行计算,整个系统大约需要 215 人天,按 22 个工作日为一个月计算,大约需要 10 人月,其中每人每天平均生产 20 行代码是包括思考系统的数据结构、编写文档、调试等工作在内。

注意:用代码行估算软件的成本目前有相当大的争议,支持者认为代码行是软件"生成品",比较容易进行计算。反对者们则认为代码行估算依赖于程序设计语言,没有估算价值。

基于功能点的估算方法,对问题分解关注的是信息域的数量。此方法确定了 5 个信息域特性:输入项数、输出项数、查询数、主文件数和外部接口数。

- 输入项数:用户向软件输入的数据项数,它们向软件提供面向应用的数据。
- 输出项数:软件向用户输出的数据项数,输出项是系统向用户提供的面向应用的信息,包括报表、屏幕显示、出错信息等。一个报表中的单个数据项不单独计算。
- 查询数:一个查询被定义为一次联机输入,它导致软件以联机输出的方式产生实时响应,每个不同的查询都要计算。
- 主文件数:逻辑主文件的数目,逻辑主文件是数据的逻辑组合,它可能是某个大型数据库的一部分或是一个独立的文件。
- 外部接口数:机器可读的全部接口的数量,利用这些接口可以同另一个系统交换数据。

一旦收集到上述数据,就可以用下面的步骤估算软件的规模。

第一步:计算未调整的功能点 UFP。首先分析软件信息域的每个特性,将它们划分为简单、复杂和平均三个级别,然后查找表 3-2 确定每个特性的系数值。

表 3-2　信息域特性系数表

特性系数	简单	平均	复杂
输入系数 a_1	3	4	6
输出系数 a_2	4	5	7
查询系数 a_3	3	4	6
文件系数 a_4	7	10	15
接口系数 a_5	5	7	10

如上表所示,一个简单输入项的特性系数为 3,一个复杂输入项的特性系数为 6。接下来计算未调整的功能点数 UFP

$$UFP = a_1 \times Inp + a_2 \times Out + a_3 \times Inq + a_4 \times Maf + a_5 \times Inf$$

其中:$a_1 \sim a_5$ 是上表中的特性系数值,Inp、Out、Inq、Maf、Inf 分别是输入项数、输出项数、查询数、主文件数和外部接口数。如果同一个信息域特性中既有简单级,又有复杂级,那么应该分别计算,例如,输入信息域有 3 个简单输入项、4 个复杂输入项,则上式中的第一项结果是 33,计算过程如下

$$3 \times 简单输入个数 + 6 \times 复杂输入个数 = 3 \times 3 + 6 \times 4 = 33$$

案例 2：大学图书馆图书信息管理系统的的信息域估算如表 3-3 所示。

表 3-3　信息域估算结果

信息域特性	项数	特性系数值	功能点
输入	30	3	90
输出	5	4	20
查询	3	3	9
主文件	5	7	35
外部接口	0	5	0
UFP			154

因为此案例的信息域特性处理都比较简单，所以系数值都取简单值。

第二步：计算技术复杂性因子 TCF。表 3-4 给出了 14 种技术因素，在这一步估算时要分析软件的特点，分别计算出这 14 种因素对软件规模的影响值，没有影响为 0 值，最大影响值是 5。技术复杂性因子的计算公式如下

$$TCF = 0.65 + 0.01 \times \sum F_i$$

其中 $F_i (i=1 \sim 14)$ 是技术因素影响值，公式中的常数是经验值。

表 3-4　影响软件规模的 14 个技术因素

序　号	技　术　因　素
F_1	系统需要可靠的备份和复原吗
F_2	需要数据通信吗
F_3	有分布处理功能吗
F_4	性能很关键吗
F_5	系统是否在一个已有的、很紧张的操作环境中运行
F_6	系统需要联机数据项吗
F_7	需要考虑终端用户的效率吗
F_8	需要联机更新主文件吗
F_9	输入、输出、文件或查询很复杂吗
F_{10}	内部处理复杂吗
F_{11}	代码需要被设计成是可复用的吗
F_{12}	设计中需要考虑移植问题吗
F_{13}	系统的设计支持不同组织的多次安装吗
F_{14}	应用的设计方便用户修改和使用吗

本案例中影响软件的技术因素只考虑 $F_1=3$，$F_6=1$，$F_8=1$，$F_{14}=5$，其他影响很小都取值为 0，由此得到下面值

$$TCF=0.65+0.01\times(3+1+1+5)=0.75$$

第三步：计算功能点数 FP。

$$FP=UFP\times TCF$$

本案例中的功能点是 $154\times0.75\approx115$。

使用不同语言开发时，功能点对应的代码量有很大差别，表 3-5 给出了语言与代码量的对照表。本案例使用 C♯ 开发，C♯ 语言实际上汲取了 C++ 和 Visual Basic 两种语言的优点，我们取这两个语言中间值 39，由此计算大约是 4485 行代码，如果还是按每人每天 20 行代码计算，本系统大约需要 224 人一天（大约是 10 个人一个月）来完成。

表 3-5　语言与功能点的代码关系

语　言	每功能点的 SLOC	语　言	每功能点的 SLOC
C++	53	Visual Basic 6	24
Delphi 5	18	SQL DEFAULT	13
HTML 4	14	Java 2	46

两种估算方法得出大学图书馆图书信息管理系统的规模基本一致。

注意：功能点估算也有很大争议。支持者们认为功能点与程序设计语言无关，使得它既适用于传统的语言，也可用于面向对象的语言，它是基于项目开发初期就有可能得到的数据，因此功能点估算更具吸引力。反对者们则认为该方法需要"人的技巧"，在判断信息域特性复杂级别和技术影响程度时，存在着很大的主观因素。例如，在本案例中，技术因素"系统需要可靠的备份和复原吗？"，在考虑它的影响系数时取值为 3，意味着如果要考虑系统的数据备份和复原功能，系统设计和实现需要增加一定的工作量，但是由于相应的实现技术很成熟，所以对系统的影响不是很大，因此取中间值 3。

3.2.2　基于模型的工作量估算

软件规模清楚后，就可以估算软件的工作量了。在前面的计算中，我们假设每人每天平均生产 20 行代码，这种假设缺少科学依据。目前，在软件工程领域有一些估算工作量的模型，这些模型是根据经验导出的一些公式，常用的模型有 IBM 模型和 COCOMOII 模型。

1. IBM 模型

1977 年，IBM 的 Walston 和 Felix 提出了如下的估算公式：

$E=5.2\times L^{0.91}$　　L 是代码行数（以 KLOC 计），E 是工作量（以人月计）；

$D=4.1\times L^{0.36}$　　D 是项目持续时间（以月计）；

$S=0.54\times E^{0.6}$　　S 是人员需要量（以人计）；

$DOC=49\times L^{1.01}$　　DOC 是文档数量（以页计）。

在此模型中，代码行数不包括程序注释、作业命令、调试指令。在图书馆图书信息管理系统的例子中使用 C♯ 完成一个具有 115 个功能点的系统，用 IBM 模型估算工作量结果为

$$L = 115 \times 39 = 4485 \text{ 行} = 4.37\text{k 行代码}$$
$$E = 5.2 \times L^{0.91} = 5.2 \times 4.37^{0.91} = 19.92 \text{ 人月}$$
$$DOC = 49 \times L^{1.01} = 49 \times 4.37^{1.01} = 217 \text{ 页}$$
$$S = 0.54 \times E^{0.6} = 0.54 \times 19.92^{0.6} = 3 \text{ 人}$$
$$D = 4.1 \times L^{0.36} = 4.1 \times 4.37^{0.36} = 6.97 \text{ 月}$$

大学图书馆图书信息管理系统用 IBM 模型估算的工作量大约需要 18 人一月完成，文档大致需要 217 页，需要 3 个人，持续时间近 7 个月完成。

注意：在计算代码行时，需要知道语言与功能点的关系，计算时可参考表 3-5。

2. 构造性成本模型

构造性成本模型 COCOMO(COnstructive COst MOdel)的发展历程和很多模型的产生一样有着十分传奇的色彩，1981 年 Barry Boehm 博士提出了最初的构建式成本模型(COCOMO)。随后的 10 年岁月里，在美国空军任职的 Ray Kile 对其进行了修订改良，形成了改进版的 COCOMO 模型，它也是美军使用的标准版本。Boehm 没有放弃对 COCOMO 的研究，他意识到 IT 技术发展极为迅速，如果没有发展和创新，COCOMO 终究有一天将会被淘汰。1944 年 Boehm 调研了美国软件从业市场，预测到 2005 年美国软件从业市场的规模：终端用户编程岗位大约 5500 万个，基础结构软件开发岗位大约 75 万个，系统集成岗位大约 70 万个，应用组装岗位大约 70 万个，应用程序生成器和组装工具类软件开发岗位大约 60 万个。根据这个预测，1996 年，Boehm 博士发布了构造性成本模型的改进版 COCOMO Ⅱ 。

终端用户编程通常是数小时或数天可以开发完成的小型应用。基础结构软件是指像操作系统、数据库管理系统、用户接口管理系统和目前我们常用的"中间件"这类的大型系统级软件。应用程序生成器和组装工具类软件通常是厂商为用户编程提供的软件开发包。应用组装是处理那些规模大或非常容易变化的应用，但是这些应用是能够由成熟的、通用的组件快速组装而成的。系统集成处理是大规模高度嵌入或史无前例的系统，这些系统的各个部分可以用应用组装方式开发，然后将各个部分集成在一起。

Boehm 博士认为终端用户编程规模太小，不必使用复杂的成本估算模型，基础结构软件、应用程序生成器和组装工具类软件、应用组装、系统集成都可以使用 COCOMO Ⅱ 模型估算开发成本。但是，每类软件的特点不同、开发方法不同，因此 COCOMO Ⅱ 模型给出了大量的可选参数，使用者在实际估算时，应该有针对性地选择参与计算的参数。

COCOMO Ⅱ 模型的基本公式

$$PM = a \times (L)^b \times \prod_{i=1}^{i=17} F_i$$

其中：

PM——人月工作量；

a——工作量调整因子，COCOMO Ⅱ 2000 给出的经验值是 2.94；

b——规模调整因子；

F_i——影响工作量的 17 个成本因素影响参数。每个因素都根据它的重要程度和对工作量影响的大小被赋予一个数值，正常情况下的影响值为 1，见表 3-6。

表 3-6 成本因素影响参数表

成 本 因 素		很低	低	正常	高	很高	非常高
产品因素	要求的可靠性	0.82	0.92	1.00	1.10	1.26	Null
	数据库的规模	Null	0.90	1.00	1.14	1.28	Null
	产品复杂程度	0.73	0.87	1.00	1.17	1.34	1.74
	要求的可重用性	Null	0.95	1.00	1.07	1.15	1.24
	需要的文档量	0.81	0.91	1.00	1.11	1.23	Null
平台因素	执行时间约束	Null	Null	1.00	1.11	1.29	1.63
	主存约束	Null	Null	1.00	1.05	1.17	1.46
	平台变动	Null	0.87	1.00	1.15	1.30	Null
人员因素	分析员能力	1.42	1.19	1.00	0.85	0.71	Null
	程序员能力	1.34	1.16	1.00	0.88	0.76	Null
	应用领域经验	1.22	1.1	1.00	0.88	0.81	Null
	平台经验	1.19	1.09	1.00	0.91	0.85	Null
	语言和工具经验	1.20	1.09	1.00	0.91	0.84	Null
	人员连续性	1.24	1.12	1.00	0.90	0.81	Null
项目因素	使用的软件工具	1.17	1.09	1.00	0.90	0.78	Null
	多地点开发	1.22	1.09	1.00	0.93	0.86	0.80
	要求的开发进度	1.43	1.14	1.00	1.00	1.00	Null

注：表中的 Null 没有计算的有效值。

规模调整因子 b 也叫做过程调整参数，COCOMO II 使用 5 个分级因素，每个分级因素被划分成很低、低、正常、较高、很高和非常高，取值见表 3-7。

表 3-7 分级因素说明表

分级因素	很 低	低	正 常	较 高	很 高	非常高
先进性 W_1	全新的 6.20	绝大部分新的 4.96	有一些新的 3.72	基本熟悉 2.48	绝大部分熟悉 1.24	完全熟悉 0
开发灵活性 W_2	严格 5.07	偶尔放宽 4.05	放宽 3.04	基本一致 2.03	部分一致 1.01	完全一致 0
考虑风险 W_3	很少 20% 7.07	一些 40% 5.65	常常 60% 4.24	通常 75% 2.83	绝大多数 90% 1.41	完全 100% 0
沟通 W_4	非常困难 5.48	有些障碍 4.38	能够交流 3.29	广泛协作 2.19	高度协作 1.10	无缝协作 0
过程成熟度 W_5	没有级别 7.8	1 级 6.24	2 级 4.68	3 级 3.12	4 级 1.56	5 级 0

有了上面的表格就可以计算 b 值了

$$b=0.91+0.01(W_1+W_2+W_3+W_4+W_5)$$

这里 b 的值域是 $0.91\sim1.226$。当项目的先进性很低,那么 $W_1=6.20$,开发灵活性很低 $W_2=5.07$,考虑风险很少 $W_3=7.07$,沟通非常困难 $W_4=5.48$,软件过程能力成熟度很低 $W_5=7.8$,这种情况下 b 的值是 1.226。

考虑到 COCOMOII 模型的广泛适用性,Boehm 给出了非常多的可调整因素,并根据常年积累的实际数据,给出了每个调整因素的经验值。使用者可以根据具体的项目规模和软件类别确定合适的参数值。

3.3 软件开发计划与控制

软件项目管理过程最开始的活动是建立项目计划,计划是在项目开始的一个限定时间内对资源、任务成本和进度进行估算和分配,然后随着项目的进展进行调整。项目经理在估算时应该定义最好的情况以及最坏的情况,使得项目的结果能够限制在一定范围内。

3.3.1 软件范围

在制定软件项目计划之前应该先确定软件目标和范围,这是进行成本估算、风险评估、任务划分和制定项目计划的依据。软件的范围主要是指以量化的方式确定该软件涉及的主要数据、功能、性能。

案例 3:这是一个传送带分类系统范围定义。

传送带分类系统是对传送带上的盒子进行分类,每一个盒子上贴着一个条码,标识里面存放的零件。出口处有 6 个箱子,分类系统要把盒子里面的零件按类别放在相应的箱子中。盒子要通过一个由条形码阅读器及一台 PC 所组成的分类站。盒子的顺序是随机的,间距相同,传送带的速度为每分钟 5 米。传送带分类软件接受条形码阅读器的信息,在数据库中检索,以确定盒子中的零件应该放到哪个箱子中,零件放进箱子的信息也被记录到数据库中,以供查询。

为了做项目计划,首先要从上述的描述中提炼出软件功能,例如:读条形码、检索数据库、确定合适的箱子……;该软件的性能取决于传送带的速度,对于每个盒子的处理必须在下一个盒子到达条形码阅读器之前完成;该软件受条形码阅读器、PC、传送带上等距离的盒子等条件约束。

功能、性能及约束必须放在一起评估,在不同的性能和约束条件下,相同的功能可能在开发工作量上会有巨大差别。例如,传送带的平均速度提高 10 倍,并且盒子之间不等距,那么软件会复杂得多,工作量也会大大提高。

3.3.2 资源

确定了软件的目标和范围后就可以估算完成软件开发工作所需的资源。开发软件需要的资源好比一个金字塔:硬件及软件工具处于资源金字塔的底层,提供支持开发工作的基础。

资源金字塔的中间层是可复用软件构件,利用已有的构件模块能够极大地降低开发成本,加快进度。对于可复用的软件构件应该分类管理和标准化,以便于查找和应用。如果能够直接使用经过验证的第三方厂商提供的构件或以前项目中开发过的软件,一般可以降低项目的成本和风险。如果没有直接可复用的构件,但有以前为类似项目建立的构件,并且项目组成员对这些构件非常熟悉,经过少量修改即可使用,这种情况下,修改和集成的风险也是可以接受的。但是,如果这些构件必须做大量实质性的修改,并且开发人员并不熟悉构件的细节,那么就必须小心行事,因为修改所需的成本有可能会超过开发新构件的成本。新开发可复用的软件构件成本比较高,因为要考虑到今后的可复用性,所以在计划阶段应该留有充分的时间。

金字塔的顶端是人力资源,确定了软件范围后,估算工作量,选择适用的技术,这时就可以确定人员的数量和具备的技能。每一类资源都由 4 个特征来说明:资源描述、可用性说明、需要时间、持续占用时间。

3.3.3 软件项目进度计划

多年从事软件开发的人都知道,软件按期完成是非常困难的事情,正如 Roger S. Pressman 总结的那样:项目进度计划不切合实际;在软件项目开发过程中,用户需求不断变更,并且这种变更没有考虑在项目进度计划表中;对可能的各种风险、工作量、资源数量估计不足;项目组成员之间的沟通不畅等都可能导致项目进度拖延。

在计划软件项目进度时,要充分考虑项目的范围、资源、技术难度、可能的变更等因素,把大的任务划分为多个可控的小任务。这些小任务有些是处于关键路径之外的,其进度不会影响整个项目的完成时间,有些任务位于关键路径,如果这些任务延误将造成整个项目的延期。因此,项目进度计划要反映各个小任务之间的依赖关系,确定关键路径。

制定项目进度计划的基本思路如下。

(1)划分任务:将项目划分成多个可以管理的子任务。

(2)确定依赖关系:划分的各个子任务有些必须按顺序开发,有些可以并行开发。用工程网络图描述子任务之间的依赖关系,确定关键路径。

(3)分配时间:为每个子任务指定开始时间和完成时间。

(4)工作量确定:为每个子任务分配人员。

(5)确定责任:每个子任务可以由多个人参与,但应该指定一名负责人员。

(6)明确结果:每个子任务都必须有明确的、可以检验的结果。结果可以是一个模块的设计或一个函数的编码,总之是一个可以检查其质量的明确结果。

(7)确定里程碑:当一个或多个工作产品经过质量评审,并得到认可后,标志着一个阶段的工作结束,即建立了一个里程碑,每个子任务都应该与一个里程碑相关。

项目进度计划常用 Gantt 图和工程网络图两种方法表示。Gantt 图简明直观、易学易用,但它不能明显地表示各项任务间的依赖关系和关键任务。工程网络图不仅能描绘任务分解情况及每项任务的开始时间和结束时间,还能清楚地表示各个任务之间的依赖关系,容易识别出关键路径和关键任务。

1. Gantt 图

Gantt 图是以图的方式形象地表示出一个项目的活动顺序与持续时间。Gantt 图的思想是横向表示时间,纵向表示任务,用线条直观地表示任务计划开始时间、计划完成时间,见图 3-4。

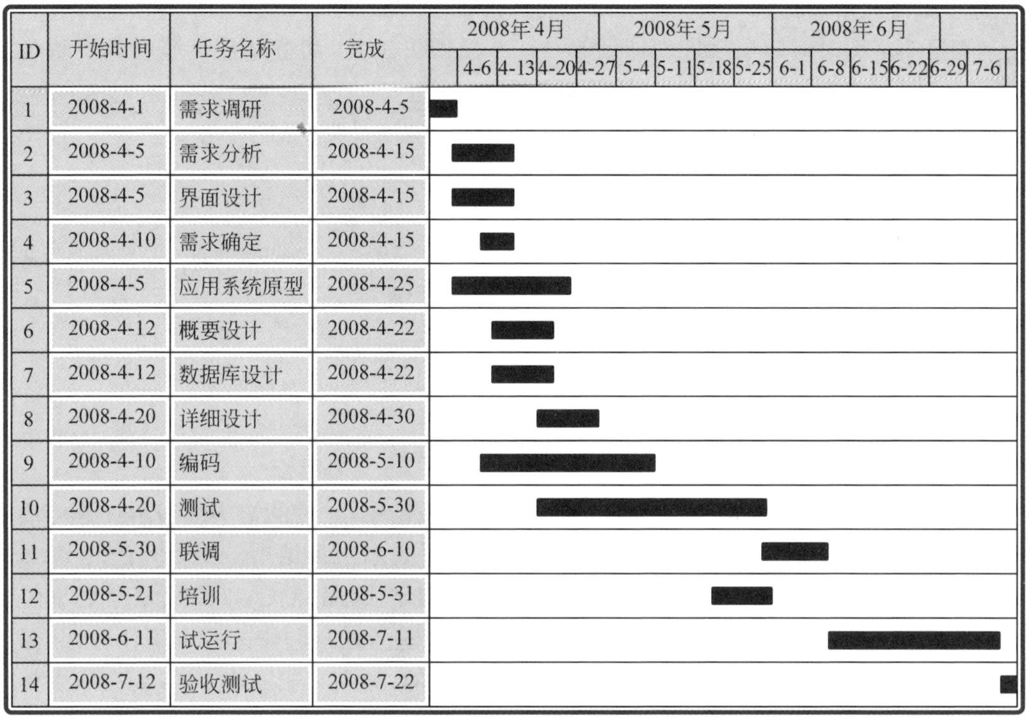

ID	开始时间	任务名称	完成	2008年4月				2008年5月				2008年6月					
				4-6	4-13	4-20	4-27	5-4	5-11	5-18	5-25	6-1	6-8	6-15	6-22	6-29	7-6
1	2008-4-1	需求调研	2008-4-5														
2	2008-4-5	需求分析	2008-4-15														
3	2008-4-5	界面设计	2008-4-15														
4	2008-4-10	需求确定	2008-4-15														
5	2008-4-5	应用系统原型	2008-4-25														
6	2008-4-12	概要设计	2008-4-22														
7	2008-4-12	数据库设计	2008-4-22														
8	2008-4-20	详细设计	2008-4-30														
9	2008-4-10	编码	2008-5-10														
10	2008-4-20	测试	2008-5-30														
11	2008-5-30	联调	2008-6-10														
12	2008-5-21	培训	2008-5-31														
13	2008-6-11	试运行	2008-7-11														
14	2008-7-12	验收测试	2008-7-22														

图 3-4　Gantt 图示例

Gantt 图的左侧是分解的软件项目各个子任务,右侧是对应的各项子任务的开始时间、完成时间。这里有许多任务是并行的,例如在需求分析的同时,界面设计人员可以配合需求分析进行界面设计,开发人员根据需求调研的结果着手进行应用系统原型开发。在确认需求后,原型开发人员根据确定的需求进一步开发和修改原型系统,使之符合确定后的需求。概要设计和数据库设计者在确定的需求和原型基础上完成系统设计。读者可能会奇怪编码工作似乎从需求分析的时候就开始了,软件工程中不是强调分析设计完成之后才开始编写代码吗?这里面主要有两个原因:一个是任务划分不够细致,在实际的软件项目中分析和设计人员在做系统分析和设计时,少量的编程人员要开始为项目准备开发环境,进行关键技术试验,以保证项目的顺利进行;二是进度计划与所用的软件过程模型有关,当采用迭代模型时某个需求 A 确定后,就可以进行这个需求的设计和编码、测试工作。通过分析这个 Gantt 图,我们看到三点不足:

(1) 任务划分得不够细致。

(2) 没有反映出各个任务之间的依赖关系。

(3) 每个任务需要的资源、执行人员、负责人员没有反映。

解决的方案是在图中增加资源、负责人员和执行人员的信息,满足第 3 点,配合 Gantt 图画一张工程网络计划图,满足第 2 点;任务的划分需要多个层次,领导需要纵览全局,需要看比较概要的进度计划,而计划的执行者或项目经理需要把握具体细节,需要详细的进度计划。

2．工程网络图

工程网络图是制定项目进度计划的一种常用图形工具,其特点是能够直观反映各个子任务之间的依赖关系,有助于确定关键路径。

我们用一个例子来学习用工程网络图制定项目进度计划,见图 3-5。

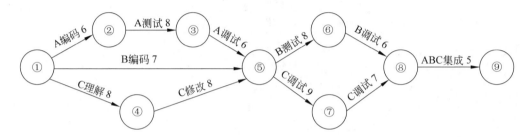

图 3-5　工程网络图示例

图中的圆圈叫做"事件",表示一个任务的开始或结束,之间的箭头线表示任务持续的时间和需要的资源。其中的①号表示项目开始,⑨号表示项目结束。项目开始时 A、B、C 三个任务同时进行,任务 A 比较复杂,我们将它分解成编码、测试和调试 3 个更小的任务,共需要 20 天;任务 B 的编码需要 7 天;任务 C 分解为理解和修改两个子任务,共需要 16 天。当到达⑤号时,我们发现任务 A 是至关重要的,如果它能提前 1～4 天完成则整个工期可能会提前。按照这种思想,我们找到关键路径 1-2-3-5-7-8,如果这条路径上不延误,其他路径上的少许延误不会影响整个项目的进度。为了清楚地体现这个意图可以把更多的信息放入图中,见图 3-6。

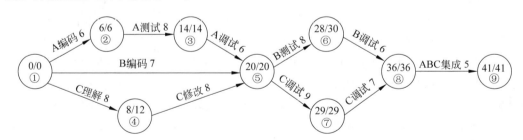

图 3-6　加入最早开始/最迟开始时间的工程网络图

图 3-6 是在图 3-5 的基础上得到的,对每个事件计算最早开始时间(EET)和最迟开始时间(LET),这两个数据写在对应事件的圆圈内。项目的第一个事件的 EET 等于 LET,计算事件的最早开始时间从第一个事件开始,按下列三个步骤计算。

（1）考虑进入该事件的所有任务。

（2）对于每个任务都计算它的持续时间与起始事件的 EET 之和。

（3）选取上述各计算值的最大值作为该事件的 EET。

因此，上图中⑤号事件的最早开始时间是 20。

事件的最迟开始时间是在不影响工期的前提下，该事件最晚可以发生的时刻。项目最后一个事件的 LET 等于 EET，计算最迟开始时间从最后一个事件开始，按下列三个步骤计算。

（1）考虑离开该事件的所有任务。

（2）从每个任务的结束事件的最迟时间中减去该任务的持续时间。

（3）选取上述各个值的最小值作为该事件的最迟时间 LET。

上图⑤号事件的最迟开始时间是 20。

在工程网络图中寻找 EET 等于 LET 的事件，由这些事件组成的路径就称为关键路径。关键路径上的任务不能超过估计的持续时间，否则会造成整个项目的延误，其他非关键路径上的任务有一定的机动时间。

3.4 软件配置管理

软件配置管理是指通过版本控制和变更控制来管理配置项的完整性和可跟踪性。每一个软件项目，都要经历需求分析、系统设计、编码实现、测试和维护过程，在这些过程中，将产生众多的文档和程序代码。软件的变更是不可避免的，每次变更将产生新的版本，面对如此庞大且不断变化的文档和程序代码，如何使其有序存放，保证快捷高效的利用成为了一个突出的问题。

早期，开发人员曾尝试过手工管理这些变更。

（1）文档：每次修改时都另存为一个新的文件，后通过文件名进行区分。例如，"图书馆软件需求说明书 V1.0，图书馆软件需求说明书 V1.1，图书馆软件需求说明书 V2.0"，并且在文件中注明每次版本变化的内容。

（2）源代码：每次要修改时就将整个工程目录复制一份，将原来的文件夹进行改名。例如，"图书馆项目 V1.0、图书馆项目 V1.1"，然后在新的目录中进行修改。

这种方法十分繁琐、容易出错，而且会带来大量的垃圾信息。如果是团队协同开发或者是项目规模较大时，可能会造成混乱。因此人们尝试将制造业管理中的"配置管理"概念引入到软件工程中，经过不断研究和改进，逐渐形成了"软件配置管理"。

通过软件配置管理，对软件开发过程中的众多版本进行系统的管理；全面记载系统开发的过程，包括谁做了修改，修改了什么，为什么修改；管理和追踪软件开发过程中的质量缺陷；完整、明确地记载开发过程中的变更历史，形成规范化的文档，不仅使日后的维护和升级得到保证，还会保护宝贵的代码资源，提高软件复用率。

3.4.1 基线

"基线"这个词听起来有些怪，这主要是因为软件工程的许多概念是从国外引入的，和我们的用词确实有差距。简单地理解，"基线"就好比我们真的画了一条线，当我们把文档、数据或程序的一个版本完成,并经过有关的评估和检查后,就把它们放在这条线以内,作为档案保存起来。如果以后需要更改其中的内容,只能经过一系列严格的控制审批过程才能修改,当然不能在原始资料上修改,只能在拷贝件上修改后,保存为新的版本。

"基线"的一个正式定义是 IEEE 给出的,即:已经通过正式复审和批准的规约或产品,它可以作为进一步开发的基础,并且只能通过正式的变化控制过程来改变。举个例子,需求分析阶段完成了《图书馆图书信息管理系统需求分析规格说明书》,通过评审后变成一个基线。变为基线之后的文档被放置到项目数据库中,当需要修改这个文档时,要先进行变更评估,通过后从项目数据库把需要修改的这份文档复制到工程师的私有工作区中,修改后再次评审,通过后命名一个新的版本,并将其保存到项目数据库中。

在软件工程范围内,基线是软件开发的里程碑,它的标志是交付一个或多个软件文档、数据或程序。下述的文档是配置管理的对象,并且构成一组基线。

(1) 系统规格说明书。

(2) 软件项目计划。

(3) 软件需求规格说明书。

- 图形化的分析模型和说明(数据字典和处理说明)
- 原型

(4) 初步的用户手册。

(5) 设计规格说明书。

- 体系结构设计和说明
- 数据设计
- 模块设计(对象设计)
- 界面设计

(6) 源代码清单。

(7) 测试规格说明。

- 测试计划和过程
- 测试用例和结果记录

(8) 操作和安装手册。

(9) 可执行程序。

(10) 数据库描述。

(11) 联机用户手册。

(12) 维护文档。

- 维护问题报告
- 维护请求
- 工程维护命令

(13) 软件工程标准和规范。

3.4.2 软件配置项

软件工程过程中产生三类输出:计算机程序(源程序和可执行程序)、文档和数据,这些统称为软件配置,其中的这些项就是软件配置项。通俗地说一个软件配置项可以是一个文档、一个完整的测试用例或一个已命名的程序构件。例如,一个 C 语言的函数是个配置项,一份需求规格说明书是一个配置项。

3.4.3 软件配置管理过程

软件配置管理的主要目的是控制变化,其手段是通过执行软件配置项标识、版本控制、变化控制、配置审计和发布配置状态报告等活动达到目的。

1. 标识软件配置项

有两种类型的配置项:基本配置项或聚集配置项。基本配置项是软件工程师在分析、设计、编码或测试中创建的"文本单元"。例如,一个基本配置项可能是需求分析规格说明书的一个段落、一个模块的源程序清单或一组测试用例。一个聚集配置项是基本配置项和其他聚集配置项的集合。例如,系统设计规格说明书是一个聚集配置项,在概念上,它可被视为一个已命名的(标识的)指针表,指向某个基本配置项。为了控制和管理软件配置,每个软件配置项必须被独立命名。

每个配置项有一组唯一标识它的属性:名字、描述、资源表以及"实现"。名字是用于标识配置项的一个字符串;描述是一个数据项的列表:说明软件配置项类型(如文档、程序、数据),项目标识符,以及变化和版本信息;资源是与配置项相关的实体,例如,数据、函数甚至变量名都可以作为资源;"实现"是一个指针,对基本配置项而言指向"文本单元",对聚集配置项而言则为 Null。

在一个配置项被确定为基线之前,它可能会变化很多次,甚至在基线已经建立后,变化也会发生。可以为任意配置项创建一个演化图,演化图描述了配置项的变化历史。例如,一个配置项是 1.0 版,经过修改变成 1.1 版,小的修改变化导致版本 1.1.1 和 1.1.2,较大修改变化导致版本 1.2,继续演化可产生 1.3 和 1.4 版。同时进行的更大修改导致了新的演化路径,产生 2.0 版,见图 3-7。

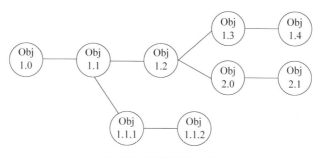

图 3-7　配置项演化图

变化有可能对任意版本进行,开发者可以通过标识引用版本 1.4 的所有模块、文档和测试用例;市场部门可以通过标识查找使用版本 2.0 的当前客户是哪些。有了软件配置项的唯一标识信息,就可以方便地访问需要的配置项。

2. 版本控制

版本控制就是通过记录和追踪文件的变化,使人们能够方便地管理文件的各个版本。实际上在许多情况下,我们已经不知不觉地应用了版本控制的思想。例如,我们创建了下面这样的文件名:

```
软件工程书稿 070321.doc        /* 文档的修订版本,日期 07 年 3 月 21 日
软件工程书稿 071224.doc        /* 文档的修订版本,日期 07 年 12 月 24 日
```

上面的两个文件名说明,在不破坏原文件的基础上,得到文件的新版本,为了记忆在文件名中加入了日期。这种通过文件名识别版本的方法,对于小型项目或者个人文件管理也许可行,但是对于大型的、频繁修改的、多人合作完成的软件项目,一定需要一个版本控制系统来管理文件的变化,避免出现混乱。

3. 变化控制

对于大型的软件开发项目,变化是不可避免的,通常需要制定一些控制变化的条款,配合一些自动化工具来管理变化。当一个变化请求被提交后,首先应该对变化进行评估,包括技术指标、潜在的副作用、对其他配置项和系统功能的影响、变化引起的成本增加预测。评估结果以报告形式给出,由项目的管理者进行审核。审核通过后,变化部分的配置项从项目数据库"提取"出来进行修改,修改完成并进行了测试后,再将其"提交"到项目数据库,并使用合适的版本控制机制建立软件的新版本。

在软件配置项变成基线之前,只需要进行非正式的变化控制,前提是修改不会影响到在开发者工作范围之外的更广的系统需求即可。一旦通过正式的技术复审,创建了基线,则项目级的变化控制就开始实施了,对于每个修改,开发者必须获得项目管理者的批准。

4. 配置审计

标识、版本控制和变化控制帮助软件开发者维持文档的秩序,而配置审计是审查配置对象的正确性、一致性、潜在的副作用等问题。配置审计包括两方面的内容:正式的技术复审和软件配置审计。正式的技术复审关注修改后的配置项的正确性,复审者主要检查配置项的一致性、是否有遗漏和副作用。软件配置审计主要评估不在技术复审范围内的其他内容,是对正式技术复审的补充,主要询问如下问题。

(1) 在变化报告中说明的变化都完成了吗? 是否加入了额外的修改?

(2) 是否进行了正式的技术复审?

(3) 是否遵循了软件工程标准?

(4) 变化在配置项中是否被突出地标识出来? 日期和变化记录了吗? 配置项的属性反映了所做的变化吗?

(5) 所有相关的配置项都做了相应的修改吗?

5. 状态报告

配置状态报告是软件配置管理的一项子任务,主要回答发生了什么事? 谁做的此事? 此事是什么时候发生的? 此事的影响? 状态报告产生的时机如下。

（1）当一个配置项被赋予新的或修改后的标识时，就应该创建一个配置状态报告的记录。

（2）当一个变更被批准时，产生一条配置状态报告记录。

（3）每次进行配置审计时，结果作为配置状态报告的一部分。

配置状态报告应该定期产生，并且存储在数据库中，开发人员能够按照关键词分类进行检索。

配置状况报告在大型软件开发项目中扮演了重要的角色，当涉及到多人共同开发时，有可能会发生"左手不知道右手在做什么"的问题，两个开发者可能试图以不同的或冲突的意图去修改同一个配置项。例如，一个软件工程师可能花费几个人月的工作量针对过时的硬件说明书建造软件；项目经理可能并不知道某个程序员正在进行一项有严重副作用的修改。配置状态报告可以有效改善相关人员之间的沟通，有助于排除这些问题。

3.5 软件质量管理

软件质量好比人的健康一样非常重要，衡量软件健康的标准我们称为软件质量属性，在整个软件过程中我们都要千方百计地提高软件的质量属性。但是由于软件本身作为一种逻辑产品的特点，软件过程中的质量管理比一般物理产品的质量管理更为困难。目前常用的软件质量管理主要是三个方面：第一是通过质量保证活动检查和控制软件过程符合规范和标准；第二是通过技术评审尽早地发现和消除软件的缺陷；第三是通过软件测试发现已经存在于软件代码中的缺陷。本节首先介绍软件质量的概念，然后比较详细地讨论影响软件质量的 10 个重要属性，最后简单介绍一些提高软件质量的措施。

3.5.1 软件质量的定义

一提起软件质量人们自然想到能够正确运行、不出错的软件质量就好，其实这相当不全面。我们看看权威的定义：软件质量就是"软件与明确地和隐含地定义的需求相一致的程度"。具体地说，软件质量是软件符合功能和性能需求、文档中明确描述的开发标准以及所有专业开发的软件都应该具有的隐含特征的程度。上述定义强调了以下三点。

（1）软件需求是度量软件质量的基础，与需求不一致就是质量不高。

（2）指定的标准定义了一组指导软件开发的准则，如果没有遵守这些准则，几乎肯定会导致质量不高。

（3）通常，会有一些隐含需求（例如，期望软件是容易维护的）。如果软件满足明确描述的需求，但却不满足隐含的需求，那么软件的质量仍然是值得怀疑的。

这三点把软件质量描述得非常清楚：满足用户需求的、遵循软件开发标准的、达到一定指标的就是高质量的软件。如果以人类的健康做类比，早先人们以为长得结实、饭量大就是健康，这显然是不科学的。现代人则是通过考察多方面的因素来判断是否健康，如测量身高、体重、心跳、血压、血液、体温等，如果上述因素都合格，那么表明这人是健康的，如果某个因素不合格,则表明此人在某个方面不健康,医生会对症下药。同理,衡量软件质量的隐含需求是什么呢?其实就是我们常说的一些软件质量属性:正确性、健壮性、可靠性、性能、易用性、清晰性、可扩展性等。

3.5.2 影响软件质量的因素

上面所列出的软件质量属性是影响软件质量的主要因素,下面详细讨论每个属性对质量的影响。

(1)正确性。指软件按照需求正确执行任务的能力。这里"正确性"的语义涵盖了"精确性",它是最重要的软件质量属性。如果软件运行不正确,质量保证根本就无从谈起,所以技术评审和测试的首要任务都是检查软件的正确性。从"需求开发"到"系统设计"再到"实现",任何一个环节出现差错都会降低正确性。

(2)健壮性。指在异常情况下,软件能够正常运行的能力。健壮性有两层含义:一是容错能力,二是恢复能力。容错是指发生异常情况时系统处理的能力,对应用于航空航天、武器、金融等领域的这类高风险系统,容错设计非常重要。恢复是指软件发生错误后重新运行时,能否恢复到出错前状态的能力。从语义上理解,恢复不及容错那么健壮。例如,某人挨了一顿拳脚,健壮的人一点事都没有,表示容错能力强;一般人虽然被打倒在地,过一会还能爬起来,没有大的问题,表示恢复能力比较强;而原本就虚弱的人挨一顿拳脚后,可能就一命呜呼了。

(3)可靠性。可靠性问题通常是由于设计时没有料到的异常和测试中没有暴露的代码缺陷引起的。可靠性本来是硬件领域的术语,比如某个电子设备在刚开始工作时挺好的,但由于器件在工作中其物理性质发生变化,如发热、老化等,慢慢地系统的功能或性能就会失常。软件在运行时不会发生物理性质的变化,但并不意味着它永远都是正确的,平时软件运行得好好的,说不准哪一天就不正常了,例如"千年虫"、"内存泄露"、"误差累积"等问题,因此把可靠性引入软件领域是很有意义的。

(4)性能。通常是指软件的"时间-空间"效率,人们总希望软件的运行速度快些,并且占用资源少些。程序员可以通过优化数据结构、算法和代码来提高软件的性能。性能优化的目标是"既要马儿跑得快,又要马儿吃得少",关键任务是找出限制性能的"瓶颈"。有些人认为现在的计算机不仅速度越来越快,而且内存越来越大,不必关心软件性能优化。殊不知随着机器的升级,软件系统也越来越庞大,性能优化仍然有必要。最具有代表性的是三维游戏软件,例如《古墓丽影》、《反恐精英》等大型游戏,不对游戏引擎做细致的优化,要想在普通 PC 上顺畅地玩这些游戏是不太可能的。

(5)易用性。指用户使用软件的容易程度。导致软件易用性差的根本原因是开发人员犯了"错位"的毛病,以为只要自己用起来方便,用户也一定会满意。软件的易用性要让用户来评价,当用户真的感到软件很好用时,一股温暖的感觉就会油然而生,于是就会用"界面友好"、"方便易用"等词来夸奖软件的易用性。

(6)清晰性。意味着程序和文档易读、易理解。可理解的东西通常是简单明了的,如果软件逻辑不清、文档与程序不一致、系统臃肿不堪,它迟早会出问题。简明是人们对工作"精益求精"的结果,而不是潦草应付的结果。

（7）可扩展性。反映了软件适应"变化"的能力。在软件开发过程中，"变化"是司空见惯的事情，如需求、设计的变化，算法的改进、程序的变化等。如果软件规模很小，问题很简单，那么修改起来的确比较容易，这时就无所谓"可扩展性"了。软件规模很大，问题很复杂，倘若软件的可扩展性不好，那么该软件就像用卡片造成的房子，抽出或者塞进去一张卡片都有可能使房子倒塌。可扩展性是系统设计阶段重点考虑的质量属性。

3.5.3 软件质量保证的措施

软件质量的最高境界是尽善尽美，即"零缺陷"。我们知道人在做一件事情时，由于存在很多不确定的因素，一般很难 100％地达到目标。我们该做的就是提高软件质量，减少软件的缺陷，向着"零缺陷"努力，但绝不要说自己的软件没有缺陷。那么怎样才能提高软件的质量呢？还是先来看看郎中治病的故事吧！

在中国古代，有一家三兄弟全是郎中。其中有一人是名医，人们问他："你们兄弟三人谁的医术最高？"他说我常用猛药给病危者医治，偶尔有些病危者被我救活，于是我的医术远近闻名并成了名医。我二哥通常在人们刚刚生病的时候马上就治愈他们，临近村庄的人都知道他的医术。我大哥深知人们生病的原因，所以能够预防家里人生病，他的医术只有家里才知道。

提高软件质量的基本手段是消除和预防软件缺陷，与上述三个郎中治病很相似，也有三种基本方式。

（1）大哥的预防为主方式。在软件开发过程中有效地防止软件产生缺陷，将高质量内建于开发过程之中。这就是"预防胜于治疗"的道理，无疑是最佳方式。

（2）二哥的测试为主方式。当软件刚刚产生时马上进行测试，及时找出并消除其中的缺陷。这种方式效果比较好，人们一般都能学会。

（3）名医的急救为主方式。当软件交付给用户后，出错时赶紧请软件人员来诊断、补救。这种方式的代价最高，但这些人往往被用户追捧为"大师"。

下面我们就按这三个方法展开提高软件质量的讨论。

（1）建立软件过程规范。第 2 章介绍了软件过程和许多过程模型，因为人们意识到，若想顺利开发出高质量的软件产品，必须有条理地组织技术开发活动和项目管理活动。软件企业应当根据本身的规模和产品的特征，逐步建立一套在企业范围内通用的软件过程模型及规范，开发和管理人员依照这些规范有条不紊地开展工作。

（2）复用。指"利用现成的东西"，它可以是有形的物体，也可以是无形的知识成果。因为人类总是在继承了前人的成果，不断加以利用、改进和创新后才会进步。在软件项目中，技术开发活动与管理活动中的任何成果都可以被复用，如思想方法、经验、程序、文档等。在构建新的软件系统时可以使用已有的组件，通过组装或加以合理修改后成为新的系统。合理的复用简化了软件开发过程，减少了总的开发工作量与维护代价，既降低了软件成本，又提高了生产率，同时由于组件是经过反复使用验证的，具有较高的质量，因此使新系统的质量有所提高。要注意的是开发可复用的组件是非常"费时耗资"的，因此比较可行的办法是在实际工作和学习中不断积累，逐步建立可复用的组库。

（3）分而治之。把一个复杂的问题分解成若干个简单的问题，然后逐个解决。经验丰富的高手能够将一个复杂问题分解为多个简单问题,并且相互之间是低耦合的;而一些新手把问题分解得相互之间耦合非常密切,每个问题是简化了,但问题之间的关系很复杂。因此在软件设计时强调高内聚低耦合。

(4) 软件优化与折中。指优化软件的各个质量属性,如提高运行速度和内存利用率,使用户界面更加友好等。让优化成为一种责任,开发人员认真地设计每个数据结构、算法和代码,提高软件质量。读者可以感受一下著名的3D游戏软件 Quake,它的开发者能把很多成熟的图形技术发挥到极致,能够在 PC 上实时地绘制具有高度真实感的复杂场景,主要是对算法的大量优化。软件的各个质量属性之间有强化关系,也有削弱关系,有的时候一个属性的优化可能会对另一个属性产生负面影响,这种情况下就需要"折中"。通过"折中"实现整体质量的综合优化,软件折中的重要原则是不能使某一方损失关键的功能,更不可以完全抛弃一方。例如3D动画软件的瓶颈通常是速度,但如果为了提高速度丧失真实感,3D动画就失去了意义。折中的原则是:在保证其他质量属性不差的前提下,使某些重要质量属性变得更好。

(5) 技术评审。目的是尽早地发现软件中的缺陷,帮助开发人员及时消除缺陷,从而有效地提高产品的质量。技术评审能够在任何开发阶段执行,可以比测试更早地发现并消除软件中的缺陷。技术评审有正式和非正式两种,前者比较严格,需要举行评审会议,参与的人员比较多;后者比较灵活,不必举行评审会议,参与人员较少,可以在同伴之间开展。对于重要性和复杂性都很高的软件,一般先进行"非正式技术评审",然后再进行"正式技术评审",并且要求软件在成为基线之前必须先通过技术评审。正式技术评审的一般流程如图 3-8 所示。

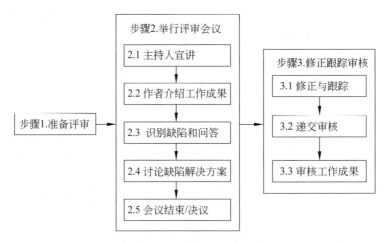

图 3-8　正式技术评审的一般流程

(6) 测试。通过运行测试用例发现软件中的缺陷。在软件开发过程中,编程和测试是紧密相关的技术活动,缺一不可。测试的目的是为了发现尽可能多的缺陷,所以测试人员的职责是设计出这样的测试用例,它能有效地揭示潜伏在软件里的缺陷。测试能提高软件的质量,但是提高质量不能依赖测试,因为即使通过测试没有发现缺陷的程序也不能说它不存在缺陷。还有一点要强调的:80%的缺陷存在于20%的模块内,就好像身体越差的人病越多一样,质量越差的模块存在的缺陷越多。

(7)质量保证。验证在软件开发过程中是否遵循了合适的过程规范和标准。如果不符合,那么产品的质量肯定有问题。请大家注意:即使验证的结果符合规范,也不意味着软件的质量一定合格,因为仅靠规范无法识别出软件中可能存在的所有缺陷。软件的质量保证主要是检查软件过程规范,而前面介绍的技术评审和测试关注的是软件本身的质量而不是过程质量,因此说,技术评审和测试能弥补质量保证的不足,三者是相辅相成的质量管理方法。在实践中既不能将质量保证、技术评审和测试混为一谈,也不能把三者孤立起来执行,实际上让质量保证人员参加并监督重要的技术评审和测试工作,把三者结合起来,能够有效地提高软件质量和工作效率,降低成本。

(8)改错。这个过程包括发现错误和改正错误,这是个大悲大喜的过程,一天之内可以让人在悲伤的低谷和喜悦的巅峰之间跌宕起伏。有天一个学生来找我说:“老师,我算知道什么叫茅塞顿开了,我花了好几天时间都没搞定的一个错误,刚才我站在打印机前看到指针的移动,忽然一下发现我程序的问题,几分钟就解决了。”发现错误的过程很像侦破案件,当一个错误出现时,我们要记住现场仅有的信息,并且用这些信息和平时积累的经验、知识和智慧去推理,找出案件的元凶,也就是错误的根源,然后才是改正错误。根据软件出错信息逆向去推断根源是很困难的事,所以改错时非常忌讳急躁。

练习 3

1. 什么是软件项目管理?与其他的项目管理有何异同?

2. 软件项目经理作为开发团队的核心,在整个软件开发生命周期各个阶段项目经理的主要工作有哪些?

3. 作为软件项目经理如何控制用户需求的变更?

4. 软件项目经理制定基线的原则是什么?应该如何管理软件配置?

5. 请查询三种软件版本控制工具,其中至少有一个是开源的。安装其中的一款使用,并写一篇使用报告。

6. 开发一个小型生产加工企业适用的“进销存”软件,配备的开发人员共计 5 人(3 男 2 女),时间希望控制在一年之内完成。要求至少开发出 3 版软件:1.0 版是一个能够运行主要功能,但不能投入正式应用的软件,其中允许存在一些错误;2.0 版加入了全部的应用功能,纠正了 1.0 版的错误,但是可能操作和界面的友好性、运行的效率等方面还是有问题;3.0 版是一个能够正式应用的软件,功能比较完善,界面友好,操作方便……。请你做一个项目计划,详细规划这个软件的所有任务、进度、目标、验收标准,分析项目可能的风险,并给出应对风险的措施。

7. 图 3-9 是某个项目的进度计划图,请计算每个任务的最早和最晚开始时间,标出关键路径。

8. 分析一下保证软件质量的具体措施有哪些?

9. 请查询相关资料,列出 5 个由于软件质量问题引起的项目失败案例。归纳一些提高软件质量的办法。

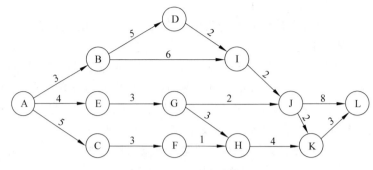

图 3-9　项目进度计划图

10. 对于养老院信息管理系统,请尝试两种不同的过程模型,写一份报告分析选择模型的原则。

11. 对于人的健康来讲"预防为主"比较好理解,对于软件来讲如何体现预防为主呢?

12. 请安装并尝试一款开源的软件项目管理工具,对比微软的 Project 谈谈使用的心得。

13. 作为软件项目经理,假设要管理一个 7 人团队,请给出你选择团队成员的理由。

14. 现在要开发一个养老院信息管理系统,请用代码行技术、功能点技术估算系统的规模,用 IBM 模型、COCOMO Ⅱ 模型估算工作量。

15. 对要开发的养老院信息管理系统用 Gantt 图做任务分解和进度规划。

第 4 章

需 求 工 程

软件需求是影响软件项目成败的最关键因素。能否准确、全面地描述用户需求取决于用户对计算机软件的理解、对业务熟练程度和事务的表达能力等综合素质;开发人员能否全面获取和深刻理解用户需求,取决于开发人员对用户业务知识的认识程度和 IT 行业经验。用户常常抱怨软件无法执行某些基本操作,要求开发人员修改软件。软件开发人员面对用户不断提出的需求变更修改软件,使软件变得千疮百孔、面目全非。有统计表明,软件项目 40％～60％的问题都是在需求阶段埋下的"祸根"。

本章首先给出了需求工程的相关概念,重点介绍需求获取的方法和需求验证技术,最后介绍一些需求管理内容。本书将需求分析方法分为两个部分介绍,一部分是传统的结构化需求分析方法(在第 5 章介绍),另一部分是面向对象的需求分析方法(在第 8 章介绍)。

4.1 需求工程的概念

需求工程由需求开发和需求管理组成。需求开发是指需求的获取、分析、规格说明和验证。典型的需求开发结果应该是需求规格说明书及相关的分析模型。需求管理是在软件开发过程中对需求开发结果的控制、跟踪和管理。

需求工程的基本任务是确定软件项目的目标和范围,其重要工作包括:调查使用者的要求,分析软件必须做什么,编写需求规格说明书等相关文档,并进行必要的需求审查。除此之外,还包括需求变更控制,需求风险控制,需求版本控制等管理工作。

4.1.1 需求分类

在实际项目中,需求可分解为 4 个层次:业务需求、用户需求、功能需求和非功能需求。

业务需求是反映组织机构或用户对软件高层次的目标要求。这项需求是用户高层领导机构决定的,它确定了系统的目标、规模和范围。业务需求一般在进行需求分析之前就应该确定,需求分析阶段要以此为参照制定需求调研计划、确定用户核心需求和软件功能需求。业务需求通常比较简洁,大约 3～5 页纸就可以描述清楚,也可以将它直接作为需求规格说明书中的一部分。

用户需求是用户使用该软件要完成的任务。这部分需求应该充分调研具体的业务部门,详细了解最终用户的工作过程、所涉及的信息、当前系统的工作情况、与其他系统的接口等。用户需求是最重要的需求,也是出现问题最多的。

功能需求定义了软件开发人员必须实现的软件功能。用户从他们完成任务的角度对软件提出了用户需求,这些需求通常是凌乱的、非系统化的、有冗余的,开发人员不能据此编写程序。软件分析人员要充分理解用户需求,将用户需求整理成软件功能需求。开发人员根据功能需求进行软件设计和编码。

非功能需求是对功能需求的补充,可以分为两类。一类对用户来说可能是很重要的属性,包括有效性、高效性、灵活性、完整性、互操作性、可靠性、健壮性和可用性。另一类对开发者来说是很重要的属性,包括可维护性、可移植性、可重用性和可测试性。

下面举例说明业务需求、用户需求和功能需求的不同。一个字词拼写检查程序的业务需求可能是:能够有效地检查和纠正文档中的字词拼写错误。用户需求可能是这样描述的:找出文档中的拼写错误,并且对每个错误提供一个更正建议表,更正建议表中列出可以替换的字词。功能需求的描述是:软件提供一个打开的文档对话框;对打开的文档进行字词检查,发现拼写错误并以高亮度提示出错的字词;对错误字词显示更正建议对话框,其中列出可选的字词,以及替换范围选择。

4.1.2　需求工程的主要活动

需求工程分为需求开发和需求管理两部分,需求开发工作由下面 4 个活动组成。
- 获得需求
- 分析需求
- 编写需求规格说明书
- 审查需求

需求管理部分主要由下面 4 个活动组成。
- 需求变更控制
- 需求版本控制
- 需求跟踪
- 需求状态跟踪控制

4.1.3　高质量需求的特征

需求开发阶段的主要产品是软件需求规格说明书,需求的质量体现在需求规格说明书中。用户和开发者从不同角度评审软件需求规格说明书,在评审过程中应特别关注下面几点。

1. 完整性

完整性体现在两个方面:首先是不能遗漏任何必要的需求。丢失需求经常发生,并且危害极大,而且所丢失的需求通常不容易被发现。为了避免丢失需求,建议特别关注需求获取的方法,分析员应该注重用户的需求而不是系统的功能,这也是我们将需求分为用户需求和功能需求的原因之一。需求完整性的第二层含义是每一项需求所要完成的任务必须要描述清楚、完整。

2. 正确性

每项需求都必须准确地反映用户要完成的任务。判断需求正确性有两种途径。首先是由用户来判断,在进行需求调研时系统分析员记录了每项需求的来源和相关的详细信息,系统分析人员根据调研的结果使用自然语言和流程图或用例图等多种方式描述需求。在需求评审时用户和开发人员从不同角度检查需求的正确性。另一方面,系统分析人员应该检查每项需求是否超出了业务需求所定义的软件范围。

3. 可行性

每一个成功的软件系统其解决方案都是可行的。可行性体现在技术可行性、经济可行性、操作可行性。在开发应用软件时要坚持使用成熟的技术,著名的 UNIX 操作系统之所以成功,原因之一就是尽其可能使用成熟技术和简单结构。这样的系统可靠性高,易于维护。

操作可行性体现在对不同类型的用户提供不同的操作方式,使每类用户都有适合自己特点的操作方式。例如,银行系统的使用者有银行业务人员和银行的用户,银行业务人员要求操作速度快,所以系统为他们提供了键盘命令操作方式,而一般用户不具备计算机操作经验,系统应该针对性地提供图形用户界面和触摸屏操作方式。

4. 必要性

每项需求都应该是用户所需要的,开发人员不要自作主张添加需求。检查需求必要性的方法是将每项需求回溯至用户的某项需求上。

5. 划分优先级

为每一项需求按照重要程度分配一个优先级,这有助于项目管理者解决冲突、安排阶段性交付,在必要时做出功能取舍,以最少的费用获得软件产品的最大功能。在开发产品时,可以先实现优先级高的核心需求,将低优先级的需求放在今后的版本中。从这里我们想起了在 UNIX 操作系统之前的 MULTICS 操作系统的失败,当时世界上许多著名的计算机专家聚集在一起开发 MULTICS 操作系统,每位专家都有许多很好的设想,都拼命地向 MULTICS 系统添加功能,结果使得这个系统规模越来越庞大,以至于没有一个人能够清楚地描述这个系统的范围和目标。经过几年的艰苦开发,最后还是以失败告终。实际项目开发中,对需求划分优先级是非常必要的,请大家一定不要忽略这点。

6. 无二义性

不同的人员对需求的理解应该是一致的。一般情况下,描述需求都用自然语言,因此很容易引起需求理解的二义性,使用简洁明了的语言描述需求对大家理解需求是有益的。另外,使用多种不同的方式从多个角度描述同一需求对于发现需求二义性也是有帮助的。避免二义性的另一个有效方法是对需求文档的正规检查,包括编写测试用例,开发原型。

7．可验证性

每项需求都应该是可验证的。系统分析员在需求分析时就要考虑每项需求的可验证性问题，为需求设计测试用例或其他的验证方法。如果需求不可验证，则要认真检查需求的有效性和真实性，一份前后矛盾、有二义性的需求是无法验证的。

4.1.4　影响需求质量的因素

1．用户需求不断增加

在实际项目中最让开发人员头痛的问题就是用户需求不断增加。开发过程中需求不断变化，会使软件的整体结构越来越混乱，补丁代码也使得整个程序难以理解和维护，同时它会影响软件模块高内聚、低耦合的设计原则。如果项目管理工作不完善，更会带来严重后果。但是用户通常不是计算机专家，对需求变更导致的软件质量问题认识不足，所以，不论你如何强调需求变更的风险，仍然无法阻拦用户需求的变更。

为了减少用户需求变更，需要从两个方面入手。首先，必须从一开始就对项目的范围、目标、规模、接口、成功标准给予明确的定义。第二，在项目管理上要制定需求变更控制规范，一旦用户需求发生变更，就严格按照规范的流程进行一系列的分析和审查。

2．模棱两可的需求

不同的开发人员看了同一条需求后，产生了不同的理解，这就是需求二义性问题。这会引起大量的返工，例如在测试阶段，测试人员针对他理解的需求设计了测试数据，但是发现测试结果不是预期的。查找原因，发现了需求描述的二义性。要纠正需求二义性引起的错误，分析人员需要修改需求说明书，设计人员要修改设计，编程人员要重新编码，测试人员要重新测试，同时还要修改所涉及的全部文档。

为了尽早发现模棱两可的需求，在技术上可以用多种不同的方法描述需求，在审查时从不同角度审查需求。在审查需求时，一个人主讲需求，其他人聆听并对描述不清的地方及时提问常常能够发现需求二义性的问题。在审查需求时，最好请两名非本项目组的工程师，他们以旁观者的角度往往能提出大家比较容易忽视的问题。

3．用户不配合

实际工作中，用户的热情参与是项目成功的重要因素。如果用户不热心，项目将无法成功。对待这个问题主要是与用户沟通，引导他们对你正在做的事情感兴趣，同时，将你做过的一些成功实例给用户演示，提高用户的信任度也是有效的方法。

4．过于精简的需求说明

这是开发中最经常犯的错误。尽管开发人员和用户都认为应该花大精力进行需求分析，但在实际项目中仍然难抵御编程的诱惑。为此在初始阶段，可将项目组成员分为两部分：一部分做需求工作；另一部分熟悉开发环境，攻克开发中可能遇到的技术难题，或者试验项目经理所担心的一些问题。在需求审查时，所有项目组成员都参加，由于后者没有参加需求分析,对用户需求了解甚少,他们反而会发现过于简单的需求,往往会提出许多问题,帮助弥补需求的不足。

5. 忽略了用户的分类

一个软件中每个功能的使用频率、使用方式和使用人员水平都可能不同,如果在项目的早期没有将需求按主要用户进行分类的话,最终的软件产品可能会使某些主要用户产生抱怨。系统分析人员应该注意将来使用本产品的各类用户水平和工作环境,根据这些因素对用户分类,每类用户要有恰当的描述。例如,一个机场地面信息系统的用户可以有一般用户,他们使用台式计算机管理航班计划信息、旅客信息、行李信息,应用软件提供一般的图形界面方式就可以满足他们的要求。另外有一类用户在停机坪上工作,他们每个人可能同时负责几架飞机的地面服务,他们要求简单、方便、快捷的界面和操作方式。系统根据这两类人员的不同要求,为停机坪服务人员选择了掌上电脑,并且信息录入方式采用快捷键输入。例如,开始/结束清洁时间、开始/结束上水时间、开始/结束上油时间、开始/结束上行李时间等,只要输入航班号,按快捷键操作即可。

6. 不准确的计划

在项目的初期,用户常常问开发人员"系统什么时候能够完成",而在需求不深入的时候这个问题是很难回答的。随着需求的深入,计划才能比较准确。通常,开发人员总是比较乐观,而实际上,在项目进行过程中总会遇到许多问题导致不能按计划实施。这些问题主要是:变更需求,遗漏需求,与用户交流不够,对开发环境不熟悉,开发人员经验不足等。

7. 不必要的特性

有时开发人员会心血来潮,自作主张添加一些额外的功能。这看上去似乎不错,但是对于规范化开发来讲是不允许的。这些锦上添花的功能会使系统变得比较庞大,另外,开发人员的这类行为会造成管理上的麻烦。首先,添加的功能必须要有相应的文档说明、程序代码、测试用例、操作帮助,这些都给项目添加了许多工作量。更多的麻烦还在漫长的维护阶段,当系统需要修改时,要考虑对这些添加功能的影响。因此,软件工程不提倡开发人员擅自添加软件功能。

4.2 确定系统目标和范围

业务需求代表了需求链中最高层的抽象,它为软件系统定义目标和范围。系统分析人员根据确定的业务需求制订需求调研计划,并且判断用户需求是否在业务需求范围之内,对系统范围之外的用户需求要加以限制。

软件目标和范围的说明可以形成一份专门的文档,也可以放在软件需求规格说明书中的一节中,主要内容包括项目背景、要达到的目标、市场前景、软件的适用范围和局限性、经济效益和社会效益、主要风险和策略。下面提供一个比较实用的业务需求文档模板。

×××系统目标和范围

1. 系统概述

本部分描述为什么要开发此系统,它为使用者带来的利益。

1.1 项目背景

叙述系统开发的背景和必要性、所具备的开发条件等。可以对现有相关产品进行简单比较,指出新系统的竞争优势和吸引力。

1.2 目标

概要地说明系统要达到的目标,它是一个指导性的总目标。

1.3 市场需求

描述新系统的市场需求情况,分析典型用户的需求。这里要避免设计和实现的细节。

1.4 实现新系统的意义

描述新系统给最终使用者带来的利益,通常从以下几个方面考虑。

- 提高生产效率。
- 加强操作安全性。
- 降低成本,增加收入。
- 提高精度,减少返工。
- 业务过程自动化。
- 进一步规范业务操作和流程。
- 与其他同类产品比较,提高可用性和可靠性。

2. 业务需求解决方案

2.1 业务需求

详细描述系统的业务目标,因为这些目标是系统功能的基础,关系到系统的开发成本、最终的交付日期,是分析新系统效益指标的关键。

2.2 主要特性

列出新系统的主要特性,可以同现有的同类产品进行比较,突出新系统的特点。

2.3 条件和环境

详细说明新系统的开发环境、运行环境和其他相关的条件。

3. 范围

3.1 首次发行的范围

新系统首次发行时实现的目标。注意,要避免将用户所能想到的每一特性都加入到首次发行的系统中,否则会使软件的需求变得过于庞大和复杂,增加新系统的风险。

3.2 继续版本

如果开发的产品是一个连续的升级产品,则应该在此处说明哪些特性放在继续的版本中,每个版本的可能发行日期。

4. 业务环境

4.1 用户概貌

对使用新系统的用户进行分类,将业务需求或系统特性分配给对应的用户类上,标出每类用户最感兴趣的特性、操作界面、操作方法等。

> 4.2 优先级
> 确定新系统多个目标的优先级,将主要精力集中在优先级高的目标上。
> 5. 效益分析
> 5.1 经济效益
> 分析新系统可能带来的经济效益,包括提高生产率、降低成本、提高质量等所带来的直接经济效益和间接经济效益。这个指标是定量的、可度量的。
> 5.2 社会效益
> 新系统可能会提高社会公众的素质,促进文化交流,规范企业生产经营,改善人们生活质量等。
> 6. 风险分析
> 总结开发新系统的主要业务风险,详细列出影响新系统成功的主要因素,逐一确定每个因素对系统的影响程度和可能发生的概率。影响大、发生概率高的因素要给出风险控制措施。

4.3 需求获取方法

为了获得需求,项目经理必须先仔细阅读系统目标和范围说明书,对软件涉及的范围有所了解,制定调研计划。调研计划包括:调研的部门,调研前的培训内容,调研的时间和地点,设计调研访谈表,调研结果分析。

在调研之前,最好安排一次用户培训,请有经验的系统分析人员讲解需求的重要性,以及用户如何配合开发人员的调研。用户的许多日常工作在他们看来是非常自然的,因此,在调研中常常被忽略。对用户的培训还要有一些关于软件工程方面的知识,许多用户由于对软件工程没有一点概念,所以明明感觉到开发的产品可能不满足要求,但是又不知道该何时和怎样与开发方沟通。在此需要特别强调以下两点。

1. 发现问题及时与开发人员沟通

用户一旦发现问题,及时与开发人员沟通是非常必要的,绝不可以等到开发完成时再说。软件开发的过程中,用户的每个需求都要经过需求分析,将用户的需求变为软件的功能需求。用户的一个需求可能影响软件的多个功能,这些功能经过系统设计,又一次被放大了,也就是说一个功能可能由几个模块实现。经过程序员的编程调试,测试人员进行整个软件的集成测试,协调软件各个模块之间的关系,最终得到一个可运行的软件版本。如果在确定需求时引入了一个错误的需求,这条需求可能需要 5~10 个设计才能够满足,而一个设计可能需要 30~100 条程序才能够实现,从这里不难看出,一个需求阶段的错误在软件开发阶段的后期发现会带来多么大的损失。例如,一个低级错误在需求阶段及时发现可能只要花费 10 元的成本就可以纠正,因为这时只需要修改这条需求和相应的需求说明文档,但是如果这条错误的需求没有被及时改正,一直到交付给用户验收时才被发现,那么改正整个错误的成本大约是 1 万元左右,请参看图 4-1。

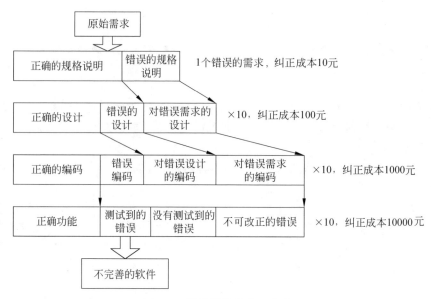

图 4-1 需求错误放大示意图

在软件设计阶段,因为对需求理解的偏差,加上设计本身考虑不周可能会引入新的设计错误。这样的话在编码阶段,可能就有三部分错误:一是由于编程本身和对设计的理解偏差引入新的错误;另外是对错误设计的编程代码;还有就是对错误需求的编程代码。在测试阶段会发现一些错误,但是肯定会遗漏一些错误。例如,一个错误的需求引起的错误靠测试数据组合可能是发现不了的,有可能到用户验收测试时才能够发现,甚至用户验收也无法发现,直到运行过程中出现故障时才发现。

2. 用户必须坚持需求审查

用户必须坚持在需求分析阶段的后期参加需求评审。如果需求有问题,不管使用多么先进的技术,开发出来的软件一定不能投入到用户的实际应用之中,因此用户和开发人员必须在需求的理解上达成一致的意见。最有效的方法是请应用领域的专家、计算机专家和最终用户一起对需求逐条进行讨论。为了使用户能够积极地参与讨论,所有的需求文档必须都有一份是使用用户能够理解的语言编写的。开发人员要在讨论中讲述软件要达到的目标,软件涉及的范围,详细说明每条需求要做什么,并且定义每条需求的优先级、实现的风险、预防风险的措施。用户及应用领域专家评价需求被理解的程度,专家可能会提出一些关于业务规范或改进的建议,这些建议通常对改进用户当前的工作流程是必要的。需求评审有助于确定需求,减少需求的变更。

4.3.1 必须向用户交代的两个重要问题

一个软件项目或为用户开发的软件产品,用户的需求是至高无上的,用户是应用领域的专家,但不一定是软件专家。开发人员必须具有很强的责任心为用户讲解软件的功能和性能。有两点特别重要,用户和开发方都应该清楚。

第一,软件开发与其他产品的开发过程一样是分阶段的,每个阶段都有阶段产品。只有每个阶段的产品符合要求,才可能生产出最终满足用户需要的产品。如果中间某个阶段的产品不符合要求,那么最终的产品一定是有问题的。用户在每个阶段末必须参加阶段审查,阶段审查不通过,不能开始下一个阶段的工作。许多用户不了解软件开发的阶段性,认为只有最后生成的程序代码才是软件产品,因此在整个开发过程中他们始终处于被动的等待状态。当最终程序代码生成后,一旦发现某些功能不满足实际需求,再提出修改意见,开发方通常不愿意修改。另外,即使修改,往往也会给软件产品的质量带来影响。作为用户保护自己的一个好方法就是:在合同中明确提出开发方必须分阶段交付软件产品。

第二,分阶段审查产品时产品的合格标准是什么?用户一般不知道阶段产品该如何验收,面对需求分析和设计的各种图形符号,用户不知道该如何下手。开发方要用多种形式来描述阶段产品,目的是让用户了解软件要做什么。用户在阶段审查时,首先检查所提交文档的目录,看内容是否全面,审查中如果有困难可以参考《计算机软件工程规范国标汇编》(简称"软件工程国标"),其中对每个文档的内容要求都写得很明确。需要注意的是,"软件工程国标"是针对所有软件项目编写的,它涵盖了可能出现的各种情况,因此在实际使用时应该对其进行适当的裁减。检查完文档的目录后,再检查具体的内容,用户有权利要求开发方对阶段产品进行详细解释,以便于更好地理解。

下面列出了在软件开发过程中需要提交的阶段产品及其主要内容和提交时间。

- 软件范围和目标说明书。在实际项目中,这个文档通常是以用户为主确定的。当用户认为有困难时,可以委托行业咨询公司协助完成。这个文档是规划项目的范围、确定规模和软件要达到的目标,是战略性的,因此建议用户一定要自己把关。该文档的提交时间是在项目正式启动之前。
- 软件调研报告。这个文档由开发方提供,主要内容是开发方对用户现有系统的客观描述。现有系统是指目前使用的计算机系统或人工处理过程或其他自动化处理系统。它反映当前用户业务的工作流程、设备情况、原始数据内容、输出数据格式和内容,同时还要记录用户对新系统的期望和建议,最后还要附上与所调研的业务相关的原始资料,例如各种单据、报表、操作规范、工作流程描述和岗位职责等。这个报告强调客观实际,不应掺杂软件分析人员的主观臆想。该文档提交的时间是调研结束之后、分析需求之前。
- 软件开发计划书。由开发方提供。在项目调研之后,基本上已经能够确定待开发软件的规模和工作量了。这时,开发方应该提交一份比较详细的开发计划,以便于用户配合工作。计划的内容包括:每个阶段的时间安排、负责人、参加者、需要的其他资源;每个阶段提交的产品(文档)形式和内容说明;每个阶段的审查时间、参加的人员;阶段审查的合格标准。这个文档的提交时间是在需求分析阶段的后期,一般与需求规格说明书同时提交。
- 软件需求规格说明书。由开发方提供。这份文档是软件开发的重要阶段产品,用户必须给予高度重视。软件需求规格说明书的主要内容包括:使用自然语言和一些图形符号描述用户需求和软件要实现的功能,详细描述数据关系和数据存储,开发人员经过分析整理出的软件处理流程、与外部系统(角色)的接口,以及软件安全性、可靠性、可扩充性、可移植性等非功能性需求描述。该文档的提交时间是需求分析阶段结束之前。
- 软件设计规格说明书。由开发方提供。软件设计包括总体设计和详细设计。总体设计反映软件的结构框架,不涉及具体的内部控制流程;详细设计反映具体的实现步骤和内部控制流程。它主要是约束开发人员的,而用户了解一些内部结构会有助于今后的维护工作。这份文档的提交时间是在设计阶段结束之前。

- 软件模块开发卷宗。由开发方提供。这个文档主要包含源程序清单,以及单元测试记录。如果用户自己不进行软件维护,这份文档对用户来讲意义不大。但是如果用户要接手这个软件产品,并且还要进行维护,这份文档是需要的。这份文档的提交时间有一些讲究,如果用户对程序完全陌生,建议在整个系统验收测试结束后要求开发方提交。因为在软件验收交付之前,开发者可能不断地修改源程序,这样用户拿到的文档与最终产品不符。如果用户比较精通程序设计方面的知识,可以在验收测试之前拿到这份文档,以便对照该文档补充验收测试的测试用例,特别是对控制流程复杂的模块补充一些测试用例。
- 软件测试计划书。验收测试计划由用户提供,系统测试计划由开发方提供。测试计划包括测试时间、测试需要的环境、计划测试的条目、测试用例。这份文档应该在测试之前提交。
- 软件测试报告。验收测试报告由用户提供,系统测试报告由开发方提供。该文档包括测试的时间、地点、环境、约束条件、测试条目,测试用例、实际测试结果和测试评价。软件测试报告在测试之后提交。
- 软件用户手册。由开发方提供。手册中包括软件范围和目标、应用环境、主要功能、约束条件、操作方法、注意事项等。初步的用户手册应该在需求分析阶段结束时与用户见面,最终的用户手册在验收测试前提交。用户验收测试包括对文档的验收。
- 软件开发月报。为了使用户了解软件开发的情况,开发方有义务向用户提交软件开发月报。用户可以及时发现软件开发中的问题,随时与开发方沟通。

4.3.2 制定调研计划

调研计划在调研工作开始之前由项目经理和用户负责人共同协商确定。首先,根据项目的规模和范围确定要调研的部门,然后根据项目的总体计划安排调研的访谈时间。为了保证调研的质量,在调研开始前要安排对用户进行软件工程基础知识的培训,使用户了解软件开发的各个阶段,以及每个阶段用户的职责。对开发人员要进行用户业务知识的培训,使开发人员了解用户业务的专业术语和基本业务流程。最后,确定调研报告的内容和格式。下面是一个调研计划的模板。

×××项目调研计划

1. 项目的目标和范围

注意:项目目标和范围几乎在项目的每份文档中都需要,在制作文档时不要直接将项目目标和范围的内容复制到这里,应该使用文档链接方法链接到唯一的内容上。这样可以避免冗余和文档内容不一致。

---

2. 调研的部门及部门主要职责

部门名称	主要职责

3. 设计访谈问题和调研表格

4. 培训计划

培训内容	讲授人	时间	地点	参加者

5. 调研时间安排表

部门	负责人	接待人	业务介绍人	时间	地点	调研负责人	参加人

注意：安排调研时间要根据所调研部门的规模，通常安排一次访谈后，要留一段时间，以便于开发人员消化调研结果，分析整理出问题，然后再安排下一次的调研时间，一般的部门最少需要访谈三次。

6. 调研结果分析

当项目涉及多个部门时，调研一般分小组进行，每个小组调研的结果要在一起进行汇总，整理出整个系统的调研报告。

7. 调研报告审查

参加调研报告审查的人员有各个部门的用户代表、调研人员、系统分析和设计人员。审查时间安排得要宽松一些，因为这是需求分析的第一关。

4.3.3　准备调研的资料

调研前系统分析人员应该有充分的准备，针对具体项目的特点设计一些问题和表格，每位调研者事先应该仔细阅读这些问题。这些问题和表格在调研开始之前也要给用户一份，使他们对调研内容有所准备。在实际项目中，应该根据项目的规模、涉及的业务领域有针对性地设计一些特别问题。下面给出一组比较通用的调研问题，供读者参考。

调研的基本问题。

（1）部门的名称、人员数量和结构。

（2）部门发展或变化简介。如果某个业务部门的业务经常变化，分析人员就要特别注意软件的灵活性和可扩展性。

（3）部门的主要任务。

（4）业务处理流程。

（5）部门各岗位的职责。这对了解系统的权限分配、发现系统角色很重要。

（6）业务处理过程中涉及哪些专业领域的知识？

（7）工作需要的审批流程是什么？

（8）主要处理方法或算法描述。

（9）哪些业务需要实时处理？

（10）哪些业务需要交互操作？

（11）部门接受哪些部门或外界的信息？信息内容和格式要求是什么？

（12）部门产生哪些信息？部门产生的信息送到哪些其他部门或角色？格式要求如何？

（13）对信息的输入和输出方式有要求吗？输入输出设备是什么？

（14）数据要求实时备份吗？备份的设备是什么？

（15）业务处理有高峰期吗？高峰时间是什么时候？业务量有多少？

（16）现有的哪些设备要继续使用？

（17）对产品的运行环境有要求吗？

（18）对界面风格和操作方式有要求吗？

（19）在系统运行过程中允许停机吗？

（20）操作方式要根据操作环境和使用人员分类吗？

（21）需要的操作权限有哪些？

（22）需要记录系统操作和运行日志吗？

（23）用户有能力进行系统维护吗？

（24）需要分布式处理吗？

（25）需要什么方式的用户操作培训。

（26）需要制作联机帮助吗？

以上问题对系统分析和设计非常重要，是构建稳定、可靠、快捷、满足用户要求的软件系统必须要弄清楚的问题。

设计调研表格的目的主要是为了规范调研内容的格式，便于系统分析和设计。下面给出一些调研表格模板供参考，见调研表 1～调研表 10。

调研表 1　部门基本情况表　　　　　　　　　　　　调研人：

系统名称：　　　　　　　　　　　　　　　　　调研日期：

部门名称：　　　　　　　　　　　　　　　　　第　次访谈：

联系人：　　　　电话：　　　　　　　　　　　E-mail：

部门发展简史：

部门现有设备：

现有软件：

部门人员结构：

高级业务人员	中级业务人员	初级业务人员	专科以上人员	专科以下人员

备注：

调研表 2　部门业务流程图　　　　　　　　调研人：

系统名称：　　　　　　　　　　　　　　调研日期：
部门名称：　　　　　　　　　　　　　　第　次访谈：
联系人：　　　　电话：　　　　　　　　E-mail：

业务处理流程图：

业务处理流程描述：

调研表 3　部门业务所涉及的信息流和信息存储　　　调研人：

系统名称：　　　　　　　　　　　　　　调研日期：
部门名称：　　　　　　　　　　　　　　第　次访谈：
联系人：　　　　电话：　　　　　　　　E-mail：

信息名称	数据项数	频率	保密级别	来自何处	用途说明

备注：

该表列出了系统的全部数据流和数据实体的概要信息，其中"信息名称"与表 4、表 5 相对应。

调研表 4　信息项描述表　　信息名称：　　调研人：

系统名称：　　　　　　　　　　　　　　调研日期：
部门名称：　　　　　　　　　　　　　　第　次访谈：
联系人：　　　　电话：　　　　　　　　E-mail：

数据名	关键字	类型	长度	值域	初始值	备注

备注：

调研表 5　输入/输出信息格式说明表　　信息名称：　　调研人：

系统名称：　　　　　　　　　　　　　　调研日期：
部门名称：　　　　　　　　　　　　　　第　次访谈：
联系人：　　　　电话：　　　　　　　　E-mail：

输入/输出格式说明：（画屏幕布局草图）

备注：

调研表 6 部门建议表 调研人：

系统名称：　　　　　　　　　　　　　　　　调研日期：
部门名称：　　　　　　　　　　　　　　　　第　次访谈：
联系人：　　　　　　电话：　　　　　　　　E-mail：

现系统存在的问题：

建议：

调研表 7 系统性能要求表 调研人：

系统名称：　　　　　　　　　　　　　　　　调研日期：
部门名称：　　　　　　　　　　　　　　　　第　次访谈：
联系人：　　　　　　电话：　　　　　　　　E-mail：

最大用户数	并发用户数	高峰时间段	响应时间	计算精度	安全和保密

备注：

调研表 8 质量属性要求 调研人：

系统名称：　　　　　　　　　　　　　　　　调研日期：
部门名称：　　　　　　　　　　　　　　　　第　次访谈：
联系人：　　　　　　电话：　　　　　　　　E-mail：

质量属性	要　　　求
有效性	
高效性	
灵活性	
安全性	
互操作性	
可靠性	
健壮性	
易用性	
可维护性	
可移植性	
可重用性	
可测试性	
可理解性	

特别说明：

调研表 9 可能的限制/假设   调研人：

系统名称：   调研日期：

部门名称：   第   次访谈：

联系人：   电话：   E-mail：

限 制	限制原因说明
硬件	
系统软件	
应用软件	
并行操作	
控制功能	
开发语言	
开发方法	
通信协议	
安全和保密方法	

系统的假设和依据：

备注：

调研表 10 部门提供的原始资料目录   调研人：

系统名称：   调研日期：

部门名称：   第   次访谈：

联系人：   电话：   E-mail：

资料名称	页数	资料说明

备注：

原始资料目录表用于记录从用户部门获得的资料信息,在实际项目中,对原始资料应该保留一份作案底,开发人员借阅时使用复印件,以免丢失。

4.3.4 访谈用户

这个阶段应深入了解用户的实际业务流程和相关数据、现有的环境、设备,听取用户对现有系统的改进建议,同时还要收集各个相关部门的操作规范、岗位职责、各种图表和业务往来单据等原始资料。这些是系统分析人员进行需求分析的第一手资料,非常有价值。在调研前,项目经理与系统分析人员一起制定调研问题和调研表格,以提高调研的效率和质量。在调研过程中应尽可能细致地了解用户部门的业务处理流程,建议采用流程图快速记录用户的需求,然后再用自然语言将理解的内容复述给用户,由用户确认你的理解是否正确。

访谈时要注意收集用户部门的原始资料,有些资料初看起来似乎与项目关系不大,但实际上可以从中发现一些重要的需求内容。在大多数情况下用户不是计算机专家,在他们介绍工作流程时,常常将一些日常必做的环节忽略掉了,因为他们做这些工作已经像吃饭睡觉一样形成了习惯。因此,调研人员要特别细心地注意每一个细小的环节。

每天访谈结束后,调研人员要立刻整理调研表格,根据调研时画出的流程图写出文字说明。发现模糊的需求,调研人员要将问题记录下来,再次访谈用户。这种往复通常要有3~5次。项目经理每天都要召集项目组开会,将调研结果汇总,这样可以及时发现问题,改进工作过程。

4.3.5 编写调研报告

调研阶段结束时要提交调研报告,下面给出需求调研报告的模板。

×××系统需求调研报告

1. 项目范围和目标
2. 项目背景
3. 现系统工作描述
4. 业务处理流程
5. 数据说明
6. 输入输出格式要求
7. 现有设备情况
8. 现有软件系统
9. 用户对象说明
10. 用户对现有系统的意见
11. 用户对新系统的建议
12. 用户提出的非功能性需求

附件1:调研表
附件2:调研问题
附件3:调研原始资料目录

4.3.6 需求的其他来源

除了向用户部门进行需求调研外,项目小组还应该从其他渠道获取需求,这样可以使需求更加完善,开发的系统更实用。下面是几种典型的需求来源。

- 通过阅读与行业相关的标准、规则和文件获取需求。
- 通过市场调查和用户问卷调查了解目前市场上用户对同类产品的意见和建议。
- 收集同类产品的用户手册、操作说明、演示版本等,然后对它们进行比较,取其精华,去其糟粕。

4.4　需求分析的任务

需求分析的主要任务是确定对系统的综合要求,分析系统的数据要求,导出系统的逻辑模型,修正系统的开发计划。为了实现需求分析的任务,要完成下面的内容。

(1) 定义系统边界。建立系统与其外部实体间的界限和接口的简单模型,明确接口处的信息流。

(2) 建立软件原型。当开发人员或用户遇到需求不确定的问题时,开发软件原型是一种最有效的解决方法,它将许多概念和可能发生的事情直观地显示出来。通过用户对原型的评价,使得项目参与人员能够进一步理解问题并发现需求描述与软件原型之间的差异。

(3) 分析需求可行性。在项目成本和性能允许情况下,分析每项需求实现的可行性,确定与需求实现相联系的开发风险。如与其他需求的冲突、对外界因素的依赖和技术障碍等。

(4) 确定需求的优先级。开发人员通过分析确定需求实现的优先级,并以此为基础确定产品版本包括的特性。由于软件项目受到时间和资源的限制,一般情况下无法实现软件功能的每一个细节,因此需求优先级有助于开发组织制定版本规划,以保证在规定的时间和预算内达到最佳的效果。

(5) 建立需求分析模型。建立分析模型是需求分析的核心工作,通过多种视图模型,从不同角度分析系统的特征,常用的视图有功能视图、结构视图、动态视图、物理视图等。用这些视图也能够揭示系统需求的不一致、不准确、遗漏和冗余等问题。

(6) 创建数据字典。数据字典定义了系统中使用的所有数据项及其结构,以确保用户和开发人员使用一致的定义和术语。

(7) 制定符合需求的系统开发计划。在需求分析之前可能有一个比较粗略的系统开发计划,经过需求分析后,对软件的规模、复杂程度和系统具体要达到的功能和性能要求都比较明确了,因此有必要细化系统开发计划。

4.5　需求分析的原则

目前常用的需求分析方法有结构化方法、面向对象的方法,不管用哪种方法进行需求分析,下面的基本原则是要遵守的。

(1) 准确表达和理解问题的信息域。信息域反映的是业务数据流向和对数据进行加工的处理过程,因此信息域是解决"做什么?"的关键因素。根据信息域描述的信息流、信息内容和信息结构,可以较全面地了解系统的功能。

(2) 建立描述系统信息、功能和行为的模型。建立模型的过程是由粗到细的综合分析过程。通过对模型的不断完善和深化,达到对实际问题的全面、深刻理解。

(3) 对所建模型按一定形式进行分解。分解是为了降低问题的复杂性,提高对问题的可解性和可描述性。分解可以在同一个层次上进行(横向分解),见图 4-2,也可以在多层次上进行(纵向分解),见图 4-3。一些复杂的问题,如果将其分解成一个个小的、容易控制和理解的子问题是有许多好处的。首先是便于理解,其次是可以将子问题划分给不同的小组,分别完成,然后装配起来形成一个完成的系统。最重要的是通过拆分,可以使软件开发走向组件开发的道路。因为划分的小问题中有些是常见的公共问题,有些是特殊的问题。对常见的公共问题可以重用已有组件,开发人员只对特殊的问题提供解决方案。这样不仅可以提高软件开发的效率,更主要的是使软件开发向着"工程化"方向迈进。需求阶段分解的内容有功能和数据两个部分,分解的方式有横向分解和纵向分解。

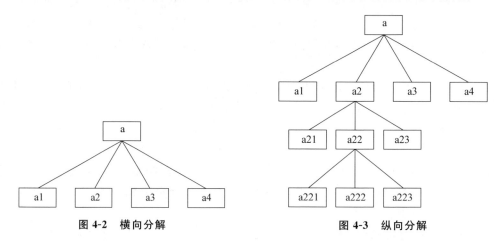

图 4-2　横向分解　　　　　　　　图 4-3　纵向分解

4.6　定义软件的质量属性

在进行需求分析时除了要确定软件的功能外,还要定义软件的质量属性。质量属性有很多,但是在实际软件开发中需要认真考虑予以实现的仅是一小部分。本书中将质量属性分为两类:一类是对用户来说重要的属性;另一类是对开发者米说重要的属性,见表 4-1'。

表 4-1　质量属性分类

对用户来说重要的质量属性	对开发者来说重要的质量属性
有效性	可维护性
高效性	可移植性
灵活性	可重用性
可修改性	可测试性
安全性	可理解性
互操作性	
可靠性	
健壮性	
易用性	

第 3 章已经对软件质量属性做了简单的描述,在实际项目中,定量地描述用户期望的质量属性(也是系统分析人员经常忽略的工作)是很重要的。下面详细讨论每个质量属性的意义和描述方法。

有效性——在预定的时间内系统正常运行时间的比例。它是系统的平均无故障时间除以系统平均无故障时间与故障维修时间之和。有时用户的需求可能会对时间要求更严格,例如交易系统可能会要求在交易时间内系统的有效性达到 99.95%,其他时间只要达到 80% 就可以了。在调研用户时要询问用户需要多高的有效性,是否在所有时间对有效性的要求都是相同的。

高效性——系统效率用来衡量处理器优化、磁盘和内存空间利用率、通信带宽利用率等系统资源的使用情况。如果软件运行占用了系统的所有可用资源,其结果就是系统性能的急剧下降。因此,在进行需求调研和分析时要对高峰负载进行计算,并且在满足高峰负载的情况下预留出一定的处理器能力和内存空间余量、通信带宽余量,由此计算出系统的最小配置。

灵活性/可修改性——灵活性反映在软件中添加新功能时所需要的工作量。可修改性是软件产品被修改的能力,修改可能包括纠正、改进或软件对环境、需求和功能规格说明变化的能力。灵活性和可修改性是相辅相成的,当用户要求灵活性时,会迫使开发者考虑系统今后的扩充问题。在国内的应用开发项目中,灵活性很难定量地描述。这里我们给出一个描述灵活性需求的例子:在库存管理系统中,一个具有 6 个月以上开发经验的软件维护人员能够在 4 个小时之内为系统添加一个统计报表,并且这个统计报表的数据项不超过 20 项,所涉及的数据库表不超过 5 个。用这种量化的指标要求系统的灵活性,设计人员在设计系统时就会考虑如何实现灵活性的要求。

安全性——保证系统不被非法访问,防止数据丢失、防止病毒入侵、防止私人数据进入系统。要用明确的术语描述安全性的需求,如身份验证、用户特权级别、访问约束、需要保护的数据等。一个安全性需求的描述可以是这样的:只有具有查账特权的用户才能够进行库存统计查询。

互操作性——表明软件产品与其他系统进行交互的能力。为了使产品满足互操作性需求,系统分析员必须要了解用户的产品将要与哪些系统连接、需要交互什么数据。

可靠性——软件在给定时间间隔内按照规格说明正常运行的概率。它反映软件正确执行操作所占的比例,以及在发现新的缺陷之前系统运行的时间和缺陷出现的密度。一个描述可靠性需求的例子是:由于软件失效引起的库存成本计算错误的概率不能超过千分之一。

健壮性——软件遇到非法输入数据或相关的运行环境出现异常时软件仍能正确运行的程度。健壮的系统可以从发生问题的环境中恢复正常,并且容忍用户的一些错误。在需求调研时,要询问用户当软件出现缺陷时用户希望系统如何响应。分析人员要列出软件所有可能出现的异常和常见的操作失误,针对每条失误写出健壮性需求。一个健壮性需求的描述可能是:当远程用户向中心数据库发送信息被线路故障中断后,系统每隔 10 秒钟重新连接一次中心数据库,直到数据库被连接上,然后重新发送所有要发送的信息。

易用性——易用性的定量描述可以是对用户某项操作的时间要求,或者是用户学习操作软件需要的时间,或者是对软件操作形式的要求。它所描述的是与用户友好性相关的各种因素。例如软件的操作菜单必须有热键;一个新用户经过不到 30 分钟的环境适应就可以进行基本的查询操作;一个新的操作人员经过一天的培训就可以独立完成他所需要的 95％的工作;一个入库操作的时间应该小于 2 分钟等。

可维护性——它描述纠正一个缺陷或进行一个变更的容易程度。可维护性取决于软件的可理解性、软件的结构和选择的软件开发工具。为了使软件易于维护,通常需要规范设计和实现,例如:函数调用不能超过两层,以便于执行跟踪;每个模块中源代码与注释的比例为 2：1;对库存统计报表格式变化的修改时间不能超过一周等类似的定量描述。

可移植性——度量把软件从一种环境移植到另一种环境中所花费的工作量。为了实现可移植性,需要研究软件要移植的环境。可移植性与高效性可能会有冲突,为了软件具有更好的可移植性,系统分析人员会做更多的限制,例如为了提高软件的可移植性,尽量不使用运行环境提供的库函数等限制。可移植性对软件的成功不是最重要的,因此分析人员要与用户一起协商,平衡性能的取舍。

可重用性——表明一个软件组件可用于其他软件的程度。可重用软件的开发成本会比较高,因为可重用软件必须标准化、资料齐全、不依赖于特定的应用程序和运行环境。

可测试性——指测试软件时查找缺陷的简易程度,如果软件中包含复杂的算法和处理逻辑,或者使用了复杂的数据结构,或者功能模块间的关系复杂,都会影响可测试性。可测试性需求描述的例子有:一个模块的最大循环复杂度不能超过 20。循环复杂度是衡量一个模块源代码中逻辑分支数目的参数,一个模块中的逻辑分支过多会影响可测试性。

可理解性——是指人们通过阅读程序源代码和相关文档了解程序功能、结构和运行方式的容易程度。一个可理解的程序应该具备下面的一些特征。

- 模块结构良好,功能完备。
- 程序算法简明,没有含糊不清的代码,使用有意义的过程名。
- 代码风格和设计风格一致。
- 采用结构化编程,程序只使用顺序、分支和循环三种基本语句结构,并且每个模块都是单入口单出口。
- 尽量使用简单的数据结构,使用有意义的数据名和变量名。
- 程序处理完整,程序不仅实现了基本的功能,而且还要有数据检查、出错处理等辅助功能。

对于可理解性,可以使用一种叫做"90-10 测试法"来衡量。即把一段相对完整的源程序清单拿给一位经验丰富的程序员阅读 10 分钟,然后由这位程序员凭自己的理解和记忆写出该程序的内容,如果程序员能够写出 90％以上的内容,说明这个程序具有较好的可理解性。

对于以上众多的属性应该列出它们的优先级,在考虑系统质量属性时按优先级取舍和平衡。

另外,有些属性可能会对其他属性产生积极影响,例如,增加可重用性的设计会使软件变得灵活、更易于与其他软件组件连接、更易于维护、更易于移植和测试。相反,有些属性的加强会对其他属性产生不利的影响,例如,高效性的加强可能需要开发人员编写代码更紧凑、更富于技巧性,并且可能会促使开发者使用特殊的预编译器和操作系统提供的特殊功能,因此可能会影响产品的可移植性、可理解性和可测试性。下面给出属性之间的影响关系图 4-4,供读者参考。

	有效性	高效性	灵活性	安全性	互操作性	可维护性	可移植性	可靠性	可重用性	健壮性	可测试性	易用性	可理解性
有效性								+		+			+
高效性			−							−	−		−
灵活性		−		−		+	+	+			+		
安全性		−			−			−			−		
互操作性			+	−			+						
可维护性	+	−	+					+			+		+
可移植性		−	+		+	−			+		+	−	+
可靠性	+					+				+	+	+	+
可重用性	+		+	+	+		+						
健壮性	+							+			+		
可测试性	+	−	+			+		+				+	+
易用性		−								+	−		
可理解性	+	−	−			+	+	+	+		+		

图 4-4　质量属性影响关系图

4.7　需求优先级

在需求阶段用户会提出许多需求,开发小组必须与用户一起分析这些需求,将需求按重要程度排序。为每项需求设定优先级有助于规划软件,以最小的代价提供软件的最佳功能。项目经理可以根据需求的优先级计划进度、安排资源、解决冲突。一般将需求的优先级设定为高、中、低三级。

- 高优先级:一个关键任务的需求,只有在这些需求上达成一致意见,软件才可能被接受,这种级别的需求必须要完美地实现。
- 中优先级:最终所要求的,但如果有必要的话,可以延迟到下一个版本。实现这类需求将会增加软件的性能,但是如果忽略这些需求,软件也可以被接受。开发这类需求时要付出努力,但不必做得太完美。

- 低优先级：对系统功能和质量属性上的增强，如果资源允许的话，实现这些需求会使软件更加完美。但是，如果不实现它们，对系统也没有影响，这类需求实现时可以有缺陷。

项目经理、重要的用户代表和开发者代表一起参加制定需求优先级的工作。项目经理负责协调、指导；用户代表提供每项需求实现后的受益程度，失败造成的损失程度；开发人员提供实现每项需求的费用和可能的风险。

4.8 需求验证技术

需求审查是需求分析阶段工作流程的最后一步，然而在需求阶段还没有编程，还不存在代码，这个时期的测试只能是以需求为基础建立概念性测试用例，使用它们来发现软件需求规格说明书中的错误、二义性和遗漏的需求。

4.8.1 需求评审

需求文档的评审是一项精益求精的工作，有两种评审方法：一种是非正式需求评审，另一种是正式需求评审。

非正式需求评审方法是把需求阶段的产品即软件需求规格说明书发给其他开发人员预览，然后召集评审会，通常由一个有经验的系统分析员描述软件需求，与会的人员发表自己的意见。非正式评审不要求会议记录备案，也没有严格的评审方式。

正式评审是按预先定义好的一系列步骤审查需求规格说明书的内容，重点是查找其中的缺陷。软件开发过程中始终伴有审查，每个阶段有不同的审查内容。

4.8.2 正式需求评审过程

正式的需求评审过程由 5 步组成。

第 1 步，规划。由项目经理和高级系统分析人员共同拟订审查计划，确定参加人员，准备需要的资料，安排审查会议的具体程序。

第 2 步，准备。根据规划制定的任务，将审查需要的资料预先分发给有关人员。每个拿到资料的审查员以典型缺陷单为指导，检查需求规格说明书中可能出现的错误。如果项目很大，可以将需求规格说明书划分成几个部分分别发给不同的审查人员，因为一个人阅览的内容太多，可能会影响审查的质量。

第 3 步，召开审查大会。准备工作完成后就可以召开审查大会了。会上由一个分析人员主要发言，描述需求，其他人员可以随时提出疑问或指出缺陷，记录员记录会议发言。会后，由记录人员整理出缺陷建议表，提交给开发小组。如果项目大，可以每次审查一个主题，以保证审查的质量。

第 4 步，修改缺陷。根据整理出的缺陷建议表修改需求规格说明书或相关的其他文档。

第 5 步,重审。对修改后的需求规格说明书重新审查,方法同第 3 步。从第 3 步到第 5 步是一个循环往复的过程,这一过程直到所有缺陷都已改正、整个需求规格说明书通过会议审查为止。

4.8.3　审查人员的职责

参加需求审查的人员应该包括需求分析的分析人员,他们对需求的来源、内容最清楚,他们的任务是描述产品,解释审查员们的提问,聆听审查员们的建议和评论。

项目经理负责制定审查计划,协调各项活动,分配任务。

软件设计人员参加审查,以便了解需求的全貌,并且从设计角度来审查需求的可行性、完备性、无二义性等重要指标。

测试人员在这个阶段要以需求分析规格说明书为依据设计验收测试用例,如果需求规格说明书中所描述的需求不明确、有二义性,测试人员就无法设计测试用例。因此,测试人员参加需求审查对发现软件产品缺陷有极其重要的作用。

用户是一个重要的审查员,通常他们能够发现大部分遗漏的需求。在召开审查会议之前,项目经理要正式通知用户,并且送交审查的文档。

在审查过程中一定要有一名秘书负责资料整理、人员联系、会议记录等工作。

4.9　需求管理

需求管理是需求工程的另一个重要部分,需求管理的目的有三个:一是保障需求规格说明书与软件产品的一致性;二是控制需求变更对项目开发的影响;三是使需求活动与计划保持一致。

4.9.1　管理需求变更

需求变更是指在软件需求基线已经确定之后又要添加新的需求或进行较大的需求变动。在实际项目中,变更需求是经常的事情,不断变更的需求会使项目陷入混乱、进度拖延、产品质量低劣。但是,几乎所有的项目都会有需求变更,软件工程研究的主要问题之一就是如何降低需求变更的影响,控制需求变更的过程,减小因需求变更带来的风险。否则,如果对变更失去控制,就可能导致软件开发失败。下面给出两个需求变更失控的实例。

实例 1:一个 5 人的项目组,有 1 人负责数据库开发,4 人负责应用程序开发。因为某项需求的变化,数据库开发人员修改了数据库表的内容,但是没有及时将变更通知应用程序开发人员,导致 4 个人编写了一周的程序全部要重写。

实例 2:测试人员在进行产品测试时发现了大量的问题,经过调查发现是开发人员使用了变更后的需求规格说明书,而变更没有通知测试人员,导致测试人员的测试用例无法使用。

实践证明需求变更控制非常重要,需求变更控制的基本步骤如下。

(1)通过一个合适的渠道接受需求变更请求,注意,所有的变更都要发送到统一的位置,有专人管理,每项变更赋予唯一的编号。

需求变更请求表

系统名称:	申请日期:
部门名称:	申请者:
重要级别:	变更编号:

新增需求:□　　　修改的原需求编号:_____

变更原因:

变更内容描述:

(2)变更控制委员会评估申请的变更,分析变更的技术可行性,估计实现变更的代价和可能产生的影响。变更委员会应该由项目经理、软件产品计划或管理部门的代表、开发部门的代表、测试和质量保障部门的代表、文档制作部门的代表、技术支持部门的代表、配置管理部门的代表、用户方代表组成。为了清楚地反映需求变更的影响,我们给出一个需求变更影响见图4-5,在实际操作中可以根据具体的需求变更情况对照这个图进行检查,以免遗漏重要的影响。

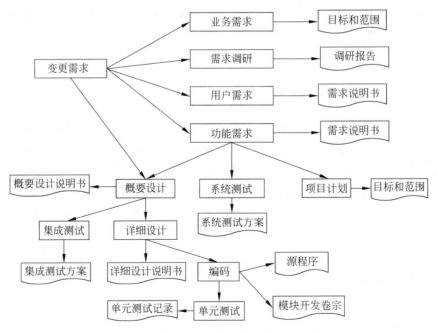

图 4-5　需求变更可能影响的开发活动和文档

变更需求的理由是否充分,根据什么批准变更,下面的需求变更问题表可能会有助于变更控制委员会的工作。变更控制委员会的成员们可以参考需求变更问题表中的问题考虑是否批准变更申请。

需求变更问题表

1. 变更的内容与系统目标有冲突吗?

2. 变更的需求在系统业务需求范围之内吗?

3. 变更的需求需要改变硬件环境吗?

4. 变更的需求需要改变软件环境吗?

5. 变更的需求在实现上存在技术障碍吗? 攻克技术障碍需要的人员和时间有保障吗?

6. 请列出在项目当前的状态下接受变更的影响矩阵。

7. 申请的变更与需求规格说明书中描述的需求有冲突吗? 如果有冲突请申请者详细解释冲突的原因。

8. 如果拒绝变更会导致项目不成功吗?

9. 如果拒绝变更会对用户业务有重大影响吗?

10. 所申请的需求变更是第一次吗? 如果一项需求发生多次变更应该讨论原因。并且考虑拒绝变更,直到彻底分析清楚变更的目的、内容,将待确定的问题明确之后再考虑接受变更。

11. 如果接受变更会有什么风险?

12. 申请的变更对质量属性有影响吗?

13. 开发人员现有的技能可以满足变更的技术要求吗?

14. 实现和测试变更需要额外的工具吗? 对环境有什么要求?

15. 变更是否要求开发原型? 开发原型的工作量是多少?

16. 变更涉及哪些部门的需求,是否需要征求其他部门的意见?

17. 接受变更后,浪费了多少以前做的工作?

18. 申请的变更导致软件产品成本增加多少(包括添加硬件设备和软件环境的费用)?

19. 变更对市场有何影响? 对用户培训和维护有何影响?

20. 如果将变更放入下一个版本会有什么后果?

---

(3) 分析需求变更可能影响的软件元素。下面给出一个软件模板,用户可以参照该模板检查需求变更影响的软件元素。

需求变更影响的软件元素

1. 列出变更影响的数据库表和文件。列出需要变更、添加和删除的信息结构和信息项。

2. 变更影响的系统设计元素,包括数据流程图、数据实体关系图、数据字典、处理说明、类和对象定义、类的方法、过程或函数。分别列出要更改、添加和删除的内容。

3. 确认对开发文档、用户文档、培训文档、联机文档和管理文档的更改。

4. 确认需要变更的源程序。

5. 确认需要变更的单元测试、集成测试、系统测试和验收测试方案。

6. 确认需要更改的软、硬件环境。

7. 确认项目管理计划、质量保证计划、配置管理计划、风险控制计划的合理性。

8. 确认变更对系统接口的影响。

（4）根据上面的结果，仔细填写一份需求变更工作量统计表。

需求变更工作量统计表

系统名称：	申请日期：
部门名称：	申请者：
重要级别：	变更编号：

任务	工作量（小时）
需求变更开发原型	_____
修改软件规格说明书	_____
修改数据库	_____
创建新的设计部件	_____
修改原有的设计部件	_____
开发新的用户界面	_____
修改已有的用户界面	_____
开发新的用户文档和用户帮助	_____
修改已有的用户文档和用户帮助	_____
开发新的源代码	_____
修改已有的源代码	_____
购买其他软硬件	_____
设计单元测试和综合测试用例	_____
进行单元测试和综合测试	_____
开发新的系统测试用例	_____
进行系统测试的时间	_____
开发测试驱动程序	_____
进行回归测试	_____
修改各种项目计划	_____
总计小时数	

注：这个表的各项数字只能是估计值，通过项目逐步积累经验，使所填写的估计值越来越准确。

（5）填写需求变更影响分析报告表，由需求变更控制委员会作出是否采纳变更的决策。

需求变更影响分析报告表

变更请求号：			标题：	
分析者：			日期：	
优先权评估：				

变更收益	变更代价	变更成本	相关风险	优先级

工作量估计：

预计总耗时	预计总损失时间

影响：

预计对进度影响_____天，对成本影响金额_____元。

对人员组成的要求：_____。

对系统环境的影响：_____。

对质量的影响：_____。

对其他需求的影响：_____。

要更新的计划：_____。

变更可能影响的其他部件：_____。

（6）一旦决定变更，应该及时通知所有相关人员，最后要按一定的程序来实施需求变更。

4.9.2　需求跟踪

在实际项目开发中，我们发现一些看起来很简单的需求变更在实现时往往要花费大量的时间，下面是一个很好的实例。

在每周项目检查例会上，项目经理问一名开发人员："你本周的工作计划完成了吗？"这名开发人员答道："我没有按计划完成我的工作，因为用户打电话要我增加一个由入库单到合同单的确认功能，我原来认为这件事情比较简单，就没有让他申请需求变更。而我在添加这项功能的过程中意识到相关联的地方太多，一会这里有问题，一会那里有问题，越来越乱，我自己都被搞晕了。"

这个例子说明需求变更一定要履行需求变更控制程序，同时也说明对每项需求进行跟踪管理的重要性。需求跟踪包括分析每项需求同其他系统需求、其他设计部件、源程序模块、测试用例、文档等系统元素之间的联系。它使得你能够跟踪一个需求使用期的全过程，能够将每项需求从最基础的业务需求→用户需求→功能需求或非功能需求一直追踪下来，也可以沿这条路径反方向回溯到业务需求。建立这种跟踪关系链可以知道每个需求对应的软件产品部件，以及每个部件是满足哪个需求的。如果不能把一个设计模块、代码段、测试回溯到一项需求上，则说明在软件产品中可能有一段多余的内容，或者需求规格说明书上遗漏了一项需求描述。

目前，应用较多的需求跟踪技术是需求跟踪能力矩阵，它可以反映每个需求变化所影响的功能需求、设计元素、模块代码、测试用例和开发文档。一个用户需求可能由多个功能需求实现，因此是一对多的关系。设计元素可以是数据流程图、数据实体关系图、数据库表、对象、类、方法或函数。由于一个功能需求可以由多个函数实现，一个函数也可以为多个功能服务，因此它们是多对多的关系。代码和测试用例之间也是多对多的关系。开发文档包括各个阶段交付的阶段产品即阶段文档，通常有调研报告、需求规格说明书、系统概要设计规格说明书、详细设计规格说明书、模块开发卷宗、测试计划和方案说明书以及用户手册等，这些文档应该随需求的变更而变化，与当前系统的内容保持一致。表 4-2 是一个需求变更跟踪能力矩阵的例子。

表 4-2　需求变更跟踪能力矩阵

需求跟踪能力矩阵

系统名称：库存管理系统　　　　　　　　　　　　　　　日期：2001/05/09
责任人：黄川

用 户 需 求	功 能 需 求	设 计 元 素	模　块
UR-104	Stock_input, Contract_check, Contract_history	DFD-12，DD-08，DD-104，DD-105，ER-12，IPO-104/105/106/107/201	Stock_input( )，Contract_check( )，Contract_state( )，Contract_history( )
UR-105	Stock_query, Stock_count, Stock_history	DFD-10，DD-08，DD-9，DD-10，ER-12，IPO-10/11/13/107/20	Query_log( )，Stock_query( )，Stock_count( )，Stock_history( )

续表

测 试 用 例	开 发 文 档	管 理 文 档	用 户 文 档
Test104 Test105 Test106	需求说明书 概要设计 详细设计 测试方案 模块开发卷宗	开发计划 风险控制	用户手册 培训手册 联机帮助
Test011 Test012 Test013 Test014	需求说明书 概要设计 详细设计 测试方案 模块开发卷宗	开发计划 风险控制	用户手册 培训手册 联机帮助

注：在表中可以反映各个系统元素之间的对应关系,有一对一关系、一对多关系、多对多关系。例如,一个用户需求可能由多个功能需求实现,一个功能需求也可能用于多个用户需求。

练习 4

1. 软件开发各个阶段产生的文档有哪些？

2. 为什么用户发现需求问题要尽早向开发人员提出？

3. 需求分类的目的是什么？

4. 业务需求和用户需求有何区别？用户需求和功能需求有何区别？

5. 什么是高质量的需求？

6. 影响需求质量的因素有哪些？

7. 开发人员向用户说明软件开发也有阶段产品,这有什么意义？

8. 业务需求的主要内容是什么？

9. 需求获取的主要步骤有哪些？

10. 请拟订一份学校图书馆图书信息管理系统的需求调研计划。

11. 请按照需求调研表的格式获取学校图书馆图书信息管理系统的需求,有哪些内容和格式需要修改？为什么？

12. 某银行拟开发计算机储蓄系统。如果是存款,系统只要求输入存款人的账号即可,并记录和打印姓名、存款数量、日期、利息。如果是取款,除了输入账号外,还要输入用户密码,并记录和打印姓名、取款数量、日期、计算的利息。在用户开户时,要求输入开户人姓名、住址、电话、币种、日期等信息。请写出此系统的需求调研表。

13. 请讨论如何控制用户需求变更？应对用户需求变更有什么好的方法？请调研当地的养老院,写一份"养老院信息管理系统"的需求调研报告。

第 5 章

结构化需求分析

结构化分析方法是 Yourdon E. , Constantine L. 和 DeMarco T. 等人在 20 世纪 70 年代末提出的,多年来被广泛应用。结构化分析实际上是一种创建模型的活动,创建的模型必须达到三个目标:首先是描述用户的需求,第二是为软件设计工作奠定良好的基础,最后是用来验收开发的软件符合用户需求。结构化分析方法的本质是按照软件内部数据传递、变换的关系,自顶向下逐层分解,直至找到满足功能要求的所有可实现的软件元素为止。结构化方法提供了一系列图形符号、表格模板和实现步骤。

本章首先详细介绍了结构化分析方法常用的一些图形符号和表格模板,然后结合案例介绍结构化分析方法和具体步骤。

5.1 结构化分析的主要技术

结构化分析方法是面向数据流的方法,此方法研究的核心是确定数据的组成、数据流向和对数据的处理。常用的结构化技术是数据流程图、数据字典、实体关系图、状态图、IPO 表和判定表。

5.1.1 数据流程图

数据流程图是描绘系统逻辑模型的图形工具,只描绘信息在系统中的流动和处理情况,不反映系统中的物理部件。数据流程图使用 4 个标准符号如图 5-1 所示。

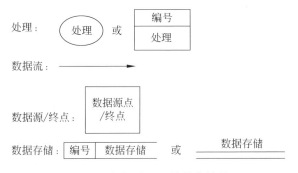

图 5-1　数据流程图的基本符号

处理是数据流程图的核心,一个处理可以表示一个或多个程序、模块,也可以是人工处理过程。为了便于管理,每个处理应该给予一个编号,每个处理的名称写在图形符号中,使得数据流程图易于理解。

数据流是处理与数据存储、处理与数据源/终点、处理与处理之间流动的信息。数据流程图中的每个数据流都应该给予一个编号或名称,但是如果当数据流的含义非常明确时,可以省略。

数据存储是保存数据的地方,它可以是一个文件,一张数据库表。

数据的源点或终点表示数据流的起始点或终止点。数据的源点和终点可能相同,为了保持图形清晰,最好重复画一个相同的符号,将它们分别表示。源点和终点的名称直接写在图形符号里。

数据流程图是结构化方法的核心,下面通过例子详细介绍画数据流程图的方法。

案例1:某社区的图书馆图书信息管理系统,希望读者在互联网上登录后,向系统预订图书,如果没有注册则提示先注册,请画数据流程图。

小王同学第一次画数据流程图,结果如图5-2所示。我们看看这个数据流程图存在的几个问题。

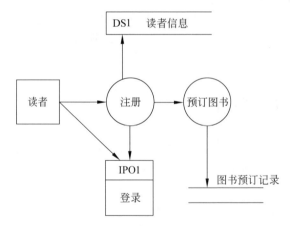

图 5-2　读者预订图书数据流程图

(1) 数据流程图只包含4个基本符号,但是注意:在一个数据流程图中使用的符号应该一致。小王画的数据流程图,处理用了圆形符号,也用了双矩形;数据存储用了双线,也用了矩形加双线,这是不允许的。

(2) 登录处理只有进入的数据流,没有流出的。所谓处理就是将输入数据流转换成输出数据流,如果只有输入,那等于没有处理的结果,因此失去了处理的意义。应该将"登录"处理的结果返给"读者",所以,"读者"到"登录"之间用双向箭头线。

(3) 图中的数据流都没有标识。前面我们讲了,在数据流含义非常明确的时候可以省略数据流的标识。但是,大家想一下从注册到预订图书处理之间的数据流是什么?

(4) 我们知道预订一本图书至少应该输入读者编号和图书编号,那么注册处理输出这两个数据显然不合理,预订图书处理的输入流应该由读者输入。

综合上面几点,小王对数据流程图进行了修改,见图 5-3。

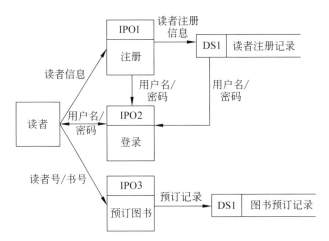

图 5-3　图书预订的数据流程图

这个数据流程图表示读者可以执行注册处理、登录处理、预订图书处理,在上面的数据流程图中不能反映这三个处理的先后关系,如果读者没有注册就执行登录处理,则应该是登录处理本身进行提示,这属于处理内部的执行逻辑,不反映在数据流程图中。特别注意,数据流程图是描绘信息在系统中的流动和处理,不能反映控制逻辑,许多初学者画数据流程图时总是想加入分支判断或循环,这类控制性的流程属于程序流程图描绘的内容,不要放入数据流程图中。

注册处理应该是第一次预订图书时才做的事情,并且注册后应该直接将信息送给登录处理,自动进行登录,因此,注册与登录之间的数据流是正确的。不必每次都执行注册处理,所以,读者到登录之间也有一条数据流线,表示读者输入登录信息,登录处理被执行。

在一个实际系统中,可能需要画多张数据流程图。为了反映系统的全貌,需要画出高层数据流程图。为了反映局部细节,在较低层次,画出详细的数据流程图。数据流程图自上而下逐步细化,如图 5-4 所示。

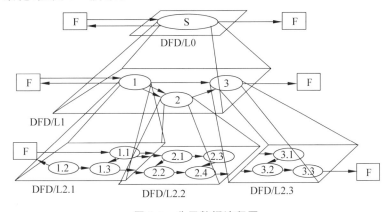

图 5-4　分层数据流程图

画分层数据流程图要注意编号。例如,图 5-4 中顶层数据流程图 L0 层只有一个处理,编号是 S,细化的子数据流程图中有三个处理,编号是 1,2,3…,对处理 1 的细化子数据流程图中有三个处理,编号是 1.1,1.2,1.3…。

细化前后的数据流必须是相同的。数据流程图分解到什么程度呢？一般来说,每个处理都相对完整地实现一个功能,如果再继续分解就要考虑这个处理的具体实现了,则到此为止,不要再进行细化了。

画数据流程图的几点注意事项。

(1) 数据流程图上所有图形符号只限于前述 4 种基本图形元素,并且缺一不可,每个元素都有名字和编号。如果数据流的含义是明显的,为了图面的清晰可以忽略数据流的编号和名称。

(2) 数据流程图上的数据流必须封闭在外部实体之间。

(3) 每个处理至少有一个输入数据流和一个输出数据流。下层的数据流程图必须与它上一层的加工对应,两者的输入数据流和输出数据流必须一致。开始画数据流程图时可以忽略琐碎的细节,集中精力于主要数据流,通过不断细化添加必要的细节。

数据流程图对于结构化方法来说是一个非常重要的文档,具有"纲"的地位。在需求分析阶段使用数据流程图描述用户需求,随着对用户业务的逐步深入了解,数据流程图逐步细化,并获得用户的确认。在设计阶段以数据流程图为基础,设计软件的总体结构,并详细设计每个处理的具体实现细节。在测试阶段,依据数据流程图所描述的需求检验系统是否满足需求规格说明。

案例 2：一个书号核发信息系统的使用者有出版社、主管单位和行业监管三类主要用户。出版社在出版图书之前需要获得书号和条码,就是图书封底上的 ISBN 号和条形码。而书号作为一种出版资源,需要由上级主管部门核发,出版社为了得到书号,必须将待出版的图书信息上报到主管单位。主管单位审读出版社上报的图书信息,并参照以往出版社的奖惩记录文件,如果同意出版则发给一个书号,否则填写不准出版的原因。出版社可以随时查询主管单位的审核结果,如果已经审核通过,则出版社就可以下载条码。在图书正式出版印刷之前出版社还可以修改某些图书信息。在图书出版后,出版社必须在 15 个工作日内将成书信息上报到主管部门。主管部门收到成书信息的同时,将成书信息与最初的申报信息进行比对,如果变化的信息量超过指定的比例,则作为一种违规行为被记录在案,这将影响出版社的信誉和今后的书号核发。行业监管部门是一个独立的图书出版监管单位,可以对出版社进行多种评测和监督管理,并将出版社的违规情况记录在案。

分析上面的需求,先画出三个主要的使用者：出版社、主管单位和行业监管。接着从出版社出发寻找需要的处理：图书信息申报、审核结果查询、条码下载、图书修改和成书上传 5 个处理。根据需求描述知道,在条码下载的时候系统要生成条码的图像,因此条码下载处理应该分解为获得书号、生成条码、下载图像 3 个处理。在成书信息上传之后,应该和原申报信息进行比对,并保存比对结果。根据分析画出的数据流程图如图 5-5 所示。

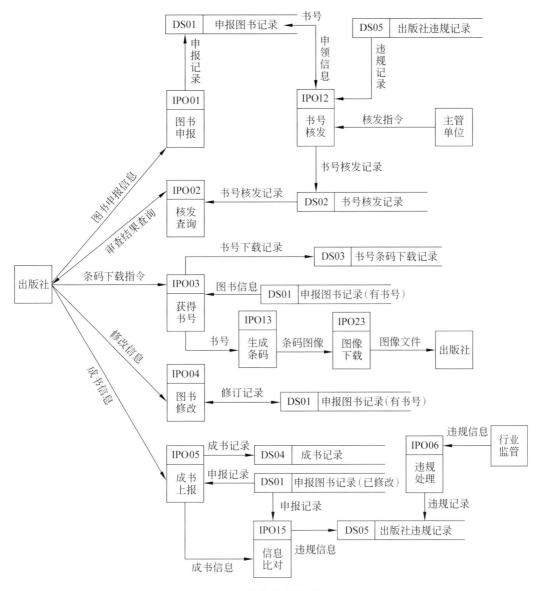

图 5-5　书号核发的数据流程图

5.1.2　数据字典

在图 5-5 图书预订和书号核发的数据流程图中,有许多数据流和数据存储,它们的具体内容是什么,该如何描述呢? 数据流程图中的这些元素的内容无法在数据流程图中详细说明,因此,需要配合其他的描述方式,数据字典和 IPO 图就是用来描述数据流、数据存储和数据处理的有效手段。

数据字典是所有与系统有关的数据元素的有组织的列表,包含了对这些数据元素的严密的、精确的、无二义性的定义。简单地说数据字典是系统中数据描述信息的集合,是对系统中所使用的所有数据元素定义的集合。

在结构化方法中,对应数据流程图的数据字典应该包括数据流、数据存储、数据处理和数据源点/终点这几个词条。但是,数据流和数据存储通常可以继续分解,也就是说,数据项是数据组成的基本单位,因此,数据字典中应该有一个数据项的词条。

(1) 数据流词条的定义。数据流是数据结构在系统内的传播路径,下面是数据流词条的主要内容。

数据流名称:给数据流起一个有意义的名称。

编号:与数据流程图中的编号相对应。

说明:简要介绍数据流的作用。

数据流来源:来自哪里。

数据流去向:流向哪里。

数据流组成:数据结构或数据项。

数据流量:可以是每天、每月或每年的数据流通量。

(2) 数据项词条的定义。数据项是数据处理中最小的、不可再分解的单位,直接反映事物的某个属性。

数据项名称:给数据项起一个有意义的名称,便于交流和记忆。

简称:数据项的简称可以作为数据项在程序中的变量名。

类型:数据项的类型,例如字符型、数字型、布尔型等。

长度:数据项的长度,例如身份证号的长度 18 位。

取值范围:数据项的取值范围,例如月份的取值范围定义为 1～12 月,表示为 1..12。

初始值:数据项的初始值。

相关的数据项及数据结构:如果数据项有相关的数据项或数据结构,在此说明。

(3) 数据存储的定义。数据文件或数据库是保存数据的载体,下面给出描述格式。

名称:给数据存储起一个有意义的名称。

编号:数据存储在数据流图中的编号。

简述:简单描述数据存储的作用。

数据存储的组成:数据结构或数据元素。

存储方式:文件/数据库表。

访问频率:数据存储的访问频率,用于数据设计时考虑优化。

(4) 数据处理的定义。对数据流程图中处理过程的简要说明。

处理名称:一般数据处理的命名采用动词短语,例如,图书预订、图书申报等,能够反映处理的内容。

处理编号:处理编号对应数据流程图中的 IPO 编号,大的系统编号通常是三位以上的数字组成,并且编号有规范的定义。

处理优先级:每个处理一定要指定对应的优先级。优先级高的处理是要集中精力优先保证完成的,优先级低的处理延期甚至取消也不会影响整个系统的运行,这点在实际工程项目中很重要。优先级通常用数字表示,例如,书号核发信息系统的处理优先级分为

3 级,1 级是必须保证出色完成的处理,关系到工程的成败和声誉;2 级是要完成的处理,但允许存在缺陷,例如处理速度慢、操作不够方便等,这类处理是实现整个系统功能必需的,没有它系统就不能正常工作;3 级是尽可能完成的处理,有了这些处理,系统会更加完美,人工的干预会更少,没有它系统也会正常运行,通常是些锦上添花或更加自动化、智能化的功能。

处理过程说明:用自然语言描述的处理过程。

(5) 数据源点及终点的定义:数据源点及终点可以是一个组织、一个部门或一个外部系统。

名称:数据源点或终点的名称。

简要说明:简单描述数据源点或终点在系统中的作用和地位,对系统的影响和要求。

有关的数据流:与数据源点或终点有关的输入和输出数据流。

为了规范数据字典说明的内容和格式,在结构化方法中给出了一些标准符号,见表 5-1。

表 5-1　数据字典中使用的标准符号

符号	说　明	例　子
=	定义符	标识符＝字母字符＋字母数据串
＋	用于连接两个数据分量	同上
[ ]	选择项	教师的职称＝[讲师｜副教授｜教授]
{ }	重复项	级别＝1{A}5,即级别是 A,AA,…AAAAA
( )	可选项	曾用名＝(姓名),曾用名可有可无
..	连接符	工龄＝1..50

下面以读者信息为例,说明数据字典的定义方法,见表 5-2 和表 5-3。

表 5-2　读者信息字典

名字:读者信息
编号:DS1
描述:保存读者的基本信息
数据存储的组成:读者信息＝编号＋姓名＋单位＋读者类型＋电话
存储方式:数据库的读者信息表
访问频率:10 次/天

表 5-3　读者类型字典

名字:读者类型
简称:ReadType
类型:字符串
长度:4
取值范围:读者类型＝[本科｜硕士｜博士｜教师]
初始值:读者类型＝本科
相关数据结构:读者信息

上述的说明格式是一种比较通用的说明方法,对于数据流和数据存储可以使用下面更简洁的说明格式,便于数据库实现,见表 5-4。

表 5-4　读者信息的数据存储字典说明

编号:DS1　　　　　　　　　　　　　　　名称:读者信息
访问频率:10 次/天　　　　　　　　　　　来源/去向:读者录入
使用权限:读者"写"/其他处理"读"　　　　保存时间:永久

名　称	简　称	键值	类型	长度	值域	初值	备注
编号	ReadID	P	字符	8			
姓名	ReadNM		字符	20			
单位	Department		字符	50			可选择
读者类型	ReadType		字符	4			
电话	Phone		字符	15			

其中:

- 使用权限说明了该信息的操作权限要求,操作是指读、写、修改、删除。
- 保存时间是该数据要求保存的时间。
- 键值栏填写该数据项是否是关键字,主关键字用符号 P 表示,外部关键字用 F 表示。如果是外部键还需要在备注栏中说明相关的数据流或数据存储。一个数据流或数据存储可以有多个关键字。
- 备注栏中填写对该数据项需要特别说明的内容。

5.1.3　IPO 表

数据流程图中的处理本应该放在数据字典中进行定义,但是由于处理与数据是有一定区别的两类事物,它们各自有独立的描述格式,因此在实际项目中通常将处理说明用另外的格式描述。下面是项目中常用的处理说明模板(输入/处理/输出说明 IPO 表)。

系统名称:_____　　　　作者:_____
处理编号:_____　　　　日期:_____

输入参数说明:　　　　　　　　输出参数说明:

处理说明:

局部数据元素:　　　　　　　　备注:

5.1.4　实体关系图

需求分析的一项重要任务是弄清系统将要处理的数据和数据之间的关系,也叫做数据建模。主要内容包括：要处理的主要数据对象是什么？每个数据对象的组成？这些对象当前位于何处？每个对象与其他对象的关系？

为回答这些问题，在结构化需求分析方法中使用实体关系图。实体关系图最初是由 Peter Chen 为关系数据库系统的设计而提出的，并被其他人予以扩展。实体关系图给出了一组基本的构件：数据对象、属性、关系和各种类型指示符，主要目的是表示数据对象及其关系。

（1）数据对象。指具有一系列不同性质或属性的事物，仅有单一属性的事物不是数据对象。

数据对象可能是：

- 一个外部实体，例如生产或消费信息的任何事物；
- 一个事物，例如一份报告；
- 一次行为，例如一个电话呼叫；
- 一个事件，例如一次警报；
- 一个角色，例如教师；
- 一个组织，例如学校教务处；
- 一个地点，例如图书馆；
- 一个结构，例如一个目录。

"数据对象描述"包含了数据对象及它们的所有属性，见图 5-6。

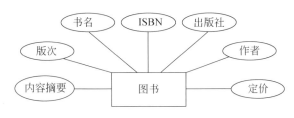

图 5-6　图书对象描述

数据对象之间彼此可能是有关联的。例如，教师"教"课程，学生"学"课程，"教"与"学"的关系表示教师和课程或学生和课程之间的一种特定的连接。

注意：数据对象只封装了数据而没有对作用于数据上的操作进行描述，这是数据对象与面向对象方法学的显著区别。

（2）属性。定义了数据对象的性质。一个数据对象的若干属性中，必须有一个或多个属性能够用于区分其他数据对象，通常称这种属性为"关键字"，应该根据具体的应用环境来确定数据对象的属性。例如，为了开发机动车辆管理信息系统，汽车对象的属性应该定义为：制造商、品牌、型号、发动机号码、颜色、车主姓名、住址、驾驶证号码、生产日期、购买日期等。但是为了开发汽车设计 CAD 系统，用上述这些属性描述汽车就不合适了，其中车主姓名、住址、驾驶证号码、生产日期和购买日期等属性应该删去，而描述汽车技术指标的属性应该增添进来。

（3）关联。数据对象之间相互连接的方式称为关联，假设 A 和 B 都是数据对象，其关联的基数可分为以下三类。

- 一对一（1∶1）：A 的一次出现可以并且只能关联到 B 的一次出现，B 的一次出现也只能关联到 A 的一次出现。例如，一个丈夫只能有一个妻子，一个妻子也只能有一个丈夫。
- 一对多（1∶N）：A 的一次出现可以关联到 B 的一次或多次出现，但 B 的一次出现只能关联到 A 的一次出现。例如，教师与课程之间存在一对多的联系，即每位教师可以教多门课程，每门课程只能由一位教师来教，见图 5-7。

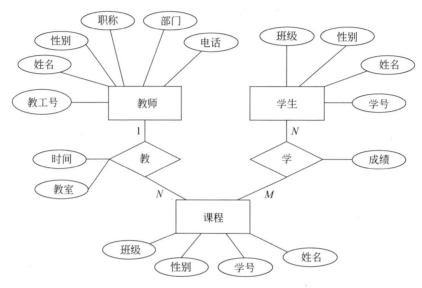

图 5-7　教师-学生-课程实体关系图

- 多对多（M∶N）：A 的一次出现可以关联到 B 的一次或多次出现，同时 B 的一次出现也可以关联到 A 的一次或多次出现。例如，图 5-7 表示学生与课程间的联系是多对多的，一个学生可以学多门课程，每门课程可以有多个学生来学。关联也可能有属性，例如，学生学习某门课程所取得的成绩既不是学生的属性也不是课程的属性，也就是说"成绩"既依赖于特定的某个学生又依赖于特定的某门课程，所以它是学生与课程之间联系"学"的属性。

注意：关联基数经常用符号"＊"，它表示 0..N。例如，一个家庭可以有 0 或多个子女，这时就应该用 1..＊表示。

通常使用实体关系图（Entity Relationship Diagram，ER 图）描述数据模型。ER 图中包含了实体（数据对象）、关系和属性三种基本成分，通常用矩形框代表实体，用连接相关实体的菱形框表示关系，用椭圆形表示属性，用实线把实体或关系与其属性连接起来。例如，图 5-7 是教师、学生和课程三者的实体关系图。

实体关系图是以迭代的方式构造的，可以采用以下的方法。

（1）在需求获取的过程中，列出业务活动涉及到的"事物"，将这些"事物"演化为一组输入和输出的数据对象，以及生产信息和消费信息的外部实体。

（2）一次考虑一个对象，检查这个对象和其他对象间是否存在关联，反复迭代直至定义了所有的对象关联对。

（3）定义每个实体的属性。

（4）规范化并复审实体关系图。

5.1.5　状态转换图

在现实世界中，大部分事物是动态变化的，为了反映事物的变化规律，在需求分析过程中应该建立起系统的动态模型。状态转换图（简称状态图）实际上是一种由状态、变迁、事件和活动组成的对象状态变化过程描述图。

注意：状态图只对单一对象的复杂行为进行建模，不为多个对象之间的行为建模。例如，在图书馆图书信息管理系统中用于描述图书的状态变化，从开始的采购下单、到货验收、编目、上架、借出、入库、注销的状态变化过程。

状态规定了系统对事件的响应方式，当事件发生时，系统可以做一个或多个动作，也可以只改变状态，还可以既做动作又改变状态。在状态图中用圆形框或椭圆框表示状态，通常在框内标上状态名和该状态下要执行的动作。

状态图中定义的状态有初始状态、终止状态和中间状态。一张状态图中只能有一个初始状态，但可以有多个终止状态。

事件是在某个特定时刻发生的事情，它是对引起系统从一个状态转换到另一个状态的外界事件的抽象。例如，用鼠标单击某个按钮、有人按动电梯的"关门"按钮等都是事件。

在状态图中，从一个状态到另一个状态的转换用箭头线表示，箭头表明转换方向，箭头线上可以标注事件表达式：事件［条件］/动作表达式。事件表达式的三个部分中，每个部分都可以缺省。如果只有事件，则说明对象从前一个状态经过"事件"触发到达后一个状态，如果事件表达式是：事件［条件］，则只有当事件发生，并且条件表达式为真时，状态才发生转变。动作表达式是指状态变化时要执行的动作。

状态图既可以表示循环运行过程，也可以表示单程运行过程。当描绘循环运行过程时，通常不关心循环是怎样启动的。当描绘单程过程时，需要明确初始状态和最终状态。

为了具体说明怎样用状态图建立系统的行为模型，下面以电话系统的状态图 5-8 为例进行说明。

电话系统的状态是一个循环运行的系统，因此不关心初始状态和结束状态。在不打电话的情况下，电话是"闲置"状态，当事件"摘机"发生，电话进入"拨号音"状态，系统自动计时，如果超时，则状态进入"超时"状态，电话响蜂鸣音；如果这时把电话放下，则状态回到"闲置"状态；如果使用者按数字键，则电话进入"拨号"状态。

"拨号"状态也有三个可能到达的状态：经过条件判断是无效号码则进入"存储的信息"状态，执行"播放信息"活动；如果是有效号码，则进入"接通中"状态；如果放下电话事件发生，则转到"闲置"状态。

可见当对象的状态比较复杂时，用状态图反映对象的状态变化是比较清晰的。剩下的部分的解释，请读者作为练习。

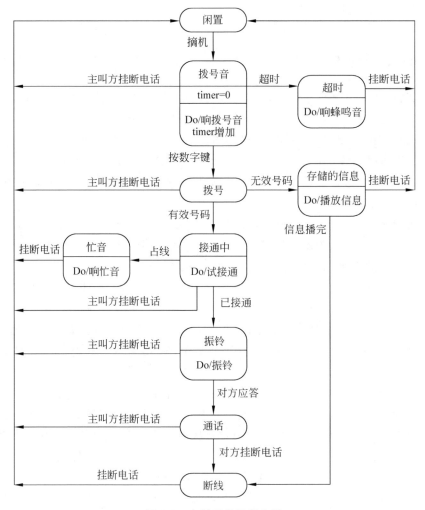

图 5-8　电话系统的状态图

5.2　结构化分析方法的实现步骤

前面介绍了结构化分析方法常用的技术,这些技术从不同角度描述和分析了系统的需求。本节利用上述的技术,讲述实现结构化需求分析的步骤。

(1) 信息分析。根据用户的需求画出初始的数据流程图,写出数据字典和初始的加工处理说明(IPO 表),实体关系图和状态图。因为初始的数据流程图还要进行修改,随着需求分析的深入,数据流程图的修改量也很大,所以开始时的说明不要涉及太多细节,以免不必要的返工。

(2) 回溯。以初始数据流程图为基础,从数据流程图的输出端开始回溯。首先确定系统的输出是什么? 为了获得这个输出,要进行哪些加工处理,输入信息是什么? 也就是说,对这个输入信息进行加工处理,便可以获得需要的输出信息。这个输入可能是用户的原始输入,也可能是其他加工处理的输出,如果是其他处理的输出,那么继续向前回溯找它的处理和处理的输入。这样不断地回溯直到沿数据流图回溯到物理输入端为止。在回溯过程中将所有的输入输出数据流和数据存储都放到数据字典中定义,完善初始的数据字典。每个处理的详细信息用 IPO 表说明。

(3) 补充。在对数据流程图进行回溯的过程中可能会发现丢失的处理和数据,应将数据流程图补充完善。对于模糊不清的问题要通过进一步的调研进行确认。

(4) 确定非功能需求。对软件性能指标、接口定义、设计和实现的约束条件等逐一进行分析。用户对软件的质量属性可能会提出很多要求,有时实现全部质量属性是不现实的,因此开发人员和用户要根据软件的特点有侧重地实现某些质量属性。接口包括硬件接口、软件接口、用户接口、通信接口。有时,设计和实现的约束会对开发人员形成较大的压力,所以要讨论这些约束的合理性和必要性。

(5) 复查。系统分析人员将补充修改过的数据流程图、数据字典、实体关系图、状态图和处理说明讲给用户听。方法是以数据流程图为核心,辅以数据字典和处理说明,将整个软件的功能要求、数据要求、运行要求和扩展要求讲解给用户和系统的其他相关人员。大家一起跟着分析人员的思路检查数据是否正确,数据的来源是否合理,软件的功能是否完备,每条功能是否都回溯到用户的需求上,有没有丢失需求等。

(6) 修正开发计划。由于这时的需求已经非常细致了,根据细化的需求修订开发计划。

(7) 编写需求文档。编写需求规格说明书和初始的用户手册,测试人员开始设计功能测试的测试数据。

5.3 编写需求规格说明书

软件需求规格说明书(Software Requirments Specifications,SRS)是需求阶段的产品,它精确地阐述一个软件系统提供的功能、性能和必要的限制条件。软件需求规格说明书是系统测试、系统设计、编码和用户培训的基础。编写软件需求规格说明书的目标如下。

(1) 为开发者和客户之间建立共同协议创立一个基础。对要实现的软件功能做全面的描述,有助于客户判断软件产品是否符合他们的要求。

(2) 提高开发效率。在软件设计之前,通过编写需求规格说明书对软件进行全面的思考,从而极大地减少后期的返工。由于对需求规格说明书要进行仔细的审查,所以还可以尽早发现遗漏的需求和对需求的错误理解。

(3) 为需求审查和用户验收提供了标准。需求规格说明书是需求阶段的阶段产品,在阶段结束之前由审查小组对它进行审查。审查通过的需求规格说明书才能进入设计阶段,需求规格说明书是用户严守的主要文件,通常用户根据合同和需求规格说明书对软件产品进行验收测试。

(4) 需求规格说明书是编制软件开发计划的依据。项目经理根据需求规格说明书中的任务来规划软件开发的进度、计算开发成本、确定开发人员分工。对关键功能进行风险控制,制定质量保障计划。但是在需求规格说明书中不包括各种开发计划。

注意:为了使需求便于跟踪和管理,在需求规格说明书中对每条需求都应该进行编号,并且编号是固定唯一的。例如,要在 R-1 和 R-2 之间插入一条需求时,可以编号 R-1.1,其他的编号不变。软件需求规格说明书的模板参见第 14 章。

5.4 结构化分析案例

为了更好地理解结构化分析方法,本节将以两个实例帮助读者理解结构化分析方法和技术的应用。初学软件工程的读者对结构化分析方法中的数据流程图总是比较惧怕,看着别人做似乎挺容易,自己做起来又不知从何下手。因此,我们先从一个已有的数据流程图入手,分析该流程图反映的处理内容和处理过程,以及存在的问题。接着我们给出一个小型图书馆图书信息管理的业务描述,然后用结构化方法做需求分析。

5.4.1 从已有数据流程图解读需求描述

这是某学校欲开发的财务软件数据流程图,开发人员给出了简要的描述如下:每个月末教师把自己当月的课时数登记到系统,职工把工时数上报到系统,主管部门审核后汇总,交给财务科。财务科根据这些原始数据计算教职工的工资,编制工资表、工资明细表和财务报表。并把每名教职工的编号、姓名、实发工资报送银行,由银行把钱打入每名教职工的工资存折上,财务科把工资明细表发给每名教职工。图 5-9 是分析人员制作的数据流程图。

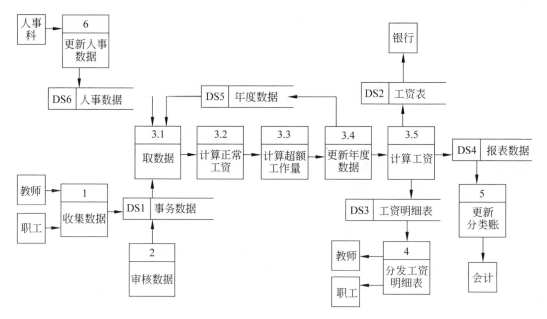

图 5-9 财务软件初始数据流程图

除了给出图 5-9 的数据流程图以外,还有如下一些数据字典。

- DS2:工资表＝教职工编号＋姓名＋实发工资。
- DS3:工资明细表＝教职工编号＋姓名＋职务＋职称＋基本工资＋生活补贴＋书报费＋交通费＋洗理费＋课时费＋岗位津贴＋工资总额＋个人所得税＋住房公积金＋保险费＋实发工资。
- DS5:年度数据＝职工编号＋姓名＋本年度累计工作量数＋年累计工资总额＋年累计实发工资＋上年度月平均工资。
- DS6:人事数据＝基本工资＋生活补贴＋书报费＋交通费＋洗理费。
- 应扣工资＝个人所得税＋住房公积金＋保险费。

针对上面这些描述,请读者先仔细审阅问题描述是否准确、清晰和完整。我们首先做一张表 5-5,梳理出数据流程图已有的元素。

表 5-5　数据流程图上已有的元素

序号	编号	名　称	类　型	描述的清晰性
1		教师	数据源/终点	不清楚
2		职工	数据源/终点	不清楚
3		会计	数据源/终点	不清楚
4		人事科	数据源/终点	不清楚
5		银行	数据源/终点	不清楚
6	IPO1	收集数据	处理	不清楚
7	IPO2	审核数据	处理	不清楚
8	IPO3.1	取数据	处理	不清楚
9	IPO3.2	计算正常工资	处理	不清楚
10	IPO3.3	计算超额工作量	处理	不清楚
11	IPO3.4	更新年度数据	处理	不清楚
12	IPO3.5	计算工资	处理	不清楚
13	IPO4	分发工资明细表	处理	不清楚
14	IPO5	更新分类账	处理	不清楚
15	IPO6	更新人事数据	处理	不清楚
16	DS1	事务数据	数据存储	不清楚
17	DS2	工资表	数据存储	见表 DS2
18	DS3	工资明细表	数据存储	见表 DS3
19	DS4	报表数据	数据存储	不清楚
20	DS5	年度数据	数据存储	见表 DS5
21	DS6	人事数据	数据存储	见表 DS6

从表 5-5 中可见,目前不清楚的地方太多了。另外,数据流程图中所有的数据流都没有定义和标识。我们一边分析一边完善上面的数据流程图。

(1)教师和职工通过处理 1"收集数据"把授课学时和工时录入系统,其中:

课时信息＝教师编号＋课程编号＋课时数＋月份。

工时信息＝职工编号＋工作编号＋工时＋月份。

处理 1 描述:操作者是教师或职工。

处理名称:收集数据。

处理编号:IPO1。

处理优先级:1 级。

处理过程说明:该处理的使用者是教师和职工,教师输入课时信息,职工输入工时信息,如果是教师,则类型选择"教师",否则类型是"职工","月份"默认是当前的月份。处理将用户输入的信息保存到事务数据文件中。

(2)处理 2"审核数据"需要由主管领导审核教职工填写的课时信息。目前的数据流程图中,"审核数据"处理有两个问题:一是没有信息的来源,二是缺少操作者。审核应该对从 DS1 中读出的"事务数据",进行学时或工时月累计,审核后的月累计数据存到 DS1.1,见图 5-10。

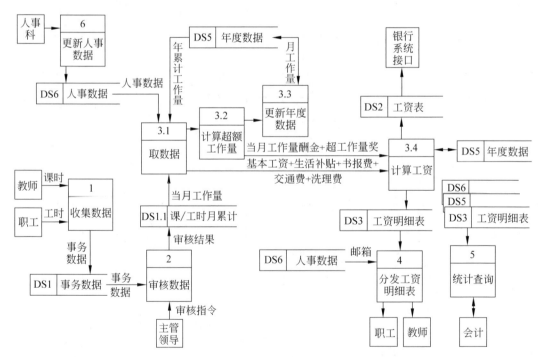

图 5-10 修改后的财务系统数据流程图

课/工时月累计＝职工编号＋月累计工/学时＋月份＋审核结果。

处理 2 的描述:处理 2 的操作者是教师和职工的主管领导。

处理名称:审核数据。

处理编号：IPO2。

处理优先级：1 级。

处理过程说明：①检索出该部门的所有员工的事务记录，并对每个员工当月的课时信息或工时信息进行累加，计算当月的总学时或总工时，状态是"未审核"；②单击"审核"按钮，审核结果在"正确"、"错误""未审核"之间变化；点击"详情"显示该员工的事务记录；③审核工作结束后，单击"提交"，则将审核结果保存在 DS1.1 中。

（3）处理 3.1 "取数据"每月底计算工资时自动触发 1 次，从 DS6 读入固定不变的工资部分，然后计算正常工资；从 DS1.1 读入当月的总课/工时数，计算工作量。

处理 3.1 的描述：本处理由时间触发，每月 1 次。

处理名称：取数据。

处理编号：IPO3.1。

处理优先级：1 级。

处理过程说明：①读 DS6 人事数据，得到每位员工的固定工资部分，送 IPO3.5 计算正常工资；②读 DS1.1 中每位员工当月工作量，送处理 IPO3.3；③在计算 12 月工资时，读 DS5 年度数据中的年累计工作量，送处理 IPO3.3 计算超额工作量。

超工作量＝（前 11 个月的累计工作量＋12 月工作量）－规定工作量，对于超工作量的酬金按正常的 1.2 倍计算。

（4）处理 3.3：①如果是 12 月份工资，则计算超工作量酬金＝超工作量×每小时酬金×0.2；②当月工作量送 IPO3.4；③计算当月工作量酬金＝工作量×每小时酬金。超工作量奖和当月工作量酬金送 IPO3.5。

（5）处理 3.4 计算本年度每位教职工的累计工作量，修改年度数据文件，累计工作量不必传给处理 3.5，因此原来流向处理 3.5 的数据流断开。

（6）处理 3.5：①计算教职工当月工资总额＝基本工资＋生活补贴＋书报费＋交通费＋洗理费＋工作量酬金＋超工作量酬金；②计算个人所得税＝工资总额×税率；③计算扣除工资的部分＝个人所得税＋住房公积金＋保险费，住房公基金计算需要上年度月平均工资；④计算实发工资＝工资总额－扣除部分，送 DS2；⑤计算本年度累计工资总额，送 DS5；⑥产生工资明细记录，写入 DS3。

（7）DS4 中的报表数据可以由 IPO5 读其他数据存储计算获得。为了减少数据冗余，应取消 DS4。

（8）处理 4 检索每位员工的工资明细记录，并发送到指定的电子邮箱，本处理由时间自动触发执行。

（9）处理 5 统计查询，由会计使用。这个处理要为会计设计一个比较通用灵活的统计查询功能，统计查询内容由会计决定，结果以表格的形式显示。

（10）处理 6 是人事科用于更新人事数据的功能，包括教职工的编号、职称、工资中相对固定的部分。

（11）处理 3.2 是计算正常工资，也就是计算工资中相对固定的部分。这个处理的输出应该是固定工资的合计，并把合计作为处理 3.5 的输入。但是在处理 3.5 中还是需要固定工资的详细数据，因为要向 DS3 中写工资明细记录，因此处理 3.2 就没有必要了。

（12）数据终点"银行"改为"银行系统接口"更好，工资表的信息传给银行的信息系统。

通过上述的分析和确认，修改后的数据流程如图 5-10 所示。

有些数据流的含义很明显就不需要在数据流图上标注了。

对应的数据字典如表 5-6～表 5-12 所示。

表 5-6　事务数据说明

编号：DS1　　　　　　　　　　　　　　　　名称：事务数据
使用频率：1000 次/月　　　　　　　　　　　来源/去向：教职工录入
使用权限：处理 1 写/处理 2 读　　　　　　　保存时间：永久

名　　称	简　　称	键值	类型	长度	值域	初值	备　注
记录号	RecordID	P	Char	20			系统自动生成
教工编号	TeachID		Char	10			
任务编号	TaskID		Char	10			
工作量	WorkL		Number		0～9999	0	
月份	Month		Number		1～12	当前月	

表 5-7　课/工时月累计说明

编号：DS1.1　　　　　　　　　　　　　　　名称：课/工时月累计
使用频率：1000 次/月　　　　　　　　　　　来源/去向：审核处理输出
使用权限：处理 2 写/处理 3.1 读　　　　　　保存时间：永久

名　　称	简　　称	键值	类型	长度	值域	初值	备　注
记录编号	RecordID	P	Char	20			系统自动生成
教工编号	TeachID		Char	10			
月总工作量	WorkSUM		Number		0～9999	0	
月份	Month		Number		1～12	当前月	

表 5-8　工资表说明

编号：DS2　　　　　　　　　　　　　　　　名称：工资表
使用频率：1 次/月　　　　　　　　　　　　　来源/去向：计算工资处理的输出
使用权限：处理 3.5 写/银行系统接口读　　　保存时间：永久

名　　称	简　　称	键值	类型	长度	值　域	初值	备　注
记录编号	RecordID	P	Char	20			系统自动生成
教工编号	TeachID		Char	10			
姓名	Name		Char	10			
实发工资	Actual		Number		0～99999.99	0.00	
月份	Month		Number		1～12	当前月	

表 5-9　工资明细表说明

编号：DS3　　　　　　　　　　　　　　　　　　　名称：工资明细表
使用频率：1 次/月　　　　　　　　　　　　　　　来源/去向：计算工资处理的输出
使用权限：处理 3.5 写/处理 4 读　　　　　　　　　保存时间：永久

名　　称	简　　称	键值	类型	长度	值　域	初值	备注
教工编号	TeachID	P	Char	10			
姓名	Name		Char	10			
职务	Position		Char	20			
职称	Title		Char	10			
基本工资	BasePay		Number		0～99999.99	0	
生活补贴	LifeSUB		Number		0～999.99	0	
书报费	BookFee		Number		0～999.99	20	
交通费	TrafficFee		Number		0～9999.99	100	
洗理费	CleanFee		Number		0～999.99	20	
课时费	ClassFee		Number		0～9999.99	0	
岗位津贴	AllowRAT		Number		0～9999.99	0	
工资总额	WageSUM		Number		0～99 999.99	0	
个人所得税	Tax		Number		0～9999.99	0	
住房公基金	HouseFun		Number		0～9999.99	0	
保险费	InsurFee		Number		0～9999.99	20	
实发工资	Actual		Number		0～99 999.99	0.00	
月份	Month		Number		1～12	当前月	

表 5-10　年度数据说明

编号：DS5　　　　　　　　　　　　　　　　　　　名称：年度数据
使用频率：1 次/月　　　　　　　　　　　　　　　来源/去向：
使用权限：处理 3.4 和 3.5 写/处理 3.1 读　　　　保存时间：永久

名　　称	简　　称	键值	类型	长度	值　域	初值	备注
教工编号	TeachID	P	Char	10			
姓名	Name		Char	10			
累计工资	wageSUM		Number		0～9999.99	0.00	
累计实发	ActualSUM		Number		0～99 999.99	0.00	
上年月均	LastYC		Number		0～99 999.99	0.00	
累计工时	WorkSUM		Number		0～9999.99	0.00	
年度	Year		Number				

表 5-11　人事数据说明

编号：DS6	名称：人事数据
使用频率：20 次/月	来源/去向：人事科维护
使用权限：处理 6 写/处理 3.1 读	保存时间：永久

名　称	简　称	键值	类型	长度	值　域	初值	备注
教工编号	TeachID	P	Char	10			
姓名	Name		Char	10			
职务	Position		Char	20			
职称	Title		Char	10			
邮箱	E-mail		Char	20			
基本工资	BasePay		Number		0～99 999.99	0	
生活补贴	LifeSUB		Number		0～999.99	0	
书报费	BookFee		Number		0～999.99	20	
交通费	TrafficFee		Number		0～9999.99	100	
洗理费	CleanFee		Number		0～999.99	20	

表 5-12　收集数据处理说明

输　入	处 理 过 程	输　出
教师输入课时 职工输入工时	① 显示输入界面； ② 教师或职工输入课时或工时； ③ 保存	事务记录写入 DS1

其他处理在前面已经分析，此处省略。

从 5.4.1 节的案例可以看出，对一个实际项目的数据流程图需要反复认真地推敲和分析，才能准确、清晰地反映用户的需求。

5.4.2　根据需求描述画数据流程图、写数据字典

小型图书馆图书信息管理系统的需求描述如下：读者来图书馆借书，可能先查询馆中的图书信息，如果查到则填写索书单，写上读者编号和书号，交给流通组工作人员，等候办理借书手续。如果该书已经被全部借出，可做预订登记，等待有书时被通知。如果图书馆没有该书的记录，可进行缺书登记。

办理借书手续时先要出示图书证，没有图书证则去图书馆办公室申办图书证。如果借书数量超出规定，则不能继续借阅。借书时流通组工作人员登记读者证件编号、图书编号、借出时间。

当读者还书时，流通组工作人员根据图书号，找到读者的借书信息，查看是否超期。如果已经超期，或有破损、丢失，则进行处罚。登记还书日期信息，做还书处理，同时查看是否有图书预订信息，如果有则向读者发出到书通知。

图书采购人员采购图书时，要注意合理采购。如果有缺书登记，则随时进行采购。采购到货后，编目人员进行验收，编目、录入图书信息，发到书通知。如果旧书淘汰，则将该书从书库中清除，即图书注销。

以上是小型图书馆图书信息管理系统的基本需求。经过与图书馆工作人员反复交流，他们提出了下列建议。

（1）当读者借阅的图书到期时，希望能够提前 1 天以电子邮件方式提示读者。

（2）系统的各种参数设置最好是灵活的，由系统管理人员根据需要设定。例如：借阅量的上限、借期、预订图书的保持时间等参数。

用户给出的上述需求是一个比较简单的需求，没有像我们前面介绍的那样给出业务需求、用户需求。遇到这种情况我们要进一步与用户沟通，了解系统的目标、规模、范围，不能自己想当然确定。

本例中用户给出的系统目标是实现读者借还书的自动化、信息化，并且利用 Internet 网络实现读者与图书馆之间的互动和图书馆的人性化管理，提高图书的利用率。

系统的规模较小，只涉及图书、读者、借还书的管理，相关的部门有采编部、流通部、办公室。

5.4.3　描绘数据流程图

结构化分析方法主要是面向数据流的，初学者面对错综复杂的数据流往往不知从何下手。可以先找出与系统相关的所有数据源和数据终点，接着找出每个数据源提供的数据流，以及每个数据终点接收的数据流。先把整个系统作为一个黑盒子，经过功能分解逐步打开黑盒子，向其中添加处理、数据存储和数据流。

本例中的数据源/终点有读者、办公室、流通部、采编部。办公室为读者分配读者号，制定处罚规则、借还书规则；采编部提供新书信息；流通部实现借还书操作，产生借还书记录。初始的数据流程图如图 5-11 所示。

编号：DFD000　　名称：小型图书馆书信息管理系统0层数据流程图

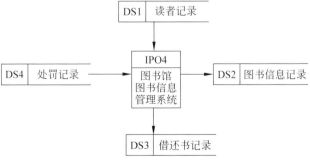

图 5-11　小型图书馆图书信息管理系统 0 层数据流程图

下面应该对"图书馆图书信息管理系统"这个"黑盒子"进行逐步分解，细化数据流程图。读者使用该系统进行图书、读者信息查询，缺书登记和预订图书。采编部的人员使用本系统完成图书编目、新书到馆信息发布、图书采购和旧书注销。流通部的工作人员使用本系统完成读者借还书的活动。办公室的人员负责执行读者信息管理、处罚规则管理和借书规则管理三个功能。添加了这些处理后的数据流程图如图 5-12 所示。

编号：DFD001　　　名称：小型图书馆书信息管理系统1层数据流程图

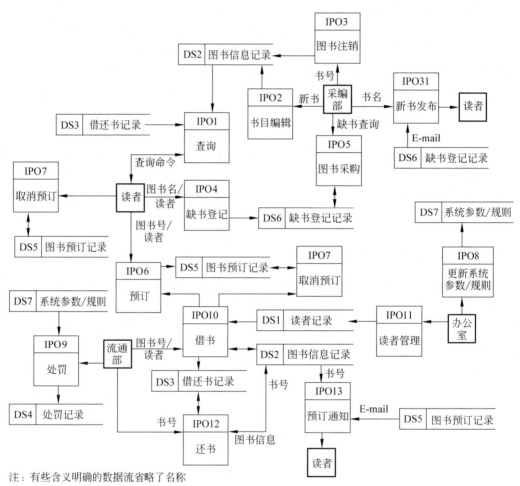

注：有些含义明确的数据流省略了名称

图 5-12　小型图书馆图书信息管理系统 1 层数据流程图

从上面细化的数据流程图可以发现两个问题：一个是图形元素的编号问题，为了在进行细化过程中使图形元素保持原有的编号，在对图形元素编号时应该有规划，以保证在细化过程中便于插入新的图形元素；另一个问题是对于一个较大型的应用系统，数据流程图往往会很复杂，因此可以将一个数据流程图分解为多幅数据流程图，以保持图面的简洁。

1 层的数据流程图是比较高层的数据流程图，通常会舍掉一些细节。上面的数据流程图中有些内容没有考虑，例如图书催还、登录操作等。为了尽量使数据流程图考虑周全，可以先从每个数据源出发，检查对于一个数据源来说功能是否完善；然后分析每个处理，看它们描述的是否清楚。下面从不同的数据源出发，细化小型图书馆图书信息管理系统的数据流程图，如图 5-13～图 5-15 所示。

编号：DFD002　　名称：还书数据流程图

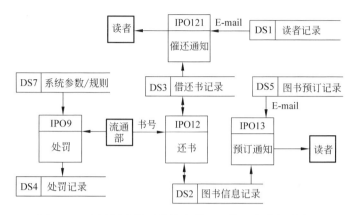

图 5-13　小型图书馆图书信息管理系统还书数据流程图

编号：DFD003　　名称：借书数据流程图

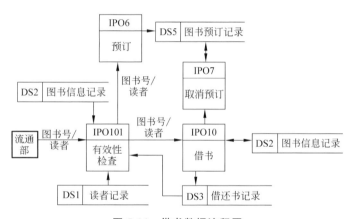

图 5-14　借书数据流程图

编号：DFD004　　名称：办公室数据流程图

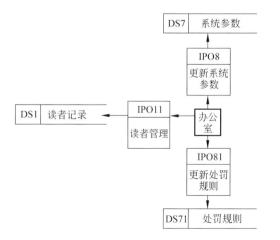

图 5-15　办公数据流程图

整合上面各个部分数据流程图,得到系统级的细化数据流程图,如图 5-16 所示。

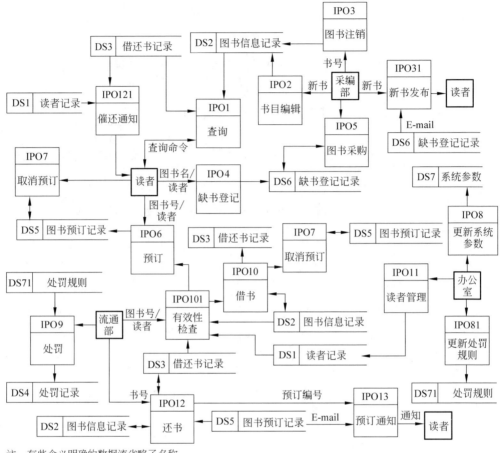

注:有些含义明确的数据流省略了名称

图 5-16　小型图书馆图书信息管理系统细化流程图

根据数据流程图和对需求的了解,应该给出一张功能需求表,包括需求的编号、简单描述、优先级和验证方式,见表 5-13。

表 5-13　小型图书馆图书信息管理系统的需求表

编号	简述	使用者	优先级	验 证 方 式
IPO1	查询	读者	1	分别对图书/借还书信息的有效数据、无效数据、各种组合条件进行查询,显示查询结果(结果是 0 条、1 页、多页的情况)
IPO2	书目编辑	采编部	1	输入完整的图书信息,输入不完整的图书信息,输入错误的图书信息,重复输入
IPO3	图书注销	采购部	1	注销现有图书,注销不存在图书
IPO31	新书发布	采购部	2	缺书采购到馆后,通知登记的读者
IPO4	缺书登记	读者	2	正确的和完善的缺书信息,正确但不完善的缺书信息,重复录入缺书信息

续表

编号	简述	使用者	优先级	验 证 方 式
IPO5	图书采购	采编部	2	采购缺书登记的图书,重复采购,超量采购
IPO6	预订	读者	2	正确的和完善的预订数据,正确但不完善的预订数据,无效的预订数据,相同的预订数据
IPO7	取消预订	读者	2	取消已经预订的图书,取消没有预订的图书,反复取消同一条预订记录
IPO8	更新系统参数	系统管理员	1	在 XML 文件中定义各种参数的值,在 DTD 文件中定义参数的模型,在 XLS 中定义参数的显示格式
IPO81	更新处罚规则	系统管理员	1	在 XML 文件中定义处罚规则,在 DTD 文件中定义参数的模型,在 XLS 中定义参数的显示格式
IPO9	处罚	流通部	1	输入超期处罚、丢失处罚和破损处罚信息,且测试不同日期、不同价格图书、不同页数信息
IPO10	借书处理	流通部	1	正确的和完善的借书信息,正确但不完善的借书信息,无效的借书信息,重复的借书信息,超量借书,借预订图书,续借
IPO101	有 效 性检查	流通部	1	输入有效/无效读者号,有效/无效图书号,借书已超量,有延期书,0 库存书
IPO11	读者管理	办公室	1	输入正确读者信息、错误读者信息和无效的读者信息
IPO12	还书	流通部	1	还 1 本书/多本书,还过期书,还书有预订,还无效图书(没有借书记录)
IPO121	催还通知	自动触发	3	系统参数中设置催还日期,检验系统能否按照设置的日期自动发出催还邮件
IPO13	预订通知	自动触发	1	检查系统自动触发 1 条/多条预订到书通知,给有效邮箱、无效邮箱分别检验系统

5.4.4 定义数据字典

在定义数据字典时,首先应该定义一个系统级的字典,其中必须要包括数据流程图中的处理、数据存储,如果系统复杂还应该包括数据流的定义。图书馆信息管理系统的数据字典如表 5-14 所示。

表 5-14 小型图书馆图书信息管理系统的数据字典

元素编号	名 称	类型	说 明
IPO1	查询	处理	读者查询本人借还书记录、图书信息
IPO2	图目编辑	处理	图书信息维护
IPO3	图书注销	处理	注销已有旧书,注销的图书不能外借
IPO31	新书发布	处理	新到馆图书在网上发布信息,向缺书登记读者发到书通知
IPO4	缺书登记	处理	读者在网上做缺书登记

元素编号	名 称	类型	说 明
IPO5	图书采购	处理	根据缺书记录,制定采购图书信息
IPO6	预订	处理	读者网上预订图书,借书时若库存为0可转预订处理
IPO7	取消预订	处理	取消已经预订的图书记录
IPO81	更新处罚规则	处理	处罚规则维护
IPO8	更新系统参数	处理	系统参数维护
IPO9	处罚	处理	根据处罚规则对延期、丢失和破损给予处罚,登记罚款信息
IPO10	借书处理	处理	按读者号、图书号进行借书处理
IPO101	有效性检查	处理	检查读者号、图书号的有效性
IPO11	读者管理	处理	维护读者基本信息
IPO12	还书	处理	根据书号做还书处理,检查预订记录,转预订到书通知处理
IPO121	催还通知	处理	每天自动运行该处理,向用户发催还通知
IPO13	预订通知	处理	由还书功能自动调用的功能,向读者发到书通知邮件
DS1	读者记录	数据存储	保存读者基本信息
DS2	图书信息记录	数据存储	保存图书基本信息
DS3	借还书记录	数据存储	保存借还书信息,系统自动处理,不能人工修改
DS4	处罚记录	数据存储	保存罚款信息
DS5	图书预订记录	数据存储	记录读者预借图书信息
DS6	缺书登记记录	数据存储	保存缺书信息
DS7	系统参数	数据存储	记录系统各项参数设置,这是一个XML文件
DS71	处罚规则	数据存储	记录处罚的规则,这是一个XML文件

在定义了系统级的数据字典后,接着就要针对其中的每一条定义进行具体说明。表5-15给出在本例中数据存储的说明格式和内容。

注意:此处只是需求分析阶段对系统的理解,还没有进入设计阶段,所以不要考虑数据库如何实现,程序如何实现等具体过程。

表5-15 图书信息数据存储说明

编号:DS2　　　　　　　　　　　　　　　　　　　　　　　名称:图书信息记录

名 称	简 称	键值	类型	长度	值域	初值	备注
图书编号	BookID	P	字符	100			
书名	BookNM		字符	100			
类型	Subject		字符	100			可选择
作者	Author		字符	100			

续表

编号：DS2 名称：图书信息记录

名　　称	简　　称	键值	类型	长度	值域	初值	备注
图书 ISBN	ISBN		字符	100			
出版社	Press		字符	20			
出版日期	Press_data		日期	8			
总的册数	Total		数字				
关键字	Keywords		字符	100			
当前在库数量	Count		数字				

注意：这些表格中有些项在分析阶段可能是空白，将在设计过程中逐步完善，现在不必追究它们的具体内容。

5.4.5 处理说明

对每个处理用 IPO 表进行详细说明，借书处理的说明如表 5-16 所示。

表 5-16 借书处理说明

编号：IPO10 名称：借书处理

输　　入	处　理　说　明	输　　出
读者编号 图书编号	① 输入读者编号和图书编号； ② 创建借书记录，修改图书在库量； ③ 如果此书曾经预订，则取消图书预订记录	修改 DS2 的在库图书量， 插入借书记录到 DS3， 修改 DS5 预订记录状态

备注：

5.4.6 描述数据实体及关系

用 E-R 图描述系统中所涉及的数据实体和关系，见图 5-17。

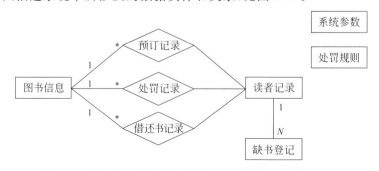

图 5-17 小型图书馆图书信息管理系统的初始实体关系图

在初始的实体关系图中还有许多问题没有确定,例如关联的基数、实体的属性,这些可以随着分析和设计的深入不断迭代和细化。还有可能在设计时,为了提高系统的效率,或者为了降低实现的复杂性,会增加或合并一些实体和关系。

练习5

1. 什么是需求分析?需求分析阶段的基本任务是什么?
2. 画数据流图应注意哪些事项?
3. 什么是结构化分析方法?该方法常用的图标有哪些?
4. 结构化分析方法通过哪些步骤来实现?
5. 什么是数据流图?其作用是什么?其中的基本符号各表示什么含义?
6. 什么是数据字典?其作用是什么?它有哪些条目?
7. 体会结构化分析方法的优缺点。
8. 某旅馆的电话服务如下:可以拨分机号和外线号码。分机号是从 7201~7299。外线号码先拨 9,然后是市话号码或长话号码。长话号码是以区号和市话号码组成。区号是从 100~300 中任意的数字串。市话号码是以局号和分局号组成。局号可以是 455,466,888,552 中任意一个号码。分局号是任意长度为 4 的数字串。写出在数据字典中,电话号码的数据条目的定义(即组成)。
9. 下面是旅客订飞机票的需求描述,试画出分层的数据流程图。

顾客将订票单交给预订系统:①如果是不合法订票单,则输出无效订票信息;②对合法订票单的预付款记录到一个记账文件中;③系统有航班目录文件,根据填写的旅行时间和目的地为顾客安排航班;④在获得正确航班信息和确认已交了部分预付款时发出取票单,并记录到取票单文件中。

顾客在指定日期内用取票单换取机票:①系统根据取票单文件对取票单进行有效性检查,无效的输出无效取票信息;②持有有效取票单的顾客在补交了剩余款后将获得机票;③记账文件将被更新,机票以及顾客信息将被记录到机票文件。

订单中有订票日期、旅行日期、时间要求(上午、下午、晚上)、出发地、目的地、顾客姓名、身份证号、联系电话。

10. 一个大城市的公共工作部门决定开发一个"计算机化的"坑洼跟踪和修理系统。当报告有坑洼时,它们被赋予一个标识号,并依据街道地址、大小(1~10)、地点(路中或路边等)、区域(由街道地址确定)和修理优先级(由坑洼的大小确定)储存起来。工单数据被关联到每个坑洼,其中包括:地点和大小,修理队标识号,修理队的人数,被分配的装备,修理所用的时间,坑洼状况(正在工作、已被修理、临时修理、未修理),使用填料的数量和修理的开销(由使用的时间、人数、使用的材料、装备确定)。最后,产生一个关于坑洼的文件,其中还包括报告者的姓名、地址、电话号码。请使用结构化分析为该系统建模。

11. 一个简化的图书馆信息管理系统有以下功能。

借书:输入读者借书证,系统检查借书证是否有效;查阅借书文件,检查该读者所借图书是否超过 10 本,若已达 10 本,显示信息"已经超出借书数量",拒借;未达 10 本,办理借书(检查库存、修改库存信息并将读者借书信息登入借书记录)。

还书：输入书号和读者号，从借书记录中读出与读者有关的记录，查阅所借日期，如果超过 3 个月，作罚款处理。否则，修改库存信息与借书记录。

查询：可通过借书记录、库存信息查询读者情况、图书借阅情况及库存情况，打印各种统计表。

请就以上系统功能画出分层的 DFD 图，并建立重要条目的数据字典。

12. 一个简化的银行计算机储蓄系统功能是：储户填写的存款单或取款单输入系统，对于存款，系统记录存款人姓名、住址、存款类型、存款日期、利率信息，并打印出存款单给储户；对于取款，系统核对储户的信息和密码，计算利率，将取款给储户。请用 DFD 描绘该功能的需求，并建立相应的数据字典。

13. 这是一个实际的开发项目"全国书号网上实名申领信息系统"。主要需求描述如下：出版社通过互联网上报经过三校后的、将要出版的图书信息，上级主管部门根据出版社的图书出版情况、图书的类型和内容为该书分配一个 ISBN 号，如果主管部门认为此书或此出版社不符合出版要求，可以不核发书号；对核发的书号，由系统自动生成书号的条码图片，供出版社下载使用。出版社获得待出版图书的 ISBN 号和条码图片后，便可以根据情况组织图书的印刷和出版。在图书印刷之前的所有图书信息，出版社自己都可以修改或撤回。图书印刷出版后，出版社必须在指定的工作日之内将所出版的成书信息通过网络上报。系统要对使用者所有的操作进行记录，以便将来进行图书出版信息的跟踪。出版监管部门可以随时登录系统，查询图书的申报信息、书号的核发情况、出版社的操作记录，发现违规和异常可以随时叫停某书的出版流程；当然也可以恢复这些叫停的图书的出版流程。另外还可以按区域、分类型统计全国的图书出版信息。

这个系统涉及的信息有图书申报信息：书名、作者、选题类型、内容提要、图书分类、初审者、联系电话、复审者、终审者、封面设计者、出版社名称。

出版社信息：出版社编号、出版社中文名、出版社英文名、出版社联系电话、出版社传真、出版社邮编、出版社网址、出版社 E-mail、出版范围、主管单位名称。

成书信息：书名、作者、著作方式、内容提要、语种、字数、版次、定价、页数、成品尺寸、装帧形式、印数、图书分类、计划出版时间、实际出版时间、印刷单位、封面设计者、出版社名称、印次。

请读者画出数据流程图和数据字典。

14. 当今中国已经步入老龄化社会，将来的养老问题严峻，所以，某养老院希望为其开发一个简单实用的养老院信息管理系统。这个用户自己基本上没有想法，谈了 40 分钟，整理的材料如下。

办理入住手续：老人由亲属陪伴来养老院，首先由接待人员检查老人的身体检查表，这个表应该是老人最近一个月内在三级医院的体检信息，检查的依据是养老院管理细则中规定的各种身体指标参数。如果老人体检信息符合规定，则办理入住手续，填写入住信息表、分配房间和床位、登记随身物品信息、药品信息、签订养老合同。

老人可以试住，试住的手续与入住基本相同，只是状态为试住，试住期限为 1 个月，并且试住是按天结算账目。试住可以转为正式入住。

缴费信息管理：根据老人的身体情况、合同签订的护理级别、房间级别计算入住的费用（床位费、护理费、伙食费、预交的押金等各项费用，具体的收费情况、收费项目和收费标准希望设计成用户可以修改的模式）。

费用管理主要包括收费信息管理、退费信息管理、催款、结算、老人日常消费记账，要求对所有的费用信息操作进行记录，可以查询到每笔费用的操作信息。

退住手续：在老人需要退住时，首先是结账，然后清点老人物品，退房间。

综合统计查询：软件提供基本信息查询，包括房间状态、收费项目和标准、服务人员信息、老人基本信息、老人体检信息、老人自带物品和药品信息。提供多条件综合查询和统计。

房间和床位管理：养老院分为多个服务区，每个服务区有楼号、楼层、房间号。例如，一区在 5 号楼 2 层 101～110，共计 10 个房间；二区在 4 号楼；系统管理到每个床位、每个房间、每层楼、整座楼。

老人体检信息管理：建立老人健康档案，管理老人的体检时间、参数。

养老院员工信息管理：登记员工基本信息、岗位变动信息、服务评价信息、考勤信息管理、工资信息管理。

养老院库存信息管理：入库处理，出库处理、库存盘点。

养老院日常管理：来访登记、接待登记、老人购物登记、为老人提供的各种服务也要登记，以便账目计算。

打印报表：营业收入月报表、业务收支日结表、老人每月欠费明细表、老人交款明细表、缴费通知书、统计养老院入住情况（区域、楼、层、房间）、老人请假外出表、服务满意度调查表、家属满意度调查表、服务登记表、老人信息表。

请完善该项目的需求，并画出数据流程图，E-R 图，编写数据字典。如果需求不清楚，可以去本地的养老院考察一下，将这个软件要实现哪些功能定义清楚。

第6章

结构化软件设计

在明确了用户的需求之后,接下来就要着手设计软件,通过软件设计将用户的需求变为实现软件的"蓝图"。初始时,蓝图只描述软件的整体框架,也叫做总体设计。总体设计之后,就要对软件进行详细设计,通过对软件设计的不断细化,形成一个可以实施的设计方案。

软件设计的最终目标是以最低的成本,在最短的时间内,设计出可靠性和可维护性俱佳的软件方案。本章以小型图书馆图书馆信息管理系统为例讨论结构化设计的概念和方法。

6.1 软件设计的概念

本节介绍软件设计中的一些概念,它们对于设计出高质量的软件具有重要意义。

6.1.1 模块和模块化

工程上,许多大的系统都是由一些较小的单元组成。例如,建筑工程中的砖瓦和构件,机械工程中的各种零部件等。这样做的优点是便于加工制造,便于维修,而且有些零部件可以标准化,为多个系统所用。同样,软件系统也可以将大的功能分解成许多较小的程序单元,它们就是模块。

一般把用一个名字就可调用的一段程序称为"模块"。模块具有如下三个基本属性。

* 功能:指该模块要完成的任务。
* 逻辑:描述模块为了完成任务,模块内部的执行过程。
* 状态:使用该模块时的环境和条件。

对于一个模块,还应该按模块的外部特性与内部特性分别进行描述。模块的外部特性是指模块的模块名、模块的输入/输出参数,以及它给程序乃至整个系统造成的影响。而模块的内部特性则是指完成其功能的程序代码和仅供该模块内部使用的数据。对于其他模块来说,只需了解被调用模块的外部特性就足够了,不必了解它的内部特性。在软件设计时,通常是先确定模块的外部特性,然后再确定它的内部特性。前者是软件总体设计的任务,后者是详细设计的任务。

模块化是把整个系统划分成若干个模块,每个模块完成一个子功能,将多个模块组织起来实现整个系统的功能。模块化设计方法强调清楚地定义每个模块的功能和它的输入/输出参数,而模块的实现细节隐藏在各自的模块之中,与其他模块之间的关系可以是调用关系,因此模块化程序易于调试和修改。随着模块规模的减小,模块的开发成本减少,但是模块之间的接口变得复杂起来,使得模块的集成成本增加。

那么模块的规模多大才合适呢? 模块之间的关系可能密切到什么程度呢? 软件工程用模块独立性来衡量模块的关系。

6.1.2 内聚和耦合

在软件设计中应该保持模块的独立性原则。反映模块独立性有两个标准:内聚和耦合。内聚衡量一个模块内部各个元素彼此结合的紧密程度,耦合衡量模块之间彼此依赖的程度。

1. 耦合

耦合是指模块间相互关联的程度,模块间的关联程度取决于下面几点。

- 一个模块对另一个模块的访问。
- 模块间传递的数据量。
- 一个模块传递给另一个模块的控制信息。
- 模块间接口的复杂程度。

根据这几点可将耦合分为 7 类,见图 6-1。

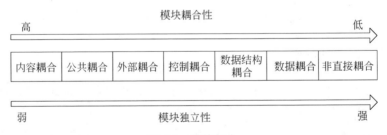

图 6-1 模块耦合

内容耦合——如果一个模块直接引用另一个模块的内容,则这两个模块是内容耦合。

公共耦合——如果多个模块都访问同一个公共数据环境,则称它们是公共耦合。公共数据环境可以是全局数据结构、共享的通信区、内存的公共覆盖区等。由于多个模块共享同一个公共数据环境,如果其中一个模块对数据进行了修改,则会影响到所有相关模块。

外部耦合——如果两个模块都访问同一个全局简单变量而不是同一全局数据结构,则这两个模块属于外部耦合。

控制耦合——如果模块 A 向模块 B 传递一个控制信息,则称这两个模块是控制耦合的。例如,把一个函数名作为参数传递给另一个模块时,实际上就控制了另一个模块的执行逻辑。控制耦合的主要问题是两个模块不是相互独立的,调用模块必须知道被调用模块的内部结构和逻辑,这样就不符合信息隐藏和抽象的设计原则,并且也降低了模块的可重用性。

数据结构耦合——当一个模块调用另一个模块时传递了整个数据结构,那么这两个模块之间具有数据结构耦合。

数据耦合——如果两个模块传递的是数据项,则这两个模块是数据耦合。

非直接耦合——如果两个模块之间没有直接关系,它们之间的联系完全通过主模块的控制和调用来实现,这就是非直接耦合。

上面的几种耦合中,内容耦合是模块间最紧密的耦合,非直接耦合是模块间最松散的耦合。软件设计的目标是降低模块间的耦合程度,设计时应该采取这样的设计原则:尽量使用数据耦合,少用控制耦合,限制公共耦合,坚决不用内容耦合。

2. 内聚

内聚是指一个模块内部各元素之间关系的紧密程度。内聚分为 7 种类型,如图 6-2 所示。下面分别讨论各种内聚的含义及其对软件独立性的影响。

图 6-2 模块内聚

巧合内聚——一个模块执行多个完全互不相关的动作,那么这个模块就有巧合内聚。

逻辑内聚——当一个模块执行一系列逻辑相关的动作时,称其有逻辑内聚。例如,一个模块有 A、B、C 三个功能,当 A 功能执行成功后,执行 C 功能,否则执行 B 功能。逻辑内聚模块带来两个问题:一个是接口参数可能比较复杂,难于理解;另一个是多个功能纠缠在一起,使得模块的可维护性降低。

时间内聚——当一个模块内的多个任务与时间有关时,这个模块具有时间内聚。最常见的时间内聚模块是初始化模块,在这个模块中的动作之间,除了时间上需要在系统初启时完成之外,没有其他的关系。

过程内聚——如果一个模块内的处理元素是相关的,而且必须按特定的次序执行,这个模块属于过程内聚。例如,从录入界面读取数据,然后更新数据库记录,这是将两个相关的功能放在一个模块中实现。

通信内聚——模块中所有元素都使用同一个数据结构的区域。例如,一个模块有 A,B 两个处理,A 向某个数据结构写数据,B 从该区域读数据,实际上它们是通过共同操作相同的数据结构达到通信的目的。

顺序内聚——如果一个模块中的所有处理元素都和同一个功能密切相关,并且这些处理元素必须是顺序执行的,那么这个模块具有顺序内聚。

功能内聚——一个模块中各个部分都是完成某一具体功能必不可少的组成部分。这些部分相互协调工作,紧密联系,不可分割,目的是完成一个完整的功能。具有功能内聚的模块是最理想的模块,这种模块易于理解和维护,并且它的可重用性好。

上述 7 种内聚中,功能内聚模块的独立性最强,巧合内聚模块的独立性最弱。在设计时应该尽可能保证模块具有功能内聚。内聚与耦合是相互关联的,在总体设计时要尽量提高模块的内聚,减少模块间的耦合。

6.1.3 抽象

人们在认识复杂问题的过程中,使用的最强有力的思维工具就是抽象。所谓抽象就是将事务的相似方面集中和概括起来,暂时忽略它们之间的差异。或者说,抽象就是抽出事务的本质特性而暂时不考虑它们的细节。

在对软件系统进行模块设计的时候,可以有不同的抽象层次。在最高的抽象层次上,用自然语言,配合面向问题的专业术语,概括地描述问题的解法。在中间的抽象层次上,采用过程化的描述方法。在最底层,使用能够直接实现的方式来描述问题的解。

模块化和抽象化思想相结合,使我们可以从不同的角度来看系统。最高层次的模块反映了整体解决方案,它隐藏了那些可能扰乱视线的细节,使我们能够看到一个系统所要完成的主要功能,当需要了解某部分细节时,只需要转向更低的抽象层次即可。从用户到开发者,不同人员关心不同抽象层次上的内容。用户可能只关心较高抽象层次上的系统描述,它反映了系统的主要功能,并且使用面向问题的语言进行描述,所以用户易于理解。开发人员更关心较低抽象层次上的系统描述,它反映了对信息的具体处理,通常在最低层次上使用面向软件的术语描述基本处理过程,更易于开发人员编写代码。

6.1.4 信息隐蔽

应用模块化原理时,一个重要原则就是将信息尽量隐藏在相应的处理模块中。信息隐藏技术最早是由 Parnas 提出的。这项技术的核心内容是:一个模块中所包含的信息,不允许其他不需要这些信息的模块访问。通常有效的模块化可以通过定义一组相互独立的模块来实现,这些独立的模块彼此间仅仅交换那些为完成相应功能而必须交换的信息。通过抽象,可以确定软件结构。通过信息隐蔽,可以定义和实现对模块的过程细节和局部数据结构的访问限制。

由于一个软件系统在整个软件生存期内要经过多次修改,所以在设计模块时要采取措施,使得大多数处理细节对软件的其他部分是隐蔽的。这样,在将来修改软件时偶然引入错误所造成的影响就可以局限在一个或几个模块内部,不至于波及到软件其他部分。

6.1.5 软件结构图

Yourdon 提出的软件结构图非常适合表示软件的结构。图中的每个方框代表一个模块,框内注明模块的名称、主要功能,方框之间的箭头线表示模块间的调用关系。此外,结构图中还可以标注模块之间传递的数据和控制信息,见图 6-3。

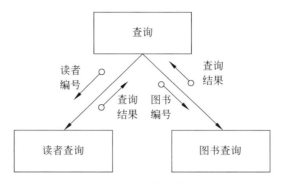

图 6-3　一个简单的软件结构图

下面说明结构图中的主要元素。

（1）模块。模块的名字应当能够反映该模块的功能。

（2）模块的调用关系和接口。两个模块之间用单向箭头线连接。箭头从调用模块指向被调用模块，其中隐含了一层意思，即当被调用模块执行结束后，控制又返回到调用模块。

（3）模块间的信息传递。当一个模块调用另一个模块时，调用模块把数据或控制信息传送给被调用模块，以使被调用模块能够运行。被调用模块执行过程中又把它产生的结果或控制信息回送给调用模块。为了区别在模块之间传递的是数据还是控制信息，用 ○——表示数据信息，用 ●——表示控制信息。通常在短箭头附近注有信息的名字。

（4）两个辅助符号。用符号 ◆ 表示一个模块有条件地调用另一个模块；用符号 ⌒ 表示模块循环调用它的各下属模块。图 6-4（a）中模块 A 下加一个菱形表示控制模块 A 按条件选择调用模块 B、模块 C、模块 D。

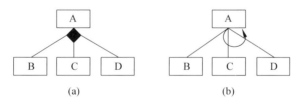

图 6-4　模块调用图

图 6-4（b）模块下的圆弧箭头表示模块 A 循环调用模块 B、模块 C、模块 D。注意：在软件结构图中不反映模块调用次序和调用时间。

（5）结构图的形态特征。上层模块调用下层模块，模块自上而下"主宰"，自下而上"从属"。同一层的模块之间并没有这种主从关系。

（6）结构图的深度。在多层次的结构图中，模块结构的层数称为该结构图的深度。图 6-5 所示结构图的深度为 7。结构图的深度在一定意义上反映了程序结构的规模和复杂程度。对于中等规模的程序，结构图的深度约为 10 左右。大型程序，深度可以有几十层。

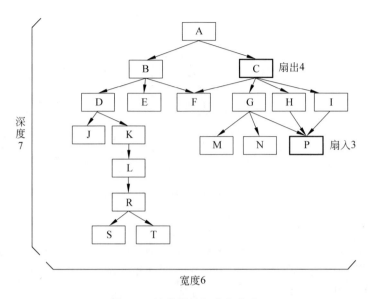

图 6-5　结构图的深度和宽度

（7）结构图的宽度。结构图中模块数最多的那层的模块个数称为结构图的宽度，图 6-5 结构图的宽度为 6。

（8）模块的扇入和扇出。扇出表示一个模块直接调用的其他模块数目。扇入则定义为调用一个给定模块的模块个数。多扇出意味着需要控制和协调许多下属模块。而多扇入的模块通常是公用模块。

软件结构图通常是树状结构或网状结构。在树状结构中，位于最上层的是根模块，它是程序的主模块，它可以有若干下属模块，各下属模块还可以进一步调用更下一层的模块。按照惯例，图中位于上方的模块调用下方的模块，因此，即使不用箭头也不会产生二义性，见图 6-6。

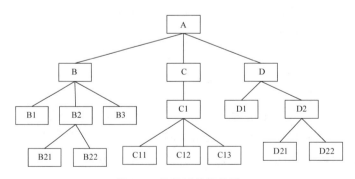

图 6-6　软件树状结构图

树状结构的一个特点是整个树只有一个根模块，另一个特点是任何一个非根模块只有一个上层调用模块，而且同层模块之间没有调用关系。

网状结构中任意两个模块间都可以有双向的关系，不存在上级模块和下属模块的关系，不像树状结构能够分出层次来，在网状结构中任何两个模块都是平等的，见图 6-7。

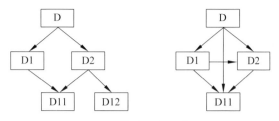

图 6-7　软件网状结构图

从图 6-7 中可以看出,对于不加限制的网状结构,会使整个程序结构变得十分复杂,这与模块化的目的相背。因此,在实际的软件设计中,通常采用树状结构,限制使用网状结构。

6.2　软件设计原则和影响设计的因素

软件设计是一项创造性工作,以往的设计经验和良好的设计灵感以及对质量的深刻理解都会对设计产生影响。软件设计过程是一系列迭代的步骤,设计者自顶向下、由粗至细逐步构造系统,就像建筑师进行房屋设计一样,都是要先描述出整体结构和风格,然后再细化局部,提供构造每个细节的指南。

进行软件设计时有一些基本原则。

(1) 设计可回溯到需求。软件设计中的每个元素都可以对应到需求,保证设计是用户需要的。

(2) 充分利用已有的模块。一个复杂的软件通常是由一系列模块组成,很多模块可能在以前的系统中已经开发过了,如果这些模块设计得好,具有良好的可复用性,那么在设计新软件时应该尽可能使用已有的模块。

(3) 软件模块之间应该遵循高内聚、低耦合和信息隐藏的设计原则。

(4) 设计应该表现出一致性和规范性。在设计开始之前,设计小组应该定义设计风格和设计规范,保证不同的设计人员设计出风格一致的软件。

(5) 容错性设计。不管多么完善的软件都可能有潜在的问题,所以设计人员应该为软件进行容错性设计,当软件遇到异常数据、事件或操作时,不至于彻底崩溃。

(6) 设计的粒度要适当。设计不是编码,即使在详细设计阶段,设计模型的抽象级别也比源代码要高,它涉及的是模块内部的实现算法和数据结构。因此,不要用具体的程序代码取代设计。

(7) 在设计时就要开始评估软件的质量。软件的质量属性需要在设计时考虑如何实现,不要等全部设计结束之后再考虑软件的质量。

在实际的软件设计过程中有许多因素会影响设计的质量。例如由多人共同设计一个软件时,每个人被分配完成一部分工作,那么各部分的接口是否能够正确衔接是设计中的一个主要问题;每个设计人员的个人经验、理解力和喜好的差别可能很大,如果没有一致的规范约束,有可能导致设计的系统无法满足要求。软件使用者的文化背景、信仰、价值观等其他方面的问题,这些都是影响软件设计的因素。

6.3 结构化设计方法

结构化设计方法通常也叫做面向数据流的设计或面向过程的设计方法,它是以需求分析阶段获得的数据流程图为基础,通过一系列映射,把数据流程图变换为软件结构图。

数据流程图的类型可根据其形状分为变换型和事务型两种,不同类型的数据流程图映射软件结构图的方式有所不同。变换型数据流程图的特征如图 6-8 所示,外部信息经过输入路径进入系统,同时由外部形式转变为系统的内部形式;由中心变换处理后,沿输出路径流出系统,同时转换成外部形式。当数据流程图或其中某一段数据流程图表现出上述特征时,称其为变换型数据流程图。事务型数据流程图的特征是数据流程图中明显地有一条接收事务指令的路径,有一个"事务中心"处理和多条事务处理路径,见图 6-9,这种数据流程图叫做事务型数据流程图。

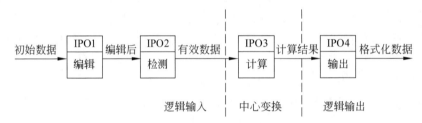

图 6-8 变换型数据流程图

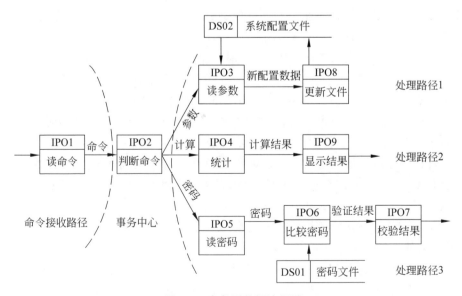

图 6-9 事务型数据流程图

6.3.1　变换分析

变换分析是针对变换型数据流程图的一种结构化设计方法。变换分析方法由 4 步组成。

（1）重画数据流程图。

在需求分析阶段得到的数据流程图侧重于描述系统如何加工数据,而重画数据流程图的出发点侧重描述系统中的数据是如何流动的。因此,重画数据流程图应注意以下几个要点。

- 以需求分析阶段得到的数据流程图为基础,从物理输入到物理输出,每条路径要走通。
- 当数据流进入和离开一个处理时,要仔细地标记它们,不要重名。
- 数据流程图中的数据存储先略去,造成的数据开链视为数据的物理输入或输出。

（2）在数据流程图上区分系统的逻辑输入、逻辑输出和中心变换部分。

如果设计人员的经验比较丰富,对系统的需求规格说明又很熟悉,那么决定哪些处理是系统的中心变换比较容易。例如,几股数据流汇集的地方往往是系统的中心变换部分。为了确定系统的逻辑输入和逻辑输出在哪里,可以从数据流程图的物理输入端开始,一步一步向系统的中间移动,一直到某个数据流不再被看做是系统的输入为止,这个数据流的前一个数据流就是系统的逻辑输入,从物理输入端到逻辑输入,构成系统的输入部分。类似地,从物理输出端开始,一步一步地向系统的中间移动,就可以找到系统的逻辑输出,从物理输出到逻辑输出,构成系统的输出部分。在输入部分和输出部分之间的就是中心变换部分。

中心变换是系统的中心加工部分。从输入设备获得的物理输入一般要经过编辑、数制转换、格式变换、合法性检查等一系列预处理后送给中心变换。同样,从中心变换产生的是逻辑输出,一般也要经过格式转换等处理后才进行物理输出。

（3）设计软件结构的顶层和第 1 层。

首先设计一个主模块,并用系统的名字为它命名,作为软件结构图的顶层。

软件结构图的第 1 层这样来设计:为每个逻辑输入设计一个输入模块,它的功能是为主模块提供数据;为每一个逻辑输出设计一个输出模块,它的功能是将主模块提供的数据输出;为每个中心变换设计一个变换模块,其功能是将逻辑输入转换成逻辑输出。主模块控制和协调第 1 层的输入模块、变换模块和输出模块的工作。见图 6-10 的第 1 层。

（4）设计软件结构的第 2 层。

这一步的工作是为第 1 层的每一个输入、输出模块和变换模块设计它们的下层模块。设计下层模块的顺序是任意的,一般先设计输入模块的下层模块。

输入模块的功能是向调用它的上级模块提供数据,所以它必须有一个数据来源。因而它需要有两个下属模块:一个接收数据;另一个把这些数据变换成上级模块所需要的内容和格式。如果接收数据模块又是逻辑输入模块,则重复上述工作。如此循环下去,直到输入模块已经涉及到物理输入端为止。

同样,输出模块是从调用它的上级模块接收数据,用以输出,因而也应当有两个下属模块:一个是将上级模块提供的数据变换成输出的形式;另一个是将它们输出。因此,对于每一个逻辑输出,在数据流程图上向物理输出端方向移动,只要还有加工框,就在相应输出模块下面建立一个输出变换模块和一个输出模块。

设计中心变换模块的下层模块没有通用的方法,一般应参照数据流程图的中心变换部分和功能分解的原则来考虑如何对中心变换模块进行分解。图 6-10 是图 6-8 对应的软件结构图。

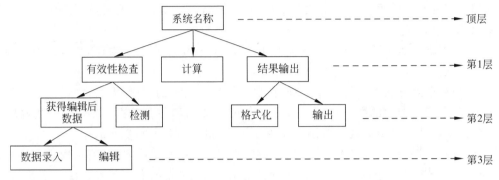

图 6-10　变换型数据流程图转化为软件结构图

注意:在划分输入流和输出流时,每个人对系统的认识不同,划分的结果可能不同,导致设计出的软件结构不同。

当数据流程图比较复杂时,可以采用黑盒原理将几个处理看成一个黑盒,只知道它的输入、输出和中心处理就可以,具体细节可逐步细化。例如,图 6-11 所示的数据流程图中,开始可以将其看成三个黑盒,这时就画出了系统最顶层,即抽象级别最高的结构,然后针对每个局部的数据流程图逐步进行细化。

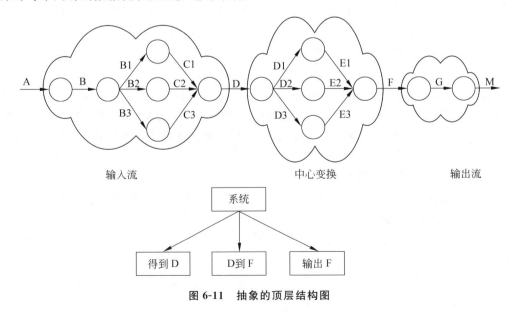

图 6-11　抽象的顶层结构图

6.3.2 事务分析

实际上,在任何情况下都可以使用变换分析方法设计软件结构,但是在数据流具有明显的事务型特征时,即数据流程图中有一个明显的"事务发射中心"处理时,还是采用事务分析方法设计更好。下面讲述事务型数据流程图的转换步骤。

(1)重画数据流程图。

这步与变换分析的第一步相同。

(2)确定事务流和变换流。

数据流程图中往往既含有变换流又含有事务流,有时从总体看是事务型数据流程图,但某个事务处理分支可能又是变换型。因此,设计时应该先做大的划分,确定数据流程图的总体是变换型还是事务型,然后再分析局部。

(3)标识事务中心、事务接收路径和事务处理路径。

通常事务中心位于几条处理路径的起点,从数据流程图上很容易标识出来。例如,图 6-9 中的"判断命令"处理就是一个事务中心,它有三条发射路径。

事务中心前面的部分叫做接收路径,发射中心后面各条发散路径叫做事务处理路径。对于每条处理路径来讲,还应该进一步确定它们各自的数据流类型。

(4)确定软件结构的顶层和第 1 层。

软件结构图的顶层是系统的事务控制模块,用系统名称命名。第 1 层是由事务流接收路径和事务分类处理映射得到的程序结构,也就是说,第 1 层通常是由两个模块组成:取得事务和对事务的分类。

(5)设计软件结构的第 2 层。

设计事务流接收路径的方法与变换分析中输入流的设计方法类似,沿输入路径向物理输入端移动。每个接收数据模块的功能是向调用它的上级模块提供数据,它需要有两个下属模块:一个接收数据;另一个把这些数据变换成它的上级模块所需要的内容和格式,如此循环下去,直到输入模块已经涉及到物理输入端为止。

每个事务处理分支路径分别映射成各自的控制模块,负责控制该路径的处理模块。分析每条路径上的数据流程图的类型,并按照相应的规则转换成软件结构图。图 6-12 是图 6-9 对应的软件结构图。

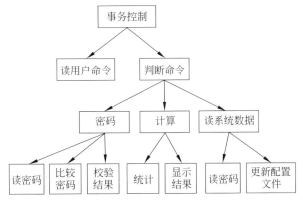

图 6-12 事务型数据流的软件结构图

6.4 小型图书馆图书信息管理系统软件结构设计

在第 5 章已经给出了小型图书馆图书信息管理系统的数据流程图,仔细研究这些数据流程图,发现系统可以分为 5 个子系统设计,它们是读者信息管理子系统、借书子系统、还书子系统、采编子系统和系统维护子系统。将一个复杂的系统划分为多个简单的子系统,有利于系统设计和实现。

每个子系统内部各个处理之间的关系相对比较简单,经过分析,我们发现本例中的大部分数据流程图都是事务流中混合了变换流的形态。下面以"还书"子系统为例进行结构设计。

6.4.1 重画数据流程图

在需求分析时已经画出了基本的数据流程图,进入设计阶段后,要从软件设计的角度重审数据流程图。首先应该为流通组设计一个方便的工作环境,这个工作环境包含了流通组日常要做的所有工作,为此,应该增加一个"还书工作环境"的处理,编号 IPO125。注意,目前不要考虑如何实现,如何实现是详细设计时考虑的问题。"还书工作环境"处理之后应该是流通组的业务分发处理,所以增加一个"事务分发"处理,编号为 IPO124。在处理完还书业务之后,有可能导致"通知预订"处理的执行,而"催还"和"通知预订"两个处理之中都隐含了一个共同的处理"发送邮件",因此应该将这个具有相同功能的处理独立成为一个"发送邮件"的处理,编号为 IPO122。

在重画数据流程图时发现处罚操作属于性质相同的处理,应该将它们归并在一起。每种处罚的规则和处理不同,因此增加了一个"处罚事务分发"处理,这个处理中首先判断不同的处罚类型,根据类型转去执行相应的处理。每种处罚处理的用户界面不同,因此分别为三种处罚类型设计了不同的用户界面。接下来是各自的处罚处理操作,最终的处罚结果是保存在一个数据库表中,因此调用同一个"保存处罚信息"处理。在整个处罚的处理部分,基本上是按照逻辑输入、处理、逻辑输出划分的。修改后的数据流程图如图 6-13 所示。

6.4.2 整理数据流程图

前面我们看到,在设计软件结构时数据流程图中的数据存储被暂时忽略了,这是为了突出处理,将数据流程图中处理与数据存储之间的数据流断开。还书子系统整理后的数据流程图如图 6-14 所示。

6.4.3 确定事务处理中心

还书子系统数据流程图的事务处理中心是"事务分发",引出两条处理路经,每条事务处理路径都包括事物命令接收和事务处理。

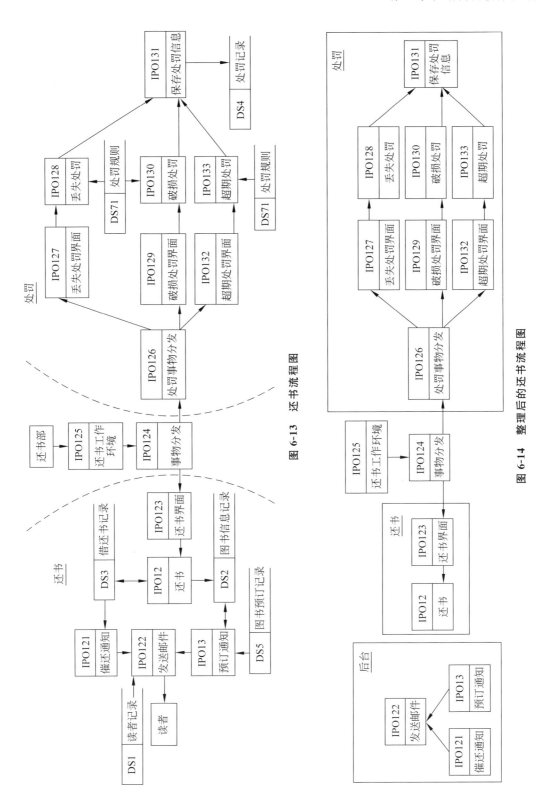

图 6-13 还书流程图

图 6-14 整理后的还书流程图

6.4.4 确定软件结构图

在确定软件结构图时,首先画出顶层和第 1 层。通过研究上面整理后的数据流程图,我们先设计一个总控模块,即"还书子系统",它是这

图 6-15 还书子系统顶层和第 1 层
结构设计

个子系统的总控模块。第 1 层通常由两部分组成:接收事务模块和事务分发模块,分别由"还书工作环境"和"还书事务分发"完成。顶层和第 1 层的结构设计如图 6-15 所示。

前面曾经介绍过,接收事务的模块是向调用它的上级模块提供数据,它需要有两个下属模块:一个接收数据;另一个把这些数据变换成它的上级模块所需要的数据格式。按照这条规则进行设计时,"还书工作环境"模块的下层至少应该有两个模块:一个模块负责接收数据,另一个模块将这些数据转换为需要的格式。

"还书事务分发"映射成一个分类控制模块,它控制下层的还书、处罚两个模块。图 6-16 显示了第 2 层结构设计的结果。

下面先说明还书分支的结构设计。对于还书操作来说,需要两个模块:一个模块获得还书信息,一个模块进行还书的操作处理。为了获得还书信息,需要为用户设计一个信息录入界面,并且还要对用户输入的还书信息进行有效性验证。正确的还书信息被送到上层模块,进行还书处理,见图 6-17 所示。

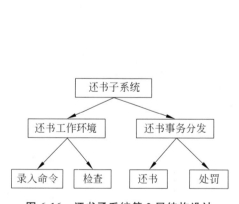

图 6-16 还书子系统第 2 层结构设计

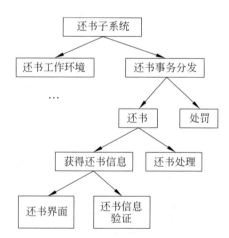

图 6-17 还书子系统部分结构设计

处罚和后台发送邮件部分的设计与此类似,整个还书子系统软件结构如图 6-18 所示。

由于预订通知和催还图书都是由数据库的触发器触发执行的后台应用,它们不由上面的这些软件模块调用,所以单独画在下面。"预订通知"和"催还图书"两个模块需要调用相同的模块"发送邮件"。

注意：由于每个人对数据流程图的理解不同,设计的思路不同,得到的软件结构图可能不同。例如,图 6-18 中,对三种处罚处理的设计完全可以采用中心变换型的映射方法。另外,不必教条地按照上面介绍的数据流程图到软件结构图的转换规则进行设计,因为目前的软件开发环境已经发生了巨大变化,而本节介绍的转换规则是基于当初字符用户界面的,当今普遍采用面向对象的图形用户界面,用户操作方式和系统处理方式本身变得越来越方便开发。原来要靠多个模块完成的功能,现在可能只要一个模块就能够实现。

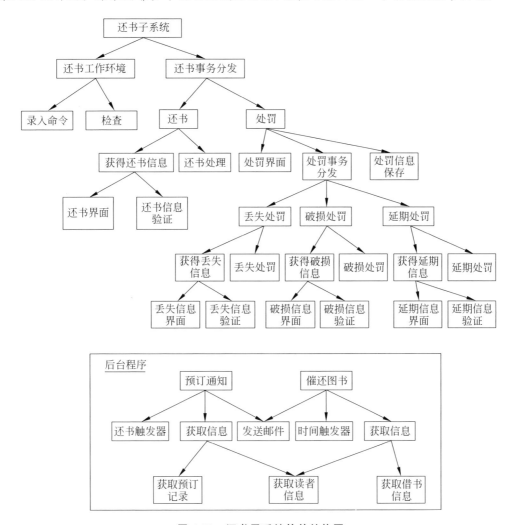

图 6-18 还书子系统软件结构图

6.5 优化软件结构

对于获得的初始软件结构图要进行优化,使其结构更加合理。优化的原则是结构稳定、易于实现、易于理解、易于测试和维护。

6.5.1 优化规则

经过长期软件开发实践,人们总结了一些优化软件结构的规则,这些规则的整体思路是提高内聚,降低耦合,保证软件的质量。

规则1:模块功能完善化。一个完整的功能模块,不仅能够完成指定的功能,而且还应当向调用者返回完成任务的状态以及失败的原因。因此,要求功能模块除了执行规定的功能外,还具有出错处理的内容。当模块不能完成规定的功能时,必须回送出错标志,向调用者报告失败的原因。与一个模块相关的所有内容,应当看做是一个模块的有机组成部分,不应分离到其他模块中去,否则将会增大模块间的耦合程度。

规则2:设计功能单一结果可预测的模块。一个模块可以被看成是一个"黑箱",不论内部处理细节如何,对于相同的输入数据,总能产生同样的结果。但是,如果模块内部蕴藏着一些特殊的、鲜为人知的功能,其模块的结果可能无法预测。例如,如果在模块内部访问一个公共数据变量M,在运行过程中模块的处理由这个变量确定,由于这个变量对于调用模块来说具有不确定性,所以调用模块无法控制这个模块的执行,也不能预知将会引起什么后果,有可能造成混乱。

规则3:消除重复功能,改善软件结构。应当认真审查初始的软件结构图,如果发现几个模块的功能有相似之处,应该加以改进。例如,当两个模块的功能完全相似,只是处理的数据类型不一致时,应该合并模块,同时修改模块的数据类型和变量定义,使之更加通用。但是,如果两个模块的功能只是局部相似时,最好不要简单地合二为一,因为这种简单的合并会造成模块内部设置许多判断开关,模块的接口参数势必会传递一些控制信息,造成模块内聚降低。通常的处理办法是分析两个相似的模块,找出相同的部分,然后将相同的部分分离出去组成新模块。有几种合并的方案,见图6-19。这些方案在减少模块间耦合、提高内聚性方面有较好的效果。

规则4:模块的作用范围应在控制范围之内。一个模块的控制范围是这个模块及其所有下属模块。例如,图6-20中模块E的控制范围是E、I、H、J。一个模块的作用范围是这个模块内判定的作用范围,凡受这个判定影响的模块都属于这个判定的作用范围。例如图6-20中模块J的一个判定传递给E模块,然后再传递给I和H模块,这时模块J的作用范围是模块E、I、H。显然,这种设计是不好的,因为模块I和H不是模块J的控制模块,这样就导致模块之间传递的是控制参数,使模块之间的耦合增加。举个现实世界的例子,我是计算机系的一名普通老师(J),应该在计算机系(E)的领导之下,计算机系又在信息学院(A)的领导之下,假设我经常到信息学院去打小报告,也就是说,我的作用范围超出了计算机系的控制范围,对于计算机系来说,把我从计算机系调到信息学院可能是最佳方案。

如果在设计过程中发现作用范围不在控制范围内,可采用如下办法把作用范围移到控制范围之内。

(1) 提高控制模块的层次。将判定所在模块合并到父模块中,使判定处于较高层次。

(2) 将受判定影响的模块下移到控制范围内。

(3) 将判定上移到层次中较高的位置。但是要注意,判定所在的模块最好不要层次太高,例如图 6-20 中,如果将模块 J 的判定提高到模块 A 中,模块之间的控制参数传递路径太长,增加了模块之间的耦合。比较好的方案是将判定提到模块 E 中。

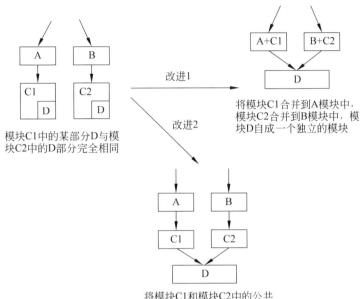

图 6-19　消除模块重复功能的方案

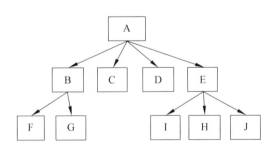

图 6-20　模块的控制范围和作用范围

　　规则 5:模块的大小要适中。模块的大小一般用模块的源代码数量来衡量,通常在设计过程中将模块的源代码数量限制在 50～100 行左右,即一页纸的范围内,这样阅读比较方便。实际上,规模大的模块往往是由于分解不充分造成的,应该对其进一步分解,生成一些下属模块或同层模块。有些模块规模非常小,这种情况下要区别对待,如果该模块是公共模块或者是高内聚模块,则一定不要把它合并到其他模块中去;否则可以考虑将规模很小的模块合并到其他相关的模块中。

　　规则 6:尽可能减少高扇出和高扇入的结构。一个模块的扇出数是指该模块调用其他模块的个数,如果一个模块的扇出过大,就表明该模块过分复杂,需要协调和控制过多的下属模块。出现这种情况通常是由于缺乏中间层次,所以应当适当增加中间层次的控制模块。模块的扇出过大,使得结构图过于复杂。比较适当的扇出为 2～5,最多不要超过 9。模块的扇出过小,例如都是 1,也不好,这通常会使得结构图的深度增加,同时增大了模块接口的复杂性,还增加了调用和返回的时间开销,降低了工作效率。经验表明,一个较好的结构设计,平均扇出是 3 或 4。

一个模块的扇入越大,则调用该模块的上级模块数目越多,说明该模块可能具有太多的功能。这种情况下应当对它进一步分解,方法是提高控制模块的层次、增加中间模块、提取公共部分组成公共模块,将公共模块置于较低的层次,由此,使各模块的功能单一化,改善软件结构。

经验证明,一个设计良好的软件结构,通常上层扇出比较高,中层扇出较少,底层的公用模块扇入较高。

注意:如果高扇出模块是总控模块或分类模块,高扇入模块是公共模块,则不必再考虑分解。

规则 7:为了加强模块的可复用性,在设计时将模块中相对稳定的部分与可能变化的部分相分离,在分离的两个模块之间加一个接口模块对模块之间传递的参数进行整理,这对保持模块的稳定性和提高可重用性有很大作用。

6.5.2　优化有时间要求的软件结构

对于有时间要求的软件结构,在整个设计阶段和编码阶段都必须进行优化,优化的方法如下。

(1)首先改进软件的结构,适应系统的时间要求。目前软件的体系结构越来越复杂,有些结构的构架稳定、可扩展性强,适合大型的信息系统构架,但是不一定适合有时间要求的嵌入式系统,所以,要根据应用要求设计软件的体系结构。

(2)在细节设计的过程中挑出那些有可能占用过多时间的模块,并为这些模块精心设计出时间效率更高的处理算法。

(3)软件编码之后,通过测试软件,分离出占用大量处理机资源的模块。如果有必要,用汇编语言或其他较低级的语言重新设计、编码,以提高软件的效率。

6.5.3　走查软件结构图

软件结构图中的模块关系体现调用关系,设计者根据调用关系在纸上对系统进行初步的试运行,同时将模块之间的接口参数标识在软件结构图上。在纸上试运行中,填写一张功能模块对照表,见表 6-1。

左边第一列是需求分析阶段确定的软件功能简称或编号,表格中填写实现该功能需要的模块,通常一个功能可能需要多个模块实现。每个功能都应该有一条自上而下的模块调用路径,如果发现某条路径走下来不能实现需要的功能,就要重新检查数据流程图到软件结构图的转换是否正确。在走查模块时不要进入模块内部的具体处理算法,只是检查接口参数和分配的功能即可。

表 6-1 功能需求与程序模块对照表

功能	模块 1	模块 2	…	模块 i	…	模块 n
功能需求 1	√					√
功能需求 2	√	√				
⋮						
功能需求 n	√	√		√		

6.5.4 用快速原型法修正设计

在设计时,有些问题很难确定是否能够实现,这时应该开发系统原型,以发现设计中的问题,以便在编码之前解决这些问题。另外,原型可以促进开发人员与用户之间的沟通。

开发原型时,通常忽略一些细节,将注意力放在系统的主要关注方面,例如界面布局、功能、安全和操作方式等。如果一个原型仅仅是要证明设计的可行性,就不必关注太多细节。

在优化软件结构时要注意保持结构简单,在满足模块化要求的前提下尽量减少模块数量,在满足信息需求的前提下尽量减少复杂数据结构。对性能要求很高的软件,可能还需要在设计的后期甚至编码阶段进行优化。

6.5.5 关于设计的说明

在程序结构被设计和优化后,应该对设计进行一些必要的说明,包括:为每个模块写一份处理说明;为模块之间的接口提供一份接口说明;确定全局数据结构;指出所有的设计约束和限制。

处理说明应该清楚地描述模块的主要任务、条件抉择和输入/输出。注意,概要设计阶段不要对模块的内部处理过程进行详细描述,这项工作是详细设计的任务。

接口说明要给出一张表格,列出所有进入模块和从模块返回的数据。接口说明中应包括通过参数表传递的信息、对外界的输入/输出信息、访问全局数据区的信息等。此外,还要指出其下属的模块和上级模块。下面的模板包括了模块的处理说明、接口说明、模块内部的局部数据结构、约束条件和设计限制。

模块名称:	编号:
主要功能:	
输入参数及类型:	返回参数及类型:
上级调用模块:	
向下调用模块:	
局部数据结构:	
约束条件和设计限制:	

在软件结构确定之后,就可以设计相应的全局数据结构和局部数据结构。局部数据结构的描述放在相应的模块说明表中,全局数据结构要在软件的数据说明文档中,数据结构说明最好用图形和伪码相结合的方式。

6.6 数据设计

数据设计是软件设计最重要的活动之一,数据结构直接影响着软件结构的复杂性。数据结构设计合理,往往能够获得好的软件结构,使软件具有更强的模块独立性、易理解性和易维护性。

6.6.1 数据结构设计

数据结构选择恰当会使程序的控制结构简洁,易于理解和维护,占用的系统资源少,程序运行效率高。下面是确定数据结构时的几点建议。

(1) 尽量使用简单的数据结构。简单的数据结构通常伴随着简单的操作。

(2) 在设计数据结构时要注意数据之间的关系,特别要平衡数据冗余与数据关联的矛盾。有时为了减少信息冗余,需要增加更多的关联,使程序处理比较复杂;如果一味降低数据之间的关联,可能会造成大量的数据冗余,难以保证数据的一致性。

(3) 为了加强设计的可复用性,应该针对常用的数据结构和复杂的数据结构设计抽象类型,并且将数据结构与操作封装在一起。

(4) 尽量使用经典的数据结构,因为对它们的讨论比较普遍,容易被大多数开发人员理解,同时也能够获得更多的支持。

(5) 在确定数据结构时一般先考虑静态结构,如果不能满足要求,再考虑动态结构。

6.6.2 文件设计

文件设计是指对数据存储文件的设计,主要工作是根据使用要求、处理方式、存储的信息量、数据的使用频率和文件的物理介质等因素来确定文件的类别、组织方式、记录格式,并估计文件容量。

文件设计包括文件的逻辑设计和物理设计,文件的逻辑设计在概要设计阶段进行,文件的物理设计在详细设计阶段进行。文件逻辑设计的任务如下。

(1) 整理必需的数据元素。分析文件中要存储的数据元素,确定每个数据元素的类型、长度,并且给每个数据元素定义一个容易理解的、有意义的名字。

(2) 分析数据间的关系。根据业务处理逻辑确定数据元素之间的关系,有时一个文件记录中可能包含多个子数据结构。例如,考生成绩文件的记录中可能包含考生编号、姓名、学校、各科成绩(语文、数学、英语、物理、化学)、总成绩。其中,括号部分是一个子结构,描述各科的成绩,它们的和是总成绩。

(3) 确定文件记录的内容。根据数据元素之间的关系确定文件记录的内容。例如,考生成绩文件记录的内容描述如表 6-2。

表 6-2　考生成绩文件记录内容

文件名：StudentScokt　　　　　　　　　　　　　　　　　　文件编号：考生成绩文件

数据编号	数据名	简　　称	属　性	长　度	备　注
01	考生编号	StdNo	Number	11	唯一
02	姓名	Name	Char	8	
03	学校名称	SchoolName	Char	20	
04	语文成绩	Chinese	Float	5	
05	数学成绩	Math	Float	5	
06	英语成绩	English	Float	5	
07	物理成绩	Physics	Float	5	
08	化学成绩	Chem	Float	5	
09	总成绩	Grade	Float	6	

文件物理设计的任务如下。

（1）理解文件的特性。进一步从业务的观点检查对文件的要求，包括文件的使用频率、常用操作（插入、删除、查询）和文件安全要求。

（2）确定文件的物理组织结构。根据文件的特性确定文件的组织方式，文件的组织方式有顺序文件、直接文件、索引文件、分区文件、虚拟存储文件。

顺序文件中记录的逻辑顺序与物理顺序相同，它适合于所有的文件存储介质。顺序文件中的记录通常可以按先后次序排列、按关键字次序排列、按使用频率排列等。

顺序文件的存储有两种，一种是连续存储，另一种是串联存储。连续存储是文件中的记录顺序地存储在一片连续的空间中，这种文件的组织方式存取速度快、处理简单、存储空间利用率高。但是，这种组织方法不利于文件的扩充，并且需要较大的连续空间。串联存储是文件中的记录以链接的方式存储，存储的空间可以不连续。串联存储的文件有利于文件的扩充，存储空间利用率高，不足是访问速度受到影响。

顺序文件组织方式最适合于顺序批处理方式，通常磁带、打印机和只读光盘上的文件都采用顺序文件形式。

直接存取文件结构中，记录的逻辑顺序和物理顺序不一定相同，记录的存储地址一般由关键字的函数确定。通常设计一个函数来计算关键字的地址，这个函数叫做哈希函数。设计哈希函数时要特别注意减小不同关键字的地址冲突，并且要给出地址冲突的解决策略。

直接存取文件的优点是存取速度快，记录的插入和删除操作简单，但是如果哈希函数设计不好，会出现严重的地址冲突，导致存取效率下降。

直接存取文件只适用于磁盘类的存储介质，不适用于磁带类存储介质。

索引顺序文件结构中的基本数据记录按顺序方式组织，但是要求记录必须按关键字值升序或降序排列，并且为关键字建立文件的索引。在查找记录时，先在索引表中按记录的关键字查找索引项，然后按索引项找到记录的存储位置，访问记录。现在通常将索引表组织成树形结构,例如,用 B$^+$ 树组织较大型的索引。

索引顺序文件的优点是访问速度快,缺点是记录插入和删除比较麻烦,有时需要修改索引表,而且当记录数目很大时索引表也很庞大,占用较多的空间。索引顺序文件的组织只适用于磁盘。

(3) 确定文件的存储介质。目前,文件的存储介质主要有磁带、软盘、硬盘、光盘、可移动快速存储。选择文件存储介质时主要考虑下面一些因素。

- 数据量
- 处理方式
- 存储时间
- 处理时间
- 数据结构
- 操作要求
- 费用要求

(4) 确定文件的记录格式。文件的记录格式通常分为无格式的字符流和用户定义的记录格式两种。并且还可以设计为定长记录和不定长记录。

(5) 估算记录的存取时间。根据文件的存储介质和类型,计算平均访问时间和最坏情况下的访问时间。

(6) 估算文件的存储量。根据一条记录的大小估算整个文件的存储量,然后考虑文件的增长速度,确定文件存储介质的规格型号,以及设计文件备份转储的周期。

6.6.3 数据库设计

数据库设计通常包括下述 4 个步骤。

(1) 模式设计。模式设计的目的是确定物理数据库结构。第三范式形式的实体及关系数据模型是模式设计过程的输入,模式设计的主要问题是处理具体数据库管理系统的结构约束。

(2) 子模式设计。子模式是用户使用的数据视图。

(3) 完整性和安全性设计。

(4) 优化。主要目的是改进模式和子模式以优化数据的存取。

数据库设计是一项专门技术,详细讨论这项技术已经超出本书的范围,需要深入了解数据库设计技术的读者,请参阅有关的专著。

6.6.4 小型图书馆图书信息管理系统数据结构设计

在系统分析阶段,已经建立了初步的数据字典和实体关系图,设计阶段要以这些为基础进一步细化。在进行数据设计时要仔细审查需求分析阶段确定的每一个数据实体和实体之间的关联,以保障数据结构的合理性、一致性和安全性;审查每个处理的算法,确定实现算法所需的数据结构。

以图书基本信息为例进行数据设计,请参见表 6-3。

表 6-3　图书信息数据设计

编号：DS102　　　　　　　　　　　　　　　　　　　　　　　　　名称：图书信息

名　称	简　称	键值	类型	长度	值域	初值	备注
图书编号	BookID	P	字符	100			
书名	BookNM		字符	100			
分类	Subject		字符	100			可选择
作者	Author		字符	100			
图书 ISBN	ISBN		字符	100			
出版社	Press		字符	20			
出版日期	Press_data		日期	8			
总的册数	Status		数字				
关键字	Keywords		字符	100			
当前在库数量	Count		数字				

这个数据存储是本系统一个重要的数据库表,它用于保存图书馆某一图书的详细信息。仔细审查这个表,发现少了:单价、页数、版次、内容简介这几项。

仔细推敲"作者"这个数据项,有些图书有主编,有的图书还有多名作者,如果这些信息都放在作者这个数据项中,当按作者查询图书时就会造成查询操作复杂化。因此,考虑修改这个数据项,将它拆成多个数据项,包括主编、第一作者、第二作者、其他作者,这样设计比较合理。

6.7　详细设计

详细设计也叫过程设计,应该在软件结构设计、数据设计之后进行,主要是设计模块内的算法实现细节。详细设计阶段的任务不是编写代码,而是要为编写程序代码设计"图纸",由程序员按"图纸"用某种高级程序设计语言编写程序代码。详细设计的目标不仅仅是保证所设计的模块功能正确,更重要的是保证所设计的处理过程易于理解,具有良好的可靠性和可维护性。

6.7.1　程序流程图

程序流程图也称为程序框图,是使用最广泛的详细设计方法。程序流程图画起来很简单,方框表示处理步骤,菱形表示逻辑判断,箭头表示控制流。表 6-4 是程序流程图中使用的一些图形元素。

表 6-4 程序流程图的基本符号

图　标	说　明	图　标	说　明
▭	顺序结构	⬭	开始或结束
◇	选择结构	▽	离页引用
▱	循环开始	○	页内引用
▱	循环终止	⏢	手工操作
▯▯▯	子程序	═	并行处理
─▭	注释		

下面以还书为例用程序流程图做详细设计。还书总控模块的程序流程如图 6-21 所示。

总控模块没有具体功能,它只是调用下层的两个模块。其中还书界面模块的程序流程图如图 6-22。

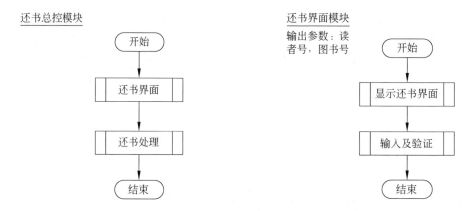

图 6-21 还书总控模块流程图　　　　图 6-22 还书界面处理流程图

还书界面模块调用它下层的两个模块:一个是显示还书界面模块,这个模块可能就是一个界面窗体;另一个是数据输入及验证模块,这个模块从界面读入读者号和图书号,经过验证后,通过总控模块返回读者号和图书号到还书处理模块之中。数据输入及验证模块的流程图见图 6-23。

这个模块读入两个数据:读者编号和图书编号,并且对编号的正确性进行检查。当输入的数据经过检查正确后,通过上一级模块被传送到还书处理模块。还书处理模块的流程图见图 6-24。

还书处理模块负责修改借还书记录和图书信息表中图书在库数量。

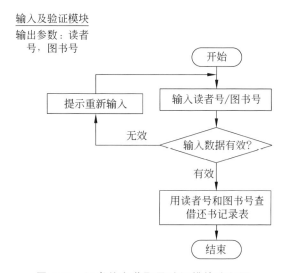

图 6-23 还书信息获取及验证模块流程图

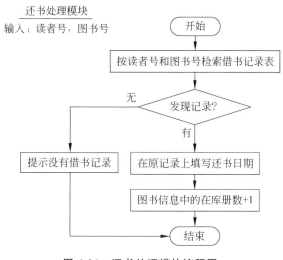

图 6-24 还书处理模块流程图

通知图书预订模块在每天中午 12 点和下午 17 点自动触发执行,它的处理流程图见图 6-25。

上面以还书为例讲述了用程序流程图进行软件详细设计的过程,在实际的软件开发过程中,并不一定所有的模块都要设计程序流程图,通常只对一些复杂的模块才设计程序流程图。

6.7.2 盒图

程序流程图非常灵活、实用,但是也许太灵活了,使得设计者可以没有任何约束进行设计,随意跳转,常常诱导程序员编写出非结构化的程序代码,因此近年来不被提倡使用。幸好,由 Nassi 和 Shneiderman 开发了另一种图形化设计工具,它的目标是保证结构化程

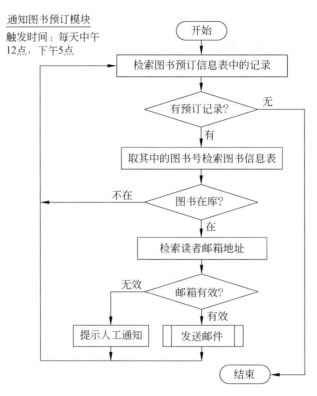

图 6-25　通知图书预订模块流程图

序设计,这种图形工具叫做盒图,或称为 N-S 图,它具有以下特征。

（1）三种结构的表示非常明确,见图 6-26。

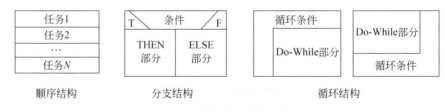

图 6-26　盒图的三种结构表示

（2）盒图的图形元素中没有带箭头的控制转移线,所以不可能随意转移控制。

（3）局部和全局数据的作用域很清晰。

（4）容易表示嵌套关系和层次关系。

（5）和程序流程图一样,盒图也可以画成分层结构,对子模块的调用可以表示为一个方盒,调用的模块名写在椭圆中,如图 6-27。

为了读者便于理解盒图的应用,图 6-28～图 6-32 说明了以还书为例用盒图进行的详细设计。

图 6-27　盒图的模块调用符号

还书总控模块
开始
还书界面
还书处理
结束

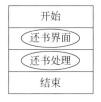

图 6-28 还书总控模块处理流程图

还书界面模块
开始
显示还书界面
输入及验证
结束

图 6-29 还书界面模块处理流程图

输入及验证模块
输出:读者号和图书号
开始
读入读者号/图书号
T
输入数据有效吗?
F
用读者号和图书号检索借还书记录表
提示重新输入
结束

图 6-30 还书数据获取和验证模块处理流程图

还书处理模块
输入：读者号和图书号
开始
按读者号和书号检索借还书记录表
T
找到吗?
F
在原记录上填写还书日期
书库记录中的在库册数+1
提示没有借书记录
结束

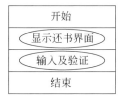

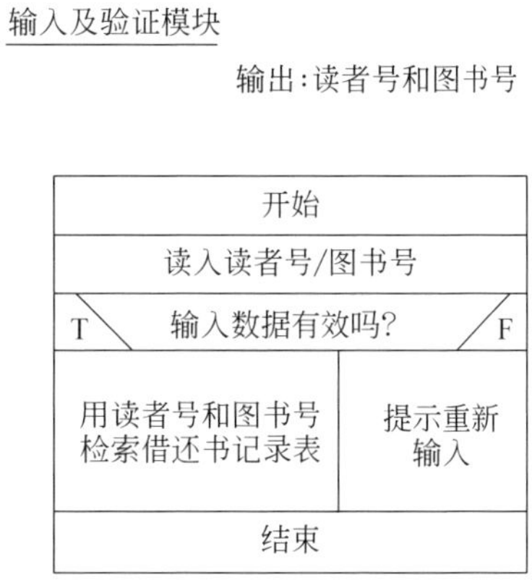

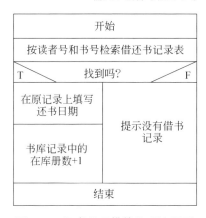

图 6-31 还书处理模块处理流程图

通知图书预订模块
触发时间：每天中午12点，下午5点
开始
检索图书预订信息表中的记录
从第一个记录到最后一个记录
用书号检索图书信息表中的记录
T
图书在库
F
检索读者的邮箱
T
邮箱有效吗?
F
发邮件
提示人工通知
结束

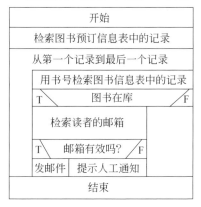

图 6-32 通知图书预订模块处理流程图

6.7.3 PAD 图

PAD 图是问题分析图(Problem Analysis Diagram)的英文缩写，自 1973 年由日本日立公司发明之后，得到一定程度的推广。它是用二维树形结构图来表示程序的控制流，将这种图翻译成程序代码比较容易。

PAD 图的主要特点如下。

(1) PAD 图形工具提供了图 6-33 所示的几个基本符号，使用它们设计的程序一定是结构化的。

(2) PAD 图所描述的程序结构非常清晰，图中最左面的竖线是程序的主线，即第一层结构。随着程序层次的增加，PAD 图逐渐向右延伸，程序每增加一个层次，图形就向右扩充一条竖线。PAD 图中的竖线总数就是程序的层次数。

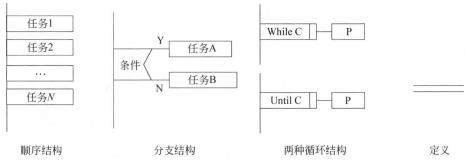

图 6-33　PAD 图描述符号

（3）用 PAD 图表现程序逻辑，易于理解和阅读，程序从 PAD 图中最左边的竖线上端开始执行，自上而下，从左向右顺序执行，遍历所有的节点。

（4）容易将 PAD 图转换成高级语言程序，这些转换有一部分可用软件工具自动完成，从而可节省人工编码的工作，有利于提高软件的可靠性和软件生产效率。

（5）PAD 图既可以表示程序逻辑，也可以描述数据结构。

图 6-34～图 6-38 用 PAD 图作为工具展示了还书过程的详细设计。

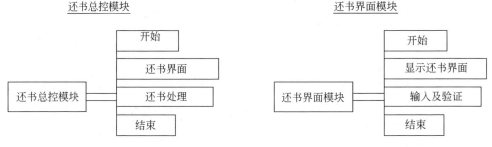

图 6-34　还书总控模块处理流程图（PAD 图）　　　图 6-35　还书界面模块流程图

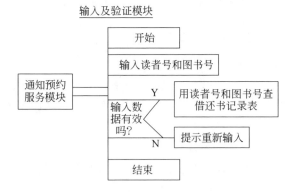

图 6-36　还书数据获取及验证模块处理流程图

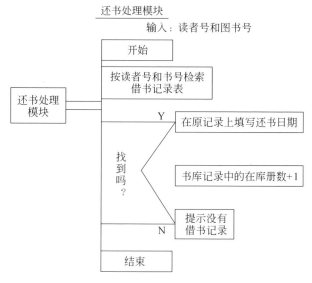

图 6-37　还书处理处理流程图

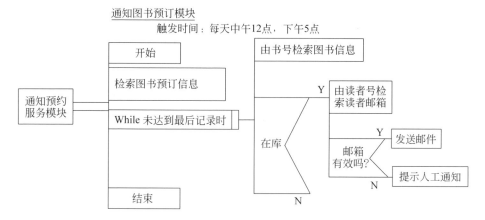

图 6-38　通知图书预订处理流程图

6.7.4　判定表

上面我们所介绍内容是针对模块级详细设计方法,有时一个模块内部的实现算法中常常包含着多重嵌套的条件选择,这类算法如果完全用文字表达可能令人费解,因此可以采用判定表。

判定表由 4 个部分组成,见图 6-39,左上部列出了所有的条件,左下部列出了所有可能的动作,右半部构成了一个矩阵,表示条件的组合以及特定条件组合下应执行的操作。

为了说明判定表的用途,考虑图书馆图书信息管理系统中各类读者借阅图书的期限。在表的左上部,列出判定条件:教授、职员和学生,科技图书、小说和报刊。左下部是结果:30 周、8 周、4 周和 1 周;右上部是条件组合,"Y"表示条件成立,右下部的"√"表示允许的借阅期限,见图 6-40 所示的判定表。

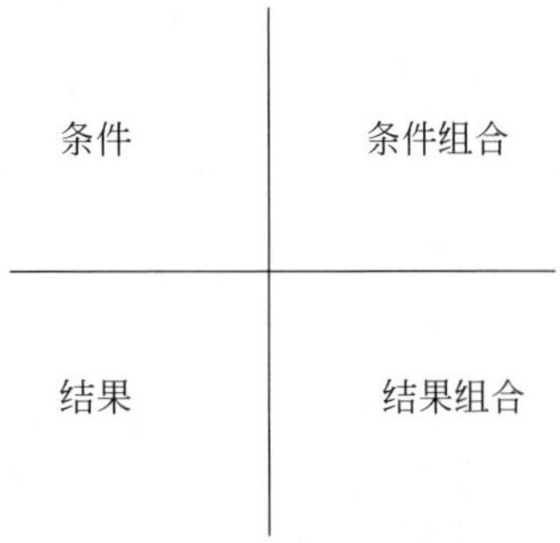

条件	条件组合
结果	结果组合

图 6-39 判定表的结构

条件	1	2	3	4	5	6	7
教授	Y	Y	N	N	N	N	-
职员	N	N	Y	Y	N	N	-
学生	N	N	N	N	Y	Y	-
科技图书	Y	N	Y	N	Y	N	N
小说	N	Y	N	Y	N	Y	N
报刊	N	N	N	N	N	N	Y
30周	√						
8周		√	√				
4周				√	√	√	
1周							√

图 6-40 图书借阅期限的判定表

上面判定表右边的每一列可以解释成一条处理规则:

第 1 列的内容表示教授借阅科技图书,借期为 30 周;

第 2 列的内容表示教授借阅小说,借期为 8 周;

第 3 列的内容表示职员借阅科技图书,借期为 8 周;

第 4 列的内容表示职员借阅小说,借期为 4 周;

第 5 列的内容表示学生借阅科技图书,借期为 4 周;

第 6 列的内容表示学生借阅小说,借期为 4 周;

第 7 列的内容表示不论什么人,报刊的借期均为 1 周。

为了更好地掌握判定表技术,下面再看一个例子。

案例:股票交易所规定,总手续费＝基本手续费＋附加手续费。如果交易总金额小于等于 1 万元,则基本手续费为交易金额的 8％,如果交易总金额大于 1 万元,则基本手续费为交易金额的 7％。当每股价格小于等于 10 元时,如果交易数量为 100 的整数倍,则附加手续费为基本手续费的 5％,否则附加手续费为基本手续费的 6％;当每股价格高于 10 元时,如果交易数量为 100 的整数倍,则附加手续费为基本手续费的 1％,否则附加手续费为基本手续费的 2％。

下面我们列出这个案例的判定表,左上部的条件有:总交易金额小于等于 1 万元、大于 1 万元,每股价格小于等于 10 元、大于 10 元,交易数量是 100 的整数倍、非 100 的整数倍。这些条件简化后得到三个条件,见图 6-41。注意,F 表示交易金额。

条件	1	2	3	4	5	6	7	8
<=1万	Y	Y	Y	Y	N	N	N	N
<=10元	Y	Y	N	N	Y	Y	N	N
100整数倍	Y	N	Y	N	Y	N	Y	N
0.08F×(1+0.05)	√							
0.08F×(1+0.06)		√						
0.08F×(1+0.01)			√					
0.08F×(1+0.02)				√				
0.07F×(1+0.05)					√			
0.07F×(1+0.06)						√		
0.07F×(1+0.01)							√	
0.07F×(1+0.02)								√

图 6-41 交易手续费计算判定表

图 6-41 中,有 8 个组合条件,每列都是一组条件。例如第 6 列总交易金额大于 1 万元,每股价格小于等于 10 元,并且不是 100 的整数倍,对应的运算：基本手续费率 7%,附加手续费率 6%。

6.7.5 过程设计语言

过程设计语言(PDL)也称为结构化的英语或伪码,它是一种混合语言,通常采用英语的词汇,采用某种结构化程序设计语言的语法,因此,有 PDL-C、PDL-PASCAL 等多种 PDL 过程语言。

PDL 看起来像高级编程语言,但其中嵌入了叙述性文字说明,因此 PDL 不能被编译成机器代码,但 PDL 处理程序可以将 PDL 翻译成图形表示,并生成嵌套图、设计操作索引、交叉引用表以及其他一些信息。PDL 过程设计语言有以下特征。

(1) PDL 过程设计语言使用自然语言的词汇描述处理过程,使设计更加易于理解。

(2) PDL 具有顺序、选择、循环控制结构和数据说明。

(3) 每种不同的 PDL 都有不同的关键字,这些关键字被用于不同的控制结构之中,增强了设计的清晰性,例如,if_endif 关键字。

(4) 数据声明机制既可以说明简单数据结构(例如标量和数组),也可以声明复杂数据结构(例如链表和树)。

(5) 具有子程序定义和调用描述功能,提供各种接口定义模式。

使用 PDL 作为详细设计工具的优点是：可以将设计时产生的 PDL 语句直接作为程序注释插入到源程序代码之中;修改源程序时直接就修改了 PDL,由此保证设计与结果的一致性。

6.7.6 模块开发文件夹

随着详细设计过程的进行,每个软件模块相关文档资料的数量也不断增长。模块开发文件夹是组织和保存在软件开发过程中不断产生出来的文档资料的一种有效方法,用这种方法保存和管理文档既方便又容易查阅。

每个开发文件夹中包含一个或多个模块的全部文档,文件夹的封皮上列出工程项目的名称、模块名字、程序员名字、完成的日期、修改的日期、源程序行数、目标代码长度、对模块的简要描述,以及设计、编码、单元测试和集成测试等阶段的起止时间,具体内容如下。

项目：小型图书馆图书管理信息系统

还书处理模块开发文件夹　　　　　　　　　　版次：**3.1**

基本信息

设计人：张杰	设计开始日期：2003 年 5 月 20 日
	完成日期：2003 年 6 月 1 日
程序员：程浩	编程开始日期：2003 年 6 月 5 日
	完成日期：2003 年 6 月 7 日
测试人：王晓丽	测试开始日期：2003 年 6 月 10 日
	完成日期：2003 年 6 月 15 日

续表

模块说明
根据读者编号和图书编号查询借书纪录,将借书记录中的还书日期填上,同时修改图书信息表中的在库图书数量。

修改历史和测试中发现的主要问题

2003 年 6 月 8 日由原程序员针对测试发现的问题进行了修改。 主要问题是对读者编号没有进行验证。

文件夹中的资料

1. 详细设计的程序流程图 2. 源程序 3. 单元测试记录 4. 修改后的源程序

文件夹内应该保存对模块详细设计结果的描述、源程序清单、测试期间修改的源程序清单、最终的源程序清单、测试方案、测试计划和测试结果等。

6.8　设计复查

在设计结束之前要进行设计复查。复查过程分为三步:首先,采用概要设计复查的方法检查在概念上的设计;然后,在关键设计审查中,应向其他开发者描述关键技术上的设计细节;最后,进行程序设计的复查,程序设计的复查属于详细设计阶段。复查的目标是确保软件设计与实现正是用户想要的。

6.8.1　概要设计复查

概要设计复查需要有用户、系统分析员、系统设计员和编程人员参加,除此之外,还要有与此设计无关的技术高手参加。参与复查的人员数量不仅依赖于所开发系统的规模和复杂程度,还依赖于用户范围和数量,但是参加的人员总数不应太多,以免妨碍复查的进度。

在复查过程中,设计人员详细讲述总体设计方案,每项设计都应该追溯到需求规格说明书中对应的需求,重点讲述为了实现相应需求所设计的结构、模块、接口、操作界面等软件元素。与会者分别从不同的角度出发审查设计的正确性、合理性、健壮性、完善性。例如,用户主要审查是否有被遗漏的需求,设计的界面是否能够接受,输入是否方便,输出报告是否清晰,是否有容错方面的设计等;编程人员主要审查是否有不可实现的技术,程序结构和数据结构是否过于复杂,是否存在模糊的设计。

与此设计无关的技术高手可以站在公正的立场上发表自己的观点,提出设计中的问题。实际上,这些技术高手经常会提出一些新的观点,促进设计的改进。

发现的任何问题都要被记录下来,准备修改设计方案。当新的设计方案出台后,要安排一个新的时间进行概要设计复查,评价新的设计方案。

6.8.2 关键设计复查

一旦概要设计通过了复查,就可以进行关键设计复查了。关键设计复查的参与者包括系统分析员、系统设计员、编程人员、系统测试员、撰写文档的人员和一些与此设计无关的技术高手。这个小组中的人员比在概要设计复查小组中的人员在技术性上要强一些,这是因为在关键设计复查中主要是复查设计的技术细节。

在关键设计复查时,最好使用一些图表米解释关键的设计策略和它的实现技术,通过这个过程能够确保关键设计的可实现性。一旦不能保证它的可实现性,就应该记录下来,并且安排有关的技术人员开发原型进行试验。

6.8.3 设计复审的问题

在每种设计复审中,与会者应该思考或询问下面一些问题。

(1) 此设计能解决相应的问题吗?

(2) 此设计的模块独立性如何? 经过优化吗?

(3) 设计的软件易于理解吗? 可以采取一些措施去改善结构并增加设计的可理解性吗?

(4) 此设计可移植到其他平台上吗?

(5) 此设计可重用吗?

(6) 此设计易于修改和扩充吗?

(7) 此设计中用到的最复杂数据结构是什么? 能够简化它吗?

(8) 此设计易于实现吗?

(9) 此设计易于测试吗?

(10) 此设计拥有最佳的性能吗? 还有可能改进吗?

(11) 此设计重用了其他工程的一些组件吗? 哪些是重用的组件?

(12) 算法合适吗? 还可以被改进吗?

(13) 设计文档是否完备?

(14) 设计的组件和数据是否能够追溯到需求?

(15) 设计是否包括了错误处理、故障预防和容错技术?

设计复查过程的主要任务是发现错误,因此在复审时所有的人都要按着相同的目标去工作。在需求分析和概要设计时期发现并改正一个错误要比在实现后再去改正它容易得多。当系统已经运行后才发现一个问题,这个问题的根源可能出现在很多方面,可能是硬件方面,也可能是需求分析、设计、实现等其他方面。因此,越早发现问题,改正它的代价就越小。

练习 6

1. 什么是结构化设计?

2. 良好的软件设计应遵循哪些原则?

3. 什么是概要设计？有哪些基本任务？

4. 详细设计的基本任务是什么？

5. 什么是变换流？什么是事务流？

6. 模块的内聚有哪几种？模块间的耦合有哪几种？

7. 衡量模块独立性的两个标准是什么？它们表示什么含义？

8. 软件设计规格说明书中最关键的内容有哪些？

9. 某公司为本科以上学历的人重新分配工作,分配原则如下：①如果年龄不满 18 岁,学历是本科,要求男性报考研究生,女性则担任行政工作；②如果年龄满 18 岁不满 50 岁,学历本科,不分男女,任中层领导职务,学历是硕士,不分男女,任课题组组长；③如果年龄满 50 岁,学历本科,男性任科研人员,女性则担任资料员,学历是硕士,不分男女,任课题组组长。要求：画出分析过程,得出判定表,并进行化简。

10. 研究下面的伪码程序,画出对应的程序流程图。

```
START
INPUT X,N
DIMENSION A(N),F(N)
DO I=1 TO N
  INPUT F(I)
END DO
K=0
DO WHILE (K<N)
  A(K)=0
  DO J=1 TO N-K
    A(K)=A(K)+F(J)*F(J+K)/(N-K+1)
  END DO
  PRINT K*X,A(K)
  K=K+1
END DO
STOP
```

11. 图 6-42 是某系统的数据流程图,请将其转换成相应的软件结构图。

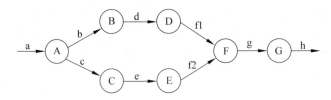

图 6-42 习题 11 数据流程图

12. 试选择一种加密/解密算法进行过程设计。

13. 某培训中心要研制一个计算机管理系统。它的业务是：将学员发来的信件收集分类后,按几种不同的情况处理。如果是报名的,则将报名数据送给负责报名事务的职员,他们将查阅课程文件,检查该课程是否额满,然后在学生文件、课程文件上登记,并开出报告单交财务部门,财务人员开出发票给学生。如果是想注销原来已选修的课程,则由注销人员在课程文件、学生文件和账目文件上做相应的修改,并给学生注销单。如果是付款的,则由财务人员在账目文件上登记,也给学生一张收费收据。

要求:

(1) 对以上问题画出数据流程图。

(2) 画出该培训管理的软件结构图。

14. 图书馆的预订图书子系统有如下功能。

(1) 由供书部门提供书目给订书组;

(2) 订书组从各单位取得要订的书目;

(3) 根据供书目录和订书书目产生订书文档留底;

(4) 将订书信息(包括数目、数量等)反馈给供书单位;

(5) 将未订书目通知订书者;

(6) 对于重复订购的书目由系统自动检查,并把结果反馈给订书者。

试根据要求画出该问题的数据流程图,并把其转换为软件结构图。

CHAPTER

第 7 章

面向对象基础

面向对象技术是软件工程领域的重要技术,出现于20世纪70年代末期。由于它比较自然地模拟了人类认识客观事物的方式,所以很快就被软件人员接受。从本质上说,面向对象是"先"确定动作的主体"后"执行动作;面向过程的方法最关心的是过程,而过程实施的对象即主体是作为过程参数传递的。面向对象的这种主体动作模式与人们对客观世界的认识规律相符,从而使得面向对象技术在软件工程领域中获得了广泛的应用。

本章首先介绍面向对象方法的基本概念,配合案例分析结构化方法存在的主要问题及原因,介绍几个主流的面向对象方法,最后介绍 UML 建模语言。

7.1 从一个例子看结构化方法的问题

结构化方法的核心是以用户需求为基础,进行功能分解。分析阶段的主要结果是数据流程图,设计阶段的主要结果是软件模块结构图,实现阶段的主要结果是源程序。这一切似乎都很完美,可惜在实际的开发中,用户的需求不断地变更,导致软件功能不断变化,程序不断修改。因此,基于结构化方法开发的软件结构稳定性比较差,不易于维护。

下面通过一个具体的例子来感受一下结构化方法存在的问题。

7.1.1 结构化方法实现

案例1:设计并实现一个四则运算软件,输入两个数和运算符号,输出运算结果。

根据用户需求,设计三个功能:输入、计算和输出。设计一个录入界面,用于输入两个运算数和一个运算符;设计一个计算模块进行相应的计算;设计一个输出界面,显示计算结果。三个模块的处理描述如表7-1～表7-3所示。

可以看出,结构化方法是在理解需求的基础上将需求分解为一个个简单的功能,简单的功能直接影射为模块,复杂的功能可以由多个模块实现。所有的模块设计好后直接进行相互调用,实现整个软件的功能。当需求发生变化,例如,增加一个平方运算或开根运算时,需要修改计算模块,这就要求程序员对计算模块的代码非常了解。这对于功能简单的软件比较容易实现,当软件规模比较大,功能复杂时,非常容易出错,并且软件的维护量很大。

表 7-1　输入处理说明

模块名称：input　　　　　　　　　　　　　　　　　　　　　　　功能：输入运算数和运算符

输入	处　　理	输出/返回
无	提示输入信息："请输入数字 A、B 和运算符："读入 NumberA、NumberB 和 Operate	NumberA,NumberB,Operate

表 7-2　计算处理说明

模块名称：comput　　　　　　　　　　　　　　　　　　　　　　　　功能：计算

输　入	处　　理	输出/返回

NumberA
NumberB
Operate
	String Result="";
	Switch(Operate)
	{
	case "+"：Result=string(NumberA+NumberB);
	　　　　break;
	case "−"：Result=string(NumberA−NumberB);
	　　　　break;
	case " * "：Result=string(NumberA×NumberB);
	　　　　break;
	case "/"：if (NumberB!= "0")
	　　　　Result=string(NumberA/NumberB);
	　　　　else
	　　　　Result="除数不能为 0"
	　　　　break;
	}
		Result

表 7-3　输出处理说明

模块名称：output　　　　　　　　　　　　　　　　　　　　　　　功能：输出结果

输入	处　　理	输出/返回
Result	Console. WriteLine("运算结果："+Result);	无

为了比较,下面我们用面向对象的方法实现这个例子。

7.1.2　面向对象方法实现

根据需求首先设计一个计算类 Operation,包括两个私有的操作数 NumberA 和 NumberB,三个方法：NumberA()、NumberB()和 GetResult()。

在设计时考虑到软件的可扩充性,把计算类设计为基类,四则运算分别继承基类。为了增加软件的灵活性,设计一个实例化工厂类,专门生成运算类的实例化对象。软件的设计类图如图 7-1 所示。

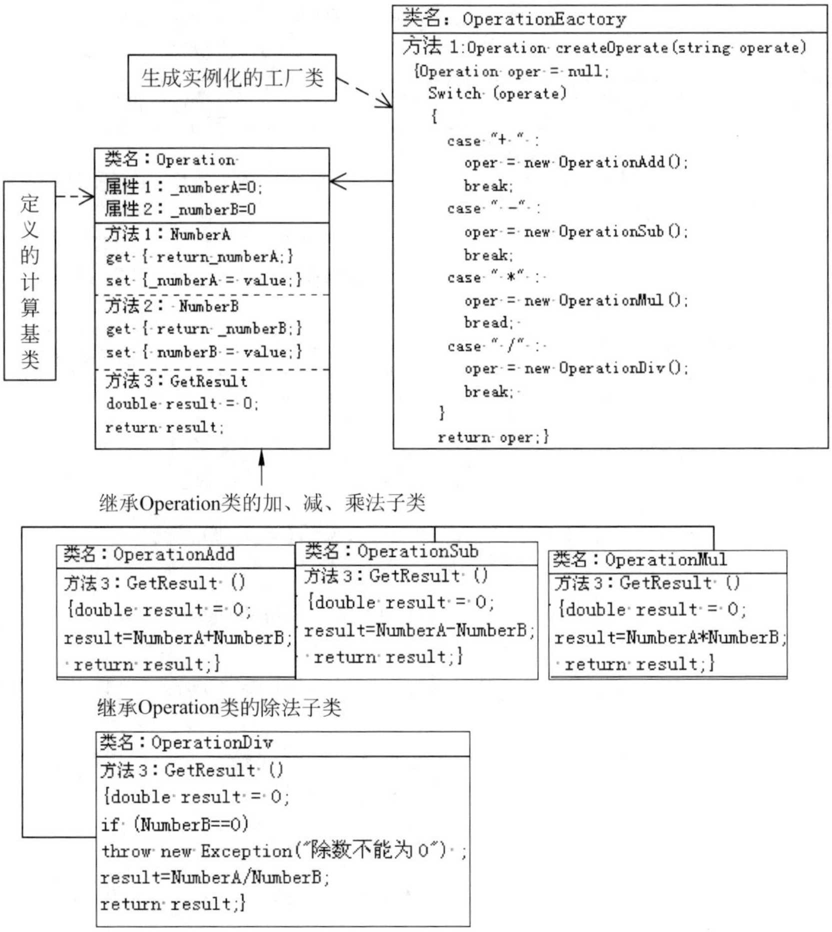

图 7-1 四则运算软件的类图设计

在客户端主程序直接调用实例化工厂类创建相应的运算类对象,工厂返回相应的运算类对象指针。例如,下面的代码 oper 指向 OperationAdd 类,接着调用该类的方法 NumberA 和 NumberB 进行属性赋值,最后调用该类的 GetResult 方法计算结果。输入和输出的处理代码与结构化方法相同,故省略。

```
Void main()
{
  Operation oper;
  String operate;
  Double A,B;
  ① 读入两个数据和运算符: A,B,operate
  ② 获得实例化指针: oper=OperationFactory.createOperate(operate);
  ③ 赋值: oper=A;oper=B;
  ④ 得到运算结果: double.result=oper.GetResult();
  ⑤ 输出运算结果
}
```

就这个例子看,面向对象方法比结构化方法的处理程序要复杂多了,那么为什么还要推崇面向对象方法呢？假设这个例子中要增加一个计算平方根的运算,在结构化方法中需要修改程序的核心模块,这些模块的全部内容对修改者来说都要是可见的。这会带来一系列问题,首先,如果遗留系统没有源代码,那么,就无法修改,只能重新编写程序代码。另外,在修改源代码的过程中容易引入新的错误,还有可能影响其他原本正确的代码。而面向对象方法中,只要添加一个继承类,在继承类中编写平方根运算代码,不需要其他代码可见,更不会对已有的其他代码产生任何破坏。

7.1.3 结构化方法存在的主要问题

结构化方法存在的主要问题如下。

(1) 结构化方法分析和设计阶段所应用的模型之间存在鸿沟。分析阶段的主要模型是数据流程图,设计阶段的主要模型是软件结构图,数据流程图和软件结构图之间需要进行转换。不同的人转换出的结果可能不同,有很大的随意性,这是做工程非常忌讳的,质量很难评价。

(2) 在分析阶段用数据流程图将用户需求和软件的功能需求统一起来。系统分析人员逐渐理解用户需求,并且自顶向下逐步细化数据流程图。这里存在着两个问题,一个是细化程度没有标准,只能凭借分析人员的经验自己把握;另一个问题存在于需求分析的过程:分析用户需求→确定软件功能→分解复杂的功能为多个简单的功能。当需求变更时,功能分解就要重新进行,功能变化就会导致软件模块结构发生变化,造成了软件结构不稳定。

(3) 结构化程序设计将数据定义与处理数据的过程相分离,不利于软件复用。例如,在图书馆信息管理系统中,对图书基本信息进行处理的典型方法是:在数据说明中定义图书基本信息的结构,设计图书信息添加、修改、删除等功能模块,实现对图书信息的处理。当新的系统要复用图书处理功能时,要分别复制数据定义和各个功能处理模块。

结构化方法设计的软件结构不稳定,缺乏灵活性,可维护性差。从前面的例子也看出,结构化方法一旦需求变更,软件的结构变化比较大,扩充功能往往意味着修改原来的结构。当软件工程的规模比较大,用户需求经常变更的情况下,不宜使用结构化方法。

7.2 面向对象的概念

为避免结构化方法的问题,人们在实践中推出并逐步完善了面向对象方法。

7.2.1 类与对象

在现实世界中的任何有属性的单个实体或概念,都可看做是对象。例如,学生张三是一个对象,具有姓名、学号、班级等属性;一个银行账户是一个对象,具有用户名、余额等属性;一份订单也是一个对象,具有订单号、货品名、单价、数量等属性。除了描述对象的属性之外,还可以说明对象所拥有的操作。例如,打印学生的姓名、学号和班级;查询一个顾客的账户余额;打印订单的价格等。软件中的对象封装了一组属性和对属性的操作,它是对现实世界中的对象实体的一个抽象。

类是具有相同属性和相同行为的对象集合。在现实世界中,任何实体都可归属于某类事物,任何对象都是某一类事物的实例。例如,学生是一个类,其中的一名学生张三是学生类的一个实例,其属性有:姓名=张三,学号=J20080101,班级=计算机08-1,具有的操作可以是获得或设置属性值,或与其他对象之间的通信。

实际上,类就是一个创建对象的模板,定义了该类所有对象的属性和方法。每个对象都是属于某个类的一个具体对象,也称为该类的一个实例。

7.2.2 消息机制

为了实现某个功能,多个对象要相互协作,对象之间通过收发消息进行协作。例如,用鼠标单击屏幕对话框中的一个命令按钮时,一条消息发给了对话框对象,通知它开始执行相应的操作。

一般来说,发送一条消息至少要说明接受消息的对象名、方法名、消息内容等信息。

7.2.3 封装性

在面向对象方法中,通常不提供对类内部属性的直接访问,封装隐藏了对象内部的处理细节,内部的变化不被其他对象所知,这对减少变更的影响是很有效的。例如计算机在不断地升级,人们用机箱把 CPU 和内存封装起来,对外只提供一些标准的接口,如 USB插口、网线插口和显示器插口等,只要这些接口不变,内部怎么变,也不会影响用户的使用方式。

封装的另一个优势是便于复用,即在不同的软件中重复使用已有的类。因为类是比较稳定的软件元素,例如,学生类可应用在学籍信息管理系统中,也可以应用在学校图书馆信息管理系统中,还可以应用在学校医务室信息管理系统中。

7.2.4 继承性

继承性是面向对象方法的重要概念。如果两个类有继承关系,子类拥有父类的所有属性和方法。被继承的类称为父类,子类可以在继承父类的基础上进行扩展,添加新属性和方法;也可以改写父类的方法,就是说方法的名称是相同的,但具体的操作可以不同。例如,若把学生信息作为一个类,继承它可以生成多个子类,如小学生、中学生和大学生等。这些子类都具有学生的特性,因此"学生"类是它们的"父亲",子类是"小学生"、"中学生"、"大学生"类,它们自动拥有"学生"类的所有属性和方法。

继承带来的优点如下。

(1) 便于复用。相同的属性和方法在父类中定义,子类通过继承,直接使用。

(2) 结构稳定。当需求变更时,例如增加"研究生"的处理需求,这时只要通过添加"研究生"子类,程序员不必了解"小学生"、"中学生"等类的处理过程,代码的修改量比结构化方法少。

（3）当父类的某个操作对子类的操作不合适时，子类可以采用"重载"继承，即在父类的基础上可修改的继承。这就给处理带来了极大的灵活性，使得每个子类既兼容父类的主要属性和方法，又能够反映自己特殊的属性和方法。

7.2.5　多态性

简单地说多态性就是多种表现形式。在面向对象的概念中，多态是指类似的对象可以采用不同的方式对相同的消息作出响应。最典型的案例是：一个 Shape 类有一个 draw()方法，它的三个子类 Circle、Square 和 Triangle，分别继承 Shape 类的 draw()方法。当三个子类接受相同的指令 draw 时，能够绘制出不同的图形。下面是 draw()方法的代码。

```
class Shape{
  void draw(){}                              //父类的方法 draw()
}

class Circle extends Shape{                  //子类 Circle 中的 draw()
  void draw(){
    System.out.println("Circle.draw()");
  }
}

class Square extends Shape{                  //子类 Square 中的 draw()
  void draw(){
    System.out.println("Square.draw()''");
  }
}

class Triangle extends Shape{                //子类 Triangle 中的 draw()
  void draw(){
    System.out.println("Triangle.draw()");
  }
}
```

客户端主程序：

```
Shape[] s=new Shape[3];                      //产生父类的三个实例
s[0]=new Circle();                           //继承父类的一个子类 Circle
s[1]=new Square();                           //继承父类的一个子类 Square
s[0]=new Triangle();                         //继承父类的一个子类 Triangle
for(int i=0;i<3;i++)
s[i].draw();
```

该程序的某次执行结果为：

```
Circle.draw()
Square.draw()
Triangle.draw()
```

本节中介绍了许多面向对象处理的优点,但是读者会发现所有的描述都是在程序设计的层面上,因此,读者可能会问:程序设计之前是否应该通过需求分析找出要处理的对象,抽象出类的描述,设计类之间的关系模型呢? 的确应该如此,面向对象方法的发展同结构化方法类似,也是先有了面向对象程序设计语言,然后逐步向面向对象分析、设计、测试和工具等研究方向扩展的。

7.3　面向对象开发的方法简介

面向对象方法是建立在"对象"概念基础上的方法学。面向对象方法开发过程一般分为 3 个阶段。

(1) 面向对象分析。分析和构造问题域的对象模型,区分类和对象,整体和部分关系;定义属性、方法和约束。

(2) 面向对象设计。根据面向对象分析的结果,设计软件体系结构,划分子系统,确定软、硬件元素分配,确定类的结构和关系。

(3) 面向对象实现。使用面向对象语言实现面向对象设计。

从 20 世纪 80 年代末至今,面向对象的开发方法已日趋成熟。目前主要流行的面向对象开发方法有 Booch 方法、Coad 方法、OMT 方法、OOSE 方法。

7.3.1　Booch 方法

Booch 方法是 Grady Booch 自 1983 年开始研究,1991 年后走向成熟的一种面向对象方法。Booch 方法使用一组视图来分析一个系统,每个视图采用一组模型图来描述系统的一个方面。Booch 方法的模型图有类图、对象图、状态转移图、时态图、模块图和进程图。

类图:描述类与类之间的关系。

对象图:描述对象之间的关系。

模块图:描述构件之间的关系。

进程图:描述进程占用处理器的情况。

时序图:按时间顺序描述对象之间的动态交互。

状态图:描述一个对象的状态变化。

该方法从静态和动态两个方面来分析系统,并且支持基于增量和迭代的开发过程。Booch 方法的过程概括为以下步骤。

(1) 在给定的抽象层次上识别类和对象——即发现对象。

(2) 识别对象和类的语义——确定类的方法和属性。

(3) 识别类和对象之间的关系——定义类之间的关系。

(4) 实现类和对象——用面向对象的语言编写程序代码。

这 4 个步骤不仅是一个简单的步骤序列,而且是对系统的逻辑和物理视图不断细化的迭代开发过程。开发人员通过研究用户需求找出反映事物的类和对象,接着定义类和对象的行为,利用状态转换图描述对象的状态变化,利用时态图和对象图描述对象的行为模型。类之间通常存在着一些关系:使用关系、继承关系、关联和聚集关系等。

Booch 方法强调基于类和对象的系统逻辑视图与基于模块和进程的系统物理视图之间的区别,并且更偏向于系统的静态描述,对动态描述支持较少。

7.3.2 Coad 方法

Coad 方法是在 1989 年由 Peter Coad 和 Ed Yourdon 提出的面向对象方法。该方法以类图和对象图为手段在 5 个层次上建立分析模型。

主题层——这是在一个相当高的层次描述系统的总体模型。通过划分主题,把一个复杂的系统分解成几个不同的概念范畴,以便于理解和控制。

类与对象层——通过分析问题域,发现对象,并根据对象的共性抽象出类。

结构层——分析得到的对象和类,找出类之间的关系,确定系统的结构和数据的结构。

属性层——确定类的属性。

服务层——确定类提供的服务。

这 5 个层次一层比一层具有更多的对象细节,与这 5 个层次相对应,Coad 给出了面向对象分析的 5 个活动:识别主题、找出类和对象、识别结构、定义属性、定义服务。这 5 个活动没有一定的顺序关系,可以交叉进行。例如,分析员找出了一个类,想到在这个类中应该包含的一个服务,于是把这个服务添加在服务层,然后回到类和对象层继续寻找问题域的其他类。

面向对象的设计过程是分析活动的扩展,同样也包括 5 个层次,同时又引进了 4 个部分。

问题域部分:面向对象分析的结果直接放入该部分。

人机交互部分:包括对用户分类、描述人机交互的脚本、设计命令层次结构、设计详细的交互、生成用户界面的原型、定义人机交互类等。

任务管理部分:识别任务、任务所提供的服务、任务的优先级、进程的驱动模式,任务之间的通信等。

数据管理部分:确定数据存储模式,例如使用文件系统、关系数据库管理系统等。

7.3.3 OOSE 方法

Ivar Jacobson 于 1992 年提出了 OOSE(Object-Oriented Software Engineering)方法,它以"用例"驱动(Use Case Driven)的思想而著称,涉及到整个软件生命周期,包括需求分析、设计、实现和测试等阶段。需求分析阶段的活动包括定义潜在的角色,识别问题域中的对象和关系,基于需求分析规格说明和角色的需要发现用例(Use Case)。设计阶段包括的主要活动是从分析模型中发现设计对象,描述对象的属性、行为和关联,把用例分配给对象,并且针对实现环境调整设计模型。

该方法中的一个关键概念就是用例。用例是指与行为相关的事务(Transaction)序列,该序列将由用户与系统交互时执行。当用户给定一个输入,就执行一个用例的实例并引发执行属于该用例的一个事务。Jacobson 将用例模型与其他 5 种系统模型相互关联。

(1) 领域对象模型:根据领域来表示 Use Case 模型。

(2) 分析模型:通过分析来构造 Use Case 模型。

(3) 设计模型:通过设计来具体化 Use Case 模型。

(4) 实现模型:依据具体化的设计来实现 Use Case 模型。

(5) 测试模型:用来测试具体化的 Use Case 模型。

Use case 描述的是现实世界中的一项具体任务如何由一个软件系统来支持,利用 Use Case,系统分析人员能够将用户的要求映射到对象模型中,从而在用户、系统分析人员和程序开发人员之间建立一个沟通的桥梁。

OOSE 方法将对象区分为实体对象(领域对象)、界面对象(如用户界面窗体对象)和控制对象(处理界面对象和领域对象之间的控制)。

7.3.4 OMT 方法

OMT(Object Modeling Technique)方法最早是由 Loomis、Shan 和 Rumbaugh 在 1987 年提出,在 1991 年正式把 OMT 应用于面向对象的分析和设计。这个方法是在实体关系模型上扩展了类、继承和行为而得到的。OMT 方法从 3 个视角描述系统,提供了 3 种模型:对象模型、动态模型和功能模型。对象模型描述对象的静态结构和它们之间的关系,主要的概念有类、属性、方法、继承、关联和聚集。动态模型描述系统随时间变化的方面,主要概念有状态、子状态、事件、行为和活动。功能模型描述系统内部数据值的转换,主要概念包括加工、数据存储、数据流、控制流和角色。OMT 方法将开发过程分为以下 4 个活动。

(1) 分析。基于问题和用户需求的描述,建立现实世界的模型。分析阶段的产物包括问题描述、对象模型(对象图＋数据词典)、动态模型(状态图＋全局事件流图)和功能模型(数据流图＋约束)。

(2) 系统设计。结合问题域的知识和目标系统的体系结构,将目标系统分解为子系统。

(3) 对象设计。基于分析模型和求解域中的体系结构等添加设计细节,完善系统设计。主要产物包括细化的对象模型、细化的动态模型和细化的功能模型。

(4) 实现。用面向对象的语言实现设计。

7.3.5 4 种方法的比较

Booch 方法的优点在于系统设计和构造阶段的表达能力很强,其迭代和增量的思想也是大型软件开发中常用的思想,这种方法比较适合系统设计和构造。但是,该方法偏向于系统的静态描述,对动态描述支持较少,也不能有效地找出每个对象和类的操作。

Booch 方法对 UML 建模语言的研究和发展起了重要作用,其面向对象的概念十分丰富。主要概念有类、对象、继承、消息、操作、模块、子系统、进程等。其模型主要包括:逻辑静态视图(类图、对象图),逻辑动态视图(顺序图、状态图),物理静态视图(模块图、进程图)等。

Coad 方法认为,面向对象分析和面向对象设计既可以顺序地进行,也可以交叉地进行。因此,无论是瀑布式、螺旋式还是渐进式的开发模型,Coad 方法都能适应。这种方法概念简单、易于掌握,但是对每个对象的功能和行为的描述不很全面,对象模型的语义表达能力较弱。

OMT 方法覆盖了应用开发的全过程,是一种比较成熟的方法。它用几种不同的观念来适应不同的建模过程,在许多重要观念上受到关系数据库设计的影响,适合于数据密集型的信息系统的开发,是一种比较完善和有效的分析与设计方法。但在功能模型中使用数据流程图与其他两个模型有些脱节。

OOSE 方法的闪光点在于它提出了用例的概念,并且把这种系统视图引入到软件的整个生命周期中,分别与领域对象模型、分析模型、设计模型、实现模型和测试模型相联系,形成了系统的主导。

4 种方法中 Booch 方法具有丰富的图形符号,OOSE 方法提出了以用例为基础元素的系统视图,这些都对当今面向对象方法和技术的发展起了非常重要的作用。

7.4 UML 语言

统一建模语言 UML(Unified Modeling Language)是当今主流的面向对象建模语言。长期以来,Grady Booch 和 James Rumbaugh 致力于面向对象方法的研究工作。1994 年,他们将 Booch 93 和 OMT—2 统一起来,并于 1995 年 10 月发布了第一个公开版本,称之为统一方法 UM 0.8(Unified Method)。随后,OOSE 的创始人 Ivar Jacobson 加盟到这项工作中,经过 Booch、Rumbaugh 和 Jacobson 三人的共同努力,于 1996 年 6 月和 10 月分别发布了两个新的版本(UML 0.9 和 UML 0.91),重新命名为统一建模语言 UML。同时,明确了 UML 不是可视化的程序设计语言,不是工具或知识库的规格说明,不是过程,也不是方法。它只是一种支持面向对象方法的建模语言,允许任何一种过程和方法使用它。

在众多公司的支持下,于 1997 年 1 月发布了 UML 1.0,1997 年 11 月发布了 UML 1.1,同时,OMG(对象管理组织)采纳 UML 1.1 作为基于面向对象方法的标准建模语言,2003 年 OMG 组织正式通过了 UML 2.0 标准。

复杂的系统建模是一件困难和耗时的事情。从理想化的角度来说,整个系统模型像是一张图画,它清晰而又直观地描述了系统的结构和功能,既易于理解又易于交流。但事实上,要画出这张图画几乎是不可能的,因为单靠一幅图不能反映出系统所有方面的信息。应该从多个不同的角度描述系统,比如:业务流程、功能结构、各个部件的关系等方面完整地描述系统。通常的做法是用一组视图分别反映系统的不同方面,每个视图描述系统的一个特征面。每个视图由一组图构成,图中包含了强调系统某一方面特征的信息,视图与视图之间可能会有部分重叠。下面介绍几个在面向对象分析和设计中常用的视图。

（1）用例视图。

用例视图用于描述系统的功能集。它是从系统外部以用户角度，对系统做的抽象表示。用例视图所描述的系统功能依赖于外部用户或另一个系统触发激活，为用户或另一个系统提供服务，实现与用户或另一个系统之间的交互。用例视图是其他视图的核心和基础。其他视图的构造依赖于用例视图中所描述的内容，因为系统的最终目标是实现用例视图中描述的功能，同时附带一些非功能性的特性，因此用例视图影响着所有其他的视图。

在 UML 中用例视图由用例图表示。

（2）逻辑视图。

为了便于理解系统结构与组织，用逻辑视图描述关键的用例实现、子系统、包和类，它们包含了在构架系统方面具有重要意义的行为。逻辑视图主要反映系统的静态结构，描述类、对象和它们之间的关系。

在 UML 中逻辑视图用类图表示。

（3）组件视图。

组件视图用来描述系统实现的结构和行为特征，反映系统各组成元素之间的关系。在 UML 中组件视图由组件图实现，主要供开发者和管理者使用。

（4）动态视图。

动态视图描述系统的动态特征和行为变化。在 UML 中，对象的状态变化常用状态图表示，多个对象之间的交互使用交互图表示，领域的业务处理流程通常使用活动图表示。

（5）部署视图。

部署视图体现了系统的实现环境，反映系统的物理架构。例如，计算机和设备的部署以及它们之间的连接方式，在部署视图中，计算机和设备称为结点（Node）。部署视图还包括一个映射，该映射显示在物理架构中组件是怎样分配的。例如，在各个计算机上运行的程序和对象。

在 UML 中的部署视图用配置图表示。

UML 中定义了用例图、类图、对象图、状态图、时序图、协作图、活动图、组件图和配置图共 9 种，使用这 9 种图就可以描述任何复杂的系统。

7.5　用例图

用例图由一组用例、参与者以及它们之间关系所组成。一个系统的用例图通常概要地反映整个系统提供的外部可见服务和工作范围。进行需求分析时，通常将整个系统看做一个黑盒子，从系统外部的视点出发观察系统：它应该做什么？谁要使用它？

7.5.1　用例

用例(Use Case)是对一组动作序列的描述,系统执行这些动作将产生对特定参与者有价值的,并且可观察的结果。在 UML 中用例的标识符号是⬭,在图中应该有编号和名称。用例是软件开发的核心元素,需求是由用例来表达的,界面是为用例设计的,分析类是根据用例发现的,测试数据是根据用例生成的,整个开发的管理和任务分配也是依据用例来组织的。用例简直太重要了!

用例具有相对独立性,它自身包含了执行活动期间可能发生和处理的各种情况。例如,多种方案的选择、例外的处理等。用例的实例代表系统的一种实际使用方法,通常叫做脚本。举个例子,在图书馆信息管理系统中的借书用例,读者"王兰"借一本《软件工程》,系统为她办理借书手续的过程是一个脚本;读者"张菲"要借一本《大话西游》,系统显示此书已经全部借出,这也是一个脚本;当然,如果读者号输入错误,系统显示"无效的读者号",也是一个脚本。下面表 7-4 是图书馆信息管理系统中"借书"用例的说明。

表 7-4　借书用例简要说明

用 例 名 称	借　　书
创建人	方英兰
创建日期	2008-9-26
角色	图书馆流通部工作人员
前置条件	工作人员选择"借书菜单"项,系统显示借书窗口
后置条件	借书成功,显示借书完成
情景描述	(1) 流通组工作人员选择"借书菜单",打开借书窗口 (2) 输入"读者号"、"图书号" (3) 系统显示图书在库数量 (4) 当"在库数量">1 时,单击"借书"按钮
异常情景描述	(1) 系统显示"读者号"无效 (2) 系统显示"图书号"无效 (3) 可借图书数量为 0

7.5.2　角色

角色(Actor)是指与系统交互的人或事物。角色可以有 4 种类型:系统的使用者,硬件设备,外部系统和时间。系统使用者是最重要的角色,例如,在图书馆信息管理系统中的系统使用者有读者,图书馆的工作人员(包括采购组、流通组和办公室的工作人员)。第 2 种角色是其他外部应用系统,这个外部系统与正在建模的系统进行交互。第 3 种角色是硬件设备,不同的硬件设备具有不同的特性和不同的处理方式,它作为系统行为的参与者。第 4 种常用的角色是时间,时间作为角色,按照时间触发系统中的某个事件,例如,图书馆信息管理系统中的"图书催还"和"到书通知"用例都是由时间角色触发的。

注意：对于一个较大的应用系统，要列出所有用例的清单可能比较困难。可行的方法是先列出所有角色的清单，根据每个角色找出用例，问题就会变得比较容易。

7.5.3 用例图中的关系

在 UML 用例图中的关系有关联关系、扩展关系、包含关系和泛化关系。

关联关系——描述角色与用例之间的关系。例如，当读者还书时，工作人员启动系统的"还书"用例，进行还书处理，见图 7-2。注意，在用例图中，关联关系是没有箭头的直线连接着相互关联的角色与用例。

包含关系——基本用例与公共用例之间的关系。例如，在 ATM 系统中，取钱、查询、更改密码等功能都需要验证用户密码。这种情况下应该将密码验证功能独立出来，作为一个公共用例，见图 7-3，这样便于复用、减少冗余。UML 中将包含关系表示为箭头和 <<include>> 形式。

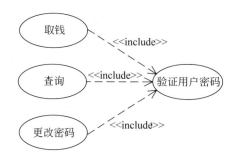

图 7-2 角色与用例之间的关联　　　　图 7-3 包含关系图示

扩展关系——基本用例与特殊用例之间的关系。例如，在图书馆信息管理系统中，读者还书时，系统检查所还图书是否已被其他人"预订"。如果有则执行"到书通知"用例，见图 7-4，"到书通知"用例作为"还书"处理的一个特殊用例，并不是所有情况下都执行，只有当所还的图书被别人预订时，才执行"到书通知"用例。在 UML 中扩展关系表示为箭头和 <<extend>> 形式。

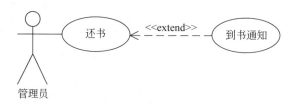

图 7-4 扩展关系图示

注意：包含关系和扩展关系之间的区别是，A 包含 B 本质上是 A 一定使用 B，同时增加自己的专属行为；而 A 被用例 B 扩展则说明 A 是一个一般用例，B 是一个特殊用例，A 在某些条件下可能使用 B。例如，"还书"是一个一般用例，在该书被预订的情况下，执行扩展用例"到书通知"。

泛化关系——有时角色之间或用例之间存在一种继承关系。例如，客户区分为公司客户与个人客户,这时描述角色之间的关系就可以用泛化关系表示,见图 7-5。

用例之间的泛化关系就像类之间的泛化关系一样,子用例继承父用例的行为和含义。例如,银行系统中应该有一个"身份认证"用例,用于验证用户的合法性。但是,具体的验证操作可以有多种方式,如图 7-6 所示,一个是用"密码认证",另一个是用"指纹认证"。它们都有父用例"身份认证"的基本功能,并且可以出现在父用例出现的任何地方,还可以添加自己的特殊活动。

了解了用例、角色以及用例与角色之间的关系,下面动手来创建一个用例图。

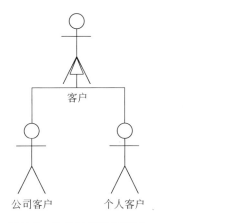

图 7-5　角色泛化关系图示

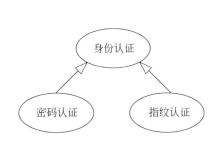

图 7-6　用例泛化关系图示

7.5.4　案例 1:财务软件用例图

读者还记得前面结构化分析时介绍的案例吗?现在我们再读一遍,并且画出它的用例图。某学校欲开发一个财务软件,给出的简要描述如下:每个月末教师把自己当月的课时数登记到系统,职工把工时数上报到系统,主管部门审核后汇总,交给财务科。财务科根据这些原始数据计算教职工的工资,编制工资表、工资明细表和财务报表,把每名教职工的编号、姓名、实发工资报送银行,由银行把钱打入每名教职工的工资存折,财务科把工资明细表发给每名教职工。

我们首先找出所有的角色:教师、职工、主管部门、财务科、银行和人事科。

从这些角色出发寻找用例。

人事科:更新人事数据。

教师和职工:每月向系统录入课时和工时数据。

主管领导:负责每月审核并汇总自己下属录入的课时和工时数据。

财务科:每月末计算工资,编制工资表、明细表和财务报表,向银行提供教职工的工资信息,向教职工发放工资明细。

银行:获取教职工的工资信息,把钱打入教职工的个人账户。

根据以上信息画出的用例图 7-7 如下。

通过进一步的分析和调研,"计算工资"用例包含了比较多的活动:首先要读人事数据、月课时和工时数据,计算累计工作量,当有超额工作量时还要计算超工作量奖金。因此,对图7-7的用例图进一步细化为图 7-8。其中,计算累计工作量和读取数据是每次计算工资所必须要做的事情,因此是包含关系;而计算超额工作量奖金是在有超工作量的情况下才做的事情,因此是扩展关系。

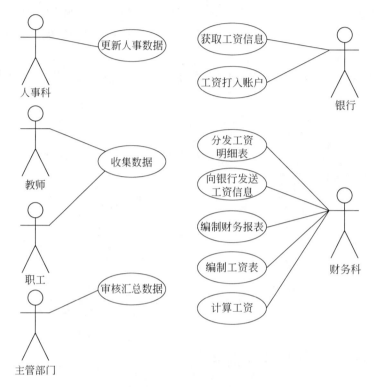

图 7-7   财务软件用例图

7.5.5   案例2：小型图书馆图书信息管理系统的用例图

以前面图书馆图书信息管理系统为例画出用例图。先找出与系统交互的角色：读者、办公室工作人员、采购员、编辑、流通组工作人员。接下来从每个角色出发确定"该角色要做什么"。

读者：可以查询图书信息、预订和取消预订图书、缺书登记。

办公室工作人员：管理读者信息。

采购员：负责新书采购。

编辑：负责图书基本信息管理、注销图书。

流通组人员：协助读者借书、还书和进行处罚,还可以查询图书和读者信息、预订图书、取消预订。

根据以上分析,画出这部分的初始用例图 7-9。

分析这个用例图,发现"还书"用例应该被扩展,因为在还书时要检查所还图书是否已被他人预订,若被预订,则应该通知预订者前来借书。"借书"用例与"取消预订"之间也有扩展关系,当所借的图书是预订图书时,应该将预订记录取消,否则可能会造成系统混乱。

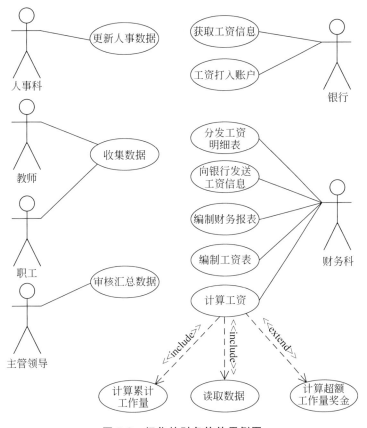

图 7-8 细化的财务软件用例图

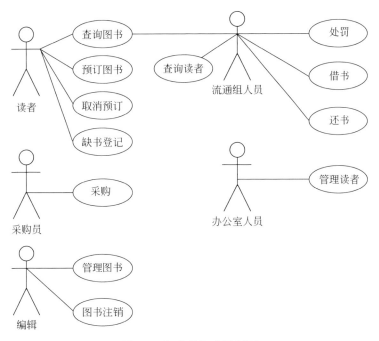

图 7-9 初步借还书用例图

当欲借图书已全部被借出时,可以转向"预订"用例。"网上查询"用例对于读者来说是通过浏览器进行远程查询,图书馆工作人员可以用"查询"用例进行本地查询。根据以上几点,修改用例图如图 7-10 所示。

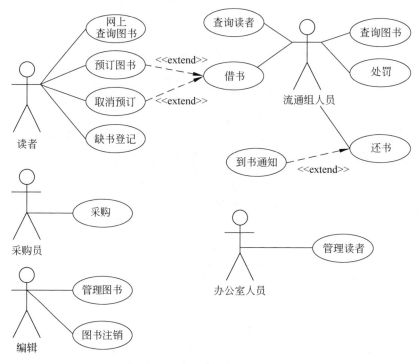

图 7-10 修改后的借还书用例图

画用例图时要特别注意:用例图是系统分析、设计和实现的一个最基础图形,在初期不要考虑太多的处理细节。一个用例内部的具体处理细节是由其他图形工具描述的,用例图只是反映系统的总体功能,以及与这些功能相关的角色。有些读者在画"借书"用例时,情不自禁地就考虑了"输入读者号和书号"、"检查图书是否在库"、"图书数量减 1"、"添加读者借书记录"等,一旦考虑了这些细节,就会发现用例图画不下去了。因此,读者应注意用例图中不要考虑处理细节。

读者可能发现单独使用用例图无法全面地反映系统的需求,的确如此。一般需要用例图、用例说明文档、活动图、顺序图、用户界面原型相互配合完成用户需求分析。其中用例图描述系统具有哪些功能,谁使用这些功能;用例说明文档解释用例的场景、使用者、触发条件等内容;活动图描述业务处理流程;顺序图描述参与活动的对象之间的消息交互机制;用户界面是描述用户的操作方式和界面元素。

7.6 活动图

活动图是 UML 中用于对系统动态活动建模的图形,从本质上说活动图是一个流程图,主要反映系统中从一个活动到另一个活动的流程,常常用于描述业务过程和并行处理过程。如图 7-11 是图书馆读者借书过程的活动图，其中有泳道、活动开始、活动结束、对象、活动、分支、消息等图形符号。

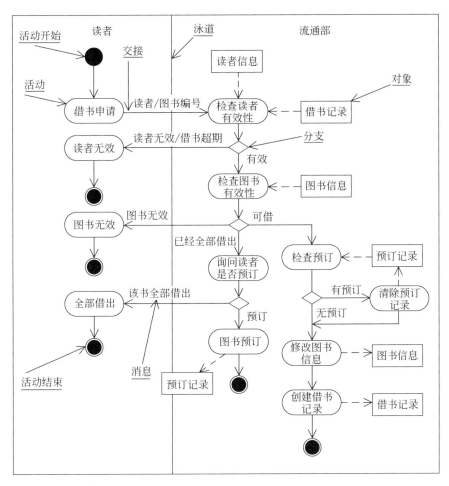

图 7-11　借书活动图

　　泳道将一个活动图中的活动划分为不同的组，图 7-11 中有两个泳道，说明借书活动涉及两个角色：读者和流通部。读者以"借书申请"活动开始这个工作流，这个活动将"读者编号"和"图书编号"传递给流通部工作人员，由工作人员检查"读者信息"对象，看该"读者编号"是否存在。然后检查读者的借书数量是否已经超出限制，如果读者编号有效，并且借书数量没有超限，则检查图书是否在库中。如果欲借图书已经都被借出，则提示"图书已经被借出，是否预订"，当读者确认预订后，转去执行"预订处理"。如果库中有欲借的图书，则首先检查"预订记录"，如果该读者已经预订了此书，则修改预订记录的状态，修改此书在库数量，创建"借书记录"，结束借书过程。

　　用活动图描述多个角色之间的协作处理非常有效，UML 2.0 规定一张活动图可以有多个开始状态和结束状态。一个活动可以与多个实体对象相关，这里的相关指的是一种访问操作。在图 7-11 借书活动图中，"检查读者有效性"的活动要访问"读者信息"对象和

"借书记录"对象,检查"读者编号"的有效性和读者借书数量。

在描述有多条路径可选的流程中,分支是必要的。例如,读者借书可能有三种情况:书库中没有读者所给图书号的图书;书库中该书已经全部被借出;书库中有此书。针对这三种情况,有不同的分支处理。

对象作为活动的参与者通常也包含在活动图中,活动可以创建对象、撤销对象、访问对象或修改对象。例如图 7-11 活动图中,为了检查读者的有效性需要访问"读者信息"对象和"借书记录"对象,在预订图书活动中需要创建一个图书"预订记录"对象。对象与依赖的活动之间用虚线连接,箭头的指向表示访问的方式。

下面再看一个活动图的案例,如图 7-12 所示,某企业的订单处理过程是:销售人员接受订单,填写订单的内容,组织货物;同时财务部会计开发票,客户交款,会计收款;当手续都办完后,这个订单结束。

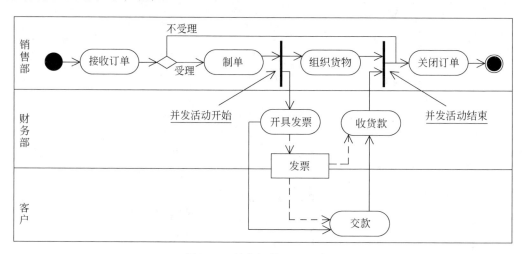

图 7-12　销售订单处理活动图

这个图有两个特殊的地方,一是图的走向是横向的,这主要根据个人画图的习惯,没有本质的区别;二是其中的并发处理符号,这个图形符号很有用,它反映了多个活动可同时并发处理,并发结束后,又转为顺序处理活动。

7.7　状态图

在本书第 5 章简单介绍了一些状态图的概念,本节继续讨论状态图的应用。在 UML 中状态图侧重于描述某个对象在生命周期中的状态变化,包括对象在各个不同的状态间的跳转以及触发这些跳转的外部事件,即从状态到状态的控制流。状态图的组成元素包括状态、事件、转换、活动和动作。

在实际项目中,并不是所有系统都必须要创建状态图,一般只对复杂的对象使用状态图,这些复杂的对象通常都有多种状态,并且每种状态下处理的过程有所不同。例如,图书馆信息管理系统中"图书"对象具有多种状态,从采购到货开始,编目、借出、还回、注销,每个状态可能有触发的事件、状态转移的条件和状态转移时要完成的动作。在进入或退出一个状态的瞬间,可能要完成某些操作,在进入了一个稳定的状态后也可能要完成一些活动。状态图提供了描述这些内容的手段,但是这些内容并不一定都出现。图书对象的状态变化如图 7-13 所示。

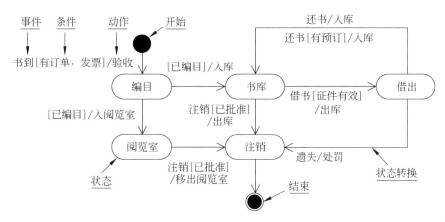

图 7-13 图书对象的状态图

图书的初始状态是从创建图书对象开始的,经过验收转移到编目状态,在这个转移上标有"书到[有订单,发票]/验收"。状态图中的状态转移可以由三部分组成:

事件[条件]/动作

其中的每一部分都可以省略。事件导致对象从一个状态变换到另一个状态,但有时也可以没有事件而自动发生对象的状态转移,这时对象可能在一个状态下完成某些活动后自动转移到其他状态。括号中的条件是控制转移发生的条件,例如图 7-13 中"借书"的事件发生时,图书状态能否从"书库"转移到"借出"状态,要先检查借阅者的证件是否有效,满足条件后才做"出库"的动作,使图书状态到达"借出"状态。

注意:活动图和状态图的不同,具体体现在以下方面。

(1) 描述的重点不同。活动图描述的是从活动到活动的控制流;状态图描述的是对象的状态及状态之间的转移。

(2) 使用的场合不同。在分析用例、理解业务流程时、处理多线程应用等情况下,一般使用活动图;在描述一个对象在其生命周期内的状态变化时,使用状态图。

7.8 交互图

交互图用于系统的动态建模,交互图描述的是对象之间的交互过程。UML 提供了两种交互图:一种是按时间顺序反映对象相互关系的顺序图;另一种是集中反映各个对象之间通信关系的合作图。

交互图中主要包含对象和消息两类元素,创建交互图的过程实际上是向对象分配责任的过程。

7.8.1　顺序图

顺序图描述了一组对象间的交互方式,它表示完成某一个行为的对象和这些对象之间传递消息的时间顺序。顺序图由对象、生命线、激活框、消息等组成,如图 7-14 所示。"对象生命线"是一条垂直的虚线,表示对象存在的时间;"激活框"是一个细长的矩形,表示对象执行一个操作所经历的时间;"消息"是对象之间的一条水平箭头线,表示对象之间的消息通信。

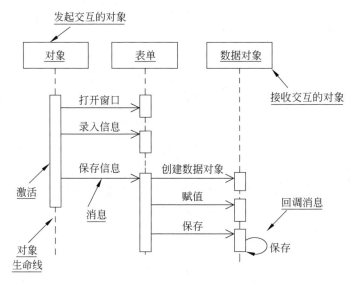

图 7-14　顺序图的应用示例

图 7-14 的顺序图描述了一个场景:一个对象(可能是一名业务员)向"表单"对象发出打开窗体的消息,通过"打开窗口"告诉"表单"对象打开表单窗体,然后"业务员"向表单录入数据,最后发出"保存信息"消息。"表单"对象告诉"数据对象"创建一个数据对象,然后通过消息"赋值"把表单中填写的数据存放到数据对象中,最后用"保存"消息告诉"数据对象"保存数据,"数据对象"向自己发送"保存"消息将数据存储在介质中。

在许多情况下为了图面的清晰会忽略激活框。

7.8.2　合作图

合作图反映收发消息的对象的关系,用于描述系统的行为是如何协作实现的。在顺序图中重点反映消息的时间顺序,而在合作图中,重点反映对象之间的关系。

注意:实际应用中如果既需要顺序图又需要合作图,则可以先画出一个顺序图,然后利用 CASE 工具提供的功能将顺序图转换成合作图。图 7-14 的顺序图转换成合作图后如图 7-15 所示。

"对象"与"表单"对象之间的协作有"打开窗口"、"录入信息"和"保存信息";"表单"对象与"数据对象"之间的协作有"创建数据对象"、"赋值"和"保存"。

图 7-15　合作图

7.9　类图

　　类图描述系统的静态结构,表示系统中的类以及类之间的关系。类是一种抽象,代表着一组对象共有的属性和行为。类之间的关系有关联、聚合和泛化等。在 UML 语言中,类由一个矩形表示。该矩形被分成 3 个部分,最上面的部分是类名,中间部分是类的属性,最下面的部分是类的操作。

　　类的命名应尽量使用应用领域中的术语,有明确的含义,以利于开发人员与用户的理解和交流。类的属性和操作可以省略,图 7-16 是一个类图的示例。

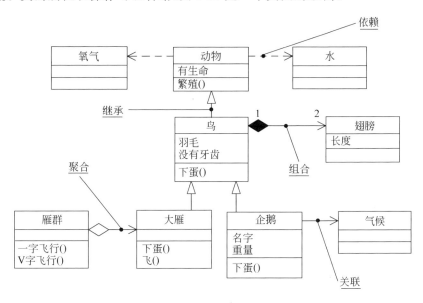

图 7-16　类图

　　类的属性用于描述该类对象的共同特点。例如,"鸟"类对象都有羽毛,没有牙齿;"图书"类的对象有"书名"、"作者"、"出版社"等属性。

　　类之间的关系说明如下。

　　(1) 关联关系是类之间的一种连接联系,可以是双向的也可以是单向的。两个有关联的类之间可以相互发送消息。例如"订单"类和"客户"类之间存在双向关联,"订单"类的属性放进"客户"类中,可以发现客户拥有的订单;而"客户"类的属性也放入"订单"类中,可以发现订单的客户。

关联的表示是一根连接类的实线,双向关联的两端没有箭头,见图 7-17。

双向关联   单向关联

图 7-17　类的关联关系

类在参与关联时体现的职责可以标注在关联线上,如果关联是双向的,可以用黑三角表示某一关联的方向。关联线两边的数字或"＊"符号,表示可以有多少个对象参与该关联。例如,一张"订单"只能属于一个客户,表示为"1",一个"客户"可以拥有多个订单,表示为"＊",它代表 0～∞。

有时,一个关联需要记录一些信息,这时可以引入一个关联类来记录这些信息。例如,在"读者"类和"图书"类之间创建一个关联类,命名为"借还记录",记录借书人、图书号、借出日期、应还日期等信息。关联类通过一根虚线与关联连接,见图 7-18。

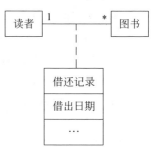

图 7-18　关联类示例

(2) 聚合表示类之间具有整体与部分的关系。例如,一个出租车队由多部车组成,一个家庭由多个成员组成。聚集的特点是:如果一个整体不存在或被撤销了,它的部分还在。例如,某个车队被取消了,但是车子还在,它们可以属于其他的车队。在 UML 中,这种聚合用空心菱形表示,见图 7-19。

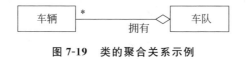

图 7-19　类的聚合关系示例

(3) 组合关系是也是整体与部分的关系,但是这种关系中部分对整体的依赖性更强,如果整体不存在了,部分也要随之消失。例如,一个窗体由标题、边框和显示区组成,一旦窗口消亡则各部分将同时消失。在 UML 中,组合表示为实心菱形箭头线,见图 7-20 所示。

(4) 泛化关系是一般与特殊的关系,也叫做继承关系。人们将具有共同特性的元素抽象成一般类,然后通过增加其内涵而进一步生成特殊类。例如,动物可分为飞鸟和走兽,人可分为男人和女人。在面向对象方法中将前者称为一般元素、基类或父类,将后者称为特殊元素或子类。在 UML 中,泛化表示为空三角形的箭头线。如图 7-21 所示,将客户进一步分解成个体客户类和团体客户类。

父类和子类在外部行为上保持一致性,父类中是一些抽象的、公共的属性和操作,子类除了具有父类的属性和操作外,还可以有一些特殊的、具体的属性和操作。

图 7-20　类的组合关系示例　　　　　　　图 7-21　类的继承关系示例

7.10　配置图

配置图反映了系统的物理模型,表示系统运行时的处理节点以及节点中部署的组件,图 7-22 是图书馆信息管理系统的配置图。其中办公室、采编部和借阅部的 PC 上部署了本地的应用,采用 C/S 结构。而远程读者可以通过互联网进行图书查询、图书预订、缺书登记等操作,采用 B/S 结构。

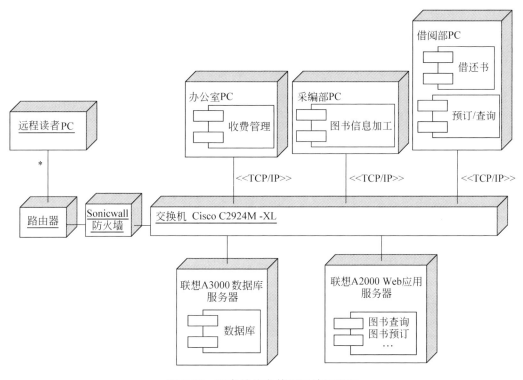

图 7-22　图书馆信息管理系统配置图

连线上的<< >>内说明通信协议或者网络类型。节点用一个立方体表示,节点名放在左上角,其中的每个组件代表部署在该节点的应用。还可以将设备的类型反映在节点上,例如图 7-22 中的数据库服务器是联想 A3000 型部门级服务器。

7.11 组件图

组件图描述组件以及它们之间的关系,用于表示系统的静态实现视图,图 7-23 是图书馆信息管理系统的组件图。其中图书馆 .java 是启动该系统的组件,与借书相关的界面都被封装在借书界面组件中,与查询相关的界面被封装在查询界面组件中,其他类推……。借书界面组件依赖于借书处理组件,借书处理组件依赖于数据库实体关系类组件,其他组件的关系类似。

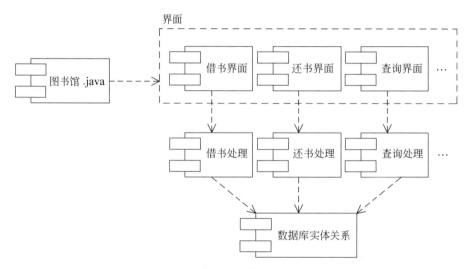

图 7-23　图书馆信息管理系统组件图

当发布一个较复杂的应用系统时,例如这个应用系统有可执行文件、数据库、其他动态链接库、资源文件、页面文件,则可以用组件图展示组件之间的关系。例如,图 7-24 的组件图中可执行文件组件 find.exe 依赖于 dbacs.dll 和 nateng.dll,而 find.html 组件依赖于 find.exe,组件 index.html 依赖于 find.html 组件。有了这个组件图就好像得到了整个系统的联络图一样。

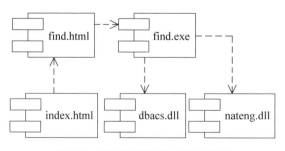

图 7-24　对可执行组件的发布建模

练习 7

1. 请分析结构化方法存在的主要问题？

2. 举例说明类和对象的关系。

3. 从下面这些不同应用场合的观点出发，考虑对人员进行抽象时，比较重要的特征是什么？

- 购买商品的顾客
- 教学的老师
- 在校学习的学生

4. 一个多媒体商店的销售系统要处理两类媒体文件：图像文件和声音文件。每个媒体文件都有名称和唯一的编码，而且文件包含作者信息和格式信息，声音文件还包含声音文件的时长（以秒为单位）。假设每个媒体文件可以由唯一的编码所识别，系统要提供以下功能。

（1）可以添加新的特别媒体文件。

（2）通过给定的文件编码查找需要的媒体文件。

（3）删除指定的媒体文件。

（4）统计系统中媒体文件的数量。

考虑类 imageFile 和 audioFile 应该具有哪些恰当的属性和方法？

5. 若把学生看成一个类，它可以分成多个子类，如小学生、中学生和大学生等。在面向对象的设计中，可以创建如下 4 个类：类 Student、类 Elementary Student、类 Middle Student、类 University Student。试给出这 4 个类的属性以及它们之间的关系。

6. 仔细阅读下面简化的 Java 代码程序段。

```java
class Shape{
    void draw(){}
    void erase(){})
}
class Circle extends Shape{
    void draw(){
        System.out.println("Circle.draw()");
        }
}
class Square extends Shape{
    void draw(){
        System.out.println("Square.draw()");
        }
    }
class Triangle extends Shape{
  void draw(){
```

```
            System.out.println("Triangle.draw()");
        }
    }
```

以下客户端代码会打印出哪些信息？

```
Shape s;
s=new Shape();
s.darw();
s=new Circle();
s.darw();
s=new Square();
s.darw();
s=new Triangle();
s.darw();
```

7. 请举例说明用例之间的包含关系和扩展关系的区别。

8. 请根据在 ATM 取款机取款的经历，用顺序图描述取款成功的过程（提示：只考虑人、ATM 机和数据库即可）。

9. 请说明活动图、状态图和时序图的区别。

10. 某学校的网上选课系统主要包括如下功能：管理员通过系统管理界面进入，建立本学期要开的各种课程，将课程信息保存在数据库中并可以对课程进行改动和删除，其中管理员可以看到全部课程信息，每个课程在系统中都是唯一的，不可有两个相同名称的课程。学生通过客户机浏览器根据学号和密码进入选课界面，在这里学生可以进行查询课程、选课、退选三种操作。同样，这些操作结果存入数据库中。请画出用例图，并对基本用例的事件流进行分析画出活动图。

11. 针对上面的需求，设计一个选课的基本类图。其中，课程需要包含课程名称、上课的教室、课程的编号、授课的老师、选课的学生、开课的起始时间、允许选课的最大学生数目等信息。需要提供对课程的查询、显示、增加、修改、删除等功能；对选课过程提供查询、选择、退选的功能；满足基本的操作要求，对课程进行合法性验证、对选课动作进行合法性的判定、对增加课程进行合法性的判定。请提供两张类图：一张是满足类图省略原则的，重点表现类和类之间关联的类图；另一张是完备地描述类的内部信息的类图。

第 8 章

面向对象分析

面向对象分析是抽取和整理用户需求并用面向对象方法建立问题域精确模型的过程。通常从分析陈述用户需求的文件开始,逐渐深入理解用户需求,抽象出目标系统的本质属性,并用模型准确地表示出来。在进行面向对象分析时涉及:一套完善的建模符号、一系列有效的分析步骤和一个方便易用的建模工具。目前流行的建模符号是 UML 的一套图形符号;一系列有效的分析步骤说明了面向对象分析的具体方法,建立以用例模型、对象模型和动态模型为核心的分析模型;建模工具可以选择 IBM 产品 Rational Rose 或开源软件 StarUML。

本章介绍面向对象分析方法和技术,包括分析和定义用户的需求——用例模型,系统结构和数据定义——对象模型,对象交互和业务流分析——动态模型。结合一些案例,重点描述基于用例的分析建模过程,包括识别分析类、定义交互行为、建立分析类图和评审分析模型。

8.1 面向对象分析概述

我们先回忆一下用结构化方法分析用户需求的过程:通过与用户交流获取用户的需求描述,分析人员使用数据流程图描述业务过程。在数据流程图中用加工反映对信息的处理,用数据存储描述数据的存储要求,用数据源点和终点反映参与活动的角色,用数据流说明在处理、数据存储和数据源点/终点之间流动的信息。

为了更准确、详细地反映数据需求,在结构化方法中引入了数据字典,用于定义数据流和数据存储的具体内容,用实体关系图直观地反映数据实体之间的关系。为了对数据流程图中每个处理的详细过程进行分析,又发明了 IPO 图,对每个处理的输入/输出数据和具体的处理过程进行详细说明。也就是说,结构化分析是以数据流程图为核心,逐步细化数据定义和处理说明,直到把用户的需求定义清楚为止。

结构化分析的主要结果是数据流程图、数据字典和 IPO 处理说明,到结构化设计时需要将数据流程图转换为软件结构图。这两个图的形状、内容完全不同,这使得从数据流程图导出软件结构图,特别是从软件结构图回溯到数据流程图都比较困难,这就是我们常说的,结构化分析和结构化设计之间存在着一个"裂缝"。

面向对象分析方法是以场景和用例为基础的,一个场景描述对象之间的一系列交互过程,用例是对一类场景的抽象。通过分析不同用户使用系统的场景,抽取和整理出用户需求,建立问题域精确模型。面向对象分析要建立三个主要模型:用例模型、对象模型和动态模型。

(1)用例模型:表达系统的需求,为进一步分析和设计系统打下基础。在面向对象方法中,用例模型由用例图和场景描述组成。

(2)对象模型:表示静态的、结构化的系统"数据"性质。描述现实世界中实体的对象以及它们之间的关系,表示目标系统的静态结构。在面向对象方法中,类图是构建对象模型的核心。

(3)动态模型:描述系统的动态结构和对象之间的交互过程,表示瞬时的、行为化的、系统的"控制"特性。面向对象方法中,常用状态图、交互图、活动图构建系统的动态模型。

8.2 建立用例模型

在面向对象方法中为了获取用户需求常常用场景和用例描述用户需求。一个场景是用户与系统之间的一系列交互,描述了一个系统实例,而一个用例是一类场景的抽象。

分析人员通过观察、与用户交流获取用户的需求,并且用活动图、状态图和自然语言等描述用户使用系统的场景。用例图反映系统提供的服务,确定系统边界,但是要全面、细致了解一个业务的处理流程还需要活动图和状态图,以及相应的自然语言说明。有时在画活动图的过程中会发现模糊的需求,使得活动图画不下去,这时就要再次与用户进行沟通和确认。总之,面向对象的需求分析就是要将模糊的、不确定的需求变为清晰的、精确和正确的系统分析模型。

为了与用户更充分地沟通和确认需求,开发人员还要提供系统的原型。用户和分析人员、开发人员在用例图、活动图、类图、场景描述和系统原型的基础上仔细确认需求。建立用例模型的具体步骤如下。

第1步:确定系统的角色(使用者)。如果系统是人机交互的,则考虑谁使用这个系统? 如果是涉及过程控制的,则考虑系统要控制哪些设备? 为哪些设备提供服务? 如果是协调和控制其他应用系统的,则考虑要控制和协调哪些应用系统?

对于信息系统来说,可以通过研究用户机构的组织结构和岗位职能图来寻找系统的使用者。以图书馆图书信息系统为例,无论你走到国内的哪家图书馆,它一定会有一张图书馆组织机构岗位职责图表,说明机构的组织结构和每个岗位的职责。当然它不是为了构建信息系统而设计的,它是为图书馆内部的管理而设计的。有了这张图就可以比较轻松地了解图书馆机构的岗位设置和每个岗位的职责,为建立图书馆图书信息管理系统的用例模型提供了便利。图8-1是某高校图书馆的岗位职责图。

系统分析人员与用户一起确定与系统发生交互活动的所有使用者。为了寻找使用者,需要研究事件流和过程由谁来启动,启动的环境是什么。

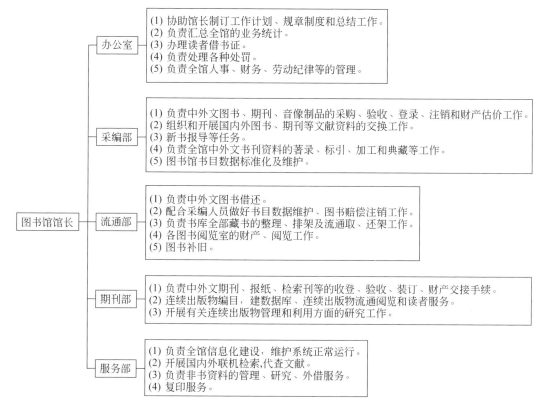

图 8-1　某高校图书馆机构岗位职责图

第 2 步：确定用例——确定角色之后，就可以对每个角色提出问题以获取用例。以下问题可供参考。

- 角色要求系统提供哪些功能（使用者要做什么）？
- 角色需要了解和处理的信息有哪些？
- 必须提醒角色的系统事件有哪些？必须提醒系统的事件有哪些？
- 为了完整地描述用例，还需要知道哪些功能需要系统自动实现？
- 系统需要的输入输出是什么？输入从何处来？输出到何处？
- 当前运行系统（也许是一些手工操作而不是计算机系统）的主要问题？

第 3 步：确定用例模型——使用用例图展示系统的用例模型。下面是图书馆图书信息管理系统的用例图，如图 8-2 所示。

这个用例图中的"网上查询"是为读者设计的功能，工作人员使用内部"查询"功能。编目人员原来要做的"图书注销"工作可以合并到"图书管理"用例之中。工作人员在使用这个系统时，都要先进行"系统登录"，以保证系统的信息安全性。读者可以通过"网上登录"功能在互联网上执行网上查询或预订图书等功能。

注意：在画用例图时，先确定系统中的所有角色，一般情况下，把角色画在图的两侧。从每个角色出发寻找用例，用例一般画在中间，这样使整个用例图看起来比较清晰。

整个系统需要不断地进行维护，例如权限分配、参数设置和调整，因此需要增加一个"系统维护人员"角色。

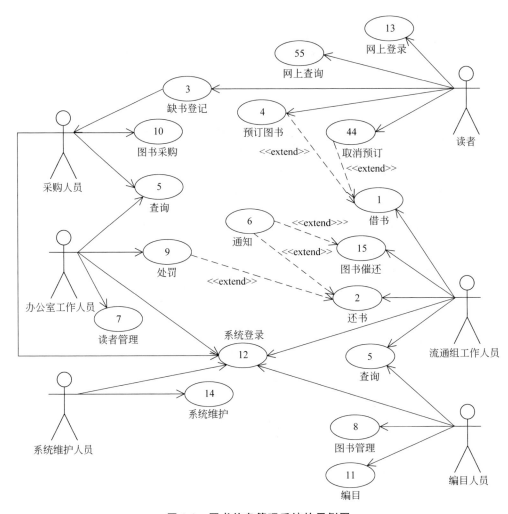

图 8-2 图书信息管理系统的用例图

第 4 步:用例模型说明——包括角色说明、用例总览和详述。这些说明的模板见表 8-1~表 8-3。

表 8-1 图书馆图书信息管理系统的角色说明表

编号	角色名称	角色职责	备注
1	读者	通过互联网登录系统,查询图书、读者信息,预订/取消预订图书,缺书登记	先登录
2	流通组工作人员	为读者办理借书、还书、预订/取消预订图书;查询图书或读者;图书催还	先登录
3	编目人员	负责新书编目,维护系统的图书信息	先登录
4	采购人员	登记缺书信息,负责图书采购	先登录
5	办公室工作人员	为读者办理图书证,维护读者信息,负责各种处罚事务	先登录
6	系统维护人员	负责系统维护,包括系统参数设置、权限分配等	先登录

表 8-2 图书馆图书信息管理系统用例总览表

编号	名称	简 要 说 明	优先级	详细说明索引
01	借书	读者借书	1	CS-01
02	还书	读者还书,若该书有预订则转通知	1	CS-02
03	缺书登记	读者登记图书馆所缺图书	2	CS-03
04	预订图书	预订图书	2	CS-04
044	取消预订	取消读者预订的图书	2	CS-044
05	查询	查询图书信息	1	CS-05
055	网上查询	读者在互联网上查询	1	CS-055
06	通知	预订书到馆后通知读者	2	CS-06
07	读者管理	插入、修改、删除、保存读者信息	1	CS-07
08	图书管理	插入、修改、删除、保存图书信息	1	CS-08
09	处罚	根据原因和规则处罚读者	1	CS-09
10	图书采购	采购图书	3	CS-10
11	编目	新书编目	1	CS-11
12	系统登录	工作人员登录系统	1	CS-12
13	网上登录	读者从互联网上登录系统	1	CS-13
14	系统维护	系统参数设置、操作权限分配	1	CS-14
15	图书催还	由系统自动通知读者按期还书	2	CS-15

注:优先级 1 最为重要,需要先行开发;2 次之,3 是本次暂不开发的用例。

表 8-3 图书馆图书信息管理系统"借书"用例详细说明表

编号:CS-01	用例名称:借书	编者:何丽

用例描述:

当读者前来图书馆借书时,流通组工作人员启动该用例,该用例检查读者的有效性和图书是否在库,实现读者借书活动。

启动用例的角色:

流通组工作人员

先决条件:

(1)流通组工作人员要先执行"登录"用例,才能启动"借书"用例。

(2)读者号存在。

(3)图书号存在。

(4)图书在库。

后续条件:

(1)图书库存减少。

(2)创建一条借书记录。

主路径:

读者前来借书,提供了读者号和图书号,读者有效、图书在库存,则借出。

可选路径：

　　读者前来借书，提供了读者号和图书号，读者有效、图书在库存，该读者和图书有预订记录，应先取消预订记录，然后借出。

例外路径：

　　（1）读者前来借书，提供读者号和图书号，读者号不存在，显示读者无效。

　　（2）读者前来借书，提供读者号和图书号，读者号存在，借书数量已经超限，显示数量超限。

　　（3）读者前来借书，提供读者号和图书号，读者号存在，图书号无效，显示图书不存在。

　　（4）读者前来借书，提供读者号和图书号，读者号存在，图书不在库存，转预订处理。

相关信息：

　　优先级——必须实现的功能，1级。

　　性能要求——查询响应时间<5秒钟。

　　使用频度——平均每天操作1000次以内。

　　高峰时间——120次/小时，集中于上午10:00—11:00，下午4:00—5:00。

未确定的问题：

　　无

用例活动图：

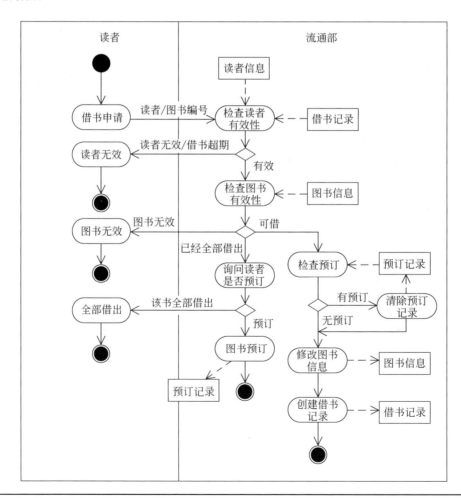

第 5 步：用例模型评价——在建立了用例模型后,应该邀请领域专家、其他相关的用户和开发人员一起对模型进行评审,回答下面的问题。

- 是否已将所有必须的功能性需求都捕获为用例?
- 每个用例的动作系列是否正确、完整、易于理解?
- 是否已经确定了一些价值很小或根本没有价值的用例? 如果有将它们删除。

第 6 步：优化用例模型——系统分析员检查模型中的每个用例,提炼出公共部分,创建抽象用例,并用包含关系与之连接。如果发现一个用例比较大,并且其中既包含了一般处理又包含了特殊处理,那么应该将特殊处理的部分提取出来,创建单独的用例,并且用扩展关系连接相关的用例。这样做可以减小用例规模,简化用例的过程。

第 7 步：构造系统的原型——系统分析员已经确定了用例与角色之间的对应关系,现在要确定角色如何启动用例,以及用例以什么形式向角色提供信息。用户界面设计人员逐一检查用例,为每个用例确定适当的用户界面元素。常用的界面元素有图标、列表、按钮、菜单等,界面设计人员通过访谈用户请他们回答下面的问题。

- 需要哪些界面元素来启动用例?
- 用户界面元素之间的关系是什么?
- 用户界面风格特征是什么?
- 针对所涉及的业务领域,对用户界面元素有何特殊要求?
- 角色可以激活哪些事件? 在激活这些事件前需要哪些指南?
- 角色向系统提供什么信息?
- 系统向角色提供什么信息?
- 每个输入/输出项的长度和类型是什么?

界面设计人员要确保每个用例都可以通过用户界面元素进行访问,并且一个系统中的所有用户界面应该是完整的、易操作的和一致的。

用户界面设计人员应该给出主要用户界面的简图,其中可能包括容器、窗口、工具栏和菜单栏等,为重要的用户界面元素构造可执行的原型,通过对原型和简图进行评审可以避免许多错误和疏漏。

8.3 建立对象模型

面向对象分析只有用例模型还远远不够,还需要了解每个用例的内部结构和执行流程,内部结构用类图表示,执行流程用动态模型表示。通过研究用例,找出类的责任、属性和关系,构造系统的对象模型。本节介绍对象模型,8.4 节介绍如何构造动态模型。

第 1 步：补充用例说明。

在分析用例的时候,用例描述记录了以系统外部用户角度观察系统的行为。为了构造系统的对象模型,识别类的职责、属性和关系,需要细化和补充用例说明。以借书用例为例的补充说明如下。

(1) 借书用例从图书馆流通组工作人员(简称用户)打开借书界面开始。

(2) 系统提示用户输入读者号和图书号,用户输入以上信息,单击"借书"按钮。

（3）系统根据读者号检索读者数据库表，如果返回≤0，系统提示"该读者号不存在或此读者当前不可借书"，终止用例执行。否则返回该读者可借图书数 M。

（4）系统根据读者号查询借还书数记录，返回该读者目前已经借阅图书数量 N。

（5）计算读者目前借书数量是否超出，$M-N\leqslant0$ 表示不可借书，系统提示"借书数量已经超出，不能借书"，终止用例执行。如果 $M-N>0$ 时，表示目前可借的图书量。

（6）根据图书号查询图书库，如果返回 -1，表示图书库中没有此书，系统提示"图书号不正确，请重新填写"，结束用例。如果返回 0，表示图书库有此书，但目前可借数量是0，系统提示"此书目前全部借出，预订吗？"，如果预订可按"预订"按钮，转预订用例，借书用例结束。如果返回 >0 的数值，表示可借图书数量。

（7）根据图书号查询图书详细信息库，返回该书所有可借记录，选中一本单击"借阅"，系统修改该记录的状态为"借出"。同时修改图书库中该书的在库数量：当前数量 -1。创建一条借书记录，填入读者号、图书号、借出日期和应还日期。这些操作必须是一个事务，如果其中某个操作失败，则整个事务都放弃。

（8）系统显示"借书成功"时，这个用例就结束了。

在补充的用例描述中，清晰地描述了借书过程的内部细节，这些细节在用例图上是无法显示的。需要注意的是，此时是分析阶段，主要目的是为了有足够的信息来理解系统中的分析类，并有助于用户与分析人员就业务流程达成一致，因此，不必提供设计级别的信息。实际上，把握这个详细程度是比较困难的，初学时可以做得粗一些，在迭代的过程中不断细化，如果觉得补充一些细节对于找出系统中的分析类有所帮助，就加上它。

第 2 步：识别分析类。

分析阶段确定的类叫做分析类，它是业务领域中的一个要素，与实现方法和技术无关。例如，图书馆图书信息管理系统中的读者、图书、借还书记录等，这些要素不管是基于 B/S 构架的现代计算机系统，还是 19 世纪的手工图书借还处理，都是需要的，并且这些概念与实现方法和技术无关。为了识别分析类，UML 扩展出三种不同的分析类：实体类、控制类和边界类。实体类相当于业务级别的分析类，如上面提到的图书、读者和借还书记录等概念。控制类与业务过程相关，它们控制整个用例业务的流程和执行次序。边界类在系统与外界之间，用于交换信息。显然控制类和边界类都是面向技术实现的类，而不是面向业务的类，是设计模型的一部分。

UML 中这三种类的图形符号如图 8-3 所示。

边界类   控制类   实体类

图 8-3　分析模型中使用的三种类

用例描述的是行为，本身没有涉及面向对象的内容，但是仔细分析这些描述可以找出反映业务的对象和类。寻找分析类的方法有如下多种。

- 领域的常识知识。
- 类似的系统。

- 企业模型或供参照的体系结构。
- CRC(类/职责/合作关系)方法。
- 词汇表。
- 数据挖掘。
- 语法分析。

语法分析是最简单的寻找类的方法,只要找出用例描述中的名词或形容词＋名词,这些词有些是类,有些是类的属性。通过分析借书用例描述信息,可以找出表 8-4 所列的名词。

表 8-4 借书用例描述中的名词

序号	借书用例的名词	序号	借书用例的名词
1	图书馆	12	读者目前已经借阅图书数量
2	流通组	13	目前可借的图书量
3	工作人员	14	图书库
4	借书菜单	15	图书目前可借数量
5	系统提示	16	"预订"按钮
6	读者号	17	图书详细信息库
7	图书号	18	图书可借数量
8	执行按钮	19	"借阅"按钮
9	读者数据库表	20	记录的状态
10	可借图书总数	21	借书记录
11	借还书记录	22	借出日期

上面的名词不全是分析类,那么如何分辨出哪些候选的名词才是真正的类呢？一个常用的方法是用图 8-4 所示的测试法寻找分析类,即一些简单的问题来测试用例描述的名词。

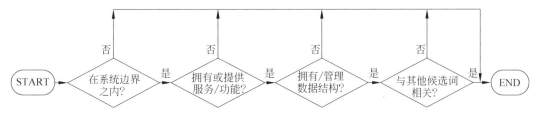

图 8-4 测试法寻找分析类的流程

(1)候选词是系统用户吗？如果是,则作为一个分析类,否则检查候选词是在系统的边界之内吗？

(2)这个候选词可以拥有或者提供某些业务服务或功能吗？

(3)候选词拥有或管理数据结构吗？

（4）这个候选词和其他候选词之间有什么关系吗？

如果某一个问题回答"不是"，则这个候选词很可能不是一个分析类，如果所有的问题的答案都是肯定的，这个候选词就是一个分析类。经过对表 8-4 每个候选词做筛查，得到表 8-5 的结果。

表 8-5　借书用例中的分析类

序号	借书用例的名词	类 名	含 义
1	图书库	图书类	包含图书概要信息的类
2	图书详细信息库	图书细节类	每本图书的详细信息
3	工作人员	用户类	系统使用者的信息
4	系统提示	系统信息类	系统提示信息的集合
5	记录的状态	图书状态类	每本书的状态有借出/在库/预订/注销
6	读者数据库表	读者类	包含详细的读者信息
7	借还书记录	借还书类	借还书记录台账

分析表 8-4 中的 22 个候选词记录，首先去掉简单数据项：7、10、12、13、15、18、22，它们可能作为类的属性，但不能构成类。界面元素是系统设计时考虑的类，与分析业务关系不大，故也去掉：4、5、8、16、19。合并重复的内容：2 和 3，11 和 21。然后用图 8-4 的流程滤掉第 1 项，最后确定了 7 个分析类。但是，我们有没有漏过某个真正的类，或者把一个不该作为类的词加进来了？随着分析的深入和设计工作的展开，有可能会逐渐暴露出我们的失误，这些失误在今后的分析和设计过程中可以用尽量小的代价来修正。

第 3 步：描述类的职责。

类的职责描述了这个类在系统中所提供的服务，其他类不应该重复提供这些服务，也就是说，各个类的职责不能重叠。通过需求分析写出每个分析类的职责，图书馆图书信息管理系统中分析类的职责见表 8-6 所示。

表 8-6　借书用例中分析类的职责

序号	类名	类的描述	类 的 职 责
1	图书类	包含图书概要信息的类	管理图书概要信息，包括增加、修改、删除、查询、保存
2	图书细目类	每本图书的详细信息	同一本书图书馆会采购多册，每册有唯一编号/状态，管理每册书的具体状态信息
3	用户类	系统使用者的信息	管理用户信息，包括增加、修改、删除、查询、保存
4	系统信息类	系统提示信息的集合	管理系统的所有提示信息，包括增加、修改、删除、查询、保存
5	图书状态类	每本书状态	管理图书状态，包括增加、修改、删除、查询、保存。状态包括：借出/在库/预订/注销
6	读者类	包含详细的读者信息	管理读者信息，包括增加、修改、删除、查询、保存
7	借还书类	借还书记录台账	管理借还书信息，包括增加、修改、删除、查询、保存

第 4 步：建立分析类之间的关系。

确定类的职责后，应该设计 UML 类图，找出分析类之间的关系。建立类图有如下几个简单的步骤。

（1）确定要进行建模的类（前面已经完成了）。

（2）确定类之间的关系：关联、聚合、组合或继承。

（3）确定关系的多样性，意思是指一个类的多少个对象可以被关联到另一个类的一个对象上。

综合上面的分析结果，画出 UML 类图。图书馆图书信息管理系统的类图比较简单，见图 8-5。用户类和系统信息类与其他类之间的关系目前还不能确定，用户类的职责是管理系统用户，除了完成用户信息的增、删、改、查之外，在登录时，用来做身份验证。系统信息类是在出现异常操作或出现例外情况时，专门发布系统例外信息提示。分析阶段的类图这两个类没有与其他类发生关系，到细化时再确定它们与其他类的关系。

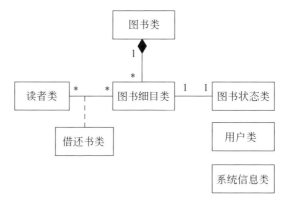

图 8-5　借书用例的初始类图

当系统比较大时，很难用一张类图概览系统全貌，这时可以为每个用例分别建立类图。为了能够更好地说明类之间的关系，我们用一个汽车租借预订用例的类图进行说明。这个用例的说明如下，用例中类的职责说明见表 8-7，类图见 8-6。

表 8-7　汽车租借预订用例中类的职责说明

类　名	描　述	职　责
奖励活动	管理奖励活动	管理奖励活动的积分，租车时可以使用积分
客户	管理客户基本信息	管理租车客户基本信息
租车档案	记录客户租车历史信息	管理客户的租车历史信息，客户的爱好和习惯
保险产品	管理保险产品信息	管理保险产品的险种、价格
租赁公司地点	管理汽车租赁公司的地址信息	存储租赁汽车的车库地址
预订	客户的租车订单	管理客户的租车订单信息
车辆	汽车信息	管理汽车的信息
汽车仓库	汽车仓库信息	管理汽车仓库信息

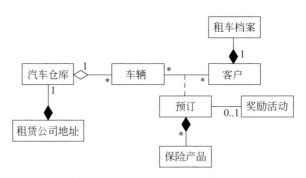

图 8-6 汽车租赁用例的类图

汽车租借预订用例场景说明。

（1）这个用例从顾客进入预约汽车网站开始。

（2）系统提示顾客输入租借信息，包括借用日期、地点、车型。如果顾客参加了有奖租赁汽车活动，并且输入了他的有奖活动编号，系统就会访问顾客的档案，获取相关的信息。

（3）如果顾客要继续进行预约，系统在下一个网页上，列出从数据库中找到的所有符合条件（时间地点）的汽车，提供每辆汽车的基本费率，根据顾客的租用历史情况还可以打一点折扣。如果顾客需要汽车的更详细的信息，系统从数据库中查找该信息，并将其显示给顾客。

（4）如果顾客选定了一辆要预约的汽车，系统在一个新的网页中让顾客填写个人信息（姓名、电话、电子邮件、信用卡等）。如果系统中已经有该顾客的档案，则调出系统中的相应信息显示在页面上。有些信息是必填项，另外一些则是选择项。系统还提供各种保险产品的信息（如汽车损伤保险、乘客险等）和价格，并询问顾客是否购买保险，顾客做选择。

（5）如果顾客表示"接受这个预约"，系统在网页上显示这次预约的概要信息（汽车型号、日期、地点、选用的保险产品及其费用、租车费用总额等），让顾客确认。如果顾客填写了电子邮件，系统会发送一封确认信到顾客的电子邮件地址。

（6）当确认信息出现在顾客面前时，这个用例就结束了。

这个类图上有三种关系，用不同的线区分出来。简单的实线表明是关联关系。例如，一个客户可以租赁多部汽车，一个预订最多只可以与一个奖励活动关联。实心菱形箭头线表示组合，在预订和保险产品之间是组合关系，表明如果预订对象被销毁了，它所拥有的保险产品也必须被销毁。空心菱形箭头线表示聚合，在汽车仓库和汽车类之间的是聚合关系，当取消汽车仓库时，并不销毁汽车，也就是说，一个汽车仓库取消后，汽车对象会暂时成为"孤儿"，但并不被销毁，还会把它与另一个汽车仓库关联。

在关系两边数字和"∗"符号表明有多少个对象可以被连接到一个对象上。例如，一位顾客可以预订多辆汽车，反之，一辆汽车，可以没有顾客预定，也可以有多个顾客在不同的时间预订。

第 5 步：描述每个类的属性。

类为了完成自己的职责需要一些属性，从类的职责列表中，可以确定分析类的一些属性。另外一些属性可以从常识中得出。例如，每个汽车对象应该有汽车牌号；每本图书应该有唯一的 ISBN 号。在分析阶段，对类的属性不必定义过于详细，在设计阶段还要再逐步细化,图 8-7 是增加属性后的类图。

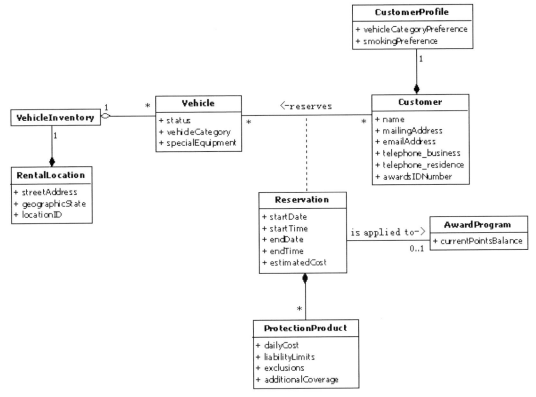

图 8-7　加有属性的类图

图书馆图书信息管理系统的类图增加属性后如图 8-8 所示。

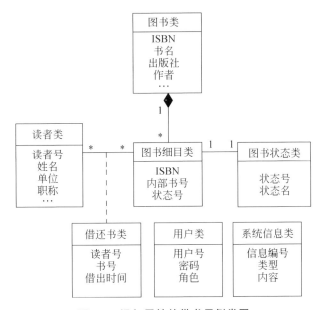

图 8-8　添加属性的借书用例类图

注意：类图在不同时期具有不同的抽象程度。在分析阶段的初期，主要是划分系统的边界，确定系统的主要成分，因此可以用类名表示，如图 8-9(a)、(b)所示；在设计阶段有更多的信息需要确定，类的表示应该更详细些，如图 8-9(c)所示。

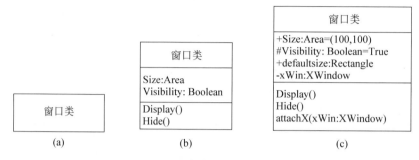

图 8-9　类的不同抽象程度

8.4　构造动态模型

通过研究分析类之间的关系和类的职责，画出实现用例的类图后，需要用交互图描述分析类如何相互协作实现用例的功能。顺序图和合作图是等价的，顺序图是按时间的先后顺序描述类之间的协作，类之间的协作主要靠消息收发实现。合作图集中反映类之间的所有消息，在 UML 中，合作图和顺序图之间可以相互转换。

为了准确、全面地反映类之间的动态协作场景，通常一个用例需要画多个顺序图。例如在借书用例中有：借书成功、所借图书超出最大借书数量、所借图书全部被借出、读者号无效、图书号无效多种情况。严格地说每种情况都应该给出顺序图，由于篇幅限制，这里给出"借书成功"情况的顺序图 8-10，"借书数量超限"情况的顺序图 8-11。

从上面借书的基本顺序图中可以发现，与类图相比增加了工作人员、借书界面、借书处理和预订图书类，减少了图书状态类。可见分析阶段的类图不够完善，随着分析和设计的深入，需要不断修正。每个用例至少应该有一个角色来启动，在借书用例中，是由流通组工作人员来启动的；借书活动需要有人机界面，实现输入和输出；每个用例至少都应该有一个控制类，专门负责协调各个类之间的工作顺序，实现业务流程；在借书活动中，如果所借图书是预订的，那么应该取消该预订，否则会使系统的数据出现混乱。由于这些原因增加了 4 个类。而图书状态类的职责太少了，它仅仅为图书细目信息提供状态名，没有其他的职责，作为一个类来管理不合适，所以将其取消。

借书用例的顺序图比较简单，汽车预订用例的顺序图更加复杂一些，见图 8-12。

在这个图中引入了一个非业务类 UControl，这是个控制类，它的职责是从用户那里响应事件和接收消息。分析阶段的交互图中很重要的一点就是用消息表明意图，而不是实现意图，消息并不代表一次函数调用，函数调用这些具体的信息，应该在设计阶段确定。

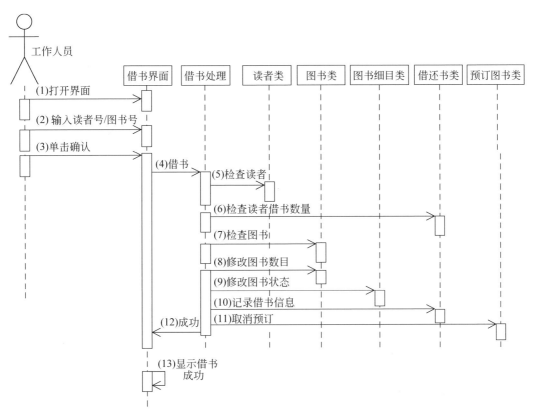

图 8-10　借书的基本顺序图

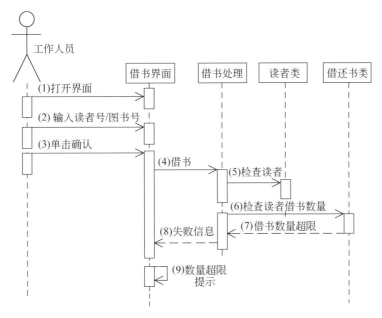

图 8-11　借书失败的顺序图

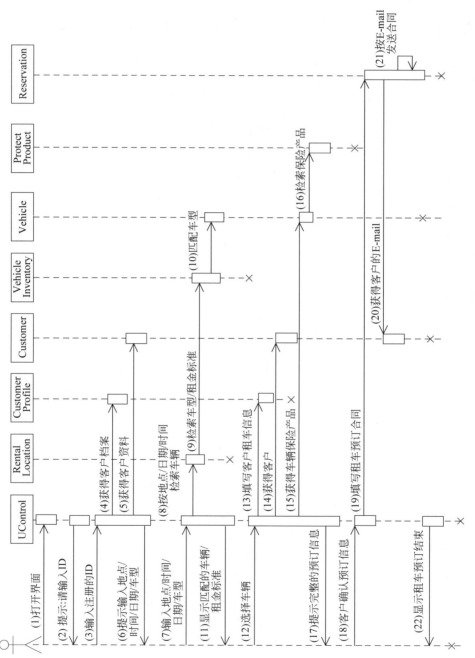

图 8-12 汽车租借预订用例的顺序图

8.5 评审分析模型

为了使需求评审工作更加具有可操作性,这里列出 Jacobson 和 Rumbaugh 给出的需求评审问题清单。

1. 检查"正确性"的问题列表
- 用户是否可以理解类属性中的术语?
- 抽象类与业务层次上的概念对应吗?
- 所有场景的描述都与用户定义一致吗?
- 所有的实体类和边界类都使用具有实际含义的名词短语吗?
- 所有的用例和控制类都使用具有实际含义的动词短语吗?
- 所有的异常情况都被描述和处理了吗?
- 是否描述了系统的启动和关闭?

2. 检查"完整性"的问题列表
- 每一个分析类都是系统需要的吗? 它在什么用例中被创建、修改和删除? 是否存在边界类可以访问它?
- 每一个属性是在什么时候设置的?
- 每一个关系是在什么时候被遍历? 指定关系的基数? 一对多和多对多的关系能被限定吗?

3. 检查"一致性"的问题列表
- 类或用例有重名吗?
- 所有的实体都以同样的细节进行描述吗?
- 是否存在具有相同属性和关系却不在同一个继承层次中的对象?

4. 检查"可行性"的问题列表
- 性能是否符合可靠性需求? 这些需求是否在指定硬件上进行原型验证?

8.6 面向对象的需求分析规格说明书

面向对象的需求分析使用的方法和工具与结构化方法完全不同,因此面向对象的需求分析规格说明书的内容有所调整,具体内容请看下面的文档模板。

软件需求规格说明书模板

1. 引言——给出对本说明书的概述。
1.1 目的——编写本文档的目的。
1.2 文档约定——描述本文档的排版约定,解释各种符号的意义。
1.3 各类读者的阅读建议——对本文档各类读者的阅读建议。

1.4 软件的范围——描述软件的范围和目标。

1.5 参考文献——编写本文档所参考的资料清单。

2. 综合描述——描述软件的运行环境、用户和其他已知的限制、假设和依赖。

2.1 软件前景——软件产品的背景和前景。

2.2 软件的功能和优先级——概要描述软件的主要功能,详细功能描述在后面的章节中。在此给出一个功能列表或者功能方块图,对于理解软件的功能是有益处的。

2.3 用户类和特征——描述使用软件产品的不同用户类和相关特征。

2.4 运行环境——描述软件产品的运行环境,包括硬件平台、操作系统、其他软件组件。如果本软件是一个较大系统的一部分,则在此简单描述这个大系统的组成和功能,特别要说明它的接口。

2.5 设计和实现上的限制——概要说明开发系统的各种限制,包括软硬件限制、与其他应用软件的接口、并行操作、开发语言、通信协议、用的临界点、安全和保密等方面的限制。但是,此处不说明限制的理由。

2.6 假设和依赖——描述影响软件开发的假设条件,说明软件运行对外部因素的依赖情况。

3. 分析模型

3.1 引言——软件要达到的目标,实现功能所采用的方法和技术,以及功能的描述。

3.2 用例模型——用例图描述用户的功能需求、接口需求,并对每个用例进行详细说明。

3.3 动态模型——用活动图描述用户的业务流程,用状态图描述对象变化过程,用顺序图描述一个事件的处理过程。

3.4 对象模型——用类图描述系统的静态结构,包括数据结构。

4. 性能需求——产品的性能指标,包括产品响应时间、容量要求、用户数要求。例如:支持的终端用户数,系统允许并发操作的用户数,系统可处理的最大文件数和记录数,欲处理的事务和任务数量,在正常情况下和峰值情况下的事务处理能力。

5. 设计约束——说明对设计的约束及其原因。

5.1 硬件限制——硬件配置的特点。

5.2 软件限制——指定软件运行环境,描述与其他软件的接口。

5.3 其他约束——约束和原因,包括:用户要求的报表风格,要求遵守的数据命名规范等。

6. 软件质量属性——描述软件要求的质量特性。

7. 其他需求——描述所有在说明书其他部分未能体现的需求。

7.1 产品操作需求——用户要求的常规操作和特殊操作。

7.2 适应性需求——指出在特定场合和操作方式下的特殊需求。

附录1:词汇表——定义所有必要的术语,以便读者可以正确理解本文档的内容。

附录2:待定问题列表——本说明书中所有不确定的问题清单。

练习 8

1. 请对比结构化分析方法与面向对象分析方法,讨论它们之间的区别?
2. 面向对象分析的关键步骤有哪些? 应建立哪几个模型?
3. 什么是实体类、边界类和控制类? 说明控制类的作用。
4. 如何详细描述一个用例的行为特征?
5. 顺序图在分析阶段的作用?
6. 活动图在分析阶段的作用?
7. 某学校领书的工作流程为:学生班长填写领书单,班主任审查后签名,然后班长拿领书单到书库领书。书库保管员审查领书单是否有班主任签名,填写是否正确等,不正确的领书单退回给班长;如果填写正确则给予领书并修改库存清单;当某书的库存量低于临界值时,登记需订书的信息,每天下班前为采购部门提供一张订书单。用活动图来描述领书的过程。
8. 使用顺序图描述下面的情景:当用户在自己的计算机上向网络打印机发出一个打印任务时,计算机向打印机服务器发送一条打印命令 print(file),打印机服务器如果发现网络打印机处于空闲状态,则向打印机发送打印命令 print(file),否则向打印队列发送一条保存命令 store(file)。
9. 请用合作图描述上题。
10. 建立以下有关“微机”的对象模型。一台微机有一个显示器,一个主机,一个键盘,一个鼠标,汉王笔可有可无。主机包括一个机箱,一个主板,一个电源及存储器等部件。存储器又分为固定存储器和活动存储器两种,固定存储器为内存和硬盘,活动存储器为软盘和光盘。
11. 某报社采用面向对象技术实现报刊征订的计算机管理系统,该系统基本需求如下。

(1) 报社发行多种刊物,每种刊物通过订单来征订,订单中有代码、名称、订期、单价、份数等项目,订户通过填写订单来订阅报刊。

(2) 报社下设多个发行站,每个站负责收集订单、打印收款凭证等事务。

(3) 报社负责分类并统计各个发行站送来的报刊订阅信息。

请就此需求建立对象模型。

第 9 章

面向对象设计

面向对象设计强调定义软件对象,并且使这些软件对象相互协作来满足用户需求。在面向对象方法中,面向对象分析和设计的界限是模糊的,从面向对象分析到面向对象设计是一个逐渐扩充模型的过程。面向对象分析的结果可以通过细化直接生成面向对象的设计结果,在设计过程中逐步加深对需求的理解,从而进一步完善需求分析的结果,因此,分析和设计活动是一个反复迭代的过程。由于面向对象方法学在概念和表示方法上的一致性,保证了各个开发阶段之间的平滑性。

面向对象设计首先要进行高层设计:确定系统的总体结构和风格,构造系统的物理模型,将系统划分成不同的子系统。接着进行中层设计:对每个用例进行设计,规划实现用例的关键类,确定类之间的关系。然后进行底层设计:对每个类进行详细设计,设计类的属性和操作,优化类之间的关系。最后补充实现非功能性需求所需要的类。

9.1 面向对象的设计概念

在结构化方法中,介绍了一些软件设计原则,这些设计原则在面向对象设计方法中仍然适用,但是由于面向对象方法有它的特殊性,因此,本节增加了几条针对面向对象设计的准则。

9.1.1 模块化

在结构化设计时定义"模块是用一个名字就可调用的一段程序",模块化是把整个系统划分成若干个模块,每个模块完成一个子功能,将多个模块组织起来实现整个系统的功能。实际上这是对模块化的一种狭义理解。如今,人们已经扩展了模块化的概念,不再仅仅定义为一段程序代码。如图 9-1 所示,一个应用系统可以理解为一个大的模块,并且以模块的身份参与更大的系统;为了使系统便于理解和独立开发,设计时将一个大系统划分为多个子系统;同理,每个子系统可以进一步划分为更小的模块单元:组件、类,

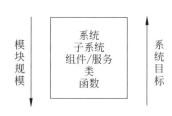

图 9-1 模块的规模变化

直到函数。当要实现整个系统的时候,需要将模块按照层次逐步组装起来,实现整个系统的目标。

9.1.2　强内聚

内聚反映一个模块内部各个元素之间的紧密程度,面向对象设计中关注的主要内聚如下。

- 服务内聚——一个服务仅完成一个功能。
- 类内聚——类的属性和操作全部都是为完成某个任务所必需的,不包括无用的属性和操作。例如设计一个平衡二叉树类,该类的目的就是要解决平衡二叉树的创建和访问,其中所有的属性和操作都与解决这个问题相关,其他无关的属性和操作在这里都是垃圾,应该清除。
- 一般与特殊内聚——为了说明这种内聚,先来看一个例子。在设计计算器的时候,如果考虑到系统的可维护性和可扩充性要求,设计一个抽象的"计算类",然后把具体的运算设计为子类,以后需要添加新的计算功能时,只要在父类的基础上定义新的运算类即可,软件具有良好的可扩展性。这样设计使得每个类的内聚更强,例如,除法运算类只做除法计算,不关心其他的计算,而新增加一个平方根的计算也不会对其他计算类产生影响。如果所有的运算都集中在一个"计算类"中处理,那么以后每次增加或修改某个计算,所有的运算代码都将暴露给程序员,这将会降低类的内聚。

9.1.3　弱耦合

弱耦合是设计高质量软件的一个重要原则,因为它有助于隔离变化对系统其他元素的影响。在面向对象设计中,耦合主要指不同对象之间相互关联的程度。如果一个对象过多地依赖于其他对象来完成自己的工作,则不仅使该对象的可理解性下降,而且还会增加测试和修改的难度,同时降低了类的可重用性和可移植性。但是,对象不可能是完全孤立的,当两个对象必须相互联系时,应该通过类的接口实现耦合,不应该依赖于类的具体实现细节。面向对象方法中对象的耦合有两类。

- 交互耦合——如果对象之间的关系是通过消息收发来实现的,则这种耦合就是交互耦合。在设计时应该尽量减少对象之间发送的消息数和消息中的参数,降低消息的复杂度。
- 继承耦合——一般化类与特殊化类之间的一种关联形式,设计时应该适当使用这种耦合。在设计时要认真分析一般化类与特殊化类之间的继承关系,如果抽象层次不合理,可能会造成对特殊化类的修改影响到一般化类,使得系统的稳定性降低。另外,在设计时特殊化类应该尽可能多地继承和使用一般化类的属性和服务,充分利用继承的优势。

9.1.4　可复用

软件复用是从设计阶段开始的,所有的设计工作都是为了使系统完成预期的任务,为了提高工作效率、减少错误、降低成本,就要充分考虑软件元素的可复用性。复用性有两个方面的含义:一是尽量使用已有的类,包括开发环境提供的类库和已有的类;二是如果确实需要创建新类,则在设计这些新类时考虑将来的可重用性。

复用有代码级的复用,例如,C语言提供的函数库就属于代码级的复用,我们每次编写程序时,不会再为输出信息编写代码,而是直接调用C的printf函数。设计级的复用是指对软件结构或框架的复用,例如,开发一个养老院信息管理系统,在设计上直接复用已有的医院信息管理系统的框架,当然,这个框架的实现代码也就拿来直接使用,变化的是其中处理的信息和业务逻辑。

设计一个可复用的软件比设计一个普通软件的代价要高,但是随着这些软件被复用次数的增加,分摊到今后的设计和实现成本就会降低。

9.1.5　软件体系结构

从抽象角度来说,软件体系结构包含用于构建系统的元素、元素之间的操作、指导系统构成的模式以及模式上的约束。虽然早在多年前就认识到了软件体系结构的重要性,但是对于软件体系结构的定义直至今日仍没有达成一个共识。Dewayne Perry 和 Alex Wolf 给出了这样的定义:软件体系结构是具有一定形式的结构化元素,即组件的集合,包括处理组件、数据组件和连接组件,处理组件负责对数据进行加工,数据组件是被加工的对象,连接组件把体系结构的不同部分连接起来。Bass、Ctements 和 Kazman 在 *Software Architecture in Practice* 一书中给出如下的定义:一个程序或计算机系统的软件体系结构包括一个或一组软件组件、软件组件的外部可见特性及其相互关系,其中"软件外部可见特性"是指软件组件提供的服务、性能、特性、错误处理、共享资源的使用等。

软件体系结构为软件系统提供了结构、行为和属性的高级抽象,包括构成系统的元素、这些元素的相互作用、指导元素集成的模式以及这些模式的约束。

软件体系结构不仅用来定义软件系统的组织结构和拓扑结构,还用于描述系统需求和构成系统的元素之间的对应关系,提供了一些设计决策的基本原理,它是一种系统级复用。

如果拿软件开发过程与造桥过程做比较,需求分析阶段就相当于决定桥的起点和终点位置,以及桥必须满足的负载量。桥梁的设计者将决定桥的结构为吊桥、悬臂桥、斜拉索桥或其他满足需求的类型,这是一个确定桥的体系结构的过程。软件开发有相同的工作,在需求确定后要根据需求选择软件的体系结构。对于一个软件系统可能存在多种可供选择的体系结构,具体选择哪一种结构最合适,往往依赖于这个软件系统期望达到的目标。一般情况下,一种设计方案不可能满足所有要求,因此应该对期望达到的目标进行优先次序的安排。关键的设计目标有如下一些。

- 可复用性——设计的体系结构能够有效地被复用。

- 可扩展性——易于添加新的功能。
- 灵活性——能够适应需求的变更。
- 简单性——易于理解,易于实现。
- 有效性——系统能够正常运行。
- 低耦合——视图、逻辑、数据之间的关系简单。
- 可移植性——有效消除环境差异。

常见的软件体系结构有如下一些。

- 数据流结构——批处理序列、管道和过滤器。
- 独立构件——并行通信处理器、客户-服务器系统、事件系统。
- 虚拟机——解释器、基于规则的系统。
- 仓库结构——数据库、超文本系统、黑板。
- 层次结构——C/S 结构、B/S 结构、C/S 与 B/S 混合结构。

案例 1:多层结构的 C/S 系统框架结构。

设计开发一个医院信息管理系统,经过分析发现每个科室均有大量的数据录入和界面显示要求,并且整个业务流程只需要在医院局域网内的各科室之间协作完成。如果软件采用传统的两层 C/S 体系结构,把业务逻辑都集中在客户端,会使客户端负荷过重。另外,一旦某些业务逻辑发生变动,必须将所有科室客户端的应用程序全部更新,这会导致应用软件的部署困难。一个有效的解决方案就是将应用的业务逻辑进行合理的分解,采用三层体系结构:客户端应用、服务器端应用、数据库端应用。把原来的客户端应用分解为两部分:一部分只处理用户界面的数据录入和结果显示功能,而将业务逻辑部分移入服务器端的应用中,数据库端只负责对数据库操作。

根据以上描述,设计的三层结构 C/S 系统结构如图 9-2 所示。

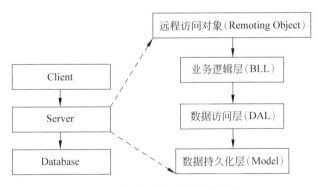

图 9-2　多层 C/S 系统结构模型

在服务器端,主要完成以下工作。

- 建立数据访问平台,封装服务器操作数据库的基本操作。
- 通过调用数据访问平台提供的接口,完成业务逻辑处理对数据库的访问。
- 将系统的业务逻辑处理方法封装到一个远程对象之中,以备客户端调用此远程对象完成业务处理。

在客户端,主要完成以下工作。

- 获得服务器端应用提供的远程对象的代理。
- 提供用户数据录入界面,完成数据校验,以用户订制的方式显示处理结果。

从上面的系统结构层次划分可以看到,通过引入服务器应用,减小了客户端的数据处理压力,服务器端应用与数据库交互,完成业务逻辑的处理,而客户端应用则只提供"干净"的用户界面。服务器端业务逻辑层是本架构的重点,服务器端应用专注于业务逻辑的处理,服务器端应用的层次划分如下。

- 数据持久化层:为数据库中的每一张表建立模型,将关系型数据库中的数据表转化为对象,以面向对象的方式来操作数据库。
- 数据访问层:完成对数据库每张数据表的添加、删除、修改、查询的原子操作,这些操作也是以操作对象的方式完成。
- 业务逻辑层:调用数据访问层的原子操作完成用户需求中的业务逻辑。
- 远程对象:将系统的业务逻辑方法通过外观模式封装到远程对象中,以备客户端进行远程调用。

这种多层架构的 C/S 系统具有如下优点。

- 因为客户端不包含业务逻辑,所以变得更加简洁,使软件部署和维护工作更加容易,在更新业务逻辑时只需要对应用服务器进行部署。
- 客户端和数据库完全分离,应用服务器能够与几个不同的数据源协同工作,并且只对客户端提供单一的访问点。
- 多层架构促进了应用的层次划分,各层间通过定义好的接口进行通信。从长远的观点看,这种架构为系统维护提供了更多的方便,只要各层的接口不变,则层内的实现过程变化就不会影响到其他层的处理。

这个体系结构在医院信息系统开发中成功应用后,在养老院信息管理系统项目建设中,直接复用这个体系结构,有效地提高了开发的效率和质量。

这个体系结构的完整资料和使用案例在"北方工业大学软件工程精品课"网站上可以免费下载。

9.1.6　软件设计模式

软件设计模式由一些构件组成,用来解决某些带有普遍性的设计问题。Gamma 等人的经典著作《设计模式》中精选了 23 个常用的设计模式,并将它们分为结构型模式、创建型模式、行为模式。结构型模式提供了一些表示类和对象的组合方法,这样的组合能够简捷地将组合结果作为单个实体应用。创建型模式主要解决创建复杂对象问题,行为模式主要用来描述和控制对象的行为。软件设计模式适用于软件概要设计和详细设计,见表 9-1。

软件设计模式是针对特定问题经过无数次经验总结后提出的解决方案。但是,如果要使软件设计模式发挥最大作用,仅仅知道软件设计模式如何实现还不够,还要深入理解软件设计模式的意图,以及它适用的情况、使用的限制等内容。因为一旦理解了一个软件设计模式的意图,才能够确定适用的环境。正确地选择设计模式,可以简化软件开发工作。

表 9-1　软件设计模式分类

软件设计模式	类　型	适用设计阶段
Abstract Factory(抽象工厂模式)	创建型	详细设计
Adapter(适配器模式)	结构型	详细设计
Builder(生成器模式)	创建型	详细设计
Composite(组合模式)	结构型	详细设计
Decorator(装饰模式)	结构型	详细设计
Facade(外观模式)	结构型	概要设计
Factory(工厂模式)	创建型	详细设计
Flyweight(享元模式)	结构型	详细设计
Iterator(遍历器模式)	行为型	详细设计
Interpreter(解释器模式)	行为型	概要设计
Mediator(中介者模式)	行为型	详细设计
Observer(观察者模式)	行为型	概要设计
Prototype(原型模式)	创建型	详细设计
Proxy(代理模式)	结构型	详细设计
Singleton(单一模式)	创建型	详细设计
State(状态模式)	行为型	概要设计

9.2　面向对象的设计原则——类设计原则

在面向对象设计中,如何通过很小的设计改变就可以应对用户需求的变化,这是设计者极为关注的问题。为此人们提出了很多有关面向对象的设计原则,用于指导面向对象的设计和开发。下面介绍几条与类设计相关的设计原则。

9.2.1　开闭原则

开闭原则(Open Closed Principle,OCP)是指一个模块在扩展性方面应该是开放的,而在更改性方面应该是封闭的。因此在进行面向对象设计时要尽量考虑接口封装机制、抽象机制和多态技术。

以收音机为例,收听节目时需要打开收音机电源、对准电台频率、调节音量。但是对于不同的收音机,实现这三个步骤的细节往往有所不同。比如,自动式搜索电台和按钮式搜索电台的收音机在操作细节上并不相同。因此,不要试图用一个类来处理各种不同类型收音机的操作方式,但是可以定义一个收音机接口,提供开机、关机、增加频率、降低频率、增加音量、降低音量这 6 个抽象方法。不同的收音机继承并实现这 6 个抽象方法。这样新增收音机类型不会影响其他原有的收音机类型,收音机类型扩展极为方便。此外,已存在的收音机类型在修改其操作方法时也不会影响到其他类型的收音机,见图 9-3。

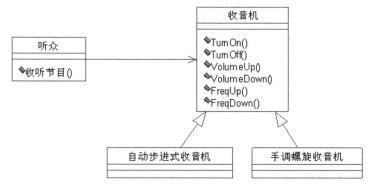

图 9-3　一个应用 OCP 生成的收音机类图

9.2.2　替换原则

替换原则(Liskov Substitution Principle,LSP),子类可以替换父类,并可以出现在父类能够出现的任何地方。这个原则是 Liskov 于 1987 年提出的。一个能够反映这个原则的例子是圆和椭圆,圆是椭圆的一个特殊子类,因此任何出现椭圆的地方,圆均可以出现。但反过来就可能行不通。

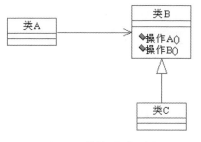

运用替换原则时,应该尽量把类 B 设计为抽象类或者接口类,让类 C 继承 B,并实现操作 A 和操作 B。运行时,类 C 实例替换 B,这样既可进行新类的扩展,同时无须对类 A 进行修改,见图 9-4。

图 9-4　替换原则示例

下面列举一个违反替换原则的例子:生物学的分类体系中把企鹅归属为鸟类。模仿这个体系,设计出图 9-5 所示的类图。

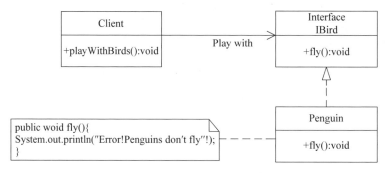

图 9-5　违反替换原则的示例

"鸟"(IBird)类中有个方法 fly,企鹅(Pengiun)自然也继承了这个方法,可是企鹅不能飞,于是在企鹅类中覆盖了 fly 方法,告诉方法的调用者企鹅是不会飞的。这完全符合常理。但是,这违反了 LSP 原则。企鹅是鸟的子类,可是企鹅却不能飞! 这样编写的代码能正常编译,只要在使用这个类的客户代码中加一句判断就行了。但是,问题来了,首先,客户端代码和"企鹅"的代码很有可能不是同时设计的,在当今软件开发模式下,甚至根本不知道两个模块的原产地是哪里,也就谈不上去修改客户端代码了。客户程序很可能是遗留系统的一部分,很可能已经不再维护。如果因为设计出这么一个"企鹅"类而导致必须修改客户端代码,那就直接违反了 OCP 原则,所以说在设计时遵循设计原则是很重要的。图 9-6 给出了这个问题的解决方案。

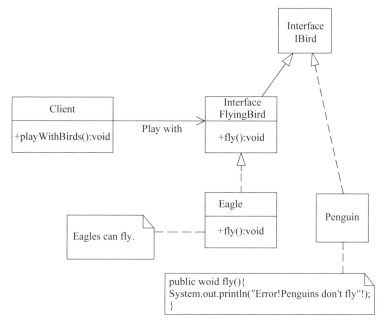

图 9-6　对图 9-5 的改进,符合了 LSP 原则

9.2.3　依赖原则

依赖原则(Dependency Inversion Principle,DIP),在进行软件结构设计时,类之间的依赖关系应该尽量依赖接口和抽象类,而不是依于具体类。具体类只负责相关业务的实现,修改具体类不影响上层的抽象类。

在结构化设计中,底层模块是对高层抽象模块的实现,高层抽象模块通过调用底层模块实现,这说明抽象的模块要依赖具体的实现模块,底层模块发生变动时将会严重影响高层抽象模块,显然这是结构化方法的一个"硬伤"。

图 9-7 中的程序是一个具有复制功能的 C 语言代码。ReadKeyboard( )和 WritePrinter()为函数库中的两个函数,应用程序循环调用这两个函数,以便把用户键入的字符拷贝到打印机输出。

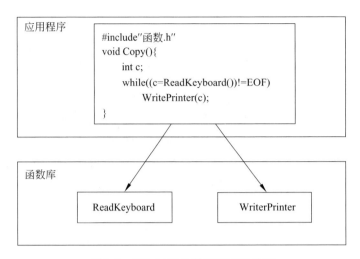

图 9-7 面向过程的接口和实现分离

为了使应用程序不依赖于函数库的具体实现,C 语言把函数的定义写在了一个分离的头文件(函数库 .h)中。这种做法的好处是:虽然应用程序要调用函数库,依赖于函数库,但是当我们要改变函数库的实现时,只要重写函数的实现代码,应用程序无需发生变化。例如,改变函数库 .c文件,把 WritePrinter()函数重新实现成向磁盘中输出,这时只要将应用程序和函数库重新链接,程序的功能就会发生相应的变化。

用面向对象的方法重新设计该程序,如图 9-8 所示。

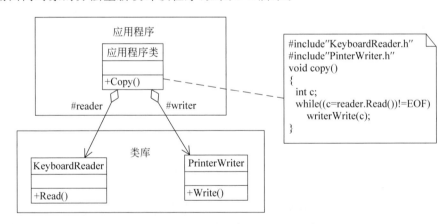

图 9-8 面向对象的接口和实现分离

这种通过分离接口和实现来消解应用程序和类库之间依赖关系的做法具有以下特点。

(1)应用程序调用类库,依赖于类库。

(2)接口和实现的分离从一定程度上消解了这个依赖关系,具体实现可以在编译期间发生变化。但是,这种消解方法的作用非常有限。比如说,一个系统中无法容纳多个实现,不同的实现不能动态发生变化,用 PrinterWrite()函数名来实现向磁盘中输出的功能也显得非常古怪等。

类库可以单独重用,但是应用程序不能脱离类库而重用,除非提供一个实现了相同接口的类库。

为了消解两个模块间的依赖关系,在两个模块之间定义一个抽象接口,上层模块调用抽象接口定义的函数,下层模块实现该接口。如图 9-9 所示,对于上面的例子,可以定义两个抽象类 Reader 和 Writer 作为抽象接口,其中的 Read()和 Write()函数都是纯虚函数,而具体的 KeyboardReader 和 PrinterWriter 类实现了这些接口。当应用程序调用 Read()和 Write()函数时,由于多态性机制的作用,实际调用的是具体的 KeyboardReader 和 PrinterWriter 类中的实现。因此,抽象接口隔离了应用程序和类库中的具体类,使它们之间没有直接的耦合关系,可以独立地扩展或重用。例如,我们可以用类似的方法实现 FileReader 或 DiskWriter 类,应用程序既可以根据需要选择从键盘或文件输入,也可以选择向打印机或磁盘输出,甚至同时完成多种不同的输入、输出任务。由此可以总结出,这种通过抽象接口消解应用程序和类库之间依赖关系的做法具有以下特点。

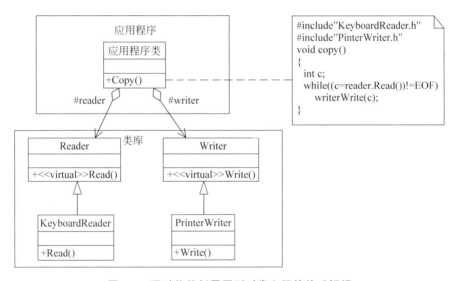

图 9-9　通过依赖倒置原则对类之间的关系解耦

(1) 应用程序调用类库的抽象接口,依赖于类库的抽象接口;具体的实现类派生自类库的抽象接口,也依赖于类库的抽象接口。

(2) 应用程序和具体的类库实现完全独立,相互之间没有直接的依赖关系,只要保持接口类的稳定,应用程序和类库的具体实现都可以独立地发生变化。

(3) 类库完全可以独立重用,应用程序可以和任何一个实现了相同抽象接口的类库协同工作。

9.2.4　单一职责原则

单一职责原则(Single Responsibility Principle,SRP),这个原则的核心含义是一个类应该有且仅有一个职责。关于职责的解释,面向对象大师 Robert. C Martin 有一个著名的定义：所谓一个类的职责是指引起该类变化的原因,如果一个类具有一个以上的职责,那么就会有多个不同的原因引起该类变化,其实就是耦合了多个互不相关的职责,就会降低这个类的内聚性。

例如,一个应用系统的错误信息处理方法,可能设计一个错误信息处理类,将所有可能的错误信息和对错误信息的处理定义在其中。如果这样设计就会带来问题：当增加一个新的错误信息,或改变对一个已有错误信息的处理方法时,都要修改这个类。

实际上,错误信息处理类的职责就是保存相关的错误状态,并且提供方法用于获取这些状态。如果在设计时把不同的处理方法也放到错误类中,那么就会增加类的职责,当错误处理方式发生变化时,增加、修改都会导致该类的修改。为此,进行如下的改进设计,见图 9-10。

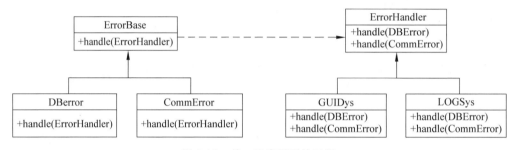

图 9-10　单一职责原则的示例

定义两个类层次：一个用于接收错误信息的基类 ErrorBase,具体的错误信息作为子类,目前有数据库错误信息 DbError 和通信错误信息 CommError 两个子类,当增加错误信息时不会影响其他部分；另一个就是对于不同错误信息的处理方法类 ErrorHandler。这样设计的结果就是我们可以通过增加新的类来增加新的错误处理方法,而不是在类中直接增加新的错误处理方法。

9.2.5　接口分离原则

接口分离原则(Interface Segregation Principle,ISP),采用多个与特定客户类有关的接口比采用一个通用的涵盖多个业务方法的接口要好。图 9-11 展示了一个为多个客户提供服务的类,它通过一个巨大的接口来服务于所有的客户。这种情况下,只要针对客户

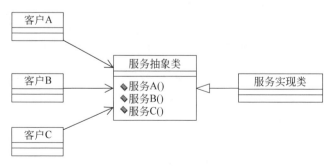

图 9-11　带有集成接口的服务类

A 的方法发生改变,客户 B 和客户 C 就可能受到影响,并且需要进行重新编译和发布,这是一种不良的设计。

改进上面的设计,请看图 9-12。每个特定客户所需的方法被置于特定的接口中,这些接口被服务实现类所继承并实现。

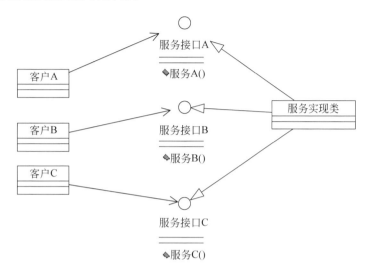

图 9-12　使用接口分离的服务类设计

如果针对客户 A 的方法发生改变,客户 B 和客户 C 并不会受到任何影响,也不需要进行再次编译和重新发布。

9.3　XML 在软件设计中的应用

XML(Extensible Markup Language,可扩展标记语言）从本质上讲是一种描述型的标记语言,也是 SGML 标准通用标记语言的一个应用子集,它在减少 SGML 复杂性的同时,保留了 SGML 最有活力的部分——可扩展能力。可以这样理解 XML,它是一套定义语义标记的规则,这些标记将文档分成许多部件并对这些部件加以标识。更通俗的例子,假设我走到大街上没有人知道我是谁,是干什么的,但是如果我用全世界人都能理解的语言给自己贴上标签:NAME——吴洁明,JOB——教师。这时所有见到我的人自然就知道了这些信息,对应全世界人都能理解的语言就是这里所介绍的计算机能够识别的语言 XML。国际组织 W3C 对 XML 作了如下描述:XML 描述了一类被称为 XML 文档的数据对象,并部分描述了处理它们的计算机程序的行为。

一般来说,XML 的应用范围如下。

(1)文档应用程序。XML 最初的应用就是文档发布程序。

(2)作为系统配置文件。XML 文档具有良好的可读性和可操作性,作为系统配置文件提高了系统可移植性和可靠性。

(3)不同系统、组织之间信息交换标准的描述语言。XML 本身为字符串,任何系统或组织都可以识别这种字符串,因此,可以方便地作为系统之间数据交互的描述。

9.3.1 文档应用

XML 允许各种不同专业,如音乐、化学、数学等开发与自己特定领域有关的标记语言来构造自己所需要的文档,这就使得该领域中的人们可以交换笔记、数据和信息,而不用担心接收端的人是否有特定的软件来识别数据。

更进一步说,为特别的领域创建标记语言不会产生"病件"(bloatware)。一般人也许不会对电力工程图感兴趣,但是电力工程师却对此感兴趣。一般人也许不需要在他的Web 页面中包括乐谱,但是作曲家却要这样做。XML 让电力工程师描述他们的电路图,让作曲家写乐谱,而不会互相干扰。对于浏览器开发商来说,不需要对特定的领域提供特殊支持,也不需要提供复杂的插件,但是却既能够读懂 XML 描述的电路图,也能够读懂XML 描述的乐谱,这一点已经实现了。

XML 是以层次结构组织的,良好的层次结构不仅提高了整个文档的可阅读性,而且可以定义需要的显示模式。

以下是一个简单的 XML 文档,该文档描述了"客户"的一些基本信息。

```
<?XML version="1.0" encoding="gb2312" standalone="no"?>
<?XML-stylesheet type="text/xsl" hname="myxsl.xsl"?>
<!DOCTYPE information SYSTEM "customer.dtd">
<information>
    <customer>
        <name>SAM</name>
         <id>1</id>
        <address>General Electronic</address>
        <email>sam@163.com</email>
         <goods>everything</goods>
    </customer>
</information>
```

通过<!DOCTYPE information SYSTEM "customer. dtd">引入 customer. dtd 文档,验证了各个标签的有效性。customer. dtd 的内容如下。

```
<!ELEMENT information (customer * )>
<!ELEMENT customer (name+,id,address,telephone?,email * ,goods)>
<!ELEMENT name(#PCDATA)>
<!ELEMENT id(#PCDATA)>
<!ELEMENT address(#PCDATA)>
<!ELEMENT telephone(#PCDATA)>
<!ELEMENT email(#PCDATA)>
<!ELEMENT goods(#PCDATA)>
```

customer. dtd 定义了根元素 information,该元素的直接子元素是 customer,用 * 表示可以包含任意个 customer 元素。customer 元素的直接子元素有 name、id 等,并相应地定义了各个子元素的含义。

在 XML 文档的基础上引入 XSLT,能够根据客户的需求展现 XML 文档。该文档通过命令<?XML－stylesheet type＝"text/xsl" hname＝"myxsl. xsl"?＞引入 myxsl. xsl 文档,完成显示的格式定义。myxsl. xsl 定义如下。

```
<?XML version="1.0" encoding="gb2312"?>
<html XMLns:xsl="http://www.w3.org/TR/WD-xsl">
    <body style="font-size:12pt;background-color:blue">
        <xsl:for-each select="information/customer">
        <div style="background-color:green;color:white;padding:4px">
        <span style="font-weight:bold;color:white">
            姓名: <xsl:value-of select="name"/>
        </span>
        <p>id:<xsl:value-of select="id" /></p>
        <p>address: <xsl:value-of select="address" /></p>
        </div>
     </xsl:for-each>
    </body>
</html>
```

该文档中,通过 body 标签定义了整个文档正文的基本显示方式,通过命令标签<xsl:for-each＞对每个 customer 进行处理,通过<xsl:value-of＞显示相应的值。如果要改变显示的格式,可以修改 xsl 文档的命令和相应的属性。通过 XML 和 XSLT 相结合,在应用中实现一个数据源头将整个文档看成一个对象,对该对象的显示和处理交给 XSLT,做到了定义与显示相分离,提高了文档的可维护性。

9.3.2　系统配置

在各种应用程序开发中,特别是基于 Web 程序的开发,经常用到配置文件,而配置文件的格式也可以多种多样。由于 XML 良好的结构性和可读性,经常将 XML 作为配置文件存放在系统中。

配置文件 distributeDB. xml 如下。

```
<?XML version="1.0"?>
<!DOCTYPE distribute [
        <!ELEMENT distribute (site*)>
                <!ELEMENT site (site-name,binding-name,sno+)>
                <!ELEMENT site-name (#PCDATA)>
                <!ELEMENT binding-name (#PCDATA)>
                <!ELEMENT sno(#PCDATA)>]>
<distribute>
    <site>
        <site-name>LONDON</site-name>
```

```
          <binding-name>//ncut-samwang:2005/implement</binding-name>
          <sno>S1</sno>
      </site>
      <site>
          <site-name>PARIS</site-name>
          <binding-name>//ncut-wangli:2005/implement</binding-name>
          <sno>S2</sno>
          <sno>S3</sno>
      </site>
      <site>
          <site-name>ROMA</site-name>
          <binding-name>//ncut-samwang:2005/implement</binding-name>
          <sno>S4</sno>
      </site>
  </distribute>
```

该文件直接在 XML 文件中定义了文档相应的 DTD 模式,描述了文档根元素及其子元素的定义。该文档的目的是配置各个数据源所在站点相关的信息:LONDON 站点绑定的名称//ncut-samwang:2005/implement 以及在该站点所包含的信息摘要,PARIS 站点绑定的名称//ncut-wangli:2005/implement 以及该站点所包含的信息摘要。在应用中通过编写解析程序解析定义的 XML 文件,将基本的配置信息读入到内存中完成配置的初始化。可以定义解析程序 XMLParser,该程序利用了 W3C 的 DOM 解析 XML 文档,将文档中的数据读入到内存当中作为系统参数为系统服务。首先程序构建一个DocumentBuilderFactory,通过该对象设置其忽略空行并构建一个 DocumentBuilder 对象,以供日后使用。XMLParser 定义如下。

```
public XMLParser()throws ParserConfigurationException{
    DocumentBuilderFactory dbf=DocumentBuilderFactory.newInstance();
    dbf.setIgnoringElementContentWhitespace(true);          //忽略空行
    myDocumentBuilder= dbf.newDocumentBuilder();
}
```

当生成 DocumentBuilder 之后,需要将 XML 定义的配置文件读入到系统中,形成相应的 Document 对象。

```
Document dom=myDocumentBuilder.parse(fileName);
```

当生成 Document 对象之后,可以根据需要获得相应节点的句柄,并解析各个句柄所包含的子句柄或者其包含的参数值。

```
NodeList site=dom.getElementsByTagName("site");
    int len=site.getLength();
    for(int i=0;i<len;i++){
        NodeList children=site.item(i).getChildNodes();
```

```
int length=children.getLength();

NodeList child=children.item(0).getChildNodes();
String siteName=child.item(0).getNodeValue();          //获得站点所在

child=children.item(1).getChildNodes();
String bindName=child.item(0).getNodeValue();          //获得服务绑定
if(!allService.contains(bindName))
    allService.add(bindName);
bind.put(siteName,bindName);                           //服务映射
for(int j=2;j<length;j++)
{
    child=children.item(j).getChildNodes();
    String sno=child.item(0).getNodeValue();
    snoMap.put(sno,siteName);                          //分片映射
}
```

上述代码首先获得所有名为 site 的标签的子树,将这些子树存储在类型为 NodeList 的列表中。由于 XML 文档中每个 site 元素定义了相应的一个站点的所有配置信息,如站点名称、站点的绑定信息等,程序的主要任务就是获得这些信息,所以需要遍历 site 列表中的所有子树,获得每棵子树的子节点,通过方法 getNodeValue() 获得相应的信息,并将这些站点的信息存储在一个 HashMap 中。在应用的过程中可以方便地从 HashMap 中快速获得这些信息,满足应用的需求。

在实际应用中,通常用 XML 描述应用服务器或者 Web 服务器等配置文件。通过定义配置文件,可以将系统的配置信息从程序中抽取出来,克服了将配置信息直接编码到程序中的弊端。在具体应用过程中,当系统环境发生变化时,只需要改变配置文件中的配置信息,就可以抵消环境变化所带来的影响。

综上所述,由于 XML 文件的灵活性和良好的结构性,用 XML 定义系统的配置文件可以大大提高系统的可移植性和可配置性。

9.3.3 信息交换的媒介

目前,Web 开发中通常只是在 Web 服务器、应用服务器端使用面向对象技术,数据库端和 Web 界面端都不是面向对象的。即使在 Web 服务器和应用服务器内部,对象的定义和传递在很多情况下也不统一,因此面向对象的设计更多时候是用于设计某个具体的服务或功能,而不是面向整个应用体系。这就造成了设计上的相互交叉,牵一发而动全身,影响可扩展性和稳定性。

为解决这些问题,人们提出了一些完全面向对象的架构方式。这些架构中的每一部分,从逻辑上看其功能可以描述为接收对象并进行相应处理,然后将结果以对象的方式传递给处理流程的下一个环节。每个环节内部的变化将不会影响到其他环节。那么,完成对象描述和传递的就是 XML 技术。XML 以属性和子节点层次描述一个完整对象,对象

在整个系统中传递,构成了系统的应用和数据流。在系统设计过程中,设计人员利用XML将整个系统内部所有的对象都抽象并整理出来,随着系统设计的逐步细化,XML文件被进一步扩展。

在 Web 应用中,客户端向服务器发送的不再是 Form 和 Query 数据,而是整理好的各种 XML 对象。当服务器接到相应的请求后,将文档解析,构造相应的对象,根据请求的类型将对象发送给对应的处理节点处理。节点完成对象的处理之后,将对象组织成相应的 XML 文档发送给客户端,客户端读取文档的内容然后显示。如果请求是从其他地方发起,例如用户通过短信方式查询,整个处理流程与上面类似,所不同的只是先将信息整理成规范的 XML 格式,然后放入整个处理流程,最后将结果的 XML 转换成可识别的格式返回给发请求的客户,见图 9-13。

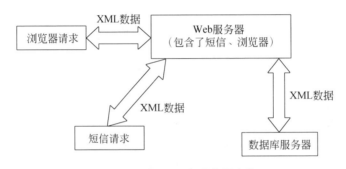

图 9-13　用 XML 实现数据交换

图 9-13 中用 XML 来描述要交换的对象和数据结构,其中对象包括用户的信息、网页的显示信息等,数据包括用户对话、浏览的数据、查询的数据等。浏览器和 Web 服务器以及数据库服务器之间的交互都是通过 XML 文件完成的。

9.4　基于 UML 的面向对象设计过程

基于 UML 的设计工作集中在分析阶段的后期和实现阶段之前,目标是产生合理而稳定的软件构架,创建实现模型的蓝图。具体的设计活动主要有系统构架设计、用例设计、类设计、数据库设计和用户界面设计。本节主要介绍构架设计、用例设计和类设计。

9.4.1　构架设计

构架设计的目的是要勾画出系统的总体结构,这项工作由经验丰富的构架设计师主持完成。该活动以用例模型、分析模型为输入,生成系统物理结构、子系统及其接口、概要的设计类,如图 9-14 所示。

第 1 步:构造系统的物理模型。

首先用 UML 的配置图描述系统的物理结构,然后将需求分析阶段捕获的系统功能分配到这些物理节点上。配置图上可以显示计算节点的拓扑结构、硬件设备配置、通信路径、各个节点部署的系统软件和应用软件。图 9-15 以电信业务审批信息系统为例,说明物理模型设计。

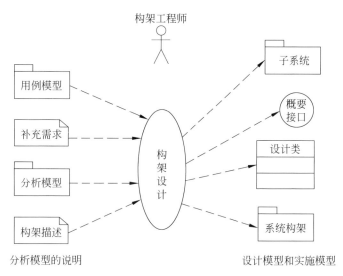

图 9-14　软件构架设计的输入和输出

图 9-15 有 4 个区:DMZ 区的两个服务器主要是用于集团网站部署。内部用户区是为内部局域网用户服务的。用户学习和测试区有两个目的,一是为使用系统的初级用户有一个实际操练的环境而设计的,学习系统的应用软件功能,学习系统与真实系统的操作完全一样,只是数据库的数据都是练习数据;第二个目的是为新版本正式上线前提供一个测试环境。网闸隔离区内部署了正式系统,三台应用服务器负责全国所有的用户业务,它们的负载均衡由流量分配器负责调度;两台数据库服务器做双机热备;物理网闸实现内外网的隔离;为了兼顾使用网通和电信线路的用户,分别设计了两条线路,并由链路负载均衡器负责调整线路的负载,有效地保证了全国不同地区的用户顺利使用该系统。

第 2 步:设计子系统。

对于一个比较复杂的软件系统来说,如果一上来就在类的层次上组织系统那是不可想象的。就好像编写一本书,不可能从一个个的文字开始组织,而是先写出书的提要,然后分章节。如果把子系统比喻为书目中的章,那么类就好比章内的节。在进行系统设计时,通常的做法是将一个软件系统组织成若干个子系统,子系统内还可以继续划分子系统或包,这种自顶向下、逐步细化的组织结构非常符合人类分析问题的思路。

每个子系统与其他子系统之间应该定义接口,在接口上说明交互的形式和交互的信息,注意这时还不要描述子系统的内部实现。

这步的主要任务是:划分各个子系统,定义每个子系统的接口,说明子系统之间的关系。

(1) 划分各个子系统。划分子系统的方式有很多,例如可以按照功能划分,将相似的功能组织在一个子系统中,也可以按照系统的物理布局划分,将在同一个物理区域内的软件组织为一个子系统。在这里推荐按照软件层次划分子系统,软件层次通常可划分为用

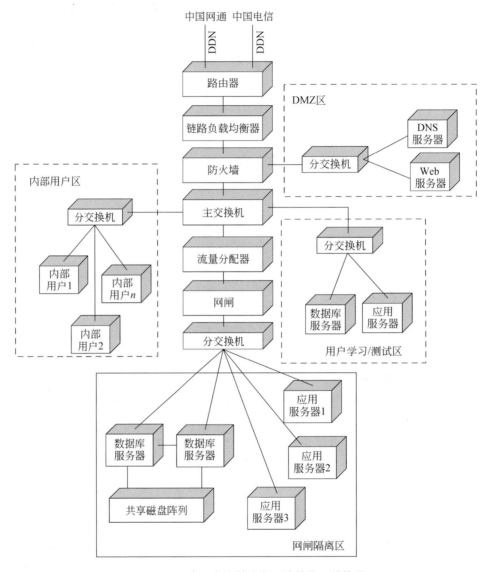

图 9-15　一个业务审批信息系统的物理结构图

户界面层、专用软件层、通用软件层、中间层和数据层,具体的表达方式见图 9-16。

　　用户界面层是与用户应用有密切关系的内容,主要接受用户的输入信息,并且将系统的处理结果显示给用户。这部分变化通常比较大,所以建议将界面层剥离出来,用一些快捷有效的工具实现。

　　专用软件层是每个项目中特殊的应用部分,它们被复用的可能性很小。在开发时可以适当地减小软件元素的粒度,以便分离出更多的可复用构件,减少专用软件层的规模。

　　通用软件层是由一些公共构件组成,这类构件的可复用性很好。在设计应用软件时首先要将软件的特殊部分和通用部分分离,根据通用部分的功能检查现有的构件库。如果有可用的构件,复用已有的构件会极大地提高软件的开发效率和质量。如果没有可复

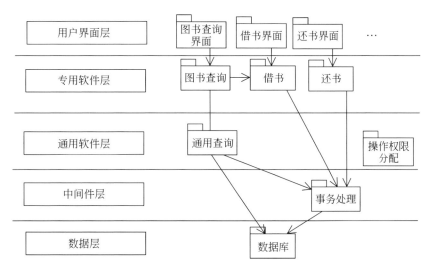

图 9-16 按软件层次组织子系统

用的构件,则尽可能设计可复用的构件并且添加到构件库中,以备今后复用。

在实际项目中应该分析具体的应用,尽量使用现有的中间件产品,这样可以提高系统开发效率,并且使程序的质量更有保证。

数据层主要存放应用系统的数据,通常由数据库管理系统管理,常用的操作有更新、保存、删除、查询等。

按层次划分,图书馆图书信息管理系统可以分为界面层、专用软件层、通用软件层、中间层、数据层和系统层这几个子系统。

- 系统层采用微软的 Windows 2000 操作系统和 MS SQL Server 2000 数据库管理系统。
- 数据层主要是建立应用数据库,包括数据库表、视图等。
- 中间层使用微软的 ADO.NET,实现对数据库的增、删、改、查操作。
- 通用软件层实现权限管理、用户登录、通用查询类。
- 专用软件层实现读者查询、借书、还书、处罚、预订、通知等处理。
- 界面层实现查询界面、借书界面、还书界面、预订界面、通知界面等用户界面。

(2) 定义子系统之间的关系。当划分了子系统后,要确定子系统之间的关系。子系统之间的关系可以是"请求—服务"关系,也可以是平等关系、依赖关系和继承关系。

- 在"请求—服务"关系中,"请求"子系统调用"服务"子系统,"服务"子系统完成一些服务,并且将结果返回给"请求"子系统。
- 在平等关系的子系统之间,每个子系统都可以调用其他子系统。
- 如果子系统的内容相互有关联,就应该定义它们之间的依赖关系。在设计时,相关的子系统之间应该定义接口,依赖关系应该指向接口而不要指向子系统的内容。

如果两个子系统之间的关系过于密切,则说明一个子系统的变化会导致另一个子系统变化,这会使对子系统的理解和维护带来困难。解决子系统之间关系过于密切的办法基本上有两个：一是重新划分子系统，这种方法比较简单，将系统的粒度减少，或者重新规划子系统的内容，将相互依赖的元素划归到同一个子系统之中；另一种方法是定义子系统的接口，将依赖关系定义到接口上。

（3）定义子系统的接口。每个子系统的接口上定义了若干操作，体现了子系统的功能。而功能的具体实现方法应该是隐藏的，其他子系统只能通过接口间接地享受这个子系统提供的服务，不能直接操作它。

第3步：非功能需求的设计。

在分析阶段定义了整个系统的非功能需求，在设计阶段要研究这些需求，设计出可行的方案。一般要处理的非功能需求包括：系统的安全性，错误监测和故障恢复，可移植性和通用性等。

在设计的细化阶段，设计师应该认真审查获得的初步设计结果，特别要按照系统定义的层次构架（系统层、数据层、中间层、通用应用层、专用应用层和用户界面层）检查所有的设计元素是否都在合适的位置。通常，将具有共性的非功能要求设计在中间层和通用应用层实现，目的是充分利用已有构件，减少重新开发的工作量。

9.4.2 用例设计

根据分析阶段产生的类图和交互图，由用例设计师研究已有的类，并将它们分配到相应的用例中。审查每个用例的功能，查看这些功能依靠当前的类能否实现，同时检查每个用例的特殊需求是否有合适的类来实现。细化实现每个用例的类图，确定实现用例的类及其类之间的相互关系。用例设计的具体步骤如下。

第1步：通过扫描用例中所有的交互图列出用例涉及的类，识别参与用例解决方案的类。在需求分析阶段已经识别了一些类，但是随着设计的进行，可能会不断完善类、属性和方法。例如，每个用例至少应该有一个控制类，它通常没有属性而只有方法，起协调和控制作用。

每个类的方法都可以通过分析交互图得到，一般地检查交互图中发送给某个类的所有消息，这表明了该类必须定义的方法。例如"借书控制"类向"读者"类发送"检查读者（读者编号）"消息，那么"检查读者"就作为"读者"类应该提供的方法，括号中的"读者编号"是该方法的参数。

第2步：确定类之间的关系，包括关联、聚合、继承等关系，下面看一个例子。

在图 9-17（a）中，栈（STACK）继承了表（LIST）的所有方法，当入栈时在表的尾部添加数据，出栈时在表的顶部删除数据。由于 STACK 继承了 LIST，因此，存在着向栈的中间添加和删除数据的风险。图 9-17（b）的设计，把对栈的操作委托给 LIST。操作 STACK.PUSH(X)委托给 LIST.ADD(X,n)，在表的尾部添加数据；操作 STACK.POP()委托给 LIST.REMOVE(1)，在表的头部删除数据，避免了可能对栈造成的破坏。

下面是"借书"用例中的各个类的关系图。因为类有三种版型即界面类、控制类和实体类，为了清晰起见，用粗线框表示控制类，斜体字表示界面类，正常的表示实体类，见图 9-18。

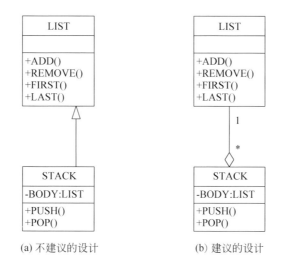

(a) 不建议的设计   (b) 建议的设计

图 9-17   继承和组合应用于软件设计的示例

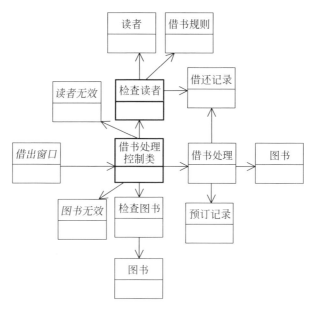

图 9-18   "借书"用例中主要类之间的关系

"借书"用例的控制类是"借书处理控制类",这个类收到"借书窗口"类的消息后,开始调度其他的类:①发送消息给"检查读者"类,命令其检查读者的有效性,借书数量和是否有超期未还图书,检查的结果返给控制类,如果读者不能借书,由控制类调度"读者无效"类,显示相关的信息。②发送消息给"检查图书"类,检查图书是否在库,如果图书不在库,由控制类调度"图书无效"类,显示相关的提示信息。③发送消息给"借书处理"类,进行借书处理,"借书处理"类本身又是一个控制类,负责调度其他相关的类,协作完成借书活动。一般情况下,一个用例有2~3个控制类比较合适。

9.4.3 类设计

经过前面两个活动,构架设计师已经将系统的构架建立起来,用例设计师按照用例的功能将每个类分配给相应的用例。现在要由构件工程师详细设计每个类的属性、方法和关系。

第1步:详细定义类的属性。

类的属性反映类的特性,通常属性是被封装在类的内部,外部对象要通过接口访问。在设计属性时要注意下面几点。

(1) 分析阶段和概要设计阶段定义的一个类属性在详细设计时可能要被分解为多个,减小属性的表示粒度有利于实现和重用。但是一个类的属性如果太多,则应该检查一下,看能否分离出一个新的类。

(2) 如果一个类因为其属性的原因变得复杂而难于理解,那么就将一些属性分离出来形成一个新的类。

(3) 通常不同的编程语言提供的数据类型有很大差别,确定类的属性时要用编程语言来约束可用的属性类型。定义属性类型时尽可能使用已有的类型,太多的自定义类型会降低系统的可维护性和可理解性等性能指标。

(4) 类的属性结构要坚持简单的原则,尽可能不使用复杂的数据结构。

设计类的属性时必须要定义的内容如下。

(1) 属性的类型。设计属性时必须要根据开发语言确定每个属性的数据类型,如果数据类型不够,设计人员可以利用已有的数据类型定义新的数据类型。

(2) 属性的可见性。在设计属性时要确定公有属性、私有属性、受保护属性。

设计类的属性时可选择的内容如下。

(1) 属性的初始值。如果有默认值,用户在操作时会感觉很方便。例如在计算税费的程序中,如果定义了初始默认税率,用户就不必每次都重复输入税率值。

(2) 属性在类中的存放方式。①By value(按数值)属性放在类中。②By reference(引用)属性放在类外,类指向这个属性。后者一般是属性本身为一个对象,例如"教研室"类有一个属性是"教师",而"教师"对象本身在"教研室"类之外已经定义了,这时"教研室"类中只保存一个指针指向这个外部对象。

第2步:定义类的操作。

由构件工程师为每个类的方法设计必须实现的操作,并用自然语言或伪代码描述操作的实现算法。一个类可能被应用在多个用例中,由于它在不同用例中担当的角色不同,所以设计类的操作时要考虑周密。通常定义一个类的操作时要从下面几方面考虑。

(1) 首先分析类的每个职责的具体含义,从中找出类应该具备的操作。

(2) 阅读类的非功能需求说明,添加一些必需的操作。

(3) 确定类的接口应该提供的操作。这关系到设计的质量,特别是系统的稳定性,所以确定类接口操作要特别小心。

(4) 逐个检查类在每个用例实现中是否合适,补充一些必需的操作。

(5) 设计时不仅要考虑到系统正常运行的情况,还要考虑一些特殊情况,例如初始、结束和出错等情况。系统从初始状态开始到稳定状态,这其中的过渡就是初始化操作。被初始化的元素包括常数、参数、全局变量、任务和受保护对象;一个对象结束前必须释放占用的资源,并且通知其他任务自己已经结束;出错是不可预见的系统终止,可能是应用错误、系统资源短缺或外部中断引起的。经验丰富的设计者可以预见有规律的出错,但是不论多么完善的设计都不能保证系统中没有错误。好的设计通常在可能出现致命错误的地方设计一个良好的出口,在系统终止前尽可能清晰地保留当时的信息和环境,尽可能多地反应出错误信息。

设计类的操作时必须要定义的内容如下。

(1)操作描述。说明操作的具体实现内容,可以用伪代码或者文字描述操作的处理逻辑。

(2)定义操作的参数。说明每个参数名称和类型。

(3)操作返回类型。可以是编程语言的内置数据类型,也可以是设计人员自定义的数据类型。

(4)操作可见性。Public、Private 和 Protected,在 UML 中用＋、－、♯符号表示。

(5)操作异常。说明每个操作中的异常处理。

(6)说明操作运行之前要满足的条件和操作运行之后要满足的条件。

设计类的操作时可选择操作的版型:Implementer 型实现业务逻辑功能。Manager 型是实现构造器、析构器以及内存管理等管理性操作。Access 型访问属性的操作,例如 get 或 set。Helper 型是完成自身任务的一些辅助操作。

第 3 步:定义类之间关系的细节。

在构架设计和用例设计阶段定义了类之间的关系,这里要细化这些关系。

(1)确定基数:一个类的实例与另一个类的实例之间的联系。在图书馆图书信息管理系统中,"图书"类和"读者"类关联,如果需求说明中有"一位读者可借图书的数量为 0~10 本",那么它们之间的基数为 1:0..10。

(2)使用关联类:可以放置与关联相关的属性。例如"图书"类和"读者"类,如果要反映读者的借还书情况,可以创建一个关联类,这个类中的属性是"借还书日期、借还标识、图书编号、读者编号",如图 9-19 所示。

(3)设置限定:为了减小关联的范围。例如一个目录下虽有多个文件,但是在一个目录范围内确定唯一的文件,用"文件名"限定目录与文件之间的关系,如图 9-20 所示。

图 9-19　类的关联　　　　　　　　　　　图 9-20　关系限定

9.5 面向对象设计规格说明书

面向对象的设计与结构化设计的过程和结果都有很大的差别,因此设计说明书的内容和格式也有所不同。在面向对象设计说明书中必须描述的内容有:系统的物理模型及其对模型的说明;系统结构的划分原则、划分结果,特别要说明子系统之间的接口机制;针对每个用例设计类图和顺序图,如果操作比较复杂,可选的路径多,则要对每个可选路径设计顺序图,并配合文字解释;针对每个类的详细设计说明,对接口类,要给出界面原型,实体类要给出属性的详细说明和操作方法具体实现过程,控制类可能没有属性,一般只需要给出详细的控制过程。下面给出一个面向对象设计的规格说明书模板,供读者参考。

面向对象软件设计说明书模板

1 概述

1.1 系统简述

简单描述系统的背景、范围、规模和目标。这部分主要来源于需求分析规格说明书。

1.2 系统设计原则和目标

这部分论述整个系统的设计原则和目标,明确地说明要实现的功能。对于非功能性的需求,例如性能、可用性等也要说明。对系统的全貌进行概要说明,包括系统的特点。

1.3 参考资料

列出本文档中所引用的参考资料。

1.4 修订版本记录

列出本文档修改的历史记录,包括修改的内容、日期以及修改人。

1.5 术语表

对本文档中所使用的业务术语和技术术语进行解释。如果一些术语在需求规格说明书中已经说明过了,此处不用再重复,可以指引读者参考需求说明。

2 需求概述

把需求分析的结果在此处进行说明。使用用例图和文字描述。

3 设计概述

3.1 简述

说明系统整体设计采用的方法,设计思路,使用的设计工具。

3.2 系统物理结构设计

使用配置图设计系统的物理模型,反映系统的硬件、系统软件和应用软件的部署。文字说明硬件、网络、系统软件的选型依据、性能指标,特别是如何满足应用软件的运行环境。

3.3　系统体系结构设计

说明选择的软件体系结构,划分的子系统,确定子系统的接口和关系。如果系统的规模很大,应该分别描述每个子系统的结构设计。

3.4　约束和假定

描述系统设计约束,说明系统是如何来适应这些约束的。

4　用例设计

从静态结构、动态结构、界面原型和非功能性需求几个方面设计各个用例。

4.1　用例 1

描述用例 1 的功能需求、非功能需求,说明用例 1 的设计原则。

4.1.1　用例 1 的对象模型

用类图设计用例 1 的静态结构,用文字解释如何满足用例 1 的功能需求和非功能需求。

4.1.2　用例 1 的动态模型

描述用例如何响应事件,用顺序图描述用例 1 的各个运行场景,说明对象之间的消息交互。如果有复杂的对象,用状态图描述对象的状态变化。简单对象不必用状态图描述。

(1) 场景 1 名称

场景描述:简要叙述场景是干什么的以及发生的动作的顺序。

顺序图:

(2) 场景 2 名称

场景描述:简要叙述场景是干什么的以及发生的动作的顺序。

顺序图:

……

4.2　用例 2

描述用例 2 的功能需求、非功能需求,说明用例 2 的设计原则。

4.2.1　用例 2 的对象模型

用类图设计用例 2 的静态结构,用文字解释如何满足用例 2 的功能需求和非功能需求。

4.2.2　用例 2 的动态模型

描述用例如何响应事件,用顺序图描述用例 2 的各个运行场景,说明对象之间的消息交互。如果有复杂的对象,用状态图描述对象的状态变化。简单对象不必用状态图描述。

(1) 场景 1 名称

场景描述:简要叙述场景是干什么的以及发生的动作的顺序。

顺序图:

(2) 场景 2 名称

场景描述:简要叙述场景是干什么的以及发生的动作的顺序。

顺序图:

...

5 类设计

对每个类进行详细设计。说明每个类承担的职责,设计类的属性和方法。如果是界面类则要设计出界面原型。

5.1 XXX类

职责:

属性:名称、类型、可见性等。

方法:名称、参数、返回值及类型、调用条件、调用后条件、处理逻辑、测试用例。

类之间的关系细节:确定关系的基数和限定。

实现的约束:设计人员给出该类在实现时的注意事项和嘱托。

5.2 XXX类

职责:

属性:名称、类型、可见性等。

方法:名称、参数、返回值及类型、调用条件、调用后条件、处理逻辑、测试用例。

类之间的关系细节:确定关系的基数和限定。

实现的约束:设计人员给出该类在实现时的注意事项和嘱托。

6 非功能性需求

在这个部分,必须说明如何处理需求文档中指定的非功能性需求,客观地评估系统应对每个非功能性需求的设计思路。如果某些非功能性需求没有在设计中实现,务必在此说明。

练习9

1. 比较结构化设计和面向对象设计的区别。

2. 设计一个例子比较继承与组成的应用。

3. 什么是框架,它与"设计"有什么关系?

4. 在互联网上搜索软件框架,并研究主流框架的特点和适用范围,学生分组介绍研究成果。

5. 封装在软件设计中非常重要,举个例子来说明封装的应用。

6. 面向对象的设计活动中,有构架师、用例工程师和构件师参加,他们每个角色的职责是什么? 你认为还需要其他的角色参加吗?

7. 在一个现有框架基础上设计并开发本书第1章的养老院信息管理系统。建议每个学生只做其中的一个业务,例如,老人入院或出院等。

8. 系统的物理构架中应该包括哪些信息? 研究图9-16中每个服务器的作用,并且查找关于物理隔离网闸、Web服务器、应用服务器、链路负载均衡器和流量分配器的相关资料,了解它们的作用、工作原理、目前的主流产品,以及如何配置。

9. 什么是设计模式?请给出一个应用设计模式的案例,包括详细的类图和程序代码(C++ 或 Java),并说明应用设计模式的优点。

10. 详细设计图书馆信息管理系统"还书"用例,给出设计规格说明书,其中要包括类图、交互图、界面和相应的说明。

第 10 章

用户界面设计

用户界面是人与计算机之间搭建的一个有效的交流媒介。开发人员遵循一系列的界面设计规则,定义界面对象和界面动作,并把对象、动作和规则统一到操作屏幕上,实现一个布局合理、操作方便、友好的用户界面。用户界面设计是整个软件设计过程中的一个重要组成部分,好的界面设计对系统可依赖性是至关重要的。有许多所谓的"用户错误"都是源于用户界面没有考虑到用户实际操作能力和工作环境,导致用户会犯这样或那样的错误,有时甚至让人感觉系统是在有意设置障碍,让人无法顺利地使用系统。

本章主要介绍用户界面的设计原则,结合界面设计案例具体分析用户界面设计的过程和规范。

10.1 界面设计原则

可以试想一下,如果一台洗衣机没有操作板面,大家一定会说这洗衣机的设计者肯定是疯了。同理,软件是给人使用的,因此,布局合理、操作方便、界面美观对提高工作效率、减少操作失误具有重要的作用。图 10-1 是一个大学教务管理系统的网站首页,整个界面设计良好,能够引导教师和学生完成相应的操作。界面如同人的面孔,具有吸引用户的作用,设计合理的界面能给用户带来轻松愉悦的感受和成功的感觉。而图 10-2 的界面不论是从界面元素布局,还是字体和颜色,都给用户一种挫败感,再强大的功能都可能毁于这混乱的界面。

由此看来,不同的软件界面效果确实有很大差别,那么如何设计出优秀的用户界面呢?

事实上,用户界面设计是在需求分析阶段就开始了。在需求调研时要仔细记录用户对软件界面的布局要求、操作要求和色彩要求,此外,还要了解使用者的年龄、受教育程度、专业和爱好等信息。在设计阶段,结合界面设计原则,开始精心设计用户界面。

Theo Mandel 在关于界面设计的著作中提出了三条"黄金原则"。

(1) 置用户于控制之下。用户界面能够对用户的操作作出恰当的反应,并帮助用户完成需要的工作。

(2) 减少用户的记忆负担。系统应该"记住"有关的信息,通过默认项、快捷方式或界面视觉减少用户的记忆负担。

图 10-1　良好的界面设计

图 10-2　混乱的界面设计

（3）保持界面的一致。用户应该以一致的方式展示和获取信息。

下面是对三条黄金原则的细化。

10.1.1　易用性是界面设计的核心

程序员和用户的差别是很明显的，界面设计的易用性是软件设计的关键内容。用户界面的关键是使人与计算机之间能够准确地交流信息。一方面，人向计算机输入时应当尽量采取自然的方式；另一方面，计算机向人传递的信息必须准确，不致引起误解或混乱。界面用词应该准确，容易理解，能望文知意最好，理想的情况是用户不必查阅帮助文档就能知道该界面的功能，并进行相关的正确操作。易用性细则如下。

- 按功能将界面划分为块，每块要有功能说明或标题。完成相近功能的界面元素，像命令按钮、选择按钮等元素，应集中放置或者用组框将它们括起来，减少鼠标来回移动。
- 对于同一种功能应该提供多种操作方式：鼠标、按钮或菜单。例如图 10-3 所示的界面，当学生信息输入完毕后，既可以通过鼠标单击"保存"按钮，也可通过键盘上 Alt＋S 组合键，实现学生信息的保存。
- 界面要支持键盘浏览按钮功能，即按 Tab 键的自动切换功能。Tab 键的顺序与控件排列顺序要一致，一般是从上到下、从左到右。

图 10-3　学生信息管理界面

- 按照信息的输入顺序，以及信息的重要程度安排控件。重要的信息应放在窗口较醒目的位置。
- 同一界面上的控件数最好不要超过 10 个，多于 10 个时应该考虑使用分页或多标签页显示。
- 分页界面要支持在页面间的快捷切换，常用组合快捷键 Ctrl＋Tab。
- 默认按钮要支持 Enter 操作，即按 Enter 键后自动执行默认按钮对应的操作。
- 当检测到非法输入后应给出说明并能自动获得焦点。
- 复选项和单选项应按选择概率排列，支持默认选项和 Tab 选择。
- 当选项个数较少并且固定时，应采用选项框而不用下拉列表框。但是如果界面空间较小时，应该使用下拉框而少用选项框。
- 当软件的功能很多，特别是分支复杂的情况下，应该提供方便的导航功能，引导用户顺利完成需要的一系列功能。例如图 10-4 所示的界面导航，提供不同的主题，用户可以层层进入完成相关的实验操作。
- 专业性强的软件要使用相关的专业术语，通用性界面则提倡使用通用性词汇。

10.1.2　界面必须始终一致

一致的用户界面不致增加用户的负担，让用户始终用同一种方式思考与操作。最忌讳的是每换一个屏幕，用户就要换一套操作命令与操作方法。

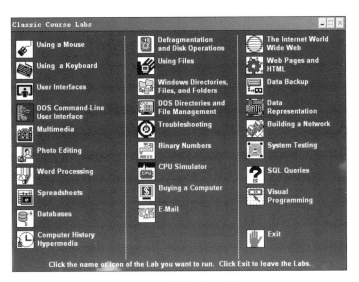

图 10-4　导航功能界面

在实际设计中,可以用色彩、字体和图标表示某项含意。例如,红色表示危险,粗体表示强调,问号图标表示帮助,磁盘图标表示存盘,打印机图标表示打印等。使用过程中不要随意改变,否则会使用户感到迷惑。如图 10-5 是 Microsoft Word 菜单栏和常用工具栏的界面。

图 10-5　Microsoft Word 操作界面

应用软件的界面设计通常含有菜单条、工具栏、工具箱、状态条、滚动条和右键快捷菜单等栏目,保持界面一致性的细则如下。

- 完成相同或相近功能的菜单项用横线隔在同一组内。
- 菜单深度一般要求控制在三层以内。
- 图标能直观地代表要完成的操作。
- 工具栏可以由用户自己定制,其中的每个按钮要有瞬时提示信息,工具栏的长度不能超出屏幕宽度。常用的工具栏有默认放置位置。
- 状态条要能显示用户切实需要的信息,常见的内容有目前的操作、系统状态、用户位置、用户信息、提示信息、错误信息等。状态条的高度以放置 5 号字为宜。
- 滚动条的长度要根据显示信息的长度或宽度及时变换,有利于用户了解显示信息位置和百分比。滚动条的宽度比状态条的略窄。
- 菜单条和工具条要有清楚的界限;菜单可以用凸出显示,这样在移走工具条时仍有立体感。

10.1.3 界面必须能够提供帮助

一个优秀的应用软件应该提供在线帮助功能,甚至提供使用向导,这会给用户带来极大的方便。帮助界面的设计细则如下。

- 在调用帮助时,应该能够及时定位到操作对应的帮助位置,即帮助要有即时性和针对性。
- 提供关键词搜索帮助的功能,当然也应该提供帮助主题词。
- 在帮助中应该提供技术支持方式,一旦用户难以自己解决问题时,可以方便地寻求其他帮助方式。
- 帮助中应该提供超级链接和返回功能。

10.1.4 界面的合理性

界面元素的布局应该有益于用户操作,有时别出心裁的界面设计或许会带给使用者眼睛一亮、赏心悦目的视觉感,但无论如何,井然有序的屏幕规划、简捷的操作方式、方便的功能切换、适合不同用户的灵活选择,都是至关重要的界面特性。

- 屏幕布局合理,合理地利用空间。
- 主窗体的中心位置应该在对角线焦点附近。长宽接近黄金分割点比例,切忌长宽比例失调,超宽界面。
- 子窗体位置应该在主窗体的左上角或正中。多个子窗体弹出时应该依次向右下方偏移,以显示出窗体的标题为宜。
- 重要的命令按钮与使用较频繁的按钮要放在界面瞩目的位置。按钮大小应该与界面的大小和空间成比例,各个按钮大小尽量一致,按钮上的文字不要太长,免得占用过多的空间。另外,要避免在空旷的界面上放置很大的按钮。
- 关闭窗体的按钮不应该放在易点位置,经验表明横排开头或最后与竖排最后的按钮为易点位置。
- 放置完控件后界面不应有很大的空缺位置。
- 与正在进行的操作无关的控件应该加以屏蔽,通常用灰色表示该控件无效。
- 界面风格要保持一致,字的大小、颜色、字体要相同。除非是需要艺术处理或有特殊要求的地方,通常使用宋体 9～12 较为美观,很少使用超过 12 号的字体。
- 一个界面中最好不要超过 3～5 种颜色。前景与背景色搭配要协调,反差不宜太大,主色要柔和,通常使用浅色调,如浅灰、白色等,具有亲和力。重要操作组件则以彩色来表达,但是区域不可太大,否则看起来显得混乱。
- 如果能给用户提供自定义界面风格更好,由用户自己选择颜色、字体等。
- 对可能造成数据无法恢复的操作必须提供确认信息,给用户放弃选择的机会。
- 非法的输入或操作应有足够的提示说明。
- 对运行过程中出现问题而引起错误的地方要有提示,让用户明白错误出处,避免形成无限期等待。

- 提示、警告或错误说明应该清楚、恰当。
- 允许用户中断当前的工作,转去执行其他任务,结束后再回到中断点继续工作。例如用手机写新短信的时候,可以接听电话,完成后仍能回到正在编写的短信处。
- 由于不同的用户可能有不同的需求,软件可以根据需要设置"下一步"、"完成"等操作步骤,面对不同层次的用户提供多种选择。图 10-6 是卡巴斯基反病毒软件的安装界面,用户在安装此软件时,可以根据自己的需要选择不同功能,并且可以方便地实现"上一步"、"下一步"或"取消"等的跳转。

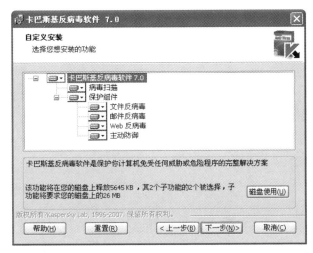

图 10-6 卡巴斯基软件安装界面

10.1.5 界面的独特性

如果一味地遵循业界的界面标准,可能会丧失自己的个性。在框架符合以上规范的情况下,设计具有自己独特风格的界面尤为重要,尤其在商业流通性软件中有着很好的潜移默化的广告效应。

- 软件启动首页应该是高清晰度图像,如果需要在不同的平台上运行,则应该考虑格式转换。首页多为主流显示器分辨率的 1/6 大小,上面应该醒目地标注制作或支持的公司标志、产品商标、软件名称、版本号、网址、版权声明等信息,以树立软件形象,方便使用者或购买者在软件启动的时候得到提示。
- 登录界面上要有产品标志,同时包含公司图标。
- 帮助菜单的"关于"中应有版权和产品信息。
- 公司的系列产品要保持一致的界面风格,如背景色、字体、菜单排列方式、图标、安装过程、按钮用语等应该大体一致。

10.1.6 界面的容错功能

用户在操作软件过程中可能会有误操作,如果每次的误操作都导致系统退出,会使用户对软件失去信心。因为这意味着用户要中断思路,并重新登录,而且已进行的操作也会因没有存盘而全部丢失。界面设计者应当尽量周全地考虑到各种可能发生的问题,尽量排除可能会使软件非正常中止的错误。下面是几条界面设计中关于容错性的细则。

- 对用户的输入提供必要的提示,避免用户录入无效的数据。例如,用户注册信息的密码项,有时能够成功,有时就失败。检查了很长时间才发现密码项的长度要求大于 3 位、小于 8 位,由于没有恰当的提示,导致用户开始怀疑这个软件的质量,所以需要设计如图 10-7 所示提示界面。
- 采用相关控件限制用户输入值的类型。例如当需要输入日期数据类型时,可以用图 10-8 所示的日期控件,保证日期数据的正确性。

图 10-7　提示信息

图 10-8　日期控件

- 对可能引起致命错误的输入要加限制或屏蔽。例如图 10-9,当输入的除数为 0 时,系统会弹出图 10-10 所示的界面,提示错误信息,终止除法操作。

图 10-9　除法运算界面

图 10-10　错误信息提示界面

- 对可能产生严重后果的操作要有补救措施。通过补救措施,用户可以回到原来的正确状态。例如,出现如图 10-9 所示的情况,系统显示图 10-10 所示的提示后,光标应回到除数文本框位置处,提醒用户重新检查后输入。
- 对错误操作最好支持可逆性处理,如取消系列操作。
- 对可能造成等待时间较长的操作应该提供取消功能。

10.1.7　界面与系统响应时间

系统响应时间应该适中,响应时间过长,用户就会感到不安和沮丧,而响应时间过短可能会给用户增加压力,从而导致误操作。因此在系统响应时间上应该坚持表 10-1 中的原则。

表 10-1　界面设计响应时间

响应时间长度	界　面　设　计
0 到 10 秒	鼠标显示为沙漏,显示系统仍在执行
10 到 18 秒	显示处理进度
18 秒以上	弹出处理窗口或显示进度条
一个长时间的处理完成时	应给予完成提醒

例如,图 10-11 复制大文件时,显示进度和剩余时间。

图 10-11　用户等待提示界面

10.2　界面设计

界面设计包括界面对话设计、数据输入界面设计、屏幕显示设计。界面设计中常用的设计元素有问题描述语言、数据表格、图形与图标、菜单、对话框和窗口,每一种元素都有不同的特点和性能,在设计时应该注意不同设计元素的特点。

10.2.1　界面设计的基本元素

1. 菜单

菜单是系统预先设置好的一组或多组可选命令。用户通过鼠标或简单的键盘操作就可以方便地执行菜单项对应的操作。菜单有正文菜单、图标菜单、正文和图标混合的菜单。菜单的位置有固定位置菜单、浮动菜单、下拉式菜单、嵌入式菜单。

(1) 菜单的位置通常按照"常用→主要→次要→工具→帮助"的顺序排列,符合大多数人操作习惯。例如图 10-12 是一般应用软件菜单的常见设置。

文件(F)　编辑(E)　视图(V)　插入(I)　格式(O)　工具(T)　表格(A)　窗口(W)　帮助(H)

图 10-12　应用软件菜单界面

(2) 菜单设计一般有选中状态和未选中状态,左边为菜单名称,右边为快捷键,如果有下级菜单应该用级箭头符号。下拉菜单要根据菜单的含义进行分组,并按照一定的规则进行排列,用横线隔开。例如图 10-13,黑色菜单项表示可用,灰色表示此菜单不可用。

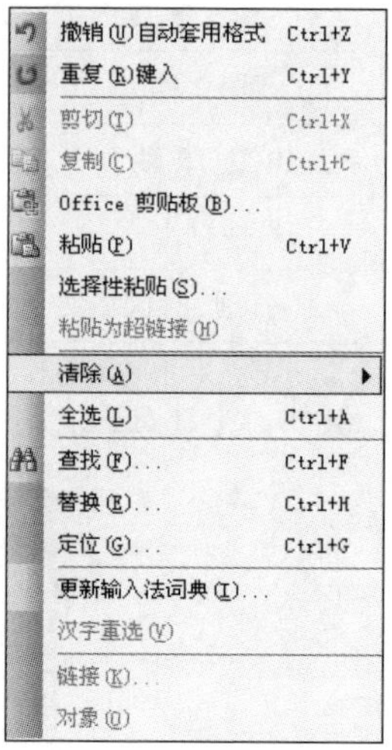

（3）一组菜单的使用有先后顺序要求时,应该按先后次序排列。没有顺序要求的菜单项按使用频率和重要性排列,常用的和重要的放在前面。

（4）如果菜单选项较多,应该遵循菜单加长而不加深的原则。

（5）对常用的菜单项要有快捷命令方式,常用组合原则如下。

- 面向事务的组合有：Ctrl＋D 删除；Ctrl＋F 寻找；Ctrl＋H 替换；Ctrl＋I 插入；Ctrl＋N 新记录；Ctrl＋S 保存；Ctrl＋O 打开。
- 列表：Ctrl＋G 定位；Ctrl＋Tab 在不同的标签页间切换。
- 编辑：Ctrl＋A 全选；Ctrl＋C 复制；Ctrl＋V 粘贴；Ctrl＋X 剪切；Ctrl＋Z 撤销操作；Ctrl＋Y 恢复操作。
- 文件操作：Ctrl＋N 新建；Ctrl＋S 保存；Ctrl＋P 打印；Ctrl＋W 关闭。
- 系统菜单：Alt＋A 文件；Alt＋E 编辑；Alt＋T 工具；Alt＋W 窗口；Alt＋H 帮助。
- MS Windows 保留键：Ctrl＋Esc 任务列表 ；Ctrl＋F4 关闭窗口；Alt＋F4 结束应用；Enter 确认操作的缺省按钮；Esc 取消操作；Shift＋F1 上下文相关帮助。
- 按钮中常用的组合：Alt＋Y 确定；Alt＋C 取消；Alt＋N 否；Alt＋D 删除；Alt＋Q 退出；Alt＋A 添加；Alt＋E 编辑；Alt＋B 浏览；Alt＋R 读；Alt＋W 写。

（6）菜单前的图标不宜太大,与字高保持一致最好。

例如,图书信息管理系统的初始菜单设计式样如图 10-14 所示。

图 10-13　菜单设计界面

查询(F)	借书(B)	还书(R)	图书管理(M)	读者服务(A)	采编(C)	系统维护(S)
查询图书R 查询读者A			延期处罚D 丢失处罚L 破损处罚X 注销图书Z	办证P 预订图书A 缺书登记S	统计C 查询R 新增A	添加用户N 管理权限Q 定义参数A

图 10-14　图书信息管理系统初始菜单设计

2. 对话框

对话是用户在选取菜单项或图标时的一种辅助手段。对话在屏幕上的出现方式与弹出式菜单类似,即瞬时弹出,同时系统对其外框矩形区域所覆盖的原屏幕图像内容加以保护,以便在对话结束时能够把这些屏幕图像内容立即予以恢复。有三种形式的对话框。

（1）必须回答式

用户必须回答对话框的内容，如果不回答，则对话框不会隐去，系统也不执行其他操作。图 10-15 是一个必须回答式的对话框，如果用户不理睬这个对话框，或者用户不输入具体的文件名字而直接按回车键，则对话框不会隐去，系统也不执行其他工作。

图 10-15　"打开"对话框图

（2）无须回答式

这类对话框仅仅是为了告诉用户一些信息，不需要用户回答，因此，用户可以不理睬它，继续做原来的工作。一个无须回答的对话框如图 10-16 所示。

（3）警告式

这类对话框用于系统报错或告警。它们在屏幕上出现时，通常会伴有铃声。警告式对话框可以是必须回答式，也可以是无须回答式。一个警告式对话框如图 10-17 所示。

图 10-16　"字数统计"对话框

图 10-17　"删除文件"对话框

3．窗口

用户可以通过窗口显示工作域的内容，可以对显示的内容进行规定的操作。如果在同一个屏幕上有若干个窗口，这些窗口可以叠在一起，也可以在水平方向或垂直方向排列，但是同一时刻只有一个窗口是活动的。一个窗口通常都有菜单区、工具条、标题区、滚动条、工作区、状态条以及其他一些窗口属性。

10.2.2　数据输入界面设计

数据输入界面的使用甚多,也是应用系统中最易出错的部分之一。设计原则是简化用户的操作,尽可能降低用户操作出错率,还要容忍用户的误操作。

- 尽可能减轻用户的输入工作量。可以采用列表选择、编码和缩写,对具有共性的输入内容设置默认值、让系统自动填入用户已输入过的内容。
- 输入界面应该具有预见性和一致性。用户应能控制数据输入顺序,采用的输入风格要与系统风格一致。
- 防止用户出错。在设计中可采取确认输入,确认取消,已输入的数据删除时必须再一次确认。对致命错误,要先警告后退出。对可疑的输入数据,要给出建议信息,并提示有效的取值范围。

10.2.3　屏幕显示设计

屏幕显示设计主要包括布局、文字用语及颜色等。

（1）屏幕布局因功能不同考虑的侧重点不同。各功能区要重点突出,其屏幕布局都应遵循如下 5 项原则。

- 平衡原则:注意屏幕上下左右平衡,过分拥挤地显示会产生视觉疲惫,易出差错。
- 预期原则:屏幕上所有对象,如窗口、按钮、菜单等处理应一致,使对象的动作可预期。
- 简单原则:在提供足够信息量的同时还要注意简明、清晰。
- 顺序原则:对象显示的顺序应依需要排列。
- 规范化原则:显示方式、命令、对话在一个系统中应该统一规范。

（2）文字和用语除作为正文显示外,还会在标题、提示信息、控制命令和会话中出现,设计原则如下。

- 要注意用语简洁性,避免使用计算机专业术语,尽量用肯定句,不要用否定句;用主动语态,不用被动语态;英文词语尽量避免缩写;在按钮、功能键中应尽量使用动词。
- 在屏幕显示设计中,一幅画面不要文字太多,如果文字确实很多,采用标签页方式,关键词加粗,但同行文字尽量字形统一。英文词除标题外,尽量采用小写和易认的字体。
- 信息内容应该简洁明确,尽量不左右滚屏,当内容较多时,应以空行分段或以小窗口分块,以便记忆和理解。重要字段可用粗体吸引注意力。

（3）颜色是一种有效的强化技术,使用颜色时应注意如下几点。

- 同一画面不宜超过 3~5 种,可用不同层次及形状来配合颜色,增加变化。
- 画面中活动对象颜色应鲜明,非活动对象应暗淡。前景色宜鲜艳一些,背景暗淡一些。
- 尽量避免不兼容的颜色放在一起,如黄与蓝、红与绿等。

- 若用颜色表示某种信息或对象属性,应符合常规准则,使用户能理解。

10.2.4　网站界面设计

网站是互联网时代的产物,网站界面设计和传统界面设计有很大区别。

(1) 设备多样性。在传统用户界面设计时,设计师能够控制每一个像素。例如,在设计对话框时,可以确定它在用户屏幕上的真实尺寸,知道在为哪个系统设计,知道安装的字体,知道典型的显示器尺寸等。在网站界面设计时,用户的设备是未知的,可能是一台传统的计算机,也可能是一个 WebTV 或其他 Internet 设备。任何一个网站设计在不同的设备上看起来都大不一样,如何根据设备的特征调整网站界面,使网站内容适应特定的平台呢? 唯一的出路是放弃对界面的完全控制,让网页的展现取决于页面描述、特殊设置和设备特性。

(2) 用户控制导航。在传统的用户界面设计中,设计师可以控制用户什么时候访问什么功能,如果不想让某个菜单项工作,可以让它变灰,甚至可以抛出一个对话框中止计算机的运行,直到用户回答了某个问题。而在网站上,用户自己控制使用网页的行为,他们可以抄小路而不受设计师的控制。例如,从搜索引擎直接进入网站内部,绕过首页。虽然网站设计师可以强制用户使用特定的路径,阻止链接某些页面,但是,这么做的网站显得过分的专制。最好的设计是给使用者一定的自由,但又有必要的引导。比如,在每页放一个链接到首页的图标,给那些直接进入该页的人提供一个返回首页的导航。

(3) 整体的一部分。传统的应用程序是一种封闭式的用户体验。尽管 Windows 系统允许应用程序相互切换并且可以同时运行多个程序,但是在任一时刻,用户其实是处于一个单一的应用程序之中,而且只有针对这个程序的命令起作用。在网络上,用户可以在不同的网站之间切换,经常通过超链接从这个网站跳到那个网站。这种情况下,对于用户来讲,所有的网站是一个整体,而不是某个特定的网站,也就是说,用户希望每个网站的使用习惯尽量相同。

网站界面设计的优劣对于访问量、注册量、销售额甚至成本等都有至关重要的影响。

1. 网站分类

由于不同的网站具有不同的用途,网站用户界面有 3 种类型。

(1) 信息类网站

这类网站不需要复杂的处理特性,只需用户通过单击链接就能在站点内的网页上搜索信息,链接到的网页上包含更多的信息,如图 10-18 所示的中国网新闻网站。

(2) 应用类网站

这类网站需要通过脚本对网站后台数据进行比较复杂的操作和处理,而用户看不到后台数据的处理过程的,如图 10-19 所示的当当网。

(3) 门户类网站

这类网站向用户提供相关信息以及能够链接到其他站点的链接,如图 10-20 所示的MSN 门户网。

图 10-18　中国网新闻网站

图 10-19　当当网

图 10-20　MSN 网

2．网页界面设计规范

网页界面设计是否合理美观,直接关系到企业的形象,在网页界面设计时要注意以下规范。

（1）浏览器的兼容

用户使用的浏览器是多种多样的,由于各种浏览器所支持的 HTML 标准或版本有所不同,在设计网页时必须要考虑周到,保证在不同浏览器下显示的效果相同。在进行网站界面设计时,应该使用多种不同的浏览器测试网页。如果网页有一些特殊效果必须用某种特定的浏览器观看,则应当在首页上标明要求的浏览器名称和版本号。

（2）图形图像

图形图像与文字不同,它是一种视觉语言形式,它是将设计思想赋予形态,以传达特定的信息。图形图像设计集中体现了网页界面的整体风格,显示其特有的视觉魅力,但是如果使用不当,也容易造成网页传输速度缓慢。下面给出一些在网页中使用图形图像的注意事项。

- 在保证所需清晰度的情况下,尽量压缩图形文件的大小。
- 采用分割图形的方法,将大的图形分割成若干小图,同时下载。
- 减少图的颜色,除彩色照片和高色彩图外,尽量使用 GIF 格式。
- 指定图形的外轮廓,浏览器读取此页信息并给图形预留空间,页面的其余部分可以先行载入。

（3）色彩的搭配

随着信息时代的快速到来，网络也变得多姿多彩。网站页面不再局限于简单的文字与图片，需要网页漂亮、舒适。所以网页设计者不仅要掌握基本的网站制作技术，还需要掌握网站的风格、配色等设计艺术。其中色彩在网站设计中占据相当重要的地位。在进行网站界面设计时，要注意以下色彩的运用。

① 色彩的明度

明度越大，色彩越亮。比如一些购物、儿童类网站，用的是一些鲜亮的颜色，让人感觉绚丽多姿，生气勃勃。明度越低，颜色越暗，主要用于一些游戏类网站，充满神秘感；有些网站为了体现自身的个性，也可以运用一些暗色调来表达个人的一些孤僻或者忧郁等格调。

② 互补色

互补色是色环中相对的两种色彩。暖色，如黄色、橙色、红色、紫色等。暖色一般应用于购物类网站、电子商务网站、儿童类网站等，以体现商品的琳琅满目，儿童类网站的活泼、温馨等效果。冷色，如绿色、蓝色、蓝紫色等。冷色一般应用于一些高科技，如游戏类网站，主要表达严肃、稳重等效果。暖色跟黑色调和可以达到很好的效果，冷色一般跟白色调和可以达到一种很好的效果。

③ 色彩均衡

包括色彩的位置，每种色彩所占的比例、面积等。比如鲜艳明亮的色彩面积应小一点，让人感觉舒适，不刺眼。

④ 黑白灰的运用

黑白灰是万能色，可以跟任意一种色彩搭配。对一些明度较高的网站，配以黑色，可以适当地降低其明度。白色是网站用的最普遍的一种颜色。很多网站甚至留出大块的白色空间，作为网站的一个组成部分，这就是留白艺术，给人一个遐想的空间，让人感觉心情舒适、畅快。恰当的留白对于协调页面的均衡起到相当大的作用。

⑤ 页面各要素的颜色

一个网页是由多个要素组成的，包括背景、文字、图片、链接、图标等。网站背景颜色的用色要考虑到与前景文字的搭配。一般的网站侧重的是文字，所以背景可以选择纯度或者明度较低的色彩，文字用较为突出的亮色，让人一目了然。但是若网站为了让浏览者对网站留有深刻的印象，突出的是背景，那么文字就要显得暗一些，这样文字才能从背景中分离开来，便于浏览者阅读文字。

LOGO 是宣传网站最重要的部分之一，是网站的标识。一般要把 LOGO 做得鲜亮一些，也就是色彩方面跟网页的主题色分离开来。有时候为了更突出，也可以使用与主题色相反的颜色。

导航与小标题是网站的导航灯。浏览者要在网页间跳转，了解网站的结构和内容，都必须通过导航或者页面中的一些小标题。因此，可以使用具有跳跃性的色彩，吸引浏览者的视线，让人们感觉网站清晰，层次分明，不会迷失方向。

（4）文字的设计

在网页界面设计领域，文字是信息传达的重要媒介，文字的字体、规格及其编排形式，就相当于文字的辅助信息传达手段。

① 字体的选择。

文字的形态、风格是字体的特有属性,不同的字体会给浏览者造成不同的心理印象,在选用时要注意不同字体的用途。下面是几种常用字体的使用事项。

- 宋体字形阅读最省目力,不易造成视觉疲劳,具有很好的易读性和识别性。
- 楷体字形可读性和识别性均较好,适用于较长的文本段落,也可用于标题。
- 仿宋体适用于文本段落,因其字形娟秀,力度感差,故不宜用作标题。
- 圆体视觉冲击力不如黑体,但在视觉心理上给人以明亮清新、轻松愉快的感觉,其识别性弱,故只适宜作标题性文字。
- 手写体分为两种,一种来源于传统书法,如隶书体、行书体;另一种是以现代风格创造的自由手写体,如广告体、POP 体。手写体只适用于标题和广告性文字,长篇文本段落和小字体时不宜使用。手写体易造成界面杂乱的视觉形象,手写体与黑体、宋体等规范的字体相配合,则会产生动静相宜,相得宜彰的效果。
- 美术体是在宋体、黑体等规范字体基础上变化而成的各种字体,如综艺体、琥珀体。美术体具有鲜明的风格特征,不适于文本段落,也不宜混杂使用,多用于字体较大的标题,发挥引人注目,活跃界面气氛的作用。
- Times New Roman 字体在笔画末端带有装饰性部分,笔画精细对比明显,与中文的宋体具有近似形态特征,具有较好的易读性,适宜作长篇幅文本段落。

② 编排形式

对于网页而言,文字编排有一些常规的设计手法,介绍如下。

- 通过左右延伸的水平线,上下延伸的垂直线,动感的弧线和斜线,穿插的图形来诱导读者视线,按照安排好的结构形式顺序浏览。
- 在界面的四角配置文字或符号,界面的势力范围就明确下来。在四角中,左上和右下具有特殊的吸引力,是处理的重点。应注意界面左右均衡,从左上到右下沿对角线流动的视觉过程,给人以自然稳定的感觉。
- 分栏式结构中,文字群体通常只出现在一栏中,每行的字符数相对较少,易于浏览。如果各栏都安排文字,界面会显得十分拥挤。其他栏中可设置目录、标题、导航等简洁的文字信息,整体形式繁简对比,疏密得当。国内使用较多的是三分栏,国外四分栏式结构则较为普遍。

(5)版式设计

网页界面的版式设计中,其比例关系一般体现在:页面限定空间的长宽比,实体内容与空白的面积比,页面被分割的比例,图文的比例以及各种造型元素布局等。对称的版式显得稳定、整齐,为避免对称产生的单调和呆板,可在对称中略带变化。整个页面可以分为几个部分,每个部分有不同的功能,一般网站版式设计有如下形式。

- 上边和左边相结合,这是最常用的一种方式。上面是页面的提头和广告条,左边是按钮和其他的链接。这样的布局有其本质上的优点,因为人的注意力主要在右下角,所以主要想得到的信息都布局在这里,目前大部分的网站都采用这种版式。
- 上边和下边的结合,这种方式用得相对少一些。这种版式保持上下对比和呼应,无论其中的内容如何安排,页面都会显得非常平衡,显得更协调,这是一种形式感很强的布局方式。

- 上、左、下边相结合,这种方式也有一些应用。这种方式的采用可以将功能性的内容有条理地放的左边和下边,使用起来更方便。像很多的按钮和链接都可以很清楚地显示出来,由此具有很好的导向性。

- 上下左右形成一种包围的格式,这种形式的应用有些类似于第三类,优点也是一样,但是缺点更明显,由此留给使用者的空间太少了。不过经过一些刻意的变化之后能做出很漂亮的形式来,所以一些个人站点有时也采用。

10.3 用户界面评价

评价是用户界面设计的重要组成,应该在系统设计初期就进行,以便尽早发现设计缺陷,避免人力、物力浪费。

1. 用户界面评估要求

界面设计的质量通常可用以下 4 项基本要求评价。

- 界面设计是否有利于用户目标的完成?
- 界面学习和使用是否容易?
- 界面使用效率如何?
- 设计的潜在问题有哪些?

2. 用户界面评估内容

(1) 屏幕

- 屏幕文字的可理解性。
- 屏幕布局合理化。
- 屏幕元素次序。
- 色彩搭配。

(2) 术语和系统信息

- 整个系统术语使用一致。
- 屏幕上说明性的描述正确,重要信息突出。
- 屏幕上不同类型信息有分类。

(3) 帮助和纠错

- 始终有用户帮助告知正在做什么。
- 出错信息描述的准确程度。
- 对误操作的复原(undo)。
- 综合考虑生疏型、熟悉型用户操作的需求。

(4) 便于学习和掌握

- 能够记忆命令的名称和使用情况。
- 信息编排符合逻辑。

- 提供联机帮助。
- 图标和符号形象生动。

（5）系统能力

- 系统响应时间满足要求。
- 对破坏性操作提供保护。
- 对不同语言具有兼容性。
- 系统故障发生后的恢复能力。

10.4　用户界面设计案例分析

关于界面设计我们讲得很多了，但是一旦动手设计一个应用系统的用户界面时，还是感觉无从下手。本节以一个企业信息系统的应用案例体会用户界面的设计规范。

10.4.1　输入界面的设计

用户通过输入界面向系统传送数据，这部分界面是用户使用最频繁，也是最容易出错的部分之一。输入界面设计的总体原则是简化用户的工作，尽可能降低输入出错率，同时还要容忍用户错误。因此在设计输入界面时，可采用以下方法。

（1）尽可能减轻用户记忆。可以设计选择列表框，让用户从中选择，或者设计成系统默认值，还可以用代码和拼音缩写等方式减轻用户的记忆。

（2）使界面具有预见性和一致性。用户应能控制数据输入顺序，也就是说，除非特别情况，用户可以按自己的意愿输入数据，不必受系统的限制。

（3）防止用户出错。有些容易出错的输入，系统应该就数值范围和输入格式做必要的提示。例如，日期的输入 yyyy/mm/dd，用户一看就明白日期的正确输入格式。当某个数据项输入完成后，用 Tab 键或鼠标明确地移开时，系统做数据有效性检查，及时向用户提示出错信息。为了减少误操作，对于删除操作必须让用户再一次确认。对致命错误，要有警告和退出操作。

（4）让用户自己控制输入速度和系统自动格式化。系统不要控制用户输入数据的速度，因为不同的用户操作能力有很大差别。系统应该考虑对某些数据的自动格式化，这点很重要。例如，我国的居民身份证是 18 位，有的人最后一位是"X"，建设银行的网上银行系统在客户信息中明确提示最后的一位字母是大写，那么在客户输入身份证时，系统不管用户是否输入大写，一律自动处理为大写，减少了由于误操作带来的不便。

（5）允许编辑。理想的情况，在输入后能允许编辑且采用风格一致的编辑格式。

图 10-21 是一个图书出版信息系统的数据录入界面，该系统的使用者是出版社的业务人员。图书信息的内容比较多，为了便于业务人员操作，在界面上将信息分组：书名与作者项、版本及载体项、分类项等。为了区分必填项，在界面上增加了红色的"＊"标识，例如正书名、第一作者等；有些数据项不必让用户输入，在界面上以带下画线的数据项表示，例如著作方式、正文语种文字等数据项。

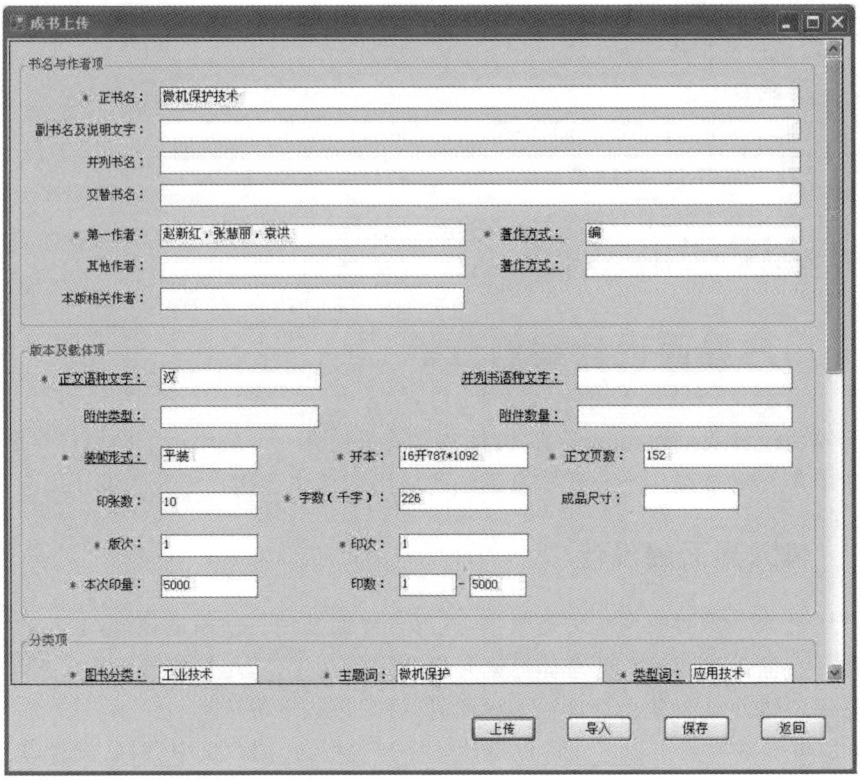

图 10-21　图书信息输入界面

为了界面美观，尽可能将数据项对齐，宋体 9 号字，数据项名称意思清晰。输入项以白底、黑字表示，非输入项是灰底黑字表示。从图 10-21 中可以看出图书信息的数据项很多，需要用滚动条来回操作，对用户来讲比较繁琐。改进的方法可以将每个组框的左上角设计一个"＋"，单击时展开组框的数据项，组框的左上角显示"－"，单击符号"－"，收起组框。

在界面的最下面设计了 4 个操作按钮，操作按钮的间距相等，意思明确，一般的业务人员不必帮助就可以完成工作。略有不足的是操作按钮上应该设计热键，例如"上传"按钮上应该设计一个"U"，业务人员不用鼠标也可以完成上传操作。有些设计者对此不够重视，实际上应用软件，特别是企业的应用软件，业务人员日复一日地操作非常辛苦，用鼠标操作比键盘操作要繁琐，因此设计操作热键是非常必要的。

10.4.2　查询界面设计

查询界面是应用软件最常见的界面，一般要求查询条件清晰、简洁，查询结果内容丰富、布局合理。图 10-22 是一个简单的数据查询界面，查询内容是年度出版计划，查询条件"年度"直接列在表的上方，查询结果显示在列表框中。设计上考虑了以下几个细节。

（1）查询结果内容丰富。查询结果除了列出每个出版社的出版计划外，还列出年度书号核发总量、已经核发的总量、剩余书号总量。

图 10-22　简单查询界面设计

（2）计算查询结果的页数，可以前后翻页，或直接转到指定的页。

（3）显示的结果列表可以通过双击列标题对查询结果排序。

（4）界面的左上角设计了一个快速搜索栏，可以快速在结果中定位搜索的内容。

复杂的查询通常用在查询条件多并且不确定的情况，在应用系统中非常多见。图 10-23 是一个图书出版系统的综合查询界面设计，可以看出查询的条件很多，用户可以根据需要自由组合，条件之间是"并"的关系。例如，查询 2000 年 1 月 1 日以来申报的

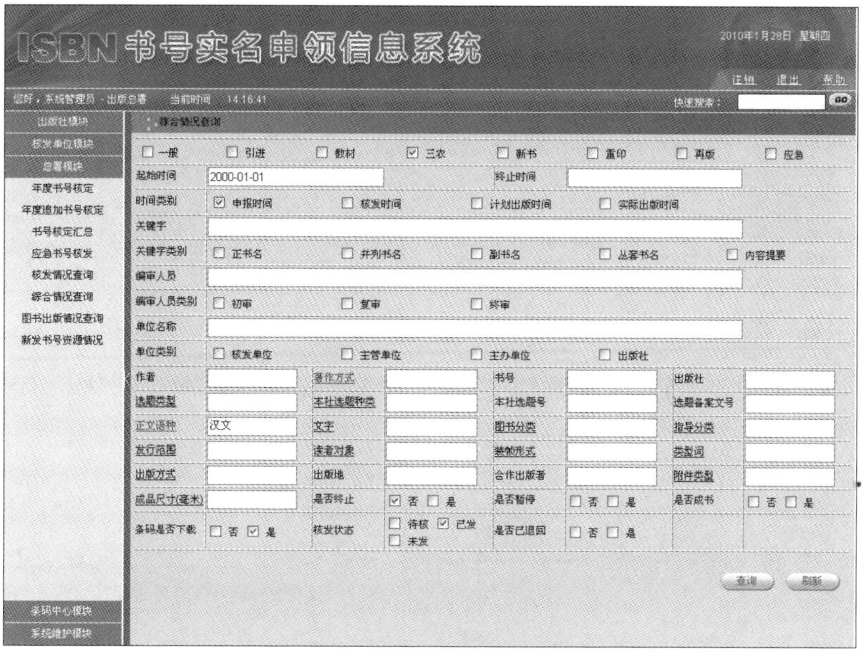

图 10-23　综合查询界面设计

"三农"图书,在"三农"选项框前打钩,在"条码下载"、"已审核"等选项前打钩,系统根据查询的条件在数据库中搜索,并显示数据。

这个案例的综合查询界面设计比较合理,设计者考虑到查询的条件比较多,因此对查询条件作了简单的分类:图书的类别放在第一行,以选项的方式列出,用户可以查询一般图书、引进版图书、教材、支持三农的图书等;时间类别放在第三行,可以选择申报时间、核发时间、计划出版时间和实际出版时间,具体的时间段在第二行的起始时间和终止时间栏中输入,例如,图书申报时间自 2000 年 1 月 1 日至今的所有三农图书,这是一个条件组合查询。

在这个案例中也设计了快捷查询栏,目的是当查询结果很多时,可以快速定位到某个具体的结果。

10.4.3 审批界面的设计

在企业信息管理系统中,经常有审核操作。审核操作经常是根据基层用户上报的数据,结合一些具体的审核规范和标准,填写审核结果:"同意"或"不同意"。图 10-24 是一个图书出版系统的审核界面设计,界面的工作区显示待审核的图书信息,这部分的底色是浅灰色,表示只能查看不能修改。界面的右上部是 4 个标签页:管理信息、出版者信息、辑册信息、重版信息,这部分为核发人员提供核发工作的辅助信息,为了操作方便,以标签页的方式显示不同的信息。在界面的右下部分设计了核发结果和核发意见栏,核发结果用下拉列表列出了常用的核发结果,核发意见栏是核发人员填写意见的栏目。操作按钮设计采用最短距离原则,界面右侧中间的"退回"按钮是对核发结果的撤回,也就是说,当

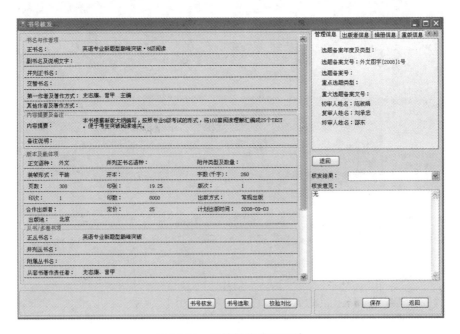

图 10-24 审批操作界面设计

核发人员发现已经核发的结果可能有问题时,可以追回核发的意见。"保存"和"返回"按钮是针对核发意见的操作。"书号核发"、"书号选取"、"校验比对"按钮是针对图书信息的操作。

界面存在的问题主要是图书信息部署比较乱,最好把虚线去掉,用组框分割信息,组框可以关闭和打开。所有的操作按钮和标签页应该设计操作快捷键。

10.4.4 综合界面设计

综合操作界面是指使用者进入系统后的第一个界面,系统应该根据登录者的身份自动配置出最佳的操作界面。所谓最佳是指:当前最重要的操作、最需要的信息、最重要的消息都显示在界面上,同时还要隐去没有操作权限的菜单和按钮、不需要的信息。因此,每个角色进入系统以后都有一个"我的桌面"。图 10-25 所示的界面,左上显示登录系统的用户名,左边是登录者能够操作的菜单,中间的最佳位置是登录者当前要处理的工作,右上栏是系统给所有用户的公告和通知,例如"请下载新版本"。右中是系统针对当前登录者的提示信息,如"您的书号量不足"等。右下是系统的公共文件柜,登录者可以下载需要的文件。

图 10-25 综合操作界面设计

在设计系统的界面时如果能够针对登录者的身份,直接进入相应的操作界面是一种很好的设计策略。通常系统的菜单要根据角色配置,显示的信息要根据用户 ID 号,只显示当前用户可见的信息。

练习 10

1. 用户界面设计的原则有哪些？
2. 界面设计的常用对象窗体、文本框、标签、按钮等有哪些常用属性？
3. 请设计"养老院信息管理系统"的入院、出院的界面。
4. C/S 结构和 B/S 结构的界面设计有什么不同？
5. 如何评价一个界面？

软 件 编 码

现代软件的规模越来越大,软件结构更加复杂,所使用的平台更加高级,将设计转化为代码的工作量非常庞大。要求程序员必须深刻理解、熟练掌握并正确运用程序设计语言的特性。高质量的程序要求具有清晰的结构,不仅开发者本人能够理解,而且要为测试和维护人员考虑,因此要求有相应的编程规范和代码注释。在编写代码时必须充分理解设计者的意图,结合数据结构和编程语言的特性编写出稳定、可靠的程序。

本章并不讲述如何编写程序代码,只是从软件工程的角度讨论程序设计语言的特点,程序员应该具备的良好编程习惯和代码重构等内容,介绍程序员应该自觉遵守的编码规范和代码重用等一些软件工程实践。

11.1 程序设计语言

许多软件初学者总问"学什么编程语言最好?"。目前计算机编程语言已经有上百种,但是主流的语言并不多。在选择编程语言时,要根据应用的特点选择合适的编程语言,达到相对的最佳效果,所以说没有最好的,只有最合适的编程语言。

11.1.1 程序设计语言的特点

程序设计语言是人与计算机通信的最基本工具,程序设计语言的特性不可避免地会影响开发人员的思路和解决问题的方式,影响代码的可理解性和可维护性。作为一名软件工程师应该了解所使用语言的特点,以便在编码中充分利用语言的特点编写出高质量的代码。

1. 技术的观点

语言的技术性能涉及从理论(形式语言理论)到实际(特定语言的性能)范围内的许多问题,这里只概要地讨论语言的一些技术性能。

(1) 名字声明用于预先说明程序中所使用的变量或常量。编译程序能够检查程序中出现的名字的合法性,帮助程序员发现和改正程序中的错误。但是,有些语言不要求显式地声明程序中所使用的变量名称,它把变量第一次出现时使用的名字看做变量的声明。

这样做可能会引入一些很难发现的错误,并且可能会产生严重后果。例如,在程序代码录入时错误地将 Student_no 输入为 Sudent_n0,编译程序认为都是正确的变量名,程序的处理逻辑可能完全错了。但是,这个问题并不是选择语言时特别关键的因素,因为即使一个语言允许隐式地声明变量,开发小组仍然可以人为地要求所有开发人员必须显式地声明所有使用的变量,或者在编译环境中关闭隐式声明变量的设置。

(2)类型声明。类型声明和名字声明是密切相关的,变量的类型声明确定一个变量的使用方式。有了类型声明,编译程序就能够很容易地发现程序中某个特定类型的变量使用不当的错误。

(3)初始化。程序设计中最常见的错误之一就是在使用变量之前没有对变量进行初始化。为了减少发生错误的可能性,应该强迫程序员对程序中所使用的变量进行初始化。另一个办法是在说明变量时由系统给变量赋予一个特殊的标识,表明它尚未初始化,以后如果没给这个变量赋值就企图使用它,系统会发出报警信号。

(4)程序模块独立性。几乎所有现代程序设计语言都支持模块化结构,但是程序设计语言的特性可以加强也可以破坏模块的独立性。例如,某些语言的"包"特性支持信息隐蔽的概念,而有些语言的全局变量和公用内存区可能会破坏模块的独立性。模块化结构语言提供了控制局部变量可见性的某些手段,主要是在较内层程序模块中定义的变量不能被外层模块访问。

(5)循环结构。最常见的循环结构有 for 语句、while-do 语句和 repeat-until 语句,它们都是在循环体外判断循环条件。实际上,许多场合需要在循环体内测试循环结束条件,如果使用 if-then-else 语句和附加的布尔变量实现这个要求,则将增加程序长度并且降低程序的可读性。某些程序设计语言考虑到上述要求,适当地解决了这个问题。例如,C 语言提供了 break 语句把控制转移到循环语句后的第一条语句。

(6)异常处理。程序运行过程中发生的错误或意外事件称为异常。多数程序设计语言在检测和处理异常方面几乎没有给程序员提供任何帮助,程序员只能使用语言提供的一般控制结构检测异常,并在发生异常时把控制转移到处理异常的程序段。但是,Java 等一些语言的新版本提供了异常处理机制,程序员可以很容易地利用语言提供的异常处理机制实现异常处理。

(7)独立编译。一个大程序通常由许多程序单元组成,如果修改了其中任何一个程序单元都需要重新编译整个程序,将大大增加程序开发、调试和维护的成本;反之,如果可以独立编译,则只需要重新编译修改了的程序单元,然后重新链接整个程序即可,独立编译的机制对于开发大型系统极其重要。

2. 软件心理学的观点

从软件设计到程序代码的转换基本上是手工活动,因此编程语言的性能对程序员的心理产生重大影响。在一定的硬件环境下,程序员总是希望选择简单易学、使用方便的语言,以提高编程效率和程序质量。从心理学的观点,影响程序员心理的语言特性有以下几点。

(1)一致性,语言符号的兼容程度。若同一个符号赋予多种用途,会引起许多难以察觉的错误。

（2）简洁性，程序语言的简洁性表示编写程序时必须记忆的程序语言信息量。简洁的程序语言能够用很少的编码实现大量的运算过程，但简洁性有时可能伴随着紧凑性，使得程序难于理解。

（3）局部性，在编码过程中，由语句组合成模块，由模块集成为程序系统结构，在集成过程中实现模块的高内聚、低耦合，增强软件的局部性。

（4）线性，是指人们习惯于按逻辑上的线性序列去理解程序。如果程序中线性序列和逻辑运算较多，则易于理解。相反，如果存在大量的分支和循环，就会破坏线性状态，增加理解的难度。

（5）传统，当人们学习一种新的程序语言时，其接受能力受到已熟悉语言的影响。例如，具有 Pascal 语言基础的程序员在学习 Delphi 语言时不会感到很困难，因为它们的结构和风格很相似，但是要求同一个人去学习 Java 语言可能就会花较长的时间。

3. 软件工程的观点

从软件工程的观点，应着重考虑软件开发项目的需要，程序设计语言应具有如下一些工程上的特性。

（1）详细设计能够直接地翻译成程序代码。

（2）源程序的可移植性。改善软件可移植性的主要途径是程序语言标准化，延长软件生存期，扩大其使用范围。在设计方案发生变化时，有利于降低修改的费用。然而许多编译程序的设计者往往因为某些原因对语言的标准文本做些变动。因此，对于要求可移植性的软件，应该严格遵守 ISO 或 ANSI 或 GB 的标准编写程序代码，不要图一时的省事使用语言的非标准特性。

（3）编译程序效率较高。编译程序首先应该支持独立编译，并且能够尽可能多地发现程序代码错误，辅助程序员提高调试效率。

（4）代码生成工具。有效的软件开发工具是提高编程效率、改善源代码质量的关键因素。许多程序语言都有相应的编译程序、链接程序、调试程序、代码格式化程序、交叉编译程序、宏处理程序和标准子程序库等。使用带有各种有效自动化工具的"软件开发环境"支持从设计到源代码开发的工作。

（5）可维护性。源程序的可维护性对复杂的软件开发项目尤其重要。可维护性的前提是代码的可理解性，因此，源程序的可读性、语言的文档化特性是影响可维护性的重要因素。

11.1.2 程序设计语言的分类

目前，用于软件开发的程序设计语言已有数百种之多，对程序设计语言的分类不是绝对的，因为在很多情况下同一个程序设计语言可以归到不同的类别中。从计算机发展历史的角度，可以将程序设计语言分为 4 代。

第 1 代语言，机器语言。自从有了计算机，就有了机器语言，它是由机器指令组成的语言。不同的机器有相应的一套机器语言，用这种语言编写的程序都是二进制代码的形式，且所有的地址分配都是以绝对地址的形式处理。存储空间的安排和寄存器使用都是由程序员自己规划的。因此使用机器语言编写的程序不直观,并且编写的程序出错率也很高,但运行效率好。

第 2 代语言,汇编语言,比机器语言直观,同时还增加了诸如宏、符号地址等功能。存储空间的安排可由机器解决,减少了程序员的工作量,也减少了出错率。不同指令集的处理器系统有自己相应的汇编语言。例如,在微机上目前最常用的是 Microsoft 的宏汇编语言 MASM,它支持 80386、80387 的所有指令集和寻址模式,具有丰富的宏伪指令处理及其他多种功能。每条汇编语言对应一条机器指令,汇编语言比机器语言易于读写、易于调试和修改,同时也具有执行速度快,占内存空间少等优点,但在编写复杂程序时具有明显的局限性,汇编语言依赖于具体的机型,不能通用。通常只是在高级语言无法满足设计要求时,或者不支持某种特定应用的技术性能时才使用。

第 3 代语言,高级程序设计语言,它比汇编语言又前进了一步。高级程序设计语言使用的概念和符号与人们通常使用的概念和符号比较接近,它的一条语句往往对应若干条机器指令。一般来说,高级语言的特性不依赖于实现这种语言的计算机。高级语言用途广泛,并且具有大量的库函数供程序员调用。高级语言又分为传统的基础语言、结构化语言和专用语言三类。

第 4 代语言,将语言的抽象层次又提高到一个新的高度。第 4 代语言是在更高一级抽象的层次上表示程序结构和数据结构,不再需要规定算法的细节。第 4 代语言兼有过程性和非过程性的两重特性:程序员规定条件和相应的动作,这是过程性的部分;指出想要的结果,这是非过程部分。中间的细节由语言系统运用它专门领域的知识来填充。常见的第 4 代语言有数据库查询语言、形式化规格说明语言等。例如,SQL(Structured Query Language)是一种关系数据库管理系统的标准语言,已被国际标准化组织采纳为国际标准。SQL 语言结构简洁、功能强大、易学易用,如今所有的关系型数据库管理系统都支持 SQL 语言。SQL 语言包含 4 个部分:查询语句(SELECT)、操纵语句(INSERT、UPDATE、DELETE)、定义语言(CREATE、DROP 等语句)、控制语言(COMMIT、ROLLBACK 等语句)。

从程序运行方式角度划分,程序设计语言可分为两类:一类是通过编译器,将源代码编译成目标代码,并脱离其语言环境独立执行;另一类是程序源代码在解释器环境下边解释边执行,执行方式类似于日常生活中的"同声翻译"。编译型程序语言运行环境相对简单,执行效率较高,但是应用程序一旦需要修改,必须再重新编译生成新的目标代码才能执行。现在大多数的编程语言都是编译型的,例如 C/C++、Delphi、C♯ 等。解释型程序语言不能脱离其解释器运行,因此效率比较低,但它灵活,便于动态地修改应用程序。

从应用的角度可以将程序设计语言分类为脚本语言、汇编语言、面向过程的高级语言、面向对象的高级语言和专用语言。

脚本语言到目前为止没有一个明确的定义,它也是程序设计语言的一种,但是脚本语言的原则是:以简单的方式快速完成某些复杂的任务,因此,脚本语言具有语法结构简单、使用方便的特性。为了便于修改,脚本语言通常是解释型的,不需要编译,所以脚本语言编写的程序运行效率略显不足。早期的脚本语言主要应用于操作系统命令环境下的批处理程序设计,在当时只能以键盘敲入命令才能操作计算机的情况下,为了减少重复敲入命令,许多操作系统提供了 Shell 编程环境。脚本语言具有两个明显的特点:解释执行、执行程序为文本文件。随着互联网的发展,为脚本语言赋予了新的生命活力,目前最常用的几种脚本语言有 JavaScript、VBScript、PHP、Perl。

JavaScript 是由 Netscape 公司开发的一种脚本语言,在客户机上执行,是专门为制作 Web 网页而量身定做的一种简单的编程语言,可以提高网页的浏览速度和交互能力。

VBScript 是 Visual Basic Script 的简称(VBS),是微软公司开发的一种脚本语言。目前这种语言广泛应用于网页制作和 ASP 程序开发,同时还可以直接作为一个可执行程序。在实践中 VBScript 主要用于网页浏览器和网页服务器。在网页浏览器方面的 VBS 可以用来指挥客户方的浏览器执行 VBS 程序,像 JavaScript 一样,实现动态 HTML。在网页服务器方面,VBS 作为 ASP 的一部分被执行。

PHP(Hypertext Preprocessor)是一种 HTML 内嵌式的语言,与微软公司的 ASP 类似,也是一种在服务器端执行的嵌入 HTML 文档的脚本语言。PHP 语言的风格类似于 C 语言,简单易学,已被许多网站编程人员采用。PHP 执行引擎会将用户经常访问的 PHP 程序驻留在内存中,当用户再次访问这些程序时,直接执行内存中的代码就可以了,这是 PHP 高效率的体现之一。

Perl(Practical Extraction and Report Language)是一种能用来完成大量不同任务的脚本语言。例如,打印一份报告,或者将一个文本文件转换成另一种格式。它借鉴了许多 C 语言的特性,并能在绝大多数操作系统环境下运行,可以方便地向不同操作系统迁移。

从程序语言面向的内容划分有两大类:面向过程和面向对象的程序设计语言。结构化语言是面向过程语言的杰出代表,面向过程的结构化程序语言强调功能的抽象和程序的模块化,它将解决问题的过程看做是一个处理过程。而面向对象的程序设计则综合了功能抽象和数据抽象,它将解决问题的过程看做为分类演绎的过程。它们之间的比较可从以下几个方面看出。

(1) 在结构化程序设计中,模块是对功能的抽象,每个模块都是一个处理单位,它有输入和输出。而在面向对象程序设计中,对象是包含数据和操作的整体,也可以这样说:对象中可包含模块。

(2) 在结构化程序设计中,过程是一个独立的实体,对调用者来说是可见的,而且相同的输入参数,每一次的过程调用,其输出的结果是相同的。在面向对象的程序设计中,方法是隶属于对象的,它不是独立存在的实体,而是对象功能的体现。从对象的实现机制来看,对象的私有状态只能由对象的操作来改变它。

(3) 对象响应消息后,按照消息的模式找出匹配的方法,并执行该方法。发送消息和过程调用的意义是不同的,发送消息只是触发该对象,同样的输入参数,可能因为对象状态不同使其输出的结果有所不同。

(4) 类型和类都是数据和操作的抽象,即定义了一组具有共同特征的数据和可操作这些数据的一组操作,但是类所定义的数据集(包括数据和操作)比常规语言的类型所定义的数据集要复杂得多。在 C 语言中,int I;定义的变量 I 是一个整型实例变量。而类需要先作类的说明,然后才能定义类的实例,还要规定一个生成实例的操作,例如 C++ 中的构造函数。当实例变量在程序中不再使用时,类需要使用析构函数(C++)回收其内存单元。而且,类还引入了继承机制,实现了可扩充性。

(5) 在结构化程序设计方法中,其核心是逐步细化。这种自顶向下的方法是通过不断在程序的控制结构中增加细节来完成开发,模块往往为了满足特定的需要,可重用性较差。面向对象程序设计以数据结构为中心开发模块,同时,考虑对数据的操作,抓住了程序设计中最不易变化的部分——数据,因此对象具有良好的可重用性。

面向过程语言的典型是 C 语言,它是目前世界上使用最广泛的面向过程的高级语言,许多大型应用软件都是用 C 语言编写的。C 语言最初是作为设计操作系统的语言而研制的。UNIX 操作系统就是用 C 语言实现的,C 语言具有很强的功能,十分灵活,它支持复杂的数据结构和指针类型,并有丰富的操作运算符,还具有类似汇编语言的特性,使程序员能"最接近机器"。同时具有绘图能力强、可移植性好和数据处理能力强的特点,适于编写系统软件、图形和动画应用软件。Smalltalk 是最早的面向对象语言之一,它引入了与传统程序语言根本不同的控制结构与数据结构,Smalltalk 语言可以定义对象。继 Smalltalk 之后,C++ 成为当今最受欢迎的面向对象程序语言,因为它既融合了面向对象的能力,又与 C 语言兼容,保留了 C 语言的许多重要特性,使 C 程序员不必放弃自己已经十分熟悉的 C 语言,而只需要补充学习 C++ 提供的那些面向对象的概念即可。

除了 C++ 之外,Java 也是一种面向对象程序语言,具有跨平台特性。它不再支持运算符重载、多继承及许多自动强制等易混淆的和较少使用的特性,增加了内存空间垃圾自动收集的功能,提供了更多的动态解决方法。Java 语言特别适用于 Internet 环境下的应用开发,提供了网络应用的支持和多媒体信息处理的功能,推动了 Internet 和企业网络的进步。

11.1.3 选择一种语言

为某个特定软件项目选择程序设计语言时,要从技术、工程和心理学等角度评价和比较各种编程语言的适用程度。有实际经验的软件开发人员往往有这样的体会:在进行决策时经常面临着矛盾,需要做出某种合理的折中。考虑的因素如下。

- 编程人员的水平和编程经历。虽然程序员学习一门新的语言并不困难,但是要精通一门语言则需要长期的开发实践。因此,在选择语言时一定要考虑到时间限制和程序员掌握语言的程度,尽可能选择程序员熟悉的语言。
- 待开发软件的类型可能不同,一般分为数据库应用、实时控制、系统软件、人工智能类软件、图形图像处理软件等。根据软件的类型选择合适的开发语言,例如,FORTRAN 语言适合科学计算,PowerBuilder、Delphi、C♯ 语言适合于信息系统的开发,LISP、PROLOG 语言适合于人工智能应用领域。
- 算法和计算复杂性。根据待开发软件算法的复杂性,选择合适的语言。例如,科学计算领域大都选择 FORTRAN,因为它的计算性能比较好,但是当今计算机硬件的发展使得运算速度已不再成为瓶颈,因此许多计算型软件也普遍采用 C/C++ 语言。计算复杂度很高的软件采用汇编语言、人工智能类的语言肯定是不合适的,前者编写代码的工作量太大,后者的运行效率太低,并且这两类语言的科学计算库和可复用的软件元素较少。

- 数据结构的复杂性。有些语言,例如 FORTRAN、BASIC 语言,定义数据类型的能力非常差,一旦设计中有比较复杂的数据结构,程序员实现时会感到很棘手。而 PASCAL、C++、Java 之类的语言其数据结构描述能力非常强大,为程序员创造了一个很广阔的编程空间。
- 考虑软件的开发和维护成本。不仅要考虑当前的开发成本,还要考虑今后的维护成本,如果选择的语言很生僻,即使现在以很快的速度开发出来,将来的维护工作量也不得不考虑。
- 软件的可移植性要求。如果目标系统的运行环境不能确定,例如,可能运行在小型机的 UNIX 操作系统上,也可能运行在大型机的 OS/400 操作系统上,甚至还要运行在 PC 的 Windows 操作系统环境中,这时选择的开发语言最好是 Java,以保证软件的跨平台运行。
- 支持的平台工具。选择语言时,特别是为大型软件项目选择程序语言时,一定要考虑可用的软件支持平台和工具。如果某种语言有支持开发的工具,则开发和调试都会方便一些。

在选择与评价编程语言时,首先要从应用要求入手,对比各项要求的相对重要性,然后根据这些要求和相对重要性来选择合适的程序语言。

总之,选择的编程语言要有理想的模块化机制,良好的控制结构和数据结构;为了便于调试程序语言,编译程序应尽可能多地发现程序中的错误;为了降低软件维护和开发成本,选择的语言应该具有良好的独立编译机制。

实际上,在为某个项目选择开发语言时,既要从技术角度、工程角度、心理学角度评价和比较各种语言的适用程度,又必须考虑实现的可能性。不要盲目追新,新的、更强有力的语言虽然对于开发有很强的吸引力,但是通常存在一些不易被发现的隐患,需要不断完善,况且原来熟悉的语言已经积累了大量可复用代码,具有完整的资料和支撑工具,程序设计人员比较熟悉。因此,在选择语言时应当综合分析、评价语言的特性,选择最合适的语言。

11.2 良好的编程实践

对于编写代码而言,软件工程不仅要求程序正确,还要求程序具有良好的结构和编码风格。为什么程序的正确性不是衡量代码质量的唯一要求呢? 这是因为,程序员编写的代码除了交给计算机运行外,还必须让其他相关人员能够看懂。因此,在写程序代码时就要考虑到代码的可理解性。如果程序代码的可读性好,则调试和维护的成本就可以大幅度降低,同时可以减小程序运行期间软件失效的可能性,提高程序的可靠性。

11.2.1 结构化程序设计的原则

说到结构化程序设计,还有一段故事。早在 1963 年,针对当时流行的 ALGOL 语言,Peter Naur 指出,在程序中大量地、没有节制地使用 goto 语句,会使程序结构变得非常混乱,但是很多人还不太注意这一问题。直到 1965 年,E. W. Dijkstra 提议,应当把 goto 语句从高级语言中取消,因为程序的质量与程序中包含的 goto 语句的数量成反比。在这个提议的影响下,当时新推出的几种高级语言都取消了 goto 语句。到了 1966 年,Bohm 与 Jacopini 证明了任何单入口单出口的没有"死循环"的程序都能由三种最基本的控制结构构造出来。这三种基本控制结构就是"顺序结构"、"if_then_else 选择结构"和"do_while 重复结构"。1968 年,Dijkstra 在写给 ACM 杂志编辑部的信中再次提议从高级语言中取消 goto 语句,只使用这三种基本控制结构编写程序。他的建议在当时引起了激烈争论,争论集中在如何看待 goto 语句的问题上。赞成取消 goto 语句的一方认为,goto 语句对程序清晰性有很大破坏作用,凡是使用 goto 语句多的程序,其控制流通常比较复杂,使程序变得难以理解,从而增加了调试和维护的困难,降低了程序的可维护性。但以 D. E. Knuth 为代表的另一方认为,goto 语句虽然存在着破坏程序清晰性的作用,但不应该完全禁止。这是因为 goto 语句概念简单、使用方便,在某些情况下,保留 goto 语句反而能使写出的程序更加简洁,并且 goto 语句可直接得到硬件的支持。

经过争论,人们认识到,不是简单地去掉 goto 语句的问题,而是要创立一种新的程序设计思想、方法和风格,以显著提高软件生产率和软件质量,降低软件维护成本。

20 世纪 70 年代初,N. Wirth 在设计 Pascal 语言时对 goto 语句的处理可被当作对 goto 语句争论的结论。在 Pascal 语言中设置了支持上述三种基本控制结构的语句,但仍然保留了 goto 语句。不过,他解释说,通常使用所提供的几种基本控制结构已经足够,在一般情况下可以完全不使用 goto 语句,如果在特殊情况下,由于特定要求偶尔使用 goto 语句能简化程序结构,也未尝不可,只是不要大量使用罢了。

综合在围绕 goto 语句的争论中众多学者的意见,对结构化程序设计的概念逐渐清晰起来。其主要的原则如下。

(1) 尽量使用语言提供的基本控制结构:即顺序结构、选择结构和重复结构。

(2) 选用的控制结构只准许有一个入口和一个出口。

(3) 利用块机制将程序组织成容易识别的块(Block),每块只有一个入口和一个出口。

(4) 复杂结构应该用基本控制结构组合或嵌套来实现。

(5) 对于语言中没有的控制结构,可用一段等价的程序段模拟,但要求该程序段在整个系统中应前后一致。

(6) 严格控制使用 goto 语句。

例 1 下面的程序使用 FORTRAN 语言编写,目的是打印 A、B、C 3 个数中的最小者,程序流程图如图 11-1 所示。

```
     ...
     if(A<B)then goto T120
     if(B<C)then goto T110
T100 write(C)
     goto T140
```

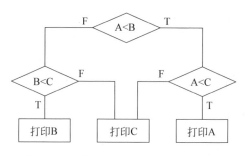

图 11-1 打印 A、B、C 3 个数中的最小者

```
T110   write(B)
       goto T140
T120   if(A<C)goto T130
       goto T100
T130   write(A)
T140   …
       …
```

程序中出现了 6 个 goto 语句,一个向前,5 个向后,程序可读性很差。

如果使用 if-then-else 结构化构造,则上述程序段可改成如下形式。

```
if(A<B AND A<C)then
  write(A)
else if(B<A AND B<C)then
     write(B)
   else
     write(C)
  endif
endif
```

这种程序结构清晰,可读性好。

例 2　设在封闭区间[a..b]上函数 F(x)有唯一解,如图 11-2 所示。下面用 C 语言编写二分法求根程序,程序段中 X0、X1 是区间[X0..X1]的下上界,Xm 是该区间的中点,EPS 是一个给定的很小正数,用于判断迭代收敛。

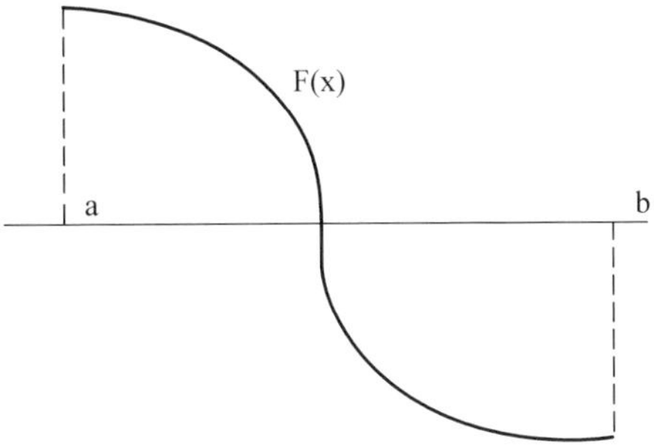

图 11-2　函数 F(x)曲线

【程序段一】

```
…
F0=F(a);F1=F(b);
if(F0 * F1<=0)
  {X0=a;X1=b;
  for(i=1;i<=n;i++)
    {
        Xm= (X0+X1)/2;Fm=F(Xm);
        if(abs(Fm)<EPS||abs(X1-X0)<EPS)goto finish;
        if(F0 * Fm>0)
            {X0=Xm;F0=Fm;}
        else
            X1=Xm;
    }
finish:printf("\n The root of this equation is %d\n",Xm);
    }
    …
```

这个循环结构出现了两个循环出口：一个是 for 循环的正常出口，当循环条件满足时，退出循环；另一个是循环的非正常出口，当计算误差小于 EPS 时，从循环体中跳出循环，执行循环后面的语句。这段程序代码不满足结构化的要求。作为对照，再看下面的两个程序段。

【程序段二】

```
...
F0=F(a);F1=F(b);                              /*区间两端点的函数值*/
if(F0*F1<=0)                                  /*判断是否存在根*/
  {X0=a;X1=b;                                 /*设置当前求根区间的两个端点*/
  for(i=1;i<=n;i++)                           /*最多允许迭代 n 次*/
    {Xm=(X0+X1)/2;Fm=F(Xm);                   /*计算区间中间点的函数值*/
                                              /*求到根或区间小于 EPS,转出循环*/
     if(abs(Fm)<EPS‖abs(X1-X0)<EPS)break;
     if(F0*Fm>0)                              /*没有求到根,缩小求根区间*/
      {X0=Xm;F0=Fm;}                          /*向右缩小区间*/
     else
       X1=Xm;                                 /*向左缩小区间*/
    }
  }
...
```

这段程序仍然不是结构化的程序，它利用了 C 语言的 break 语句，其功能是将控制转移到 break 所在循环后第一个语句处。

再看程序段三，它利用了一个布尔变量 finish，该变量的初值为 FALSE，当循环中得到了要求的结果时，将此变量的值改变为 TRUE，表示循环应结束。while 循环测试到 finish 为 TRUE，就自动退出循环，执行后续的语句。

【程序段三】

```
...
F0=F(a);F1=F(b);                              /*设置当前求根区间的两个端点*/
if(F0*F1<=0)
{X0=a;X1=b;i=1;finish=FALSE;
 while(i<=n&&finish==FALSE)                   /*循环次数大于 n 或 finish=TURE 循环结束*/
   {Xm=(X0+X1)/2;Fm=F(Xm);
                                              /*求到根或区间小于 EPS*/
    if(abs(Fm)<EPS‖abs(X1-X0)<EPS)finish=TRUE;
    if(finish==FALSE)                         /*没有求到根,缩小区间*/
      if(F0*F1>0)
        {X0=Xm;F0=Fm;}                        /*向左缩小空间*/
      else
        X1=Xm;                                /*向右缩小空间*/
    i++;
   }
```

```
    }
    ...
```

此程序段为单入口/单出口，且没有 goto 语句，它是一个结构化的程序。其中只有一重循环，但由于引入一个布尔变量来控制循环结束，可读性不如程序段一与程序段二。在只有一重循环的情形中，相差的程度还不很明显，在多重循环的情形引入多个布尔变量，可读性就很差了。

常用的高级程序设计语言一般都具备前述的几种基本控制结构，即使不具备等同的结构，也可以用程序段模拟来实现。

最后请读者关注上面三段程序中的注释，程序段一没有任何注释，程序段二每条语句都加了注释，程序段三加了部分注释。在实际编码时，不主张每条语句加注释，而是在必要的代码处加注释。

11.2.2 自顶向下，逐步求精

关于逐步细化的方法，N. Wirth 曾做过如下说明：我们对付一个复杂问题的最重要方法就是抽象。因此，对于一个复杂的问题，不要急于马上用计算机指令、数字和逻辑符号来表示它，而应当先用较自然的抽象语句来表示，从而得到抽象程序。抽象程序对抽象的数据类型进行某些特定的运算，并用一些合适的记号（可以是自然语言）来表示。接下来对抽象程序再做分解，进入下一个抽象层次，这样的细化过程一直进行下去，直到程序代码能被计算机接受为止。此时的程序已经是用某种高级语言或机器指令书写的了。

事实上，在设计阶段已经采用自顶向下、逐步细化的方法，把一个复杂问题的解细化为由多个功能模块组成的、具有层次结构的软件系统。在详细设计和编码阶段，还应当采取自顶向下、逐步求精的方法，把一个模块的功能逐步分解，细化为一系列具体的步骤，进而翻译成一系列用某种程序语言表示的代码。

例 3　用筛选法求 100 以内的素数。具体做法就是从 2～100 中去掉 2,3,5,7 的倍数，剩下的就是 100 以内的素数。

为了解决这个问题，可先按程序功能写出一个框架：

```
main()
{
    建立 2~100 的数组 A[]，其中 A[i]=i;                ——1
    建立 2~10 的素数表 B[];                            ——2
    若 A[i]是 B[]中任意一个数的倍数，则剔除 A[i];      ——3
    输出 A[]中没有被剔除的数;                          ——4
}
```

上述框架中每一个描述都可以进一步细化：

```
Main()
{
    /*建立 2~100 的数组 A[]，其中 A[i]=i */           ——1
    for(i=11;i<=100;i++)
```

```
        A[i]=i;

        /* 寻找 10 以内的素数表 B[] */                              ——2
        B[1]=2;B[2]=3;B[3]=5;B[4]=7;

        /* 若 A[i]是 B[]中任一数的倍数,则剔除 A[i] */              ——3
        for(j=1;j<=4;j++)
            检查数组 A[]中的数能否被 B[j]整除,将能被整除的从 A[]中剔除;   ——3.1

        /* 输出 100 以内的素数 */                                  ——4
        for(j=1;j<=4;j++)
        输出 B[j];
        for(i=11;i<=100;i++)
            若 A[i]没有被剔除,则输出之;                          ——4.1
    }
```

下一步继续对 3.1 和 4.1 进行细化,直到每个语句都能直接用程序设计语言来表示为止。整个细化的过程就好像是从树根开始逐步画一棵树,直到画完树的每一片叶子,如图 11-3 所示。

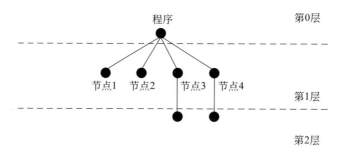

图 11-3　逐步细化过程

细化后的程序代码如下。

```
main()
{
    /* 建立 11~100 的数组 A[],其中 A[i]=i */                    ——1
    for(i=11;i<=100;i++)
        A[i]=i;

    /* 建立 2~10 的素数表 B[] */                                ——2
    B[1]=2;B[2]=3;B[3]=5;B[4]=7;

    /* 若 A[i]是 B[]中任一数的倍数,则剔除 A[i] */              ——3
    for(j=1;j<=4;j++)
        for(i=11;i<=100;i++)
            if(A[i]%B[j]==0)
```

```
        A[i]=0;
    /*输出100以内的素数*/
    for(j=1;i<=4;j++)
      printf("B[%d]=%d\n",j,B[j]);
    /*输出A[]中所有没有被剔除的数*/
    for(i=11;i<=100;i++)
      if(A[i]!=0)
      printf("A[%d]=%d\n",i,A[i]);
}
```

——4

自顶向下、逐步求精方法的优点。

- 自顶向下、逐步求精方法符合人们解决复杂问题的普遍规律,可以提高软件开发的成功率和生产率。
- 用先全局、后局部,先整体、后细节,先抽象、后具体的逐步求精过程开发出来的程序具有清晰的层次结构,因此程序容易阅读和理解。
- 在同一层次上做细化工作,各节点的元素之间没有直接的关联,因此它们之间的细化工作相互独立。某个层次发生错误,一般只影响它下层的细化,对同层其他节点的影响比较小。在以后的测试中,也可以先独立地测试各层上的节点,最后再集成。
- 程序清晰并且是模块化的结构,便于修改和维护,在重新设计一个软件时可复用的代码量大。

11.2.3 程序设计风格

有相当长的一段时间,许多人认为程序只是给机器执行的,所以只要程序逻辑正确,能被机器执行就足够了,至于风格如何无关紧要。但随着软件规模增大,复杂性增加,人们逐渐看到在软件生存期中需要经常阅读程序,特别是在软件测试阶段和维护阶段。所以,应当在编写程序时多花些工夫,讲求程序的风格,这将大大减少人们读程序的难度。

程序设计风格涉及 4 个方面的内容:源程序文档化、数据说明规范化、语句结构化、输入/输出标准化。

1. 源程序文档化

源程序文档化包括标识符的命名、注释语句以及程序的格式等内容。

(1) 标识符命名

标识符名包括模块名、变量名、常量名、标号名、子程序名以及数据区名、缓冲区名等。这些名字应能反映它所代表的实际内容,具有一定的实际意义,使其能够见名知意,有助于对程序功能的理解。例如,表示次数的量用 Times,表示总量的用 Total,表示平均值用 Average,表示数量和用 Sum 等。为了达到此目的,不应限制名字的长度。下面是对同一变量的三种不同命名:

```
CURRENT_ACCOUNTS_PAYABLE
CAP
C
```

第一种命名具有很明确的意义"当前应付款",读程序时对它的用途可一目了然。第二种命名把变量名进行了缩写,形成了另一个词"帽子",因此可理解性较差。第三种命名过于简单,无法表达原来的含义。

现在,许多程序设计语言对变量名称的长度没有限制,但也不是越长越好,过长的名字会增加工作量,使程序员或操作员产生反感。还可能会导致一条语句占用多行,使程序的逻辑流程变得模糊。应当选择精炼的、意义明确的名字,既简化程序语句,又可提高对程序功能的理解。必要时可使用缩写名字,但这时应注意缩写规则要一致,并且最好对每个名字加上注释。

同一个程序中,一个变量应该只有一种用途,就是说,在同一个程序中一个变量不能身兼几种职责。例如,定义了一个变量 TEMP,它在程序的前半段代表温度 Temperature 的缩写,在程序的后半段则代表临时变量 Temporary 的缩写,这样就会给阅读程序的人带来不必要的混乱。

（2）程序注释

程序中的注释是辅助理解源程序的重要内容,可为测试和维护提供明确的指导。因此注释绝不是可有可无的,大多数程序设计语言允许使用自然语言来写注释,这就给阅读程序带来很大的方便。源程序注释分为:序言性注释和功能性注释。

序言性注释——通常位于程序模块的开头部分,给出程序的整体说明。有些软件开发部门对序言性注释作了明确而严格的规定,要求程序员逐项列出。序言性注释涉及的项目有:程序标题,有关该模块功能和目的说明,主要算法说明,接口说明,数据说明,开发历史说明等。下面给出一个序言性注释的例子。

```
/ ************************************************
程序文件:sort.c
目的:对数据进行排序
调用方式:sort(arraydata,num)
输入参数:arraydata 数组
         num 待排序的数据个数
返回参数:arraydata 已排序的数组
作者:李鹏
日期:2009/10/21
修改历史:2010/01/20 朱银涛   规范了程序格式
*********************************************/
void sort(int * p,int n)
{
    int i,j,swap;//swap 用于交换数据的临时变量
    for(i=0;i<n-1;i++)
    {//将最大值、次大值…逐步排列
      for(j=0;j<n-i-1;j++)
        if(p[j]>p[j+1])
        {
            swap=p[j];
```

```
            p[j]=p[j+1];
            p[j+1]=swap;
        }
    }
}
```

功能性注释——嵌在源程序中,解释程序语句或程序段。注意,功能性注释不要解释语句怎么做,因为解释怎么做常常是重复程序语句,例如:

```
/ * 把 AMOUNT 加到 TOTAL * /
TOTAL=AMOUNT+TOTAL
```

这样的注释行仅仅重复了后面的语句,对于理解它的内容并没有什么作用。如果改为下面的注释:

```
/ * 把月销售额加到年度总量中 * /
TOTAL=AMOUNT+TOTAL
```

这使读者理解了程序的意图。书写功能性注释要注意以下几点。

- 描述一段程序,而不是每一个语句;
- 用缩进和空行使程序与注释容易区别;
- 注释要正确。

有了合适的、有助于记忆的标识符和恰当的注释,就能得到比较好的源程序内部文档。有关设计的说明,也可作为注释嵌入源程序内。

(3) 程序格式清晰

一个程序如果写得密密麻麻、分不出层次,是很难看懂的。优秀的程序员在利用空格、空行和缩进的技巧上显示出他们的经验。恰当地利用空格,可以突出运算的优先性,例如将表达式:

```
(A<-17)ANDNOT(B<=49)ORC
```

写成:

```
(A<-17)AND NOT(B<=49)OR C
```

就更清楚。如果把表达式 D * A**B 写成 D *   A**B,就无论如何也不会理解为先做乘法。

另外,自然的程序段之间可用空行隔开。缩进的意思是指程序中的各行不必都向左端对齐,因为这样做使程序分不清层次关系。对于选择结构和循环结构,把其中的结构体向右做阶梯式缩进,可以使程序的逻辑结构更加清晰,层次更加分明。例如,两重选择结构嵌套写成下面的缩进形式,层次就清楚得多。

```
IF(…)THEN
  IF(…)THEN
    …
    ELSE
```

```
     ...
   ENDIF
   ...
ELSE
   ...
ENDIF
```

2. 数据说明规范化

虽然在设计阶段已经确定了数据结构的组织形式及其复杂度,但在编写程序代码时仍然需要注意数据说明的风格。为了使程序中的数据说明更易于理解和维护,必须注意下面两点。

(1) 原则上,数据说明的次序与语法无关,可以任意排列。但出于阅读、理解和维护的需要,最好使其规范化,使说明的先后次序固定。例如:

> 常量说明
> 简单变量类型说明
> 数组说明
> 公用数据块说明
> 文件说明

在每个类型说明中还可以进一步要求,例如可按如下顺序排列:

> 整型量说明
> 实型量说明
> 字符量说明
> 逻辑量说明

当多个变量名用一个语句说明时,应当将这些变量按字母顺序排列。例如数据声明语句:

```
INT size,length,width,cost,price
```

这样的书写形式比较混乱,不易查找,应该改写为下面的形式:

```
INT cost,length,price,size,width
```

(2) 如果程序中声明了一个复杂的数据结构,则应该使用注释语句说明这个数据结构的实现特点。

3. 语句结构化

设计阶段确定了程序的逻辑结构,构造每个语句则是编码阶段的任务。语句构造力求简单、清晰,不要片面追求效率而使语句复杂化。下面是一些关于语句结构方面的忠告。

(1) 一行只写一条语句,并采取适当的缩进格式,使程序的逻辑和功能变得更加明确。许多程序设计语言允许在一行内写多条语句,但这种方式可能会使程序可读性变差。例如,下面一段程序代码的功能是对数组 A 的元素进行排序。

```
FOR I:=1 TO N-1 DO BEGIN T:=I;FOR J:=I+1 TO N DO
IF A[J]<A[T]THEN T:=J;IF T<>I THEN BEGIN WORK:=A[T];
A[T]:=A[I];A[I]:=WORK;END END;
```

由于一行中包括了多个语句,掩盖了程序的循环结构和条件结构,使可读性变得很差。如果将此程序段改写成形式:

```
FOR I:=1 TO N-1 DO
  BEGIN
    T:=I;
    FOR J:=I+1 TO N DO
      IF A[J]<A[T]THEN T:=J;
    IF T<>I THEN
      BEGIN
        WORK:=A[T];
        A[T]:=A[I];
        A[I]:=WORK;
      END
  END;
```

程序的处理逻辑和结构层次变得十分清晰易读。

(2) 编写程序首先应当考虑清晰性,不要刻意追求技巧性,使程序编写得过于紧凑。在 20 世纪 50 年代到 20 世纪 70 年代,为了能在小容量的低速计算机上完成较大的计算任务,必须考虑节省存储空间、提高运算速度。因此,程序员必须对每条语句仔细斟酌,编写的程序非常精巧。由于现代硬件技术的发展,已经为程序员提供了十分优越的开发环境,程序员完全不必在程序中精心设置技巧。与此相反,软件工程技术要求软件生产工程化、规范化,为了提高程序的可读性和可维护性,减少出错的概率,要求把程序的清晰性放在首位。因此,写出的程序必须易读。例如,有一个用 PASCAL 语句写出的程序段:

```
A[I]:=A[I]+A[T];
A[T]:=A[I]-A[T];
A[I]:=A[I]-A[T];
```

读者可能不易看懂此段程序。实际上,这段程序的目的是要交换 A[I] 和 A[T] 中的内容,之所以这样编写代码只是为了节省一个工作单元。如果略作修改:

```
TEMP:=A[T];
A[T]:=A[I];
A[I]:=TEMP;
```

就能让读者一目了然了。

(3) 程序编写得要简单清楚,直截了当地说明程序员的用意。请看下面的三条语句组成的程序段。

```
DO 5 I=1,N
```

```
      DO 5 J=1,N
  5   V(I,J)=(I/J) * (J/I)
```

事实上,这个程序段得到的结果是一个 N×N 的二维数组,V 是一个单位矩阵,整除运算(/)的结果是整数。因此,当 I≠J 时,V(I,J)=0;当 I=J 时,V(I,J)=1。这个程序构思巧妙,但不易理解,这无疑给程序的维护带来很大困难。如果改成下面的形式,读者就很容易了解程序的意图。

```
      DO 5 I=1,N
      DO 5 J=1,N
        IF(I<>J)THEN
          V(I,J)=0.0
        ELSE
          V(I,J)=1.0
        ENDIF
  5   CONTINUE
```

(4) 编程时尽可能使用已有的库函数。

(5) 引用临时变量是为了加强程序的可理解性,如果使用临时变量而使可读性下降,则应该避免。例如,因为简单变量的运算速度比下标变量的运算要快,所以程序员可能把语句:

```
X=A[I]+1/A[I]
```

写成:

```
AI=A[I];
X=AI+1/AI
```

这样做效率要高一些,因为不必访问数组的下标表量。但引进了临时变量,把一个计算表达式拆成了多个,增加了理解的难度。一旦将来修改可能会改变这几行代码的顺序,或在其间插入其他语句,很容易引入新的错误。

(6) 尽量使用三种基本控制结构编写程序。除顺序结构外,使用 if-then-else 控制结构来实现选择;使用 for 或 while 来实现循环。

(7) 某些情况下可以在判断表达式中增加逻辑运算符,减少分支嵌套。例如,用:

```
IF(CHAR>='0'&&CHAR<='9')
```

来代替:

```
IF(CHAR>='0')
  IF(CHAR<='9')
```

(8) 尽量少用含有"否定"运算符的条件语句。例如,如果在程序中把:

```
IF NOT((CHAR<='0')||(CHAR>='9'))
```

改成:

```
IF(CHAR>='0')&&(CHAR<='9')
```

就不会让读者绕弯子。

(9) 避免过多的循环嵌套和条件嵌套。

(10) 数据结构要有利于程序的简化。

(11) 对递归定义的数据结构尽量使用递归过程。

(12) 利用信息隐蔽确保每一个模块的独立性。

(13) 不要做浮点数的相等判断。由于计算误差的原因,浮点数相等判断可能导致程序死循环,解决的办法是,在一定容差范围内检验两个值的差异,其形式为:

`|x0-x1|<ε`

其中 ε 是容差,其大小取决于具体应用中的精度要求。

(14) 确保所有变量在使用前都进行了初始化。

4. 输入和输出标准化

任何程序都会有输入输出,输入输出的方式应当尽量方便用户。系统能否为用户接受,很大程度上取决于输入输出的风格。在需求分析和设计阶段就应确定基本的输入输出风格,避免因设计不当带来操作和理解的麻烦。

输入输出的风格随人工干预程度的不同而异。例如对于批处理软件的输入输出,通常希望按逻辑顺序来组织输入数据,并有合理的输出报告格式,除此之外还要有输入输出信息的有效性检查,一旦发现错误能够提示用户或自动恢复。对于交互式输入输出,应有简洁的提示和有效性检查、出错恢复等功能。

此外,不论批处理软件还是交互式软件的输入输出方式,在设计和程序编码时都应考虑下列原则。

(1) 对所有的输入数据进行检验,识别错误的输入,以保证数据的有效性。

(2) 检查输入项组合的合理性,必要时报告输入状态信息。例如,输入人员信息时,如果"证件类型"输入的是"身份证",则输入证件号时,就要判断身份证号的位数。

(3) 输入的格式和操作尽可能简单。

(4) 有些输入信息应提供默认值。

(5) 输入一批数据时,最好使用输入结束标志,而不要由用户指定输入数据数目。

(6) 交互式输入应显示提示信息,提示应输入的内容和取值范围,便于操作者输入。

(7) 给所有的输出加上注解信息。

(8) 按照用户的要求设计输出报表格式。

输入输出风格还受到许多因素的影响,如输入输出设备的类型,用户操作的熟练程度和工作环境、通信环境等。

11.3 软件编码规范

软件开发通常是多人共同工作,需求分析人员确定用户需求和软件功能需求,设计人员设计软件架构、数据结构和处理过程等内容,程序员根据设计规格说明书编写程序代码,测试人员根据需求规格说明书和设计规格说明书进行单元测试、集成测试和系统测试。因此程序员编写代码时不仅要考虑程序的正确性和高效性,也要考虑程序的可理解性和可维护性。

许多软件组织有严格的编码标准和编码过程规范,程序员在开始编写代码之前必须要经过一定的培训,了解组织的编码标准和编码过程。按照规范要求编写的代码和与之相关的文档以提高程序的可理解性。一个软件开发组织不管规模大小都应该制定一套适用的编码规范,这个规范对于不同的开发项目来说是可以裁剪的,裁剪的目的是使规范更加实用。

下面是某个软件开发组织内部使用的一个编码规范,为了帮助读者理解,在规范中增加了一些使用示例,供读者参考。

×××项目的编程规范

一、排版规范

(1) 代码采用缩进风格排版,缩进的单位是两个空格,不要使用 Tab 键做缩进。

(2) 相对独立的程序块之间、变量说明之后必须加空行。

示例 1:

```
if (!valid_ni(ni))
{
    ... //program code          加空行!
}
repssn_ind=ssn_data[index].repssn_index;
repssn_ni=ssn_data[index].ni;
```

(3) 条件语句和循环语句自占一行,且语句的执行体一律加括号{}。

示例 2:下例语句不符合规范。

```
if(pUserCR==NULL)return;
```

应写为:

```
if(pUserCR==NULL)
{
    return;
}
```

(4) 程序块的分界符应独占一行并且位于同一列。例如,C/C++ 语言用大括号"{"和"}"作程序块的分隔符。

(5) 过长的语句要分多行书写,并进行适当的缩进,使排版整齐。

示例 3:

```
perm_count_msg.head.len=NO7_TO_STAT_PERM_COUNT_LEN
                        +STAT_SIZE_PER_FRAM * sizeof(_UL);
```

(6) 用空格将操作符和操作对象隔开,使代码更加清晰,但是,在长语句中,如果加入太多的空格会降低代码的可读性,可不加空格。

示例 4:

(1) 比较操作符,赋值操作符"＝"、"＋＝",算术操作符"＋"、"％",逻辑操作符"&&"、"&",位域操作符"＜＜"、"∧"等双目操作符的前后加空格。

(2) "!"、"～"、"＋＋"、"－－"、"&"等单目操作符前后加空格要注意。

(3) "－＞"、"."前后加空格要小心。

(4) if、for、while、switch 等与后面的括号间应加空格,使关键字更为突出。

二、注释规范

(1) 源程序有效注释量必须在 20% 以上,边写代码边注释,修改代码的同时修改相应的注释,以保证注释与代码的一致性,无用的注释要删除。

(2) 主要模块之前要有以下注释:模块作用、模块名称、程序员、版本、完成日期、调用方法、参数说明。

示例 5:

```
//模块作用:计算两条线的交点
//模块名称:FINDPT
//程序员:李鹏
//版本:1.0
//日期:2010-3-11
//调用方法:FINDPT(A1,B1,C1,A2,B2,C2,XS,YS,FALG)
//输入参数说明:
//    A1*X+B1*Y+C1=0 和 A2*X+B2*Y+C2=0
//方程的系数是:A1,B1,C1,A2,B2,C2
//输出参数说明:
//如果两条线平行,FLAG 返回 1;否则 FALG 返回 0,并且返回交点(XS,YS)
```

(3) 在程序块的开始处和结束处加注释,标记开始和结束。

示例 6:

```
/*求队列的最大值*/
if(...)
{
    //队列未结束时
    while(index<MAX_INDEX)
    {
      ...
    }
}
/*结束求队列最大值*/
```

(4) 对于所有有物理含义的变量、常量,如果其命名不是充分自注释的,在声明时必须加注释。

示例 7:

/ * 最大有效任务数 * /
define MAX_ACT_TASK_NUMBER 1000

三、命名规范

(1) 一般标识符的命名尽量以其作用或者用途为依据,涉及到多个单词时,第一个单词的首字母小写,后面单词的首字母大写并可适当的缩写,例如版本号命名是 versionID;如果没有公认的缩写,最好用整个单词,例如统计当前在线人数可命名为 currentOnlineUserSum。

示例 8:较长的单词可取前几个字母形成缩写,使用大家公认的缩写。

identfic 可缩写为 ID;

temp 可缩写为 tmp;

flag 可缩写为 flg;

statistic 可缩写为 stat;

increment 可缩写为 inc;

message 可缩写为 msg;

(2) 数据库表命名,t_b_ + 表名,例如版本表的命名是 t_b_version。

(3) 类的命名

类 型	命 名 规 范	示 例	类 型	命 名 规 范	示 例
Entity	Object + Bea	SalesOrderBean	Biz	Object + Biz	SalesOrderBiz
Form	Object + Form	SalesOrderForm	DAO	I + Object + Dao	IsalesOrderDao
Action	Object + Action	SalesOrderAction	DAO	Object + Impl	SalesOrderImpl
Logic	Object + Logic	SalesOrderLogic			

(4) 窗体界面元素命名

序 号	元素名称	命 名 原 则	命 名 举 例
1	Label	label + 属性名称(来自 DB 表);	labelStorageCode
2	TextBox	textBox + 属性名称(来自 DB 表);	textBoxStorageName
		查询文本框命名 textBox + Select;	textBoxSelect
3	DataGridView	dgv + 表名 + Management	dgvBaseStorageManagement
4	Button	button + 功能(增删改查)	buttonAdd buttonDelete buttonModify buttonSelect
		Button + select + 属性名	buttonSelectProtuctCAttributeName

续表

序 号	元素名称	命 名 原 则	命 名 举 例
5	CheckBox	checkBox＋属性名	checkBoxStopFlag
6	Panel	Panel＋位置	panelTop panelSecon panelBottom
7	TabPage	tabPage＋名称	tabPageBase tabPageAttachment tabPageCustom

（5）函数方法命名规范

以函数的功能为依据命名，首字母大写。例如：清除绑定则可命名为 ClearBinding()；增加一个用户可命名为 InsertUser()。

（6）文件命名为：文件名 .xxx，文件名要能够反映文件的内容或作用，后缀是文件的类型。

四、函数规范

（1）接口函数参数的合法性检查规定由接口函数本身负责。

（2）函数中不能有垃圾代码，所有语句必须有用。

（3）调试程序用的打印输出信息串的格式统一：模块名＋行号，规定程序中的所有测试语句使用红色，以便于在正式版中去掉调试语句。软件的 DEBUG 版本和发行版本应该统一维护，不允许分家，并且要时刻注意保证两个版本在实现功能上的一致性。

（4）对所调用函数的错误返回码要全面地处理。

（5）只引用属于自己的存储空间，在退出过程之前分配的资源要释放，打开的文件要关闭。

（6）注意数据类型的强制转换，尽量减少不必要的数据类型默认转换与强制转换。

说明：当进行数据类型强制转换时，其数据的意义、转换后的取值等都有可能发生变化，而这些细节若考虑不周，就很有可能留下隐患。

（7）严禁随意更改其他模块或系统的有关设置和配置。

（8）单元测试要求至少达到语句覆盖。

五、编码过程管理规范

（1）编写代码时要注意随时保存，并定期备份，防止由于断电、硬盘损坏等原因造成代码丢失。

（2）在复杂模块编码之前必须写模块实现思路和测试用例。

（3）发现自己需要调用的公共模块或服务，或自己正在编码的模块具有公共模块的特征，则应该在项目组公告栏发布。

（4）每天下班之前上传自己当天的编码。

11.4　代码重构

在代码的层次上大家可能常见三个类似的词：重复、重用、重构。

代码重复是指相同或相似的代码在程序中多次出现，这是一定要遏制的。

重用是指同一个事物不做修改或稍加改动就可以多次使用，代码重用是应用最早、使用最广泛的一种软件成分的重用。代码重用可以分为三种境界。

（1）源代码剪贴。这是最原始的一种代码重用，就是代码重复。经常看到初学者将大段的程序代码剪来贴去。它的问题是，一旦最初的代码有错误或需要变更，程序员需要修改所有粘贴过的代码，许多情况下程序员很难记得所有粘贴的位置，因此，程序的维护和调试是很大的问题。

（2）源程序包含。许多程序设计语言提供 include 语句，用于在当前程序中重用已有的程序代码。用这种方式实现代码复用比代码粘贴方式有了很大的改进，原始的代码修改后，不必寻找每个粘贴点逐一修改。因为修改了原始代码之后，所有包含的程序自然都必须重新编译。

（3）继承。利用面向对象机制中的继承手段可以重复使用已有的类，如果需要做少量的修改，可以在继承后修改。当父类修改后，继承类可以直接享受父类的修改结果，子类的修改不影响父类和同层次的其他类。

代码重构是对程序代码内部结构的一种调整过程，目的是在不改变软件功能的前提下提高可理解性，降低维护成本。

通过代码重构可以改进软件设计，保障良好的程序结构，提高软件的质量和可维护性，杜绝代码重复，使代码具有更好的可重用性。

11.4.1　重构的相关概念

通俗地理解代码重构就是在不影响代码功能的前提下，重新梳理代码，使其更简洁和清晰。以生活中的宿舍大扫除来说，刚做完扫除的宿舍桌面整洁，物品归类放置，没有垃圾。可是经过一段时间后，房间变得脏乱了：本来应该归类存放的物品却都堆放在桌上、床上，垃圾随手丢弃，到处都是。对应到程序代码也存在类似的现象，初始时，按照设计要求编写的代码比较规范、清晰，但随着开发的深入，出现了需求变更，发现了设计漏洞。为了适应需求变更和设计修改，程序代码不断地增加、删除、修改、调试，很快程序代码的质量发生了变化：变量使用混乱、程序结构臃肿、调试语句遗留在程序的各个角落。如果最终交付这样的软件产品，必定给今后的软件维护带来极大的麻烦。因此，代码重构是非常必要的。

代码重构的时机一般是在添加新功能时进行重构，在修改 Bug 时进行重构，在代码复审时进行重构。在实际项目中，代码重构应该尽早开始，并且不断重构。但并不是在任何情况下都可以进行代码的重构，有两种极端情况不适合做代码重构。一种是代码相当混乱，根本无法运行，重构的代价会远远大于重新开发，这个时候就应该放弃重构的设想。记住，重构的代码至少是可以正常运行的。另一种情况是当项目已到了交付的最后期限,这时进行充分的测试,保持代码的稳定性和正确性更为重要,再考虑重构已经为时过晚了。

代码重构工作的三个主要步骤。

(1)发现代码中的问题。找出结构混乱的函数,分析规模庞大的类或函数,删除垃圾代码,规范变量的使用等。

(2)采用恰当的方法和技术,修改或重写问题代码。

(3)对修改后的代码做单元测试,保证修改前后代码的行为没有发生变化。

下面针对几个主要代码问题的重构技术展开讨论。

11.4.2　分解规模庞大的函数或类

检查程序代码,找出那些规模太大的函数或类。一个函数或类的代码量太大通常是由于不断向其中增加新的功能造成的,这很有可能是在编程时发现设计不够周到,编程人员只好在编码时做补救。在重构时应该遵循一个模块只完成一个功能,将多余的功能分离出去,并生成新的模块。同样的道理,一个类太大时,也需要拆分为多个类,保持每个类的单一职责。

这方面的案例建议读者阅读 Danijel Arsenovski 著《代码重构(Visual basic 版)》,其中第 2 章以一个计算卡路里的程序为例,详细说明了如何分解规模庞大的类和方法。

11.4.3　消除重复代码

代码重复有许多弊病,但是许多程序员对其使用却乐此不疲,因为只要通过简单的复制和粘贴,加上少量的修改就可以快速地完成开发任务,这使得程序员很有成就感。然而这种代码可能要经历反复的修改和测试,每次修改可能都会涉及粘贴的代码,这可真是一场"代码地震"。一般经历过这种灾难的程序员就会考虑如何消除代码重复。著名的软件工程大师 Martin Fowler 在他的 *Refactoring* 一书中讲述了很多消除代码重复的方法。

方法 1:同一个类的两个方法中有相同的表达式,提取相同的部分到 Extract method,然后需要的类都调用该方法。

方法 2:同一个父类的两个子类中如果有相同的表达式,则将相同的部分移到父类,子类直接继承。

方法 3:如果结构相似而并非完全相同,则把相同的部分做成模板(Template method)。

方法 4:如果方法使用不同的算法做相同的事情,那么应该使用替代算法(Substitute algorithm)。

方法 5:如果在两个不相干的类中有重复代码,那么在一个类中使用 Extract class,然后在其他类中使用该 class 对象。

例 4　一个消除重复代码的案例。此例中定义了一个发票类 invoice,其中有两种方法:一个是用 ASCII 格式打印发票;另一个是用 HTML 格式打印发票。两种方法具有许多相同的处理,重构此代码,消除重复处理。

```
class Invoice
{                                                    //发票类开始
    ...
  String asciiStatement()
   {                                                  //ASCII 码格式打印发票
    StringBuffer result=new StringBuffer();
    result.append("Bill for"+customer+"\n");          //打印发票头部
    Iterator it=items.iterator();
    while(it.hasNext())                               //打印发票内容
     {
         LineItem each=(LineItem)it.next();
         result.append("\t"+each.product()+\t\t"+each.amount()+"\n");
     }
    result.append("total owed:"+total+"\n");          //打印发票尾部
    return result.toString();

   }                                                  //ASCII 码格式打印发票结束


  String htmlStatement()
   {                                                  //HTML 格式打印发票
     StringBuffer result=new StringBuffer();
     result.append("Bill for"+customer+"");           //打印发票头部
     result.append("");
     Iterator it=items.iterator();
     while(it.hasNext())                              //打印发票的内容
      {
          LineItem each=(LineItem)it.next();
          result.append(" "+each.product()+" "+each.amount()+" ");
      }
     result.append(" ");                              //打印发票尾部
     result.append("total owed:"+total+"");
     return result.toString();
   }                                                  //HTML 格式打印发票结束
}                                                     //发票类结束
```

asciiStatement()和 htmlStatement()方法具有类似的基础结构，主要完成下面三个任务。

（1）打印发票头。

（2）循环每一个发票内容，并打印。

（3）打印发票尾部。

这种结构和步骤的相似性促使我们考虑使用接口定义和接口实现，避免重复代码。

```
//定义打印接口
interface Printer
 {
```

```
        String header(Invoice iv);
        String item(LineItem line);
        String footer(Invoice iv);
    }

//打印接口的具体实现——ASCII 格式
static class asciiPrinter implements Printer
{
    public String header(Invoice iv)
    {
        return"Bill for"+iv.customer+"\n";
    }

    public String item(LineItem line)
    {
        return"\t"+line.product()+"\t\t"+line.amount()+"\n";
    }

    public String footer(Invoice iv)
    {
        return "total owed:"+iv.total+"\n";
    }
}

//打印接口的具体实现——HTML 格式
static class htmlPrinter implements Printer
{
    //省略,请读者自己完善相应的代码
    ...
}

//定义发票类
class Invoice
    {
        ...
        //打印发票方法
        public String statement(Printer pr)
        {
            StringBuffer result=new StringBuffer();
            result.append(pr.header(this));
            Iterator it=items.iterator();
            while(it.hasNext())
            {
                LineItem each=(LineItem)it.next();
```

```
                    result.append(pr.item(each));
            }
            result.append(pr.footer(this));
            return result.toString();
        }
...
//打印 ASCII 格式的发票
public String asciiStatement2()
{
    return statement(new asciiPrinter());
}

//打印 HTML 格式的发票
public String htmlStatement2()
{
    return statement(new htmlPrinter());
}
```

现在 statement 包含一个通用的结构,隐藏了内部的细节,重复性已经被排除,并且可以实现其他格式的发票输出 XXXPrinter,只要添加相应的类,就能够轻易地扩展系统。

11.4.4　规范标识符命名

检查程序代码中的标识符命名情况,特别是程序中出现的数字要特别小心,正常情况下代码中的数字应该很少,一般都定义为常量,以保证代码的可理解性和可修改性。

11.4.5　删除垃圾代码

初始的程序编写完成后,在调试和修改过程中,程序中会遗留下一些垃圾代码,例如,一些调试用的输出语句,测试运行时间的一些时间函数。这些会影响系统的运行效率,给今后的维护工作带来麻烦,应该坚决删除。

练习 11

1. 简述在项目开发时,选择程序设计语言应考虑的因素。
2. 为建立良好的编程风格应遵循什么原则?
3. 面向对象语言必须支持哪些概念?
4. 程序语言的共同特征是什么?
5. 什么是代码重构? 仔细研究一下软件开发的特点,论证代码重构的时机。
6. 举例说明消除重复代码的有效方法。
7. 请读者参考能够找到的编程规范,为"图书信息管理系统"的开发设计一个编程规范。

8. 有的学生总是问老师"我应该掌握什么程序设计语言更好?",你认为该如何回答这个问题?

9. 编写 C 语言程序,要求输入一个学生的两门课成绩(百分制),计算该生的总分并要求输出成绩等级 A、B、C、D、E。总分在 180 分以上为 A,160~179 分为 B,140~159 分为 C,120~139 分为 D,120 分以下为 E。具体要求:①成绩通过键盘输入,输入之前要有提示信息。②若输入的成绩不是百分制成绩,则给出错误提示信息,并且不再进行下面的等级评价;若输入的成绩是百分制成绩,则计算总分,并根据要求评价等级。

10. 请修改下面的程序,使它的可阅读性更好。

```
WHILE P DO
IF A>O THEN A1 ELSE A2 ENDIF;
S1;
IF B>0 THEN B1;
WHILE C DO S2;S3 ENDWHILE;
ELSE B2
ENDIF;
B3
ENDWHILE;
```

11. 某公司采用公用电话传递数据,数据是 4 位的整数,在传递过程中是加密的,加密规则如下:每位数字都加上 5,然后用和除以 10 的余数代替该数字,再将第 1 位和第 4 位交换,第 2 位和第 3 位交换。源程序代码如下,请按照良好的程序风格,规范代码。

```
Phone(int a,aa[])
{int a,i,t;
aa[0]=a%10;
aa[1]=a%100/10;
aa[2]=a%1000/100;
aa[3]=a/1000;
for(i=0;i<=3;i++)
  {aa[i]+=5;
   aa[i]%=10;
  }
for(i=0;i<=3/2;i++)
  {t=aa[i];
  aa[i]=aa[3-i];
  aa[3-i]=t;
  }
for(i=3;i>=0;i--)
printf("%d",aa[i]);
}
```

第 12 章

软 件 测 试

1963 年,在美国发生了这样一件事,一名编程人员把一个 FORTRAN 程序的循环语句 DO 5 I=1,3 误写为 DO 5 I=1.3。这一点之差导致飞往火星的火箭爆炸,造成严重的损失。

1996 年 6 月 4 日,欧洲航空航天局耗资 67 亿美元研制的 Ariane501 火箭在首次飞行试验中,点火后仅 37 秒即在空中爆炸……。事故调查委员会经过调查分析后认为,灾难是由惯性制导系统软件中的一个错误引起的。这一软件错误导致了巨大的财产损失,而且使这一项目的进程大大拖延。

在海湾战争中,一个软件故障扰乱了"爱国者"导弹的雷达跟踪系统,在发射导弹时产生了 1/3 秒的时间误差,结果造成美军 28 名士兵死亡,98 人受伤。

在民用领域,美国丹佛新国际机场投资 1.93 亿美元的自动化行李系统,由于其中的软件错误,致使该机场的开放时间推迟了半年以上,造成巨大损失。

由于软件错误导致的系统失效,酿成重大损失的事例不胜枚举,迫使人们考虑在软件投入使用之前必须进行充分的测试。目前,在软件业比较发达的国家,软件测试已经成为一个独立的产业。人们普遍认识到,对软件产品进行测试是保证软件产品质量、提高产品可靠性的重要手段之一。

本章在介绍软件测试概念的基础上,结合具体案例讲述如何制定测试计划,设计测试用例,以及在实际项目中如何实施测试计划,保证软件测试获得更好的效果。

12.1 软件测试基本概念

为了更好地了解软件测试的概念,我们先简单地回顾一下软件测试的发展历程:20 世纪 60 年代,在建立软件工程概念之前,为了证明程序正确而进行测试;到了 1972 年,在北卡罗来纳大学举行了首届软件测试正式会议;在 1975 年 John Good Enough 和 Susan Gerhart 在 IEEE 上发表了"测试数据选择的原理"一文,从此,软件测试被确定为一个研究方向。

1979 年,Glenford Myers 出版了名著《软件测试艺术》,对测试给出了明确定义:测试是为发现错误而执行一个程序或者系统的过程。20 世纪 80 年代早期,软件测试定义发生了改变,测试不仅仅是一个发现错误的过程,还增加了软件质量评价的内容,并且开始制定了各类测试标准。1983 年,Bill Hetzel 在《软件测试完全指南》一书中指出:测试是以评价一个程序或者系统属性为目标的任何一种活动,测试是对软件质量的度量。

20 世纪 90 年代,测试工具盛行起来。1996 年提出了测试能力成熟度模型 TCMM (Testing Capability Maturity Model)、测试支持度模型 TSM(Testability Support Model)、测试成熟度模型 TMM(Testing Maturity Model)等一批测试基本概念和模型。

到了 2002 年,Rick 和 Stefan 在《系统的软件测试》一书中对软件测试做了进一步定义:测试是为了度量和提高被测软件的质量,对测试软件进行工程设计、实施和维护的整个生命周期过程。

12.1.1 软件测试定义

跟踪软件测试的发展进程,可以发现软件测试的定义是随着软件的发展和人们对测试概念的理解而变化的。因此,至今无法给出最终的定义。下面是关于软件测试定义的几种描述。

(1) 从广义上讲,软件测试是指软件生存周期内对软件做的所有检查、评审和确认活动。从狭义上讲,软件测试是为了发现错误而执行程序的过程。

(2) 软件测试是根据软件开发各个阶段的规格说明和程序内部结构而精心设计一批测试用例,用这些测试用例运行程序,以发现程序错误的过程。

(3) 软件测试是为了度量和提高被测软件的质量,对测试软件进行工程设计、实施和维护的整个生命周期过程。

综合上述的软件测试定义,我们可以理解软件测试是为了度量和提高被测软件的质量,而进行的一系列检查、评估和确认活动,这些活动贯穿于软件的整个生命周期之中。

12.1.2 软件测试的目标和原则

软件测试的目标是设计优秀的测试用例,以最小的代价、在最短的时间内尽可能多地发现软件中潜在的各种错误和缺陷。在谈到软件测试时,许多人都引用 Grenford J. Myers 在 *The Art of Software Testing* 一书中的观点。

- 软件测试是为了发现错误而执行程序的过程;
- 软件测试是为了证明程序有错,而不是证明程序无错误;
- 一个好的测试用例是在于它能发现至今未发现的错误;
- 一个成功的测试是发现了至今未发现的错误。

软件测试并不仅仅是为了要找出错误,通过软件测试可以分析错误产生的原因和错误的分布特征,帮助评价软件的质量。同时也有助于设计出更有针对性的测试用例,进一步发现软件的缺陷,提高测试效率。没有发现错误的软件测试也是有价值的,它虽然不能说明软件没有错误,却是评价软件质量的一个方面。

软件测试用例是为某个特殊目标而编制的一组测试输入、执行条件以及预期结果,以便测试某个程序路径或核实是否满足某个特定需求。通常用两个指标衡量测试用例的质量:测试覆盖率和测试执行效率。测试用例对于测试管理和回归测试具有很大帮助,而且能够更快、更有效地发现缺陷,确保软件测试的系统性和全面性,在测试的深度和广度上达到所期望的目标。

软件测试的原则如下。

(1) 应该把测试贯穿在整个开发过程之中。事实上,从需求分析阶段开始,每个阶段结束之前都要进行阶段审查,这是最早的软件测试,目的是尽早发现和纠正软件中的错误。

(2) 每个测试用例都应该包括测试输入数据和这组数据输入作用下的预期输出结果。在实际操作中可以列出一张电子表格,包括每个测试用例的编号、执行条件、输入数据、预期输出结果、实际输出结果。

(3) 要对每个测试结果进行认真检查,不要漏掉已经出现的错误迹象。

(4) 程序员应该尽量避免测试自己编写的代码。测试工作需要严格的工作作风,程序员在测试自己编写的代码时往往会带有一些倾向性,使得他们工作中常常出现一些习惯性的思考和操作方式,形成测试漏洞。而且,程序员对需求和设计的理解错误而引入的错误更是难于发现。

(5) 在设计测试用例时,应该包括有效的、期望的输入情况,也要包括无效的和不期望的输入情况。既能够验证使程序正常运行的合理输入,也能够验证程序对异常情况处理的不合理输入数据,以及临界数据。在测试程序时,人们常常过多地考虑合法的和期望的输入条件,以检查程序是否做了它应该做的事情,但是却忽视了不合法的和预想不到的输入条件。事实上,用户在使用系统时,输入错误指令、给出非法参数是经常发生的,如果软件遇到这些情况不能做出适当的反应,给出相应的提示信息,就可能会误导用户,甚至造成严重损失。

(6) 软件中遗留的错误数量与已经发现的错误数量成正比。根据这个规律,对测试中发现错误成堆的模块更要仔细测试。例如,在某个著名的操作系统中,44%的错误仅与4%的模块有关。

(7) 回归测试的关联性要特别引起注意,修改一个错误而引起更多错误的现象并不少见。因此修改程序后,应该重新进行全面的测试。

(8) 测试程序时不仅要检查程序是否做了它应该做的事情,还要检查它是否做了不该做的事情。例如,工资软件中,软件只完成在编职工的工资计算和输出,离职人员的工资是不进行计算和输出的。如果软件将离职人员的工资信息也输出显然是错误的。

(9) 严格执行测试计划。在测试之前应该有明确的测试计划,包括要测试的内容、测试环境要求、测试的进度安排、需要资源、测试控制方式和过程、测试用例设计等。

(10) 做好测试记录,为测试统计和进一步的维护提供基础数据。

一般性的软件其测试工作量大约占整个开发工作量的 40%,系统软件或关系到人的生命财产安全的重要软件,其测试工作量通常可能达到整个开发工作量的 3~5 倍。

12.1.3 测试的对象和类型

软件测试并不等于程序测试,软件测试应该贯穿于软件整个生命周期,需求分析、概要设计、详细设计以及编码阶段的文档和源程序都是软件测试的对象。

从测试对象的粒度上划分,软件测试可以分为 4 个层次。

- 单元测试:依据详细设计说明书,针对程序代码的测试,测试的粒度最小。
- 集成测试:依据概要设计说明书,把经过单元测试的模块组装在一起形成一个子系统的测试,集成测试的重点是模块之间的接口。
- 系统测试:依据需求规格说明和概要设计说明书,把经过测试的子系统装配成一个完整的系统的测试。这个测试主要是发现与系统设计不一致的错误,也能够发现与需求规格说明不一致的错误。
- 验收测试:以用户为主,由用户参加设计测试用例,对软件的功能、性能进行全面测试。验证软件是否满足需求规格说明的要求,检查所有的配置成分是否齐全。这个测试除了能够发现与需求规格说明不一致的错误之外,还能够发现需求规格说明与用户实际需求不一致的问题,即需求理解和表达的问题。

根据是否要执行被测程序,可以分为静态测试和动态测试。

- 静态测试:主要通过代码审查和静态分析检查源代码中存在的问题。代码审查由有经验的程序设计人员实施,根据软件详细设计说明书,通过阅读程序来发现源程序中类型、引用、参数传递、表达式等错误,不必运行程序。这种方法不需要专门的测试工具和设备,一旦发现错误就能定位,但是此方法具有一定的局限性。静态分析主要对程序进行控制流分析、数据流分析、接口分析和表达式分析等。
- 动态测试:在指定的环境上运行被测程序,输入测试数据,获得测试结果,将获得的测试结果与预期的结果进行比较,发现程序的错误。

从测试内容上可以分为下面这些类型。

- 功能测试:目的是验证软件是否实现了预期的功能。测试人员根据软件需求规格说明书设计测试用例,按照测试用例的要求运行被测程序。这种测试将被测程序看成一个黑盒子,不关心内部的结构,因此也被称为黑盒测试。黑盒测试着重于验证软件功能和性能的指标,其典型测试方法有等价类划分、边值分析、因果分析、猜测错误等。
- 结构测试:对程序结构的检查,也称为白盒测试。采用这种测试方法,测试者需要了解被测程序的内部结构。白盒测试通常根据覆盖准则设计测试用例,有语句覆盖、判定覆盖、条件覆盖、判定/条件覆盖和条件组合覆盖等。
- 用户界面测试:对软件的用户界面、系统接口进行的测试。验证其正确性和操作方便性。
- 性能测试:测试程序的响应时间、并发处理、吞吐量和计算精度。
- 负载测试:测试一个软件在重负荷下的运行情况。例如,测试一个 Web 应用软件在大量的负荷下系统的响应何时会退化或失败。
- 配置测试:检查系统内各个设备、各种资源之间的相互联结和功能分配中的错误和缺陷。
- 安装测试:检查软件是否能够正确安装,包括初次安装、升级安装、完全安装、定制安装,安装后能否正确运行。
- 安全性测试:安全测试是检查系统对非法侵入的防范能力,保密措施的有效性。

测试人员假扮非法入侵者,采用各种办法试图突破防线,例如截取或破译口令、破坏系统的保护机制、故意导致系统失败、试图通过浏览非保密数据推导所需信息等。

- 网络通信测试:软件中网络通信的速度、容量、安全性、延迟处理等方面的测试。
- 恢复测试:主要检查系统的容错能力。当系统出错时,能否在指定时间间隔内修正错误并重新启动系统。恢复测试首先要采用各种办法强迫系统失败,然后验证系统是否能尽快恢复。对于自动恢复,需验证重新初始化、检查点、数据恢复、重新启动等机制的正确性;对于人工干预的恢复系统,还需估测平均修复时间,确定其是否在可接受的范围内。
- 文档完整性检查。

12.1.4 测试的难点

软件测试有些像医生诊断病人的病灶,人吃五谷杂粮可能的病情太多了,经常会出现误诊、漏诊。软件测试也一样,通常由于软件运行的可能路径和条件组合数量巨大,不可能穷举所有的情况,因此就注定了一切测试技术都是不彻底的,也就不能够保证被测试程序中不存在遗留的错误。那么,就要在有限的资源和时间内,运用有效的测试方法、管理手段和辅助工具尽可能多地发现软件的错误。测试工作的难点如下。

- 测试用例的设计者需要对被测软件系统有充分的理解,这是一种缺乏指导性方法的、不易制定标准的、需要"技巧"的设计活动。测试用例的质量很大程度上取决于设计者的专业经验和水平。
- 目前缺乏测试管理方面的资料,几乎没有可供参考的、完整的测试管理与测试实施模式。
- 开发组织与测试组织缺少配合。
- 有效的测试工作需要投入足够的人力和物力,需要对测试工作的难度和工作量有充分的估计。

12.1.5 验证与有效性确认

在软件开发的初始阶段要进行需求分析,确定用户需求,编写需求规格说明书;在编写的需求规格说明书中,不一定能够准确地描述用户的需求,因此需求规格说明和用户实际需求之间可能有偏差;而按照需求规格说明进行系统设计也可能存在偏差。导致按照设计规格开发的软件系统,与需求规格说明之间存在偏差,为了描述这种现象,软件工程中引入了"验证(Verification)"和"有效性确认(Validation)"两个词。在 ISO 9000 中,"验证"的定义是:通过检查和提供客观证据,表明规定要求已经满足的认可。换句话说,验证就是检查软件是否已正确地实现了需求规格说明书所定义的软件功能和性能。

"有效性确认"的定义是:通过检查和提供客观证据,表明一些针对某一特定预期用途的要求已经满足的认可。换句话说,有效性确认是检查已经开发的软件是否满足用户的需求,以及是否构造了正确的产品。

验证和有效性确认是捕获不同类型问题的策略,具有互补性。它们的区别是测试环境和测试目的不同,但都是在软件产品发布前必须要完成的测试活动。验证和有效性确认的区别请参考图 12-1。

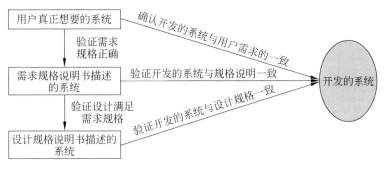

图 12-1　验证与有效性确认

12.1.6　测试阶段的文档

软件测试工作所产生的文档、程序、数据以及相关文件的总和称为软件测试产品,它是软件产品的一部分。在实际测试工作中,一般需要提交软件测试计划、软件测试用例、软件测试报告。此外,还需要提交一些测试记录类的文档,如项目文档审查记录表、代码审查记录、软件问题报告记录、变更记录表、软件测试日志等。

在测试工作中使用的文档和信息流如图 12-2 所示。图中反映了软件开发过程中测试文档产生和使用的阶段,例如,在需求分析阶段主要是弄清楚系统"做什么",这个阶段的主要文档是《需求分析规格说明书》,为了及时、准确地记录开发过程中的需求变更,应该产生一个《需求变更记录表》,在整个开发过程中只要需求有变更都要填写该表。这个阶段还没有程序代码,因此测试分为两个任务:一是要组织专家和用户对《需求分析规格说明书》进行评审,二是要进行测试的设计和规划,即做《总体测试规划》、《系统测试方案》和《需求跟踪矩阵》。《总体测试规划》的主要内容是软件交付测试和用户验收测试的测试计划;《系统测试方案》的主要内容应该是描述软件交付测试的环境、测试用例;《需求跟踪矩阵》是描述需求对应的软件元素,便于评审人员和测试人员以需求为线索,了解整个系统的文档、数据和程序之间的交叉关系。

概要设计阶段的主要任务是"设计系统总体框架结构",制定设计过程中的相关规范,因此,这个阶段产生的文档是《概要设计规格说明书》和《系统设计规范》。这个阶段的测试也是两个任务:一是组织专家对系统总体框架结构进行评审,二是设计《集成测试规划》和《集成测试方案》。《集成测试规划》主要描述集成测试工作的计划,《集成测试方案》主要描述集成测试的策略、测试环境和测试用例。

详细设计阶段需要详细设计每个模块或每个类的具体处理过程,产生《详细设计说明书》,为程序员制定《编程规范》。这个阶段的测试工作主要是编制《单元测试人工检查表》和《单元测试记录表》。

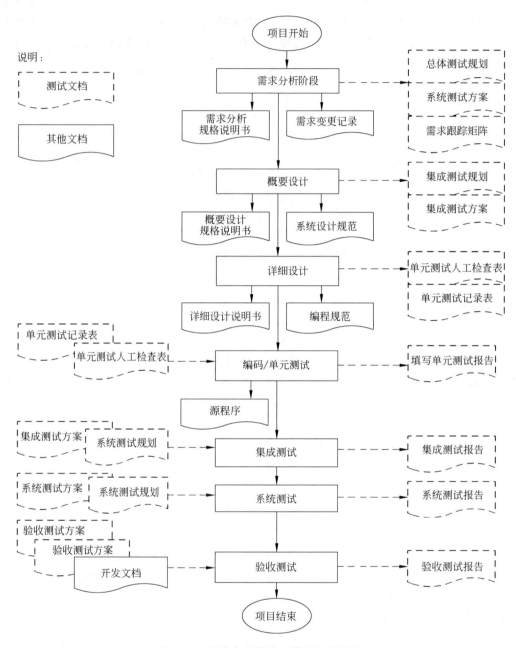

图 12-2　测试中使用的文档和信息流程

　　程序员在编码和单元测试阶段按照《详细设计说明书》和《编程规范》编写程序代码，测试人员或者程序员按照《单元测试人工检查表》的内容走查程序代码，检查代码缺陷，填写《单元测试记录表》。

　　集成测试、系统测试和验收测试都是根据前面各相应阶段设计的测试规划和测试方案进行测试，产生测试结果报告。验收测试是以用户为主的测试，需要对系统的功能、性能、文档进行全面系统的测试，因此验收测试需要参考整个开发阶段的开发文档和测试文档,制定系统、全面的《验收测试规划》和《验收测试方案》,并且根据测试结果,编写《验收测试报告》。如果用户没有软件验收方面的经验,可以委托专门的咨询公司或测试公司进行第三方验收测试。

12.2 软件测试过程

软件测试过程分为测试设计、测试实施和测试结果分析三大阶段:测试设计阶段要确定测试过程、方法,设计测试用例,保证测试过程的完整性和充分性;测试实施是按照测试设计和计划对软件进行实际的测试,记录测试结果;测试结果分析是根据提交的测试记录分析软件缺陷分布和趋势,调整测试策略,完善测试用例,保证测试的覆盖率和充分性。

随着软件测试技术和测试管理水平的提高,软件测试专家总结了一些经典的测试过程模型,这些模型对测试活动进行了抽象,并与开发活动有机地结合,是测试过程管理的重要参考依据。

12.2.1 V 模型

V 模型最早是由 Paul Rook 在 20 世纪 80 年代后期提出的,旨在改进软件开发的效率和效果。V 模型反映出了测试活动与分析设计活动的关系。在图 12-3 中,从左到右描述了基本的开发过程和测试行为之间的对应关系。

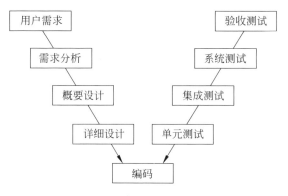

图 12-3 软件测试 V 模型

V 模型指出单元测试和集成测试应检测程序的执行是否满足软件设计的要求;系统测试应检测系统功能、性能的质量特性是否达到系统要求的指标;验收测试确定软件的实现是否满足用户需要或合同的要求。V 模型存在一定的局限性,它仅仅把测试作为在编码之后的一个阶段,是针对程序进行的寻找错误的活动,而忽视了测试活动对需求分析、系统设计等活动的验证和确认的功能。

12.2.2 W 模型

W 模型由 Evolutif 公司提出,相对于 V 模型,W 模型增加了软件各开发阶段中应同步进行的验证和确认活动。如图 12-4 所示,W 模型由两个 V 字形模型组成,分别代表测试过程与开发过程,图 12-4 中明确表示出了测试与开发的并行关系。W 模型强调测试伴随着整个软件开发周期,而且测试的对象不仅仅是程序,需求和设计阶段的产品同样需要测试。W 模型有利于尽早地全面地发现问题。

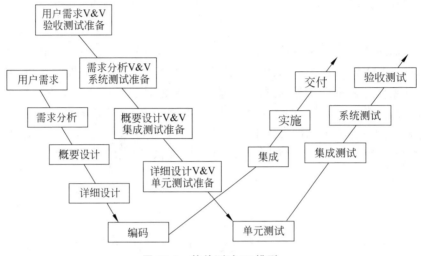

图 12-4　软件测试 W 模型

12.2.3　H 模型

V 模型和 W 模型均存在一些不妥之处,它们都把软件的开发视为需求、设计、编码等一系列串行的活动,而事实上,这些活动在大部分时间内是可以交叉进行的,相应的测试活动也不一定严格地按次序进行。各层次的测试:单元测试、集成测试、系统测试等也存在反复和迭代的关系。H 模型将测试活动完全独立出来,形成了一个完全独立的流程,将测试设计活动和测试执行活动清晰地体现出来,如图 12-5 所示。

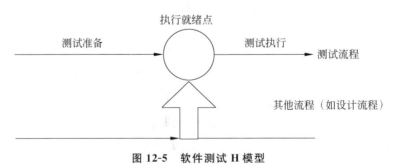

图 12-5　软件测试 H 模型

H 模型揭示了一个原理:软件测试是一个独立的流程,贯穿整个生存周期,与其他流程并发地进行。软件测试要尽早准备、尽早执行。不同的测试活动可以是按照某个次序进行的,也可能是反复的,只要某个测试准备就绪,测试执行活动就可以开展。

12.2.4 软件测试过程模型选取策略

这些软件测试模型各有所长,最好综合应用,不要机械地照搬。V 模型强调了在整个软件生命周期中需要经历不同的测试级别,但忽视了测试的对象不仅仅是程序;W 模型在这一点上进行了补充,明确指出应该对需求、设计进行测试。V 模型和 W 模型都没有将一个完整的测试过程抽象出来,成为一个独立的流程,这并不适合当前软件开发中广泛应用的迭代模型。H 模型明确指出测试的独立性,只要测试条件成熟了,就可以开展测试。在实际测试工作中可以结合系统的特点,汲取各个模型中的有实用价值的内容综合应用。例如,以 W 模型作为框架,及早地开展测试,同时灵活运用 H 模型独立测试的思想展开独立的测试工作,并且进行迭代测试,最终达到测试目标。

(1) 尽早测试,这是从 W 模型中抽象出来的理念。因为测试并不是在代码编写完成之后才开展的工作,测试与开发是两个相互依存的并行过程,测试活动在开发活动的前期已经开展。尽早测试包含两方面的含义:第一,测试人员早期参与软件开发项目,及时开展测试的准备工作,包括编写测试计划、制定测试方案以及准备测试用例;第二,尽早地开展测试执行工作,一旦代码模块完成就应该及时开展单元测试,一旦代码模块被集成为相对独立的子系统,便可以开展集成测试。

(2) 全面测试。软件是程序、数据和文档的集合,那么对软件进行测试,就不仅仅是对程序的测试,还应包括文档的“全面测试”,这是 W 模型中一个重要的思想。需求文档、设计文档作为软件的阶段性产品,直接影响到软件的质量。全面测试包含两层含义:第一,对软件的所有产品进行全面的测试,包括需求、设计文档、代码、用户文档等。第二,软件开发及测试人员全面地参与到测试工作中,例如对需求的验证和确认活动,就需要开发、测试及用户的全面参与,毕竟测试活动并不仅仅是保证软件运行正确,同时还要保证软件满足用户的需求。

(3) 全过程测试。在 W 模型中充分体现的另一个理念就是“全过程测试”。W 过程图形表明了软件开发与软件测试的紧密结合,这就要求测试人员对开发和测试的全过程进行充分的关注。全过程测试包含两层含义:第一,测试人员要充分关注开发过程,对开发过程的各种变化及时做出响应。例如开发进度的调整可能会引起测试进度及测试策略的调整,需求的变更会影响到测试的执行等。第二,测试人员要对测试的全过程进行跟踪。

(4) 独立的、迭代的测试。软件开发瀑布模型只是一种理想状况,而在螺旋、迭代等诸多模型中需求、设计、编码工作可能是重叠并反复进行的,因此对应的测试工作将也是迭代和反复的。软件测试与软件开发是紧密结合的,但并不代表测试是依附于开发的一个过程,测试活动是独立的,这正是 H 模型所主导的思想。

12.2.5 测试过程管理实践

本小节以一个实际系统测试过程为例,阐述上面提出的测试理念。一个小型企业的 ERP 系统建设中,由于前期需求不明确,开发周期相对较长,为了对项目进行更好的跟踪和管理,采用增量模型进行开发。开发共分三个阶段：第一阶段实现进销存的简单功能和工作流;第二阶段实现固定资产管理、财务管理,完善第一阶段的进销存功能;第三阶段增加办公自动化的管理。该系统每一阶段的开发工作是对上一阶段成果的一次迭代完善,同时将新功能进行了一次叠加。

(1)策划测试过程。

如果依据传统的方法,将系统测试作为软件开发的一个阶段,系统测试将在三个阶段完成后开展,这样做会使一些缺陷埋藏至后期发现,这时的修复成本将大大提高。如果依据独立和迭代的测试理念,对测试过程进行独立的策划,当测试准备就绪时马上开展测试。该系统的三个阶段具有相对的独立性,在该系统开发过程中,测试组计划开展三个阶段的测试,每个阶段的测试具有不同的侧重点,目的在于配合开发工作尽早发现软件Bug,降低软件成本。软件开发与系统测试过程的关系如图12-6所示。

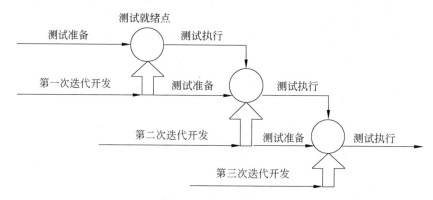

图 12-6 软件开发与系统测试的关系图

实践证明,这种做法达到了预期的效果,与开发过程紧密结合而又相对独立的测试过程,于早期发现了许多系统缺陷,降低了开发成本,也使基于复杂开发模型的测试管理工作更加清晰。

(2)把握需求。

测试人员早期参与需求分析,有助于加深测试人员对需求的把握和理解,同时也大大促进需求文档的质量。

(3)变更控制。

在软件开发过程中,变更往往是不可避免的,变更也是造成软件风险的重要因素。在本系统测试中,仅第一阶段就发生了11次需求变更,调整了3次进度计划。依据全过程测试理念,测试组密切关注开发过程,跟随进度计划的变更调整测试策略,依据需求的变更及时补充和完善测试用例。由于充分的测试准备工作,在测试执行过程中,没有废弃一个测试用例,测试的进度并没有因为变更而受到过多影响。

(4)度量与分析。

对测试过程的数据进行收集和分析,很容易发现开发和测试的问题,找出需要改进的地方,及时调整测试策略。在 ERP 系统开发中,收集了不同阶段测试得到的 Bug 数量,如图12-7所示,通过分析发现测试得到的 Bug 数量呈收敛状态,表示测试是充分的。

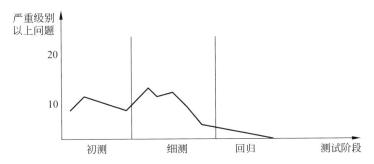

注：通过对每轮测试Bug数的度量和分析，可以判断出各阶段的测试是否充分

图 12-7　软件开发与系统测试关系图

12.3　软件测试计划

　　软件测试是有计划、有组织的软件质量保证活动，为了规范软件测试内容、方法和过程，在对软件进行测试之前，应该做出测试计划。软件测试计划是指导软件测试过程的纲领性文件，主要内容有软件产品的概述、测试环境和限制、测试方法和策略、测试范围、测试配置、测试周期、测试资源、风险分析等内容。有了测试计划，测试人员就可以明确测试任务和方法，保持测试过程中的信息沟通，跟踪和控制测试进度，应对测试过程中的各种变化。

　　利用"5W"规则创建软件测试计划，可以帮助测试团队理解测试的目的（Why），明确测试的范围和内容（What），确定测试的开始和结束日期（When），指出测试的方法和工具（How），给出测试文档和软件的存放位置（Where）。"5W"规则指的是"What（做什么）"、"Why（为什么做）"、"When（何时做）"、"Where（在哪里）"、"How（如何做）"。

12.3.1　软件测试计划模板

测 试 计 划

　　1. 概述
　　描述项目的背景，包括目标、范围和规模，本次测试工作的重要性和必要性等内容。
　　1.1　编写目的
　　描述本文档的目的。由于测试计划是具体地定义一个软件项目的测试对象、测试内容、测试环境和测试工作安排，因此它是实施一个项目测试活动的行为指南，也是进行系统维护工作的依据之一。
　　1.2　术语定义
　　1.3　参考资料

---

2. 系统概述

概要描述系统的主要功能和关键的技术方案。

2.1 系统环境

描述系统的开发环境、运行环境和本次测试的环境。

2.2 系统体系结构

描述系统的物理结构图和系统体系架构划分的子系统。如果每个子系统运行的环境不同,可以用一张表格说明。

×××项目子系统划分概述

子 系 统 名	任 务	运 行 环 境

2.3 测试限制

描述本次测试的约束条件。

3. 测试要点

3.1 测试方法

由于不同的阶段采用不同的测试方法,所以应该按阶段或类型分别说明。例如,在单元测试阶段常常使用等价类划分和语句覆盖测试方法,在集成测试阶段通常采用自顶向下或自底向上的集成测试方法。

3.2 测试手段和工具

软件测试有人工测试、自动测试、人工与自动测试相结合等手段。本节描述测试的手段,如果是自动测试,应说明选择的测试工具。

4. 软件测试内容

分别说明测试软件的哪些内容。例如,有些小软件可能只需要测试功能和界面,其他都不需要;而有些重要的软件可能不仅要测试功能和界面,还要测试安全性、接口等其他内容。下面列出了一些常用的测试内容和相应的关注点。

4.1 功能测试

功能测试是对软件需求规格说明或设计文档中的功能需求逐项进行的测试,以验证其功能是否满足要求。功能测试时要注意以下几点。

(1) 用正常值的等价类输入数据值测试。

(2) 用非正常值的等价类输入数据值测试。

(3) 对每个功能的合法边界值和非法边界值作为输入进行测试。

(4) 对控制流程的正确性、合理性等进行验证。

列出待测软件的功能一览表。

4.2 界面测试

界面测试是对界面操作和显示进行的测试,以检验是否满足用户的要求。界面测试需要注意以下几点。

（1）以非常规操作、误操作、快速操作来检验界面的健壮性。

（2）测试对错误命令或非法数据输入的检测能力与提示情况。

（3）测试对错误操作流程的检测与提示。

（4）界面显示。布局设计合理、控件显示完整，字体、颜色、格式一致规范。

（5）界面操作。界面操作方式、快捷键使用一致，Tab 操作有序。

（6）界面操作流程。正常操作流程是否符合用户手册，对错误操作流程进行检测并提示。

列出待测软件的界面一览表。

4.3　安全性测试

安全性测试是检验软件安全性、保密性的测试。测试应尽可能在符合实际使用的条件下进行。通常需要注意以下几点。

（1）用户身份认证安全的测试要考虑以下问题。

- 明确区分系统中不同用户的权限；
- 检查用户冲突；
- 用户登录密码是否可见、可复制；
- 是否可以通过绝对途径登录系统（复制用户登录后的链接直接进入系统）；
- 用户退出系统后是否删除了所有权限标记，是否可以使用后退键而不通过输入口令进入系统。

（2）系统网络安全的测试要考虑以下问题。

- 检查防护措施是否正确，有关系统补丁是否安装；
- 模拟非授权攻击，检查防护系统是否坚固；
- 采用网络漏洞检查工具检查系统是否存在安全漏洞；
- 采用木马检查工具检测系统是否存在木马；
- 采用防外挂工具检查系统是否存在外挂漏洞。

（3）数据库安全测试考虑以下问题。

- 系统数据的密级要求是否满足；
- 检查系统数据的完整性；
- 检查系统数据的可管理性；
- 检查系统数据的独立性；
- 系统数据备份和恢复能力。

列出待测软件的安全性要求一览表。

4.4　压力测试

通过对系统不断施加压力以发现系统所能支持的最大负载，前提是系统性能处在可以接受的范围内。在多用户情况下，一般使用压力测试工具，并且将压力测试和性能测试结合起来进行，如果有负载平衡的话还要在服务器端打开监测工具，查看服务器 CPU 使用率、内存占用情况，如果有必要可以模拟大量数据输入，测试对硬盘的影响。

列出待测软件的压力增加计划一览表。

4.5 接口测试

接口测试是对软件需求规格说明或设计文档中的接口需求逐项进行的测试。接口测试的重点是要检查数据的交换、传递和控制管理过程,包括处理的次数。接口测试首先是测试接口的逻辑,主要是根据所描述的业务逻辑,设计测试用例,目标是测试在正常输入的情况下能否得到正确的结果,测试用例设计方法有等价类和边界值方法。接着是出错测试,包括空值输入,错误参数属性的测试,例如,输入一个未赋值参数等。制造一些异常的测试场景,测试软件异常提示是否清晰、准确。

列出待测软件的接口一览表。

4.6 安装测试

安装性测试是对安装过程是否符合安装规程的测试,以发现安装过程中的错误。安装性测试需要考虑以下内容。

(1)不同配置下的安装和卸载测试。

(2)安装规程的正确性测试。

4.7 文档测试

文档测试是根据文档审查表对文档的完整性、一致性和准确性进行检查。文档审查表通常依据开发合同中规定的文档要求制定,包括核对文档的种类、文档的版本记录、目录、章节、格式规范性、描述清晰、内容充实、定义准确等。

列出待测软件的文档一览表。

5. 软件测试的资源管理

5.1 人员及职责

姓　　名	角　　色	职 责 描 述

5.2 进度安排

(1)测试设计安排

测试设计应包括:理解系统功能,学习软件涉及的相关专业知识,编写测试大纲,设计测试用例等,并制定测试设计的进度表。

测试设计项目	开 始 时 间	结 束 时 间	负责人	参 加 人

(2)测试实施准备

编写测试工作需要的测试驱动程序或桩程序,准备测试环境,建立测试信息管理数据库,制定测试进度表。

测试准备项目	存储路径	开始时间	结束时间	负责人	参加人
测试驱动程序××× 桩模块××× 建立测试信息数据库 准备测试数据					

（3）计划测试时间

制定测试进度时间表。

测试项目	开始时间	结束时间	负责人	参加人
功能测试 界面测试 集成测试 … 压力测试				

（4）测试分析评价

根据测试结果，评价软件的质量，编写测试总结报告。测试分析的进度表如下。

测试总结项目	开始时间	结束时间	负责人	参加人

5.3　预算

预估测试所需工作量，包括测试设计工作量、测试实施准备和测试实施、测试总结的工作量。

5.4　测试数据管理规划

（1）测试数据的记录和保存

利用测试日志和测试结果报告记录测试过程。主要填写内容包括测试阶段、测试对象、成功与否、测试过程、问题现象说明、测试时间、测试者。记录下来的测试数据将被保存到测试信息数据库或文件中，以利于测试结果分析和软件质量评价。

测试阶段	测试对象	问题现象	测试时间	成功？	测试者

（2）测试数据的整理和分析

测试设计信息和测试结果都被记录到数据库中，利用测试信息管理数据库系统对测试信息进行汇总、分析，并生成测试报告。

注意：编写软件测试计划要避免无所不包，长篇大论。常见的问题就是在测试计划中详细叙述测试技术指标、测试步骤和测试用例。测试计划主要从高层规划测试活动的范围、方法和资源配置，而测试步骤、测试用例是完成测试任务的具体活动。

12.3.2 软件测试计划的制定过程

测试计划不是一成不变的。虽然测试计划在总体设计阶段就开始撰写，但在后来的开发过程中会随着项目进度表的改变进行调整。

制定测试计划时，首先要仔细研究软件项目计划和需求规格说明书，了解软件要做什么，这样才能够确定测试需求。当测试需求确定之后，就可以选择测试方法和测试工具了，接下来定义测试通过的标准，最后根据测试资源的情况确定测试进度。初步的测试计划完成之后，测试经理要组织对测试计划进行评审，并且针对评审的意见修改测试计划。测试计划的制定过程如图 12-8 所示。

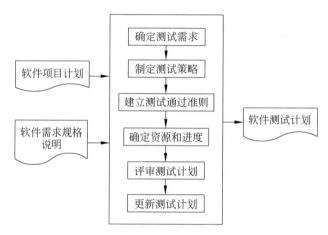

图 12-8 测试计划的制定过程

应该注意，测试计划应该由测试小组组长或最有经验的测试人员来进行编写，测试人员在实施过程中可以对测试计划提出调整意见，经过相关人员确认后进行调整。制定软件测试计划的 16 字方针：尽早开始、简洁易读、灵活变更、合理评审。

12.4 测试用例设计和测试执行

测试用例就是用于软件测试的输入数据及预期结果。不同的测试用例发现错误的能力有很大差别，一个好的测试用例应有以下几个特征：它是最有可能发现错误的、不是重复多余的、具有代表性的。

设计测试用例时，常常几种方法同时使用。通常先按黑盒测试法设计基本测试用例，发现软件功能和性能上的问题；然后再用白盒测试方法补充一些测试用例，发现程序逻辑结构的错误。

软件测试用例设计的模板如下所示。

测试用例设计

项目名称：
模块名称：　　　　　　　　　　模块编号：
项目开发经理：　　　　　　　　测试负责人：

编号	测试标题	级别	输入	预期结果	操作步骤说明
STxx	AAAAAAAAAAAAAAAAAAA AAAAAAAAAAAA	高	BBBBBBBBBB	CCCCCCC	DDDDDDDDDDDDDDDD DDDDDDDDD

备注：用于记录该测试用例执行的一些特殊说明。

表格中的各项说明如下。

- 编号：定义测试用例编号，便于查找和跟踪测试用例。用例编号通常按一定的规则设计，例如，测试阶段类型（系统测试阶段 ST）＋2 位顺序号，组成 STxx。
- 测试标题：清楚地表达测试用例用途。比如，测试用户输入错误密码时，软件响应情况。
- 级别：定义测试用例的优先级别，可以笼统地分为高、低两个级别。一般来说，如果需求的优先级高，则对应的测试用例优先级也高，反之亦然。
- 输入：根据需求中的输入要求，设计输入数据。
- 操作步骤说明：描述测试的操作步骤。
- 预期结果：根据设计的输入数据，说明软件测试的预期结果。如果测试的实际结果与预期不符，则应该记录在缺陷表中。

12.4.1　白盒测试技术

白盒测试的基础是详细设计说明书。白盒测试的成本很高，通常对结构比较复杂的模块进行结构测试。白盒测试又称结构测试、透明盒测试、逻辑驱动测试或基于代码的测试。白盒测试是一种测试用例设计方法，盒子指的是被测试的软件，白盒指盒子是可视的。白盒测试的目的是通过检查软件内部的逻辑结构，对程序的逻辑路径进行覆盖测试；在程序不同地方设立检查点，检查程序的状态，以确定实际运行状态与预期状态是否一致。

白盒测试的特点是依据详细设计说明书进行测试，对程序内部做严密检验，针对特定条件设计测试用例，对软件的逻辑路径进行覆盖测试。

白盒测试的实施步骤如下。

（1）测试计划阶段：根据需求说明书，制定测试进度。

（2）测试设计阶段：依据程序设计说明书，按照一定规范化的方法进行软件结构划分和设计测试用例。

（3）测试执行阶段：输入测试用例，得到测试结果。

（4）测试总结阶段：对比实际测试结果和预期结果，分析错误原因，找到并解决错误。

1. 语句覆盖测试

用足够多的测试用例使程序的每条语句至少执行一次。这是一个非常弱的测试方法，因为每条语句都执行一次，仍然会有许多错误测试不出来。

例：

```
...
If((A>1)AND(B==0))X=X/A;
IF((A==2)OR(X>1))X=X+1;
Printf("%d\n",X);
...
```

这段程序对应的程序流程图见图 12-9。

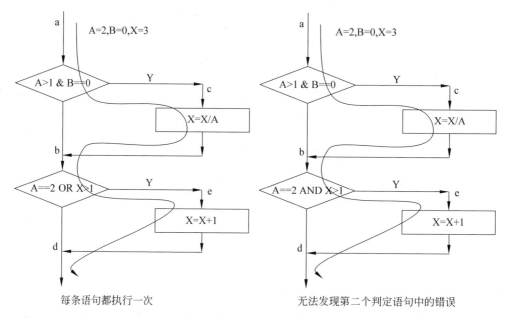

每条语句都执行一次　　　　　无法发现第二个判定语句中的错误

图 12-9　语句覆盖测试

测试用例 A＝2，B＝0，X＝3 可以使每条语句都执行一次，但是，如果程序中将第二个判定的 OR 写成 AND，仍然不能发现错误。

2. 判定覆盖法

设计足够多的测试用例，不仅使每条语句都至少执行一次，还要使程序中每个判定分支都至少执行一次，也就是说，设计的测试用例使每个判定都有一次取"真"和"假"的机会。

在上面的例子中，设计测试用例 A＝3，B＝0，X＝3（前面判定为"真"，后面为"假"）和 A＝2，B＝1，X＝1（前面为"假"，后面为"真"）。这时第二组测试用例的实际输出是 X＝1 与预期输出 X＝2 不符，因此可以发现条件判断中将"OR"写成"AND"的错误，见图 12-10，但是，如果 X＞1 误写成 X＜1 仍然查不出来。

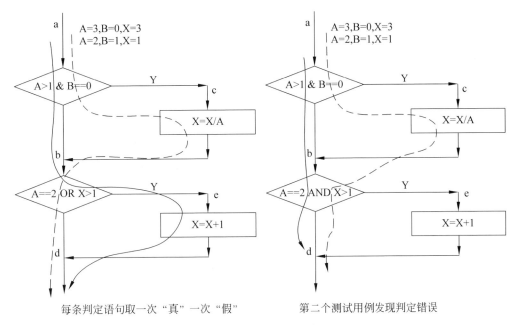

图 12-10　判定覆盖法

3．条件覆盖

设计足够多的测试用例，不仅使每条语句都至少执行一次，还要使每个判定内部的条件都能够取一次"真"和"假"。参见图 12-11，设计满足下面条件的测试用例。

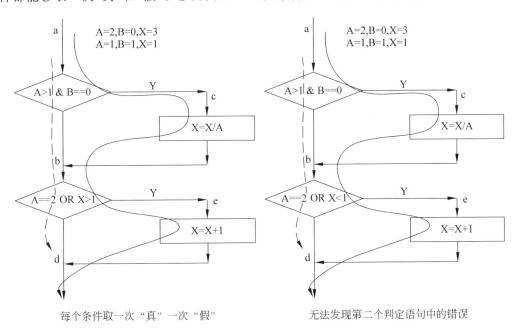

图 12-11　条件覆盖

```
A>1      B=0      A=2      X>1
A<=1     B<>0     A<>2     X<=1
```

设计的测试用例为：

```
A=2,B=0,X=3
A=1,B=1,X=1
```

从图 12-11 可以看出,即使满足了条件覆盖,也并不一定能发现错误的条件语句。并且条件覆盖有时并不能覆盖所有的判定结果,例如：if(A AND B)PRINT(A,B);如果设计测试用例 A＝TRUE,B＝FALSE 和 A＝FALSE,B＝TRUE,则判定结果永远是假,后面打印语句永远也测试不到。

4. 判定/条件覆盖

设计足够多的测试用例,使得每条语句都至少被执行一次,还要使得判定中每个条件的取值至少出现一次"真"、一次"假",并且每个判定本身也至少出现一次"真"、一次"假"。

对于前面的例子,设计满足判定/条件覆盖的测试用例如下：

```
A=2  B=0  X=3
A=1  B=1  X=1
```

由此可以发现,判定/条件覆盖并不一定比条件覆盖和判定覆盖更强。

5. 条件组合覆盖

设计足够多的测试用例,使得每条语句都至少被执行一次,还要使得每条判定表达式中条件的各种组合都至少出现一次,设计测试用例检查一个判定中所有条件的各种组合。

在上面的例子中,条件的各种组合如下表所示。

A>1 A>1 A<=1 A<=1	B=0 B<>0 B=0 B<>0	A=2,B=0,X=3 A=2,B=1,X=1 A=1,B=0,X=3 A=1,B=1,X=1
A=2 A=2 A<>2 A<>2	X>1 X<=1 X>1 X<=1	A=2,B=0,X=3 A=2,B=1,X=1 A=1,B=0,X=3 A=1,B=1,X=1

去掉其中重复的测试用例后,剩下 4 组测试用例满足条件组合覆盖,它们的执行路径如图 12-12 所示。

图 12-12 中用 4 组测试用例执行程序,如果程序中的 X>1 被误写为 X<1,则第 3 组测试用例可以发现实际输出与预期结果不同,因此发现程序有误。

12.4.2 黑盒测试技术

功能测试中如果能够穷尽所有的有效输入和无效输入,那么也可以得到正确的程序,但是实际上不可能也没有必要穷尽所有的输入。我们要力争找到这样的测试用例,使得每个测试用例都尽可能地发现更多的错误,并且这类测试用例具有很强的代表性,它能够

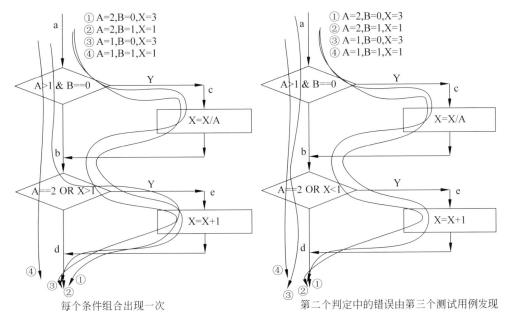

图 12-12 条件组合覆盖

覆盖尽可能多的其他输入。下面介绍几个进行功能测试的有效方法。

1. **等价类划分**

等价类划分的核心思想是将程序的所有输入域划分为不同类,同类的所有输入数据具有相同的测试效果。使用这种方法可以滤掉所有同类数据,提高测试的效率。等价类划分方法由两步组成:先划分等价类,在类中找出具有代表性的测试用例。

找等价类的方法如下。

(1) 如果程序的某个输入条件规定了值的范围,则确定一个有效等价类,多个无效等价类。多个无效等价类通常是为每个无效输入域确定一个无效等价类,例如小于最小有效值、大于最大有效值的无效输入域分别作为无效等价类。

(2) 如果输入条件中规定了"必须如何"的条件,则可以确定一个有效等价类和若干个从不同角度破坏规定条件的无效等价类。

(3) 如果某个等价类中的元素在程序处理上是有区别的,那就要把这个等价类拆成更小的等价类。

为什么要有多个无效等价类呢?这是因为某些无效测试用例会掩盖其他的错误。例如,输入考生的专业编号(G 表示钢琴、S 表示手风琴、T 表示小提琴)和成绩(20~100),测试用例 XY 11,同时覆盖了专业编号和成绩两个无效的测试等价类,但是程序可能会认为 XY 11 是一个专业编号错,而不再去测试成绩是否有效,导致成绩这个无效等价类的测试用例少了一类测试,使得测试不够充分。因此,在实际项目中要根据具体情况划分等价类,宗旨就是一个等价类中的各个元素具有相同的测试效果。

例如,一个程序将字符类型的数字串转换成整数,字符串数字是右对齐的,并且最大长度是 6,不足 6 位时左边补空格,表示负值时在字符数字的最左边应该是负号。如果输入的是正确的字符数字,程序应该输出转换后的数字;如果输入不正确,程序输出提示信息。

对于这个例子,可以设计有效输入、无效输入、会造成计算机非法运算的输入,共三个等价类,如表 12-1 所示。

表 12-1　等价类划分

类　别	描　述	输　入	预　期　输　出
有效等价类	① 由 1～6 个字符数据组成的字符串 ② 最高位是 0 的字符数据 ③ 最高位数字左边是负号	123456 0123 −0123	123456 123 −123
无效等价类	④ 空字符串 ⑤ 最高非空位上不是数字和符号 ⑥ 字符数字之间有空格 ⑦ 字符数字之间有非数字字符 ⑧ 符号与最高位数字之间有空格	 A123 1 23 1A23 − 123	error error error error error
非法运算等价类	⑨ 比计算机能够表示的最小整数还小的负整数 ⑩ 比计算机能够表示的最大整数还大的数据 **注意**:假设计算机的字长是 16 位	−32768 32767	error error

2. 边值分析法

实践证明,用边界值测试时常常收获很大,因为大部分程序员容易在边界值的处理上疏忽。如果选择的测试用例正好等于边界值、稍小于或稍大于边界值的情况,可能发现更多的错误和缺陷。前面讨论的等价类是在等价类内部寻找测试用例,边值分析法是在等价类的边界上选择测试用例,在实际项目中将二者结合会得到令人满意的结果。

确定边值的几条原则如下。

(1) 如果输入条件规定了值的范围,则设计测试用例恰好等于边界值、刚刚超出边界值。例如,输入范围是 1～10 的整数,则测试用例取边界值 1 和 10,刚好小于允许的最小值,取 0,刚好大于允许的最大值,取 11。

(2) 如果输入条件规定了值的个数,则设计测试用例分别等于规定的个数、刚刚超出、刚刚小于规定的个数。例如,要求的记录个数是 1～255,则设计测试用例的记录个数在边界值上,取 1 和 255,刚好小于允许的最小个数,取 0,刚好大于允许的最大个数,取 256。

(3) 如果输出条件规定了值的范围,则设计测试用例使输出恰好等于边界值。例如,输出范围是 1～0 的整数,则设计测试用例使其输出能够得到 1 和 10。然后再设计测试用例,试图使其输出为 0 和 11,检查程序对这组测试用例的处理结果,很有可能发现程序的问题。

(4) 如果输出条件规定了值的个数,则设计测试用例使输出恰好等于规定个数的边界值。例如,输出范围是 1～255 条记录,则设计测试用例使其输出 1 条记录和 255 条记录。然后再设计测试用例,试图使其输出 0 条记录和 256 条记录,检查程序对这组测试用例的处理结果,很有可能发现程序的问题。

（5）不断积累测试经验，找出其他的边界条件。

例如，一个计算 NextDate 函数的程序，给出年、月、日，程序输出下一天的年、月、日，用边界值分析方法设计测试用例。程序的输入隐含规定了月、日的取值范围为 $1 \leqslant$ 月 $\leqslant 12$ 和 $1 \leqslant$ 日 $\leqslant 31$，并设定年的取值范围为 $1912 \leqslant$ 年 $\leqslant 2050$。按照边界值分析设计测试用例如表 12-2 所示。

表 12-2　边值分析法的测试用例

序号	月	日	年	预期输出	测试目的
St01	6	15	1911	年超界	年度小于最小值
St02	6	15	1912	1912.6.16	年等于最小值
St03	6	15	2050	2050.6.16	年等于最大值
St04	6	15	2051	年超界	年度大于最大值
St05	6	0	2001	日超界	日期小于最小值
St06	6	1	2001	2001.6.2	日期等于最小值
St07	6	31	2001	2001.7.1	日期等于最大值
St08	6	32	2001	日超界	日期大于最大值
St09	0	15	2001	月超界	月份小于最小值
St10	1	15	2001	2001.1.16	月份等于最小值
St11	12	15	2001	2001.12.16	月份等于最大值
St12	13	15	2001	月超界	月份大于最大值
St13	2	29	2000	2000.3.1	闰年 2 月 29 日处理
St14	12	31	2001	2002.1.1	日期，月份等于最大值

St01 到 St12 都是从年月日的角度分析边界值设计的测试用例。St07、St13、St14 分别测试程序对特殊边界值的处理情况：月的最后一天、闰年 2 月份 29 日和年度最后一天。对于这个例子设计的测试用例还可以进一步地细化不同月份的情况，请读者补充测试用例，使得测试用例覆盖得更加充分。

3. 因果图

前面介绍的等价类划分法和边界值分析法，着重考虑输入条件，而不考虑输入条件之间的组合关系。这是由于输入条件的组合情况数目可能很大、关系复杂，给测试用例的设计带来困难。因果图是一种帮助人们系统地选择一组高效率测试用例的图表方法，借助因果图考虑输出条件对输入条件的依赖关系。既可以考虑输入条件的组合，又可以辅助设计测试用例，发现错误的效率较高。

因果图法设计测试用例的基本步骤如下。

（1）研究需求分析规格说明书，将规模较大的功能分解。因为规模越大，输入条件的组合就越复杂，很难在整体上使用一个因果图表示。因此需要分解，然后分别对每个部分使用因果图。

（2）识别出"原因"和"结果"，原因是指输入条件或输入条件的等价类，结果是指输出条件或输出条件的等价类。每个原因或结果都对应因果图上的一个节点，当原因或结果成立时，相应的节点取值为1，否则为0；不可能到达的节点取值为 X。

（3）画出因果图。

（4）根据需求分析规格说明书，在因果图中添加约束条件。

（5）根据因果图导出判定表。

（6）为判定表的每一列设计一个测试用例。

因果图的基本符号如图 12-13 所示。

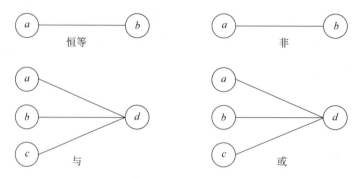

图 12-13 因果图的基本符号

图中左边的节点表示原因，右边的节点表示结果。恒等、非、或、与的含义如下。

恒等：若 $a=1$，则 $b=1$；若 $a=0$，则 $b=0$。

非：若 $a=1$，则 $b=0$，若 $a=0$，则 $b=1$。

或：若 $a=b=c=1$，则 $d=1$；若 $a=b=c=0$，则 $d=0$。

与：若 $a=b=c=1$，则 $d=1$，若 $a=b=c=0$，则 $d=0$。

画因果图时，原因在左，结果在右，由上而下排列，根据原因和结果之间的关系，用上述基本符号连接起来。在因果图中还可以引入一些中间节点。

由于语法或环境限制，有些原因与原因、原因与结果之间的组合情况不可能出现，为表明这些特殊情况，在因果图上用一些记号表明约束或限制条件。因果图的约束条件如图 12-14 所示。

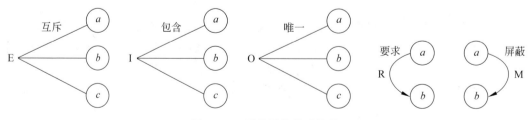

图 12-14 因果图的关系符号

其中互斥、包含、唯一、要求是对原因的约束，屏蔽是对结果的约束。它们的含义如下。

互斥 E：表示 a、b、c 最多只能有一个是 1。

包含 I：表示 a,b,c 不能同时为 0。

唯一 O：表示 a,b,c 中有且仅有一个 1。

要求 R：表示若 $a=1$，则 b 必须为 1。即不可能 $a=1$ 且 $b=0$。

屏蔽 M：表示若 $a=1$，则 b 必须为 0。

画判定表的方法一般比较简单，把所有原因作为输入条件，每一个输入条件作为一行，所有输入条件的组合一一列出，每个组合作为一列，把各个条件的取值填入判定表中对应的行列中。例如，如果因果图中的原因有 4 项，则判定表的输入条件则共有 4 行，而列数是 16。确定好输入条件的取值之后，可以很容易地根据判定表推算出结果的组合，其中也包括中间节点的取值。

上述方法考虑了所有条件的所有组合情况，在输入条件比较多的情况下，可能会产生过多的条件组合，从而导致判定表的行数太多，因果图过于复杂。在实际应用中，由于条件之间可能会存在约束条件，所以很多条件组合是无效的。因此根据因果图画出判定表时，可以有意识地排除这些无效的条件组合，使判定表的列数大幅度减少。

下面用一个例子说明因果图的使用方法。

一个程序的功能是查询音乐考级成绩，并且将成绩输出。程序的输入包括乐器和考试等级，乐器表示：G 钢琴、S 手风琴、T 小提琴。考试等级：1～9 的数字。如果第 1 位输入的不是 G/S/T，则输出提示信息"没有此乐器"；如果第 2 位输入不是 1～9 的数字，则提示信息"没有此级别"；输入正确时，查询并且输出考试的成绩，见图 12-15。

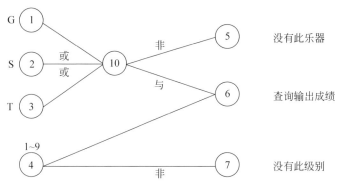

图 12-15 音乐考级成绩基本因果图

首先，分析所给的说明，找出输入条件和输出条件或系统变换。

原因：输入条件

第 1 位是字符 G ①

第 1 位是字符 S ②

第 1 位是字符 T ③

第 2 位是数字 1～9 ④

第一个输入条件共有 3 个选择，画 3 个圆圈，分别表示钢琴、手风琴和小提琴的状态，它们之间的关系式"or"，并设计一个中间状态 10，表示乐器；第二个输入条件表示考试等级，两个输入条件之间是"and"关系，当中间状态为"真"，即输入的乐器符号合法、输入的等级信息合法,则到达结果 6 的状态;如果中间状态为"假",即输入的乐器符号非法时,则结果 5 的状态为"真",程序应该输出"没有此乐器";如果输入的考试等级不是 1~9 的数字,即状态 4 为"假"时,则结果 7 的状态为"真",程序输出"没有此级别"。

结果:输出结果或系统变换

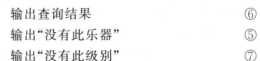

输出查询结果	⑥
输出"没有此乐器"	⑤
输出"没有此级别"	⑦

在画出的基本因果图上添加约束符号,见图 12-16。

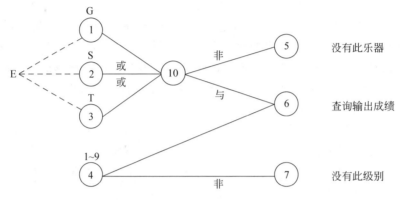

图 12-16　加上约束符号的因果图

将因果图转换成判定表:列出所有输入的组合情况,其中一定有许多是不可能出现的组合(下面表中的 X),根据可能的输入组合,列出输出组合,如表 12-3 所示。

表 12-3　判定表

	编号	1	2	3	4	5	6	7	8	9	10	11	12	13	14	15	16
钢琴	1	1	1	1	1	1	1	1	1	0	0	0	0	0	0	0	0
手风琴	2	1	1	1	1	0	0	0	0	1	1	1	1	0	0	0	0
小提琴	3	1	1	0	0	1	1	0	0	1	1	0	0	1	1	0	0
考试等级	4	1	0	1	0	1	0	1	0	1	0	1	0	1	0	1	0
中间结果	10	×	×	×	×	×	×	1	1	×	×	1	1	1	1	0	0
最后 结果	5	×	×	×	×	×	×			×						1	1
	6							1				1		1			
	7								1		×		1		1		1
测试用例		×	×	×	×	×	×	1	1	×	×	1	1	1	1	1	1

其中的 X 表示不可能出现的组合,将其删除后,为判定表中每个有输出结果的列设计测试用例。

编号 7:G5　预计输出:钢琴五级考试成绩"通过"。

编号 8:G0　预计输出:没有此级别。

编号 11:S1　预计输出:手风琴一级考试成绩"不通过"。

编号 12：SS 预计输出：没有此级别。

编号 13：T8 预计输出：小提琴八级考试成绩"通过"。

编号 14：T0 预计输出：没有此级别。

编号 15：A1 预计输出：没有此乐器。

编号 16：BT 预计输出：没有此乐器,没有此级别。

可见用因果图方法设计测试用例考虑了输入和输出条件的各种组合,并且简化了由于条件组合带来的复杂关系,提高了设计测试用例的效率和质量。

4. 错误推测法

等价类划分和边值分析法都只是孤立地考虑各种测试用例的功效,因果图是比较机械地设计测试用例,它们都缺乏综合考虑的效应。在实际的软件测试中,如果只依靠单纯的边界值分析和等价类划分技术,有些错误可能很难发现,所以测试工作特别强调人的经验。对于程序中可能存在哪类错误的推测是设计测试用例时的一个重要因素。错误推测法的基础是经验和对程序的直觉,它的基本思想是列举出程序可能出现的错误,根据这些错误设计测试用例。

关于错误推测有一个很有意思的实际案例,我们一起来看一下。

一天美国通用汽车公司的客服收到一封客户抱怨信,这样写的：我们家有一个传统的习惯,就是每天晚餐后,会吃冰激凌甜点,我开车去买。奇怪的是每当我买香草口味的冰激凌,车子就发不动。但如果我买的是其他的口味,车子发动就顺得很。难道你们的车对香草冰激凌过敏？客服经理心存怀疑,但他还是派了一位工程师去查看究竟。工程师与这位仁兄上车,往冰激凌店开去,买香草口味,当回到车上后,车子起不动了。这位工程师之后又依约来了三个晚上：第 1 晚巧克力冰激凌,车子没事；第 2 晚草莓冰激凌,车子也没事；第 3 晚香草冰激凌,车子又不动了。工程师开始记下从头到现在所发生的种种详细资料,如时间、车子使用油的种类、车子开出及开回的时间……,根据资料显示他有了一个结论,这位仁兄买香草冰激凌所花的时间比其他口味的要少。为什么呢？原因是香草冰激凌是所有冰激凌口味中最畅销的口味,店家为了让顾客每次都能很快地取拿,将香草口味特别分开陈列在单独的冰柜,时间比买其他口味的要快。买其他口味冰激凌时由于时间较久,引擎有足够的时间散热,重新发动时就没有太大的问题。买香草口味时,由于花的时间较短,引擎太热以至于还无法让"蒸气锁"有足够的散热时间。

这个例子说明有时问题看起来真的是疯狂,但它是真正存在的；我们应保持冷静的思考去找寻问题的真正原因和解决方法。

注意：对于客户/服务器模式的软件,黑盒测试在实施时又分为客户端测试和服务器端的测试。客户端的测试主要关注应用的业务逻辑,用户界面和功能等；服务器端的测试主要关注服务器的性能,衡量系统的响应时间、事务处理速度和其他时间敏感的需求。在服务器端的测试要模拟合法用户活动测试系统的负载,预测服务器的性能和响应时间。

12.4.3 测试策略

上面介绍了几种白盒测试和黑盒测试的方法,虽然每一种方法都提供了部分有效的测试用例,但是没有一种方法能够单独地产生一组很完善的测试方案。因此,在实际项目中通常先执行功能性测试,其目的是检查所期望的功能是否已经实现。在测试的初期,测试覆盖率迅速增加,比较好的测试工作一般能达到70%的覆盖率。但是,此时再提高测试覆盖率非常困难,因为新的测试往往覆盖了相同的测试路径。这时需要对测试策略做一些调整:从功能测试转向结构性测试,也就是说,针对没有执行过的路径,构造适当的测试用例来覆盖这些路径。具体测试策略如下。

(1) 如果程序的描述信息含有输入条件的组合,则先采用因果图方法。

(2) 不管什么情况,都使用边值分析方法补充测试用例。

(3) 使用等价类划分方法设计一个有效等价类和多个无效等价类,补充测试用例。

(4) 用错误推测法再设计一些有特殊功效的测试用例。

(5) 根据测试情况,检查已设计的测试用例,如果现有测试方案的逻辑覆盖程度没有达到理想的覆盖标准,则使用程序结构测试方法再补充足够多的测试用例。

最后要强调的是,不管用户如何精心地设计测试用例,也只能尽可能多地发现程序中的错误,而不能保证程序不存在错误。表12-4针对不同的测试阶段,提供了建议的测试方法。

表 12-4 建议的测试策略

测试类型	测试对象	测 试 目 的	测试依据	测试方法
单元测试	模块内部逻辑	消除模块内部逻辑和功能上的错误和缺陷	详细设计说明书	白盒为主黑盒为辅
集成测试	模块间的集成和调用关系	发现软件设计的问题,测试模块调用关系,模块接口问题	概要设计说明书	白盒与黑盒结合
系统测试	整个系统软硬件	对整个系统进行整体、有效性测试	需求分析说明书	黑盒

12.4.4 测试执行步骤

测试执行过程中,搭建测试环境是第一步。开发人员应该提供软件安装手册,测试人员按照手册配置测试环境,也是对安装手册本身的检查。

测试分为静态测试和动态测试,静态测试通常用于单元测试,动态测试可应用于任何层次的测试。当测试的实际结果与测试用例的预期结果有差异时,测试人员要记录测试用例编号和操作过程,详细描述系统的输出信息。这些信息作为开发人员调试软件,定位问题最有效的参考依据。当测试结果与预期结果一致的时候,还要认真查看一下系统的运行日志和资源使用情况,以发现系统隐蔽的问题。有时测试的实际输出与预期输出完全一致,而CPU或其他系统资源的消耗极高,这其中可能隐藏着严重的系统问题。

软件测试提交的问题报告中必须包含以下三个方面的内容,前两项由测试人员填写,最后一项由开发人员填写。

(1) 发现缺陷的环境,包括软件环境、硬件环境等;

(2) 缺陷的基本描述,测试用例输入、操作步骤和输出信息;

（3）开发人员对缺陷的解决方法。

在测试执行过程中，如果发现遗漏了一些测试用例，应该及时补充；有些测试用例可能根本无法使用，还有些测试用例可能是重复的，这些都应该删除。

测试过程中，一旦发现问题或缺陷，测试人员应该填写测试缺陷记录卡，其模板如下表所示。

			×××系统测试缺陷记录卡						

记录编号：　　　　　　　　　　日期：

测试阶段：　　　　　　　　　　测试员：

序号	测试用例编号	位置描述	错误现象描述	等级	类型	频率	时机	修改者签字
粘贴缺陷现场图片：								

说明：

（1）等级是指缺陷等级，可分为 5 类。

A 类——严重缺陷，包括：

① 由于程序所引起的死机，非法退出；

② 死循环；

③ 数据库发生死锁；

④ 功能错误；

⑤ 与数据库连接错误；

⑥ 数据通信错误。

B 类——较严重缺陷，包括：

① 程序错误；

② 因错误操作迫使程序中断；

③ 程序接口错误；

④ 数据库的表、业务规则、默认值未加完整性等约束条件。

C 类——一般性缺陷，包括：

① 操作界面错误，包括界面错字、内容和标识不一致等；

② 打印内容、格式错误；

③ 输入数据未做有效性检查；

④ 删除操作未给出提示；

⑤ 数据库表中有过多的空字段。

D 类——较小缺陷，包括：

① 界面不规范；

② 提示信息描述不清楚；

③ 输入/输出不规范；

④ 占时长的操作未给进度提示；

⑤ 可输入区域和只读区域没有明显的区分标志。

E 类——测试建议，测试人员在测试过程中对发现的一些操作不方便、显示内容不专业等缺陷提出建设性意见。

（2）类型是指缺陷的类型，包括界面缺陷、功能缺陷、性能缺陷、内存相关缺陷、硬件相关的缺陷和文档缺陷等。表 12-5 列出了一些典型的缺陷类型描述。

表 12-5 ×××系统的缺陷类型定义

类 型	名 称	描 述
10	描述性错误	注释，软件单元描述中的问题
20	打包/装配缺陷	版本错误，安装缺陷
30	资源分配缺陷	资源占用率高，并发机制缺陷
40	设计缺陷	过程调用和接口的问题
50	检查点缺陷	错误信息，不恰当的检查点
60	数据缺陷	结构和内容有误
70	功能错误	逻辑，指针，循环，递归，计算，函数
80	系统行为缺陷	配置，时间，内存的问题
100	性能缺陷	系统可测量的属性，执行时间，事件触发时间等
110	质量属性缺陷	系统属性：可用性、可移植性、可靠性和可维护性
120	约束性缺陷	安全性、硬件限制等约束影响了系统的正常运行
130	系统软件缺陷	与数据库管理系统，操作系统及其他软件系统的兼容性
140	用户界面缺陷	屏幕格式，用户输入确认，操作元素有效性，页面布局
150	标准方面的缺陷	不符合规定的标准

（3）频率指错误出现的频率，分为 A—操作即出现；B—偶尔出现。

（4）时机指错误出现时机，分为 A—修改后出现；B—已发现但未修改；C—首次出现。

12.4.5 测试结果分析

软件测试不可能是走一遍过场就结束的事情，一般需要反复多次测试，因此每次的测试结果分析对下一轮测试工作的开展有很大的借鉴意义。对记录的缺陷进行分析归类，确定测试是否达到结束标准。常用的缺陷分析方法如下。

• 缺陷分布分析：缺陷在程序模块的分布，缺陷产生原因的分布等。

- 缺陷趋势分析：缺陷在整个测试周期中的分布，缺陷的增减趋势分析。
- 缺陷处理分析：统计缺陷处于不同状态的时间，了解缺陷的处理情况。

通过缺陷趋势分析判断测试的效率，推测软件的质量。通过缺陷在模块的分布了解程序代码的质量，例如，通过对每千行代码所含的 Bug 数的统计，分析程序代码质量。通过分析缺陷处理报告，改进软件开发和测试过程，提高工作效率。

12.5 单元测试

单元测试是软件测试环节中最基本的测试，测试的对象是独立的模块。单元测试开始之前，要先通过编译程序检查并改正语法错误，然后用详细设计说明书作为指南，对模块功能和模块代码中的重要执行路径及主要算法进行测试。单元测试可以对多个模块同时进行。

单元测试的最佳时机是编码阶段，因为这时程序员对代码应该做些什么了解得最清楚。如果此时不认真做好单元测试，而是等到某个模块崩溃了再寻找问题，程序员可能已经忘了代码是怎样工作的，可能要花费许多时间重温代码，并且这时的更正往往更脆弱，因为靠追忆理解代码通常存在疏露，很有可能引入新的错误。

单元测试主要分为人工静态检查和动态执行跟踪两个步骤，人工静态检查是测试的第一步，主要是保证算法实现的正确性、高效性，检查代码编写的规范性。第二步是通过设计测试用例，运行待测程序，将运行结果与预期结果比较，发现程序中的错误。经验表明，使用人工静态检查法能够有效地发现 30%～70% 的代码错误。尽管如此，代码中仍会有大量的隐性错误无法通过视觉检查发现，因此有必要通过动态运行和跟踪调试进一步捕获隐性错误。

12.5.1 人工静态检查过程

成立一个 3～4 人的代码审查小组，包括经验丰富的测试人员、被测程序的作者和其他程序员。被测程序的作者讲述程序的执行逻辑，其他人发现问题可随时提问，以判断是否存在错误。这个过程特别有效。通常在人工检查阶段必须执行的活动如下。

(1) 检查算法实现的正确性。确定所编写的代码、定义的数据结构实现了模块所要求的功能。

(2) 检查模块接口的正确性，包括参数个数、类型、顺序是否正确。程序代码应该判断返回值的状态，如果返回值异常，程序应该添加适当的出错处理提示。同样输入参数也应该做正确性检查，经验表明缺少参数正确性检查是造成软件不稳定的主要原因之一。

(3) 出错处理。模块代码要求能预见出错的条件，并设置适当的出错处理，以保证程序逻辑的正确性。这种出错处理应当是模块功能的一部分。若出现下列情况之一，则表明模块的错误处理存在缺陷：错误信息描述难以理解，无法确定出错的原因；显示的错误信息与实际的错误原因不符；对错误进行处理之前，错误条件已经引起系统的干预等。

(4) 检查程序的表达式和 SQL 语句处理逻辑的正确性。表达式应该不含二义性，对于容易产生歧义的表达式可以采用括号"()"明确运算的顺序,这样一方面能够保证代码的正确可靠,同时也能够提高代码的可读性。除了检查表达式正确性外,还应检查表达式和 SQL 语句的运行效率。

(5)检查程序代码中使用到的数字,尽量采用常量定义。如果该数字在整个系统中都可能使用到,务必将它定义为全局常量,如果只在某个类中使用可定义为类的一个属性,如果仅在一个方法中出现,务必将其定义为局部常量。

(6)检查常量或全局变量的定义,保证数值和类型的一致性。

(7)检查标识符定义的规范性,变量命名应该简洁、见名知意。

(8)检查程序代码风格的一致性和规范性,包括代码的版式、注释风格等表现形式,保证程序的清晰、简洁、容易理解。检查程序注释是否正确地反映了代码的功能,错误的注释比没有注释更糟。

(9)检查程序是否存在重复的代码,重复代码影响代码的可维护性,一定要避免。

(10)检查程序代码的长度是否有超长的代码段,在不降低内聚的基础上,尽可能分解超长的代码段。

(11)检查类的职责,如果一个类的某些属性或方法没有被其他类使用,就应该考虑删除。

(12)检查文件的处理是否正确,使用后应及时关闭。

根据上面的检查填写下面的单元测试检查表。

常见缺陷检查表

系统名称: 测试日期:
模块名称: 模块编号:
测试者:

检 查 项 目	问题	说　明	行号
调用参数正确性检查			
调用参数出错处理			
返回参数正确性检查			
从文件来的参数属性是否正确			
文件使用正确性检查			
输出信息的文字错误			
标识符的定义不规范			
数组的边界溢出检查			
表达式逻辑检查			
比较运算检查			
循环次数条件检查			
模块结束时是否释放资源			

续表

检查项目	问题	说　　明	行号
指针使用检查			
有无出错提示			
源代码行数			
代码注释规范性检查			

登记本模块使用的全局变量：

　　人工检查的数据要简单，检查后的程序由程序员自己修改。测试委员会可以再次开会审查，每次审查都要把整个过程走一遍，因为修改可能会引入新的错误。

12.5.2　动态执行跟踪

　　按照软件工程的设计原则，模块应实现单一功能，因此黑盒测试方法应用于单元测试要相对简单一些，对于模块做白盒测试，应该检查下面的内容。

　　（1）对模块内所有独立的执行路径至少测试一次；

　　（2）对所有的逻辑判定，取"真"与"假"的两种情况都至少执行一次；

　　（3）检查循环的边界值，并执行循环体；

　　（4）检查复杂数据结构的处理算法；

　　（5）跟踪指针的处理。

　　一个模块并不是一个独立的程序，在测试时要考虑与其他模块的联系，主要是驱动模块和桩模块。

　　（1）驱动模块。相当于被测模块的主程序，负责接收测试数据，并把数据传送给被测模块，输出实际测试结果。

　　（2）桩模块。代替被测模块调用的子模块，桩模块可以做少量的数据操作，不需要把子模块所有功能都带进来，但不允许什么事情也不做。

　　被测模块与驱动模块、桩模块共同构成了一个测试环境。驱动模块和桩模块的编写会给测试带来额外的开销。

12.5.3　单元测试案例

　　我们用一个简单的应用程序，感受一下单元测试的过程。

　　某个模块的功能是统计各部门销售量，对销售量最高部门的员工给予奖励。具体奖励措施是对销售量最高部门中每位员工加薪 200 元，但是如果某个员工的工资已达 15 000 元或职务是经理，则只加 100 元。程序如果能正常完成，返回 0；如果数据无效或有错误，返回 1；如果销售量最大的部门中没有对应的员工信息，返回 2。员工信息包括姓名、职务、部门名称和工资。部门信息包括部门名称和销售量。职务说明：M 表示经理，D 表示设计员，A 表示分析员，S 表示销售人员，P 表示程序员。

针对这个单元测试任务，先仔细分析模块的处理流程和接口说明，然后按照单元测试检查表进行人工静态检查。接着设计测试用例和驱动程序进行动态测试。

首先仔细阅读模块的源代码，填写单元测试检查表。为描述方便起见，源代码加了行号，这个模块的源代码如下。

```
/ * 模块功能：① 从部门信息表寻找最大销售量的部门名称；
              ② 查找该部门的员工信息；
              ③ 工资大于 15 000 或经理加薪 100 元，否则加薪 200 元。运行正常 errcode=0；
                数据无效或错误 errcode=1；最大销售量部门没有员工信息 errcode=2 * /
1    Procedure bonus(emptab,depttab:table;esize,dsize,errcode:integer);
2    / * emptab:员工信息表；depttab:部门信息表；esize:员工信息表的记录数；
3      dsize:部门信息表的记录数；errcode:返回代码 * /
4      {
5      var i,j,k:int;
6      maxsales:int;
7
8        If(esize<=0)and(dsize<=0)then errcode:=1
9          else
10           {
11           / * 找最大销售量部门
12             for i:=1,dsize
13               if depttab.sales(i)>maxsales then maxsales:=depttab.sales(i);
14           / * 找最大销售量部门的员工信息
15             for j:=1,dsize
16               if depttab.sales(j)=maxsales Then
17                 {
18                   for k:=1,esize
19                     If emptab.dept(k)=depttab.dept(j) then
20                       if(emptab.salary(k)>15001 or emptab.job(k)='M')
21                         then empttab.salary(k)+=100
22                         else salary(k)+:=200;
23                 }
24               }
25      }
```

通过阅读源代码发现了模块头的注释不够规范，缺少程序员、版本号等信息；在查找最高销售量部门时，变量 maxsales 没有赋初值。将人工检查代码发现的问题填入到下面的单元测试检查表中。

销售量奖励模块 单元测试检查表

系统名称：
模块名称：bonus
测试者：历运伟

测试日期：2010-3-19
模块编号：

检查项目	问题	说　　明	行号
调用参数正确性检查	N		
调用参数出错处理	N		
返回参数正确性检查	N		
从文件来的参数属性是否正确	N		
文件使用正确性检查	N		
输出信息的文字错误	N		
标识符的定义不规范	N		
数组的边界溢出检查	N		
表达式逻辑检查	Y	变量 maxsales 没有赋初值	16
比较运算检查	N		
循环次数条件检查	N		
模块结束时是否释放资源	N		
指针使用检查	N		
有无出错提示	N		
源代码行数	N		
代码注释规范性检查	Y	模块头注释不规范	

登记本模块使用的全局变量：N

　　人工检查代码之后，设计测试用例和驱动程序，进行动态测试。针对模块的三种返回结果，至少设计三组测试用例，具体的测试用例如下。

第 1 组　测试用例的输入数据：

部门表：depttab,dsize＝4

部　门	销 售 量
销售一部	1400 万
门市	800 万
销售二部	1300 万
销售三部	1200 万

职员表：emptab,esize＝5

姓　名	职　务	部　门	工　资
汪文博	M	销售一部	14 000
张森	D	销售一部	18 000
袁佳丽	A	销售一部	14 800
邓一文	S	销售二部	13 000
王博	P	销售二部	12 000

预期返回值：errcode＝0
预期职员表变化 emptab

姓　名	职　务	部　门	工　资
汪文博	M	销售一部	14 100
张森	D	销售一部	18 100
袁佳丽	A	销售一部	15 000
邓一文	S	销售二部	13 000
王博	P	销售二部	12 000

实际测试结果：

第2组　测试用例的输入数据：

部门表：depttab,dsize＝4

部　门	销售量
销售一部	1400 万
门市	800 万
销售二部	1300 万
销售三部	1200 万

职员表：emptab,esize＝0

姓　名	职　务	部　门	工　资

预期返回值：errcode＝1
没有其他变化

实际测试结果：

第3组　测试用例的输入数据：

部门表：depttab,dsize＝4

部　门	销售量
销售一部	1400 万
门市	1800 万
销售二部	1300 万
销售三部	1200 万

职员表：emptab,esize＝5

姓　名	职　务	部　门	工　资
汪文博	M	销售一部	14 000
张森	D	销售一部	18 000
袁佳丽	A	销售一部	14 800
邓一文	S	销售二部	13 000
王博	P	销售二部	12 000

预期返回值：errcode＝2
没有其他变化

实际测试结果：

　　在这个单元测试案例中，需要编写一个测试驱动程序，用于调用 bonus 模块，并输出返回结果和各个数据表的值，这部分代码比较简单请读者自己编写。使用上面设计的测试用例运行程序，并将结果填写到相应的表格中，见下表。

可见实际运行结果和预期的结果不同，经过反复检查，发现代码存在以下问题：errcode 没有赋初值；第 8 行代码的条件语句中的"and"应该是"or"；为了修改第 3 组测试用例反映的问题，需要在第 18 行、20 行和 24 行代码前加入程序语句，保证 errcode 返回 2；具体的修改见下面的程序代码，为清楚起见修改的部分用下划线标识。

第 1 组　测试用例的输入数据：

部门表：depttab，dsize＝4

部　门	销 售 量
销售一部	1400 万
门市	800 万
销售二部	1300 万
销售三部	1200 万

职员表：emptab，esize＝5

姓　名	职　务	部　门	工　资
汪文博	M	销售一部	14 000
张森	D	销售一部	18 000
袁佳丽	A	销售一部	14 800
邓一文	S	销售二部	13 000
王博	P	销售二部	12 000

预期返回值：errcode＝0
预期职员表变化 emptab

姓　名	职　务	部　门	工　资
汪文博	M	销售一部	14 100
张森	D	销售一部	18 100
袁佳丽	A	销售一部	15 000
邓一文	S	销售二部	13 000
王博	P	销售二部	12 000

实际测试结果：errcode 等于传过来的实参职员表 emptab 有变化

姓　名	职　务	部　门	工　资
汪文博	M	销售一部	14 100
张森	D	销售一部	18 100
袁佳丽	A	销售一部	15 000
邓一文	S	销售二部	13 000
王博	P	销售二部	12 000

第 2 组　测试用例的输入数据：

部门表：depttab，dsize＝4

部　门	销 售 量
销售一部	1400 万
门市	800 万
销售二部	1300 万
销售三部	1200 万

职员表：emptab，esize＝0

姓　名	职　务	部　门	工　资

预期返回值：errcode＝1
没有其他变化

实际测试结果：errcode 等于传过来的实参没有其他变化

第 3 组　测试用例的输入数据：

部门表：depttab,dsize＝4

部　门	销　售　量
销售一部	1400 万
门市	1800 万
销售二部	1300 万
销售三部	1200 万

职员表：emptab,esize＝5

姓　名	职　务	部　门	工　资
汪文博	M	销售一部	14 000
张森	D	销售一部	18 000
袁佳丽	A	销售一部	14 800
邓一文	S	销售二部	13 000
王博	P	销售二部	12 000

预期返回值：errcode＝2
没有其他变化

实际测试结果：errcode 等于传过来的实参没有其他变化

```
//模块作用:为销售量最大部门的员工加薪
//模块名称:bonus
//程序员:李鹏
//版本:1.0
//日期:2010-3-10
//过程调用方法:bonus(emptab,depttab,esize,dsize,errcode)
//输入参数说明:emptab:员工信息表;depttab:部门信息表;esize:员工信息表记录数;
//              dsize:部门信息表记录数;errcode:返回代码
//输出参数说明:正常返回 errcode=0;数据无效或错误 errcode=1;最大销售部门没有员工
//              信息 errcode=2;

Procedure bonus(emptab,depttab:table;esize,dsize,errcode:integer);
{
    var i,j,k:int;
    maxsales:int;

    maxsales:=0;
    errcode:=0;
        //数据无效
        if(esize<=0) or (dsize<=0)then errcode:=1
        else
        {
            //找销售量最大的部门
            for i=1,dsize
              If depttab.sales(i)>maxsales then maxsales:=depttab.sales(i);

            //找销售量最大部门的员工信息
            for j=1,dsize
              If depttab.sales(j)=maxsales Then
                {
                    found=false
                    for k=1,esize
```

```
          if emptab.dept(k)=depttab.deft(j) then
            {
                found=true;
                if(salary(k)>=15001 or job(k)='M')
                then emptab.salary(k)+=100;
                  else emptab.salary(k)+=200;
            }
        //最大销售部门没有员工数据
        if not(found)then errcode=2;
            }
        }
    }
```

修改后再次运行 3 组测试,获得的实际结果和预期结果相同,即使如此也不能说明程序正确,例如上面程序的 15 001 按照需求应该是 15 000,但是用我们给出的 3 组测试数据不能发现这个错误。那么读者可能会问,测试难道不能证明程序的正确性吗? 答案是不能! 因为我们无法穷尽所有可能的情况,就像上面的 15 001,如果我们给的员工薪水恰好在 15 000~15 001 之间,这个错误才可能发现,但如果程序中的判断条件误写为 15 002 呢? 我们不可能穷尽所有的数据。

12.6 集成测试

在软件系统开发时,常常有这样的情况发生,每个模块都能单独工作,但这些模块集成在一起之后却不能正常工作,主要原因是模块调用时接口会引入许多新问题。例如,数据经过接口可能丢失,误差不断积累达到不可接受的程度,全局数据结构出现错误等。集成测试是按设计要求把通过单元测试的各个模块组装在一起进行测试,以便发现与接口有关的各种错误。

集成测试方法有两种:一种是把所有模块按设计要求一次性全部组装起来,然后进行整体测试,这种方法容易出现混乱。这是因为测试时可能发现一大堆错误,为每个错误定位并纠正非常困难,况且在改正一个错误的同时又可能引入新的错误,新旧错误混杂,很难断定出错的原因和位置。另一种是增量式集成方法,程序一段一段地扩展,测试的范围一步一步地增大,这样错误易于定位和纠正,界面的测试亦可做到完全彻底。增量式集成方法又分为自顶向下集成和自底向上两种。

(1) 自顶向下集成——从主控模块开始,按照软件的控制层次结构,以深度优先或广度优先的策略逐步把各个模块集成在一起。深度优先策略是首先把主控制路径上的模块集成在一起,至于选择哪一条路径作为主控制路径,带有些随意性,一般根据问题的特性确定。以图 12-17 为例,选择

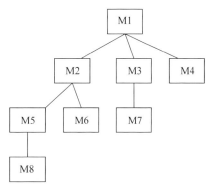

图 12-17 自顶向下集成

了最左一条路径,首先将模块 M1、M2、M5 和 M8 集成在一起,再将 M6 集成起来,然后考虑中间和右边的路径。广度优先策略则不然,它沿控制层次结构水平地向下移动。仍以图 12-17 为例,首先把 M2、M3 和 M4 与主控模块 M1 集成在一起,再将 M5、M6 和 M7 等其他模块集成起来。

自顶向下集成测试的具体步骤如下。

① 以主控模块作为测试驱动模块,把对主控模块进行单元测试时引入的所有桩模块用实际模块替代;依据所选的集成策略(深度优先或广度优先),每次只替代一个桩模块。

② 为避免引入新错误,每集成一个模块须进行回归测试(即全部或部分地重复已做过的测试),着手添加下一个模块。循环执行该步骤,直至整个程序结构构造完毕。

自顶向下集成的优点在于能尽早地对程序的主要控制和决策机制进行检验,从而较早地发现错误。缺点是在测试较高层模块时,需要采用桩模块替代真正的模块,桩模块不能反映模块的真实情况,测试并不充分。解决这个问题有几种办法:第一种是把某些测试推迟到用真实模块替代桩模块之后进行;第二种是开发能模拟真实模块的桩模块;第三种是自底向上集成模块。第一种方法又回退为非增量式的集成方法,使错误难于定位和纠正,并且失去了在组装模块时进行一些特定测试的可能性;第二种方法无疑要大大增加开销;第三种方法比较切实可行,下面专门讨论。

(2) 自底向上测试——从软件结构最底层的模块开始组装模块,并进行测试。因测试到较高层模块时,所需的下层模块功能均已具备,所以不再需要桩模块。自底向上集成测试的步骤如下。

① 把底层模块组织成实现某个子功能的模块群;

② 开发一个测试驱动模块,用于控制测试数据的输入和测试结果的输出;

③ 对每个模块群进行测试;

④ 删除测试使用的驱动模块,用较高层模块把模块群组织成更大的新模块群。

循环执行上述各步骤,直至整个程序构造完毕。自底向上集成方法不用桩模块,测试用例的设计亦相对简单,但缺点是直到最后一个模块加入后才具有整体形象。它与自顶向下集成测试方法优缺点正好相反,因此应根据软件的特点和工程进度选用适当的测试策略,有时混合使用两种策略更为有效。此外,在集成测试中尤其要注意关键模块,所谓关键模块一般都具有下述一个或多个特征。

• 对应几条需求。

• 具有高层控制功能。

• 复杂、易出错。

• 有特殊性能要求。

关键模块应尽早测试,并反复进行回归测试。

12.7   系统测试

系统测试是针对整个产品系统进行的测试,包括软件、硬件、网络等其他相关设备和系统,目的是验证系统是否满足了需求规格的定义,找出与需求规格相矛盾的地方。检查系统作为一个整体是否能够有效地运行，是否达到了预期的目标。

系统测试的对象不仅仅包括需要测试的软件，还要包含软件所依赖的硬件、外设甚至包括某些数据、支撑软件及其接口等。因此，必须将系统的软件与各种依赖的资源结合起来，在系统实际运行环境下来进行测试。

系统测试由若干种测试组成，目的是充分运行系统，验证系统各部件是否都能正常工作并完成所赋予的任务，主要包括以下内容。

(1) 验证测试——以用户需求规格说明书的内容为依据，验证系统是否正确无误地实现了需求规格说明书中的全部内容。

(2) 强度测试——检查系统对异常情况的抵抗能力，强度测试总是迫使系统在异常的资源配置下运行，验证系统是否可靠。

(3) 性能测试——对于那些实时系统，软件部分即使满足功能要求，也未必能够满足性能要求。虽然从单元测试起每一测试步骤都包含性能测试，但只有当系统真正集成之后，在真实环境中才能全面、可靠地测试运行性能。性能测试有时与强度测试相结合，经常需要其他软硬件的配套支持。

系统测试过程包含了测试计划、测试设计、测试实施、测试执行、测试评估这几个阶段，整个测试过程的测试依据主要是系统的需求规格说明书、各种规范、标准和协议等。在整个测试过程中，首先需要对需求规格说明书进行充分的研究，分解出各种类型的需求，如功能性需求、性能需求、数据需求和操作需求等，在此基础上开始系统测试设计工作。系统测试设计是整个测试过程中非常重要的一个环节，关系到系统测试的质量。通常从以下几个层次进行系统测试设计。

(1) 用户层——从产品使用者的角度测试系统对用户支持的情况，检查用户界面的规范性、友好性和可操作性，以及数据的安全性等内容，具体包括以下内容。

- 支持程度测试：检查用户手册、联机帮助和支持用户的其他技术手册是否完整、正确、易于理解。
- 用户界面测试：在确保用户界面能够正确访问的情况下，检查用户界面的风格是否一致，能否满足用户要求。
- 可维护性测试：检查系统的软、硬件部署和功能维护的方便性，例如，是否支持远程系统维护功能，是否提供系统软硬件检测和维护工具等。
- 安全性测试：这里的安全性主要是指数据和操作的安全性，只有符合规格要求的数据才可以进入系统，只有符合操作权限的用户才可以访问系统。

(2) 应用层——站在行业的角度，模拟实际应用环境，对系统的兼容性、可靠性和其他性能指标进行的测试设计。具体包括以下内容。

- 系统性能测试：针对整个系统的测试，包括并发性能测试、负载测试、压力测试、强度测试、破坏性测试等。
- 系统可靠性测试：一定负荷长期使用环境下，系统正常、稳定运行的情况。
- 系统兼容性测试：系统软硬件的兼容性，例如，操作系统兼容性、支撑软件的兼容性。
- 系统组网测试：网络环境下，系统对接入设备的支持情况，包括功能实现和集群性能。

- 系统安装和升级测试：检查软件在正常和异常情况下，能否进行安装和升级，例如，正常情况下，系统完整的和自定义的安装都能顺利进行；异常情况下。例如，磁盘空间不足、缺少目录创建权限等情况下，系统安装和升级是否能够提供准确的提示信息。还要检查软件在安装后是否能够立即正常运行，另外对安装手册、安装脚本等也需要进行检查和测试。

（3）功能层——主要是针对具体功能的测试设计。

- 业务功能的覆盖：关注需求规格说明中定义的功能是否都已实现。
- 业务功能的分解：通过研究需求规格说明书定义的功能，分解测试项，描述每个测试项关注的测试类型。
- 业务功能的组合：检查组合功能的实现情况。
- 业务功能的冲突：检查业务功能间存在的冲突情况，例如，共享资源访问等。

（4）子系统层——主要是针对系统内部结构性能的测试设计，关注子系统内部的性能，模块间接口的瓶颈等，具体包括以下内容。

- 单个子系统的性能：应用层关注的是整个系统各种软硬件、接口配合情况下的整体性能，这里关注单个子系统的性能。
- 子系统间的接口瓶颈：检查各个子系统之间的调用、数据通信接口情况，例如：子系统间通信请求包的最大并发数。
- 子系统间的相互影响：检查某个子系统内部的状态变化对其他子系统的影响。

12.8　验收测试

经过集成测试，将软件的各个模块按照设计要求装配成了一个完整的系统，经过系统测试后，就要以用户为主进行的一次系统测试，验证系统的功能和性能是否满足用户的要求。通常使用实际数据根据需求规格说明书的功能和性能描述逐条进行测试。最终确定系统是否可以接收。

为了保证系统的质量和测试的公平性，许多大型软件系统的验收测试是请专业的第三方软件测试机构进行的。验收测试通常需要编制《系统验收测试计划》和《系统验收准则》，用户、系统开发组织、测试组织讨论通过后执行。

通常软件验收测试的过程如下。

（1）研究《系统需求分析规格说明书》，了解系统功能和性能要求、软硬件环境要求等，特别要了解软件的质量要求和验收要求。

（2）根据软件需求和验收要求编制《系统验收测试计划》和《系统验收准则》。

（3）根据《系统验收测试计划》和《系统验收准则》编制测试用例，并经过评审。

（4）搭建测试硬件环境、软件环境等。

（5）执行测试，并且记录测试结果。

（6）根据《系统验收准则》分析测试结果，作出验收是否通过及测试评价。

（7）根据测试结果编制验收测试报告。

验收测试除了运行被测试软件外,还要检查系统的各项文档是否满足规格要求,软件开发组织通常要提供如下相关的软件文档。

- 可执行程序、源程序、配置脚本、测试程序或脚本。
- 主要的开发类文档,包括《需求分析规格说明书》、《概要设计规格说明书》、《详细设计规格说明书》、《数据库设计规格说明书》、《系统测试计划》、《系统测试报告》、《系统维护手册》、《用户手册》、《项目总结报告》。
- 主要的管理类文档,包括《项目计划书》、《质量控制计划》、《用户培训计划》、《阶段评审报告》、《会议记录》、《开发进度月报》。

事实上,软件开发人员不可能完全预见用户实际使用系统的所有情况。例如,用户可能错误地理解命令,或提供一些奇怪的数据组合,也可能对设计者自认明确的输出信息迷惑不解等。因此,软件是否真正满足最终用户的要求,应进行一系列验收测试。实际中多采用 α 和 β 测试。

α 测试是指软件开发公司组织内部人员模拟各类用户行为对软件产品进行测试,试图发现错误并修正。α 测试的关键在于尽可能逼真地模拟实际运行环境和用户对软件系统的操作,并尽最大努力涵盖所有可能的用户操作方式。

经过 α 测试后发布的软件产品通常称做 β 版。紧随其后的 β 测试是指软件开发公司组织各方面的典型用户在日常工作中实际使用产品的 β 版本,并要求用户报告异常情况、提出批评意见。软件开发组织对 β 版本进行改错和完善。

12.9 界面测试

许多软件技术人员对界面测试不屑一顾,认为没有任何技术含量。但是实际上界面的优劣对系统的成功起着决定性作用,设计合理的界面能给用户带来轻松愉悦的感受和成功的感觉;相反由于界面设计的失败,让用户有挫败感,再实用强大的功能都可能在用户的畏惧与放弃中付诸东流。

用户界面测试主要关注应用程序中的界面组件是否符合规范和用户的操作习惯,当然用户界面测试不可能脱离功能而独立测试。简单系统可以将用户界面测试和功能测试一起进行,对于规模稍大的系统,最好将其分开,以免遗漏测试重点。

12.9.1 通用界面测试

任何应用系统,在系统设计时都应该制定用户界面设计规范,开发人员遵循用户界面设计规范完成界面的开发。那么界面测试也要依据规范进行,以下是界面测试的通用指南。

(1) 检查系统中的所有界面风格是否一致,如背景色、字体、菜单排列方式、图标、按钮、用语等应该一致。

(2) 检查系统所有界面的菜单和按钮是否有快捷键,快捷键的定义是否统一和规范。

(3) 进入系统的第一个界面应该显示系统的版权信息或系统的相关信息。

（4）系统按功能将界面分组，功能相近的按钮组织在一起，并配有含义明确的标识。

（5）检查是否允许用 Tab 键切换，顺序与控件排列是否一致。

（6）检查在不同分辨率下界面显示是否正常，特别是在推荐的分辨率下显示是否正常。

（7）检查所有界面的文字是否有拼写错误、语法错误，文字最好贴近用户的使用习惯，使用用户的术语，特别是错误提示和消息框中的信息准确性，让用户了解问题所在，而不是揣摩错误信息的意思。避免用缩写、全大写和复杂的符号。

（8）检查系统使用的字体是否一致，特别注意斜体和粗体的使用。

（9）检查菜单和按钮的可见性和可使用性，不可使用的功能变灰。

（10）退出系统后应该彻底关闭程序，不要在系统托盘或任务条中继续保留系统的某个窗口。

12.9.2　窗口测试

一般来说窗口应该具有标题栏、菜单栏、工具栏、工作区、状态栏、最大和最小化按钮、滚动条，窗口可以进行移动、改变大小、最大和最小化、还原、拉动滚动条、关闭窗口等操作，针对窗口通常进行以下测试。

（1）检查窗口、对话框的标题是否与内容一致。

（2）检查窗口、对话框是否有最小化、恢复和关闭按钮。

（3）检查每一个窗口或对话框是否有与功能匹配的"确定"和"取消"按钮，默认情况下 Enter 键应该设置在"确定"按钮上，Esc 键应该设置在"取消"按钮上。

（4）检查关闭父窗体时，是否关闭了所有打开的子窗体。如果由于子窗口没有关闭而无法关闭父窗口，必须给予提示信息框。

（5）检查子窗体的大小，以不遮盖上层窗口标题为准。

（6）多次打开和关闭窗口，单击被遮住的窗口，测试窗口是否可以被激活。

（7）状态栏要能显示用户需要的信息，包括目前的操作、系统状态、用户位置、用户信息、提示信息、错误信息等。如果操作需要的时间较长，应该显示进度条和进程提示。

（8）检查菜单栏中每个菜单项的有效性，菜单深度最多控制在三层以内。

（9）检查屏幕刷新情况，是否有乱码，单击滚动条和滚动条的上下按钮，用滚轮控制滚动条。

12.9.3　按钮测试

用户界面上的按钮有一些公认的命名规则和布局风格，测试按钮时关注以下几点。

（1）检查界面上每个按钮对应的功能是否正确。

（2）检查按钮的布局，重要操作、常用操作位于前面，按钮的间隔、大小一致。

（3）如果单击按钮后还需要用户进一步操作，按钮名称应加上省略号，如"浏览……"。

（4）可能造成损失的操作，应给予特别提示，例如，"删除"按钮、"取消"按钮等。

12.9.4　对话框、消息框测试

对话框和消息框用于显示系统的提示信息，或与用户进行简单的交互。以下是常见对话框、消息框的测试指南。

（1）检查对于非法输入或操作，系统是否给出足够的提示信息。

（2）对可能造成数据无法恢复的操作是否给予对话框，使用户有放弃操作的机会。

（3）检查消息框中的图标使用是否正确，一般来说"X"表示有很重要的问题需要提醒用户，"?"表示没有危险的问题，"!"警告用户必须知道的事情，"i"表示一般信息。

12.9.5　信息处理类测试

在这里，我们把文本框（Text Box）、列表框（List Box）、组合框（Combo Box）、下拉列表框（Drop-down List Box）、复选框（Check Box）、单选框（Radio Box）、滑动条（Slider）、旋转按钮（Spin Button）等都作为信息处理类来统一测试，以下是测试指南。

（1）检查窗口中的每一个字段是否都有相应的标签。

（2）用文本框可以接受的数据类型测试文本框，输入正常的字母或数字，输入超过允许长度的字符或数字，输入空格，输入不同类型或不同日期格式的数据，复制/粘贴等操作强制输入数据，输入特殊字符（NULL、\n 等）。

（3）测试文件选择框的正确性，使用空文件，只有空格的文件，不同类型的文件，大文件等。

（4）测试必填项字段的正确性，必填项字段通常用红色星号 * 标识，在提交时用消息框提示未填的必填项，关闭消息框后必须停留在第一个待输入的必填项上。

（5）打开新窗口时，光标默认停留在第一个待输入的文本框上。

（6）检查有限制的文本框是否在输入非法值后给予提示，对于日期型的输入框，是否有格式提示。

（7）单选用单选按钮，多选用复选按钮。一组单选按钮在初始状态时应有一个默认选中，不能同时为空。分别测试多个复选按钮被逐一选中、同时选中、部分选中、都不选中。

（8）验证列表框中的内容是否正确，允许多选的列表框，要分别检查 Shift 和 Ctrl 键操作选中条目的情况。

12.10　面向对象的测试

在面向对象程序中，对象是属性和操作的封装体。对象彼此之间通过发送消息启动相应的操作，并且通过修改对象状态达到转换系统运行状态的目的。由于对象并没有明显地规定用什么次序启动它的操作才是合法的，并且测试的对象也不再是一段顺序的代码，所以照搬传统的测试方法就不完全适用了。

继承与多态机制是面向对象程序中使用的主要技术,它们给程序设计带来了新的手段,但同时也给面向对象程序的测试提出了一些新的问题。例如,在父类 A 中定义了属性 s 和方法 f1、f2 和 f3,在 A 的子类 B 中定义了属性 r、方法 f1 和 f4,在测试子类 B 时应该把它展开成下列内容:

> 属性　　s,r
> 方法　　f1,f2,f3,f4

在这个例子中,虽然方法 f1、f2 和 f3 在父类中已经被测试通过,但是由于在子类中重载了方法 f1,原来的测试结果不再有效,因为 A::f1 和 B::f1 具有不同定义和实现。新的方法 f4 的加入也增加了启动操作次序的组合情况,某些启动序列可能会破坏对象的合法状态。因此,测试人员往往不得不重复原来已经做过的测试。由此可见,随着继承层次的加深,虽然可重用的构件越来越多,但是测试的工作量和难度也随之增加。

12.10.1　测试策略与方法

传统的测试策略是从单元测试开始,然后是集成测试和系统测试。在面向对象软件中,单元的概念发生了变化,类和对象封装了属性和方法。我们不再孤立地测试单个操作,而是将操作作为类的一部分,最小的可测试单位是封装的类或对象。

例如考虑一个虚类 A,其中有一个操作 x,类 A 被一组子类继承,每个子类继承了操作 x,并被应用于子类定义的私有属性和操作环境内。因为操作 x 被使用的语境有微妙的差别,故有必要在每个子类的语境内测试操作 x,这意味着在面向对象的语境中,在虚类中测试操作 x 是无效的。

面向对象的集成测试与传统方法的集成测试不同,面向对象的集成测试有两种策略:第一种称为基于线程的测试,即集成对应系统的一个输入或事件所需的一组类,每个线程被分别测试并被集成,使用回归测试以保证集成后没有产生副作用;第二种称为基于使用的测试,先测试那些主动类,然后测试依赖于主动类的其他类,逐渐增加依赖类测试,直到构造完整个系统。

在有效性测试方面,面向对象软件与传统软件没有什么区别,测试内容主要集中在用户可见的动作和用户可识别的系统输出上。测试设计人员应该研究用例和用例的场景,构造出有效的测试用例。

对于面向对象的软件系统,测试应该在以下层次展开。

(1)测试类的操作:使用前面介绍的黑盒测试和白盒测试方法,对类的每一个操作进行单独测试。

(2)测试类:使用等价类划分、边界值测试等方法,对每一个类进行单独测试。

(3)测试类集成:使用基于用例场景的测试方法对一组关联类进行集成测试。

(4)测试面向对象系统:与任何类型的系统一样,使用各种系统测试方法进行测试。

12.10.2　类测试

在面向对象的测试中,类测试用于代替传统测试方法中的单元测试,它是为了验证类的实现与类的规约是否一致的活动。类测试应该包括类属性的测试、类操作的测试、可能状态下的对象测试。如同前面提到的,继承使得类测试变得困难,必须注意"孤立"的类测试是不可行,操作的测试应该包括其可能被调用的各种情况。

12.10.3 类的集成测试

在面向对象测试中,类集成测试用于代替传统测试方法中的集成测试。类集成测试是将一组关联的类进行联合测试,以确定它们能否在一起共同工作。类集成测试的方法有基于场景的测试、线程测试、对象交互测试等。

(1)基于场景的测试。基于场景的测试可以根据场景描述或者顺序图,将支持该场景的相关类集成在一起,找出需要测试的操作,并设计有关的测试用例。在选择场景设计测试用例时,应保证每个类的每个方法至少执行一次,先测试正常的场景,再测试异常的场景。

(2)线程测试。线程测试根据系统对特别输入或一组输入事件的响应来进行。

(3)对象交互测试。对象交互测试根据对象交互序列,找出一个相关的结构,称为"原子系统功能",通过对每个原子系统功能的输入事件响应来进行测试。

12.11 软件测试工具

软件测试是一件非常繁琐的工作,特别是回归测试令人恼火,因为程序员对程序的修改可能会引入新的错误,所以一段程序经常需要反反复复地测试。因此,软件测试领域的专家一直在致力于软件自动化测试工具的研究。自动化测试工具意味着在测试活动中可以减少工作量,完成人工测试难以实现的一些测试工作,例如压力测试,提高测试效率和质量。但是,读者应该明白多么好的测试工具都不可能完全代替人工测试,所以测试工具只能作为辅助性的工具。

测试工具可分为白盒测试、黑盒测试、性能测试,以及用于测试管理的工具。根据测试工具原理的不同,又可以分为静态测试工具和动态测试工具。

- 静态测试工具:直接对代码进行分析,不需要运行代码,也不需要对代码编译链接,生成可执行文件。静态测试工具一般是对代码进行语法扫描,找出不符合编码规范的地方,根据某种质量模型评价代码的质量,生成系统的调用关系图等。静态测试工具的代表有 Telelogic 公司的 Logiscope 软件、PR 公司的 PRQA 软件。

- 动态测试工具:一般采用"插桩"的方式,向可执行文件中插入一些监测代码,用来统计程序运行时的数据。动态测试工具的代表有 Compuware 公司的 DevPartner 软件、Rational 公司的 Purify 系列。

黑盒测试工具适用于功能测试和性能测试,它的原理是通过录制/回放脚本,模拟用户的操作,将被测系统的数据输出记录下来同预期输出比较。黑盒测试工具可以减轻测试的工作量,在迭代开发的过程中,能够很好地进行回归测试。黑盒测试工具的代表有 Rational 公司的 TeamTest、Robot，Compuware 公司的 QACenter，另外，专用于性能测试的工具包括有 Radview 公司的 WebLoad，Microsoft 公司的 WebStress 等工具。

Mercury Interactive 的 LoadRunner 是一个著名的软件测试工具，适用于各种体系架构，它能预测系统行为并优化系统性能，测试的对象是整个系统，通过模拟实际用户的操作行为和实时性能监测，来帮助用户更快地查找和发现问题。此外，LoadRunner 还支持广泛的协议和技术，为特殊环境提供特殊的解决方案。

测试管理工具用于对测试过程和结果进行管理。一般而言，测试管理工具对测试计划、测试用例、测试实施进行管理。测试管理工具还包括对缺陷的跟踪和管理，典型的管理工具有 Rational 公司的 Test Manager，Compueware 公司的 TrackRecord 等软件。

除了上述的测试工具外，还有一些专用的测试工具，例如，针对数据库测试的 TestBytes，对应用性能进行优化的 EcoScope 等工具。

练习 12

1. 什么是软件测试？

2. 软件测试的原则是什么？

3. 请说明集成测试、系统测试和验收测试有什么不同？

4. 请为程序员设计一个单元测试的记录表，要求简洁、有效。

5. 4 个人分为两组，测试相同的程序，其中一组用人工走查，另一组运行程序进行测试，比较测试的结果。

6. 设计一个测试用户界面的测试记录表，并且讨论它的主要内容。

7. 做一个好的测试人员应该具备什么条件？

8. 简述单元测试的内容。

9. 何为白盒测试？它适应哪些测试？

10. 假设你是甲方现在要验收图书馆信息管理系统，请你设计一个测试计划和测试大纲。

11. 非渐增式测试与渐增式测试有什么区别？渐增式测试如何组装模块？

12. 采用黑盒技术设计测试用例有哪几种方法？这些方法各有什么特点？

13. 白盒测试法有哪些覆盖标准？试对它们的检错能力进行比较。

14. 某城市的电话号码由 3 个部分组成，分别是地区码、前缀、后缀。地区码可以是空白或 3 位数字；前缀，以大于等于 5 开头的 4 位数字；后缀是 4 位数字。要求用等价分类法设计它的测试用例。

15. 下面的程序段 A 被程序员误写成程序段 B，请设计合适的测试用例发现其中的错误。

程 序 段 A	程 序 段 B

···
{
    T=0;
    if(A>=1)&&(B>=2)T=T+1;
    else T=T+2;
    if(X>=90)&&(Y>=75)T=T+3;
    else T=T+4;
}
printf("d%\n",T);
···
	···
	{
	    T=0;
	    if(A>=1)&&(B>=2)T=T+1;
	    else T=T+2;
	    if(X>=90)&&(Y<75)T=T+3;
	    else T=T+4;
	}
	printf("d%\n",T);
	···

16. 请为下面的程序设计符合判定覆盖的测试用例。

```
int main()
{
    int a,b,c,x,y,z;
    scanf("d%,d%,d%",&a,&b,&c);
    if a>5 x=10 else x=1;
    if b>10 y=20 else y=2;
    if c>15 z=30 else z=3;
    printf("d%,d%,d%\n",x,y,z)
}
```

17. 一个程序片段如下,请设计符合判定覆盖的测试用例。

```
if(a>=5)&&(b<0){
  c=a+b;
else
c=a-b;
if(c>5)||(c<1)
printf("c 不在计算区域\n");
else
printf("%d\n",c);
```

18. 根据下面的程序代码,画出程序流程图,然后设计满足判定覆盖、条件组合覆盖的测试用例。

```
BEGIN
T:=0
IF(X>=80 AND Y>=80)THEN
T:=1
ELSE IF(X>=90 AND Y>=75)THEN
T:=2
ENDIF
IF(X>=75 AND Y>=90)THEN
T:=3
ENDIF
ENDIF
RETURN
```

CHAPTER

第13章

软件交付与维护

　　软件投入使用后就进入了维护阶段,在漫长的使用过程中可能会出现一些意想不到的错误和问题,也可能由于各种原因需要对它进行适当的变更。例如:原来的软件需要扩充功能,提高性能指标。随着计算机应用的普及,软件越来越多,软件维护的工作量也越来越大。因此,近几年业界更加重视软件维护过程的管理和软件维护技术的研究。

　　软件维护必须有控制地进行,控制的内容有维护计划、维护预算、维护工作的进度和资源分配。在软件开发时,尽量设计良好的结构使软件便于维护,然而无休止的"快速排错"和修补工作会影响软件原来的结构和质量。一个系统不仅在开发时要考虑到维护,还要在维护时也要考虑到今后的维护。

　　软件维护的目标是保持软件的功能和性能及时地、准确地满足用户的要求。本章将详细讲述软件维护的概念、软件维护过程管理方法、软件维护技术。

13.1　软件维护概念

　　软件维护就是在软件交付使用之后对软件进行的任何改变工作。引起软件改变的原因主要有:为了纠正运行中出现的错误;为了使软件适应新的运行环境;用户增加新的需求;为了提高软件的可靠性。由于这些原因导致的维护活动可能有下面4种。

　　(1)改正性维护——软件在交付给用户使用前尽管已经进行了许多测试,但是仍然不免有遗留的错误。用户在使用软件过程中必然会发现问题,并且将出现的问题报告给软件维护人员,由维护人员根据问题的现象纠正程序中的错误。通常遇到的错误有设计错误、逻辑错误、编码错误、文档错误、数据错误。这种类型的维护大约占整个维护工作的21%。

　　(2)适应性维护——是为适应软件运行环境变化而对软件所作的修改。环境变化主要包括:影响系统的规定、法律和规则发生了变化;硬件配置发生了变化,例如机型、终端、打印机等;数据格式和文件结构发生变化;系统软件发生变化,例如操作系统、编译系统或实用程序包的变化。这种类型的维护占整个维护工作的25%。

　　(3)完善性维护——软件使用过程中,用户往往会对软件提出新的功能要求和性能要求,这是因为用户的业务会发生变化,组织机构也会发生变化。为了适应这些变化,软

件原来的功能和性能需要扩充和增强。这类维护活动大约占整个维护工作量的 50％
左右。

（4）预防性维护——为了提高软件的可靠性和可维护性，维护人员主动对软件进行
修改，目的是提高软件的质量。在整个维护活动中，预防性维护占的比例比较小，大约只
有 4％ 左右。

由 FieldStad 和 Hamlen(1979)做的调查显示，一个软件项目大约 39％ 的工作量在
开发阶段，61％ 的工作量在维护阶段。近期的调查报导发现，许多开发者把 20％ 的努力
用在开发上，而 80％ 用在维护上。因此，研究软件维护的方法和过程，控制维护阶段的工
作量是软件工程研究的主要课题之一。

13.1.1　影响维护的因素

下面先来分析一下影响软件维护工作量的主要因素。

（1）系统规模。维护的工作量与软件规模成正比，软件的规模可以由源程序的语句
数量、模块数、输入输出文件数、数据库的规模，以及输出的报表数等指标来衡量。软件规
模越大，复杂程度越高，其维护就越困难。

（2）程序设计语言。软件的维护工作量与软件使用的开发语言有直接关系，通常高
级语言编写的程序比低级语言编写的程序易于维护。

（3）先进的软件开发技术。使用先进稳定的开发技术会提高软件的质量，例如，使
用数据库技术、面向对象技术、构件技术和中间件技术可以提高软件的质量，减少维护
费用。

（4）软件年限。软件越老，其维护越困难。老的软件不断被修改，结构可能越来越混
乱。随着时间的增长，原来的开发和维护人员不断离去，了解软件结构的人越来越少，如
果文档不全就更加难以维护。

（5）文档质量。许多软件项目在开发过程中不断地修改需求和设计，但是对文档
却不进行同步修改，造成交付的文档与实际系统不一致，使人们在后来参考文档对软
件进行维护时无从下手。软件维护阶段利用历史文档可以简化维护工作，历史文档有
下面 3 种。

- 软件开发日志。它记录了软件开发原则、目标、功能的优先次序、选择设计方案
  的理由、使用的测试技术和工具、计划的成功和失败之处、开发过程中出现的
  问题。
- 错误记载。它记录了出错的历史，对于预测今后可能发生的错误类型及出错频率
  有很大帮助，可以更合理地评价软件质量。
- 系统维护日志。它记录了维护阶段的修改信息，包括修改目的和策略、修改内容
  和位置、注意事项、新版本说明等信息。

（6）软件的应用领域。有些软件用于一些特殊领域，涉及到一些复杂的计算和模型
工具，这类软件的维护需要专门的业务知识和计算机软件知识。

（7）软件结构。在进行概要设计时，遵循软件设计的高内聚、低耦合、信息隐藏等设
计原则，使设计的软件具有优良的结构，会为今后的维护带来方便。

（8）编程习惯。因为软件维护通常要理解别人写的程序，这是很困难的，如果仅有源程序没有说明的文档，则会使维护工作更加困难。有些公司有严格的编程规范，开发人员都按照编程规范编写程序，并且程序思路清晰、结构简单。这样的程序易于维护。

（9）人员的变动。软件的维护由原来的开发人员参与进行是比较好的策略，可能提高维护的效率。但是在软件的生命周期中人员变动是不可避免的，有时候这也是造成一个软件彻底报废的原因之一。

13.1.2 软件维护策略

针对软件的 4 种主要维护活动，James Martin 提出了一些维护策略。

（1）改正性维护——生产出完全正确的软件成本非常高，一般的软件这样做并不合算。但是可以通过新的技术和开发策略来提高软件的可靠性，减少改正性维护活动。

（2）适应性维护——首先，在配置管理时把硬件和操作系统以及其他相关因素的可能变化考虑在内，可以减少某些适应性维护。其次，将与硬件、操作系统、其他外部设备相关的程序归纳到特定的程序模块中。这样一旦需要适应新的环境变化，只要修改几个相关的模块就可以了。使用内部程序列表、外部文件为适应性维护提供了方便。

（3）完善性维护——利用前两类维护的策略也可以改善完善性维护，目前流行的面向对象方法可以比较好地解决完善性维护的问题。因为面向对象的方法特别讲究类的继承、封装和多态性，利用这些技术可以减少因变动带来的影响。另外，建立系统的原型，在实际系统开发之前把它提供给用户，用户通过研究原型进一步完善系统的功能，这对于减少以后的完善性维护也是非常有益的。

（4）预防性维护——将自检能力引入程序，通过非正常状态的检查发现程序问题。对于重要软件通过周期性维护检查进行预防性维护。

13.2 维护过程

软件的可维护性常常随着时间的推移而降低，如果没有为软件维护工作制定严格的条例，许多软件系统都将蜕变到无法维护的地步。下面是一个典型的软件维护过程。

（1）受理维护申请。

（2）分析修改内容和修改频度，考虑修改的必要性。研究每个修改对原设计的影响程度，是否与原设计有冲突，对原系统性能的影响。进行效益分析。

（3）同意或否决维护申请。

（4）为每个维护申请分配一个优先级，并且安排工作进度和人员。

（5）如果新增加功能，则要进行需求分析。

（6）设计和设计评审。

(7) 编码和单元测试。编程人员应该按照编码规范编写新代码,修改原有的代码。

(8) 评审编码情况,维护人员必须填写维护工作记录表,记录所做的修改。维护主管要检查维护记录,确保只在授权的工作范围内作了修改。

(9) 测试。测试时不仅测试修改的部分,还要测试对其他部分的影响,因此,可以借鉴开发阶段设计的测试用例对软件进行全面的测试。

(10) 更新文档。必须要保持程序和文档的一致性,维护人员应该及时修改文档。

(11) 用户验收。

(12) 评审修改效果及其对系统的影响。

注意:上面过程中的几个步骤可能循环进行,但并不是每次修改都必须执行所有的步骤。

图 13-1 展示了一个典型维护活动的处理流程。

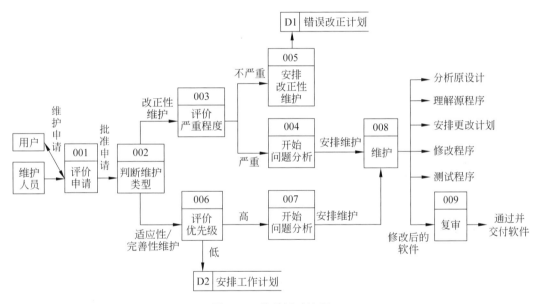

图 13-1　维护活动流程

13.2.1　相关维护报告

所有维护应该按规定的方式提出申请,维护申请可以由用户提出也可以由系统维护者提出。申请报告应该填写申请维护的原因、缓急程度,特别是改正性维护,用户必须完整地说明出现错误的情况,包括输入数据、输出信息、错误信息以及其他相关信息。如果是适应性维护,用户应说明软件要适应的新环境。对于完善性维护,用户必须详细说明软件功能和性能的变化,若增加新的功能,维护人员还要进行新的需求分析、设计、编程和测试,相当于一个二次开发的工程。维护机构对申请进行评价,将评价结果填写在申请表的评价结果栏内。下面给出一个软件维护申请报告的模板。

维护申请

申请编号：　　　　　　　　　　　　　日期：　　年　月　日

项目名称		项目编号	
问题说明(输入数据、错误现象)：		预计维护的结果：	
		维护安排：　　　□远程维护　　　□现场维护	
		维护 类型	软件 □ 纠错维护 □ 适应维护 □ 完善维护 硬件 □ 系统设备 □ 外部设备
维护要求和优先级：		维护 时间	至 共计____人月
		环境要求	
申请人：		□批准 □拒绝　　　　　年　　月　　日	

申请评价结果：

负责人：

　　如果申请通过了评价,维护主管要负责制定维护方案并签署维护计划。下面给出一个维护计划的模板。

维护计划

记录编号：　　　　　　　　　　　　　日期：　　年　月　日

合同名称：	合同编号：
项目名称：	申请编号：

客户单位/电话/联系人：

维护部门/电话/联系人：

变更性质：　□改正型维护　　□适应型维护　　□完善型维护

维护优先级：

维护预估工作量：　　　　　人月

确认问题：

维护范围：

维护项目	修改模块/内容	修改文档

续表

维护安排：

工作项目	负责人	开始时间	结束时间	参加人员

产品/系统初始状态（系统安装完成后双方共同确认）：

由本公司负责的维护类型及双方责任：

客 户 方	维 护 方

客户方责任人签字/日期：　　　　　　　　　维护责任人签字/日期：

　　本页不足记述结果时，可以有附页，格式自定。总页数包括本页与所有附页。
　　维护方案计划完成后，维护人员可以开始具体的维护工作，并做好维护记录。下面给出维护记录的模板。

维护记录一

记录编号：　　　　　　　　　　　　　　　日期：　　年　　月　　日

合同编号：	合同名称：
项目编号：	项目名称：
客户单位：	单位地址：
客户联系人：	客户联系电话：

维护申请：

维护人员/日期：

维护初始状态（问题描述）：

维护措施及进度安排：

维护责任人签字/日期：

维护结果：

客户方责任人签字/日期：　　　　　　维护责任人签字/日期：

　　"问题描述"栏中可以填写问题现象及其产生原因，具体指明问题所在，如果有客户的书面维护申请，则可以直接引用。
　　为了获得维护的统计信息，应该记录每次维护的类型、工作量和维护人员。维护管理者根据统计信息积累维护管理的经验，作为今后制定维护计划的依据。下面是用于维护统计的表格模板。

维护记录二

记录编号：   日期：   年   月   日

模块名称：   编号：

源程序行数：   机器指令长度：

编程语言：   程序安装日期：

失效次数：   程序运行时间：

维护日期	维护类型	变动内容	工作量	维护人员

维护记录二主要用于统计维护的历史数据。

13.2.2　源程序修改策略

软件维护最终落实在修改源程序和文档上。为了正确、有效地修改源程序,通常要先分析和理解源程序,然后才能修改源程序,最后重新测试和验证源程序。

1. 分析和理解源程序

理解别人开发的软件,阅读其源程序可能是非常困难的。但是,这对于学习计算机软件的人员来讲也是非常好的学习和锻炼机会。阅读理解别人写的源程序有一些技巧,可以帮助快速、准确地理解源程序。下面介绍这些技巧。

(1)首先要阅读与源程序相关的说明性文档。这些文档通常包括程序功能说明、数据结构、输入输出格式说明、文件说明、程序使用说明,阅读这些文档有助于理解源程序。

(2)概览源程序。这步只能粗略地阅读源程序,因为阅读者对源程序了解还少,无法一下深入到源程序中。但是,这步要完成的任务比较多。

- 记录源程序中所出现的全部过程及其参数。
- 建立过程直接调用二维矩阵,若过程 i 调用了过程 j,则二维表的 i 行 j 列是 1,否则是 0。如果一个过程自己调用自己,即递归调用,则二维矩阵 i 行 i 列是 1。另外,如果一个过程多次调用另一个过程,则二维矩阵的 i 行 j 列的值是调用次数。请看下面的二维矩阵,过程 p3 递归调用,所以 A[3,3]是 1,过程 p2 调用过程 p3 两次,所以 A[2,3]是 2。

$$A = \begin{array}{c} \\ p1 \\ p2 \\ p3 \\ \vdots \\ pn \end{array} \begin{array}{cccccc} p1 & p2 & p3 & \cdots & pn \\ \begin{bmatrix} 0 & 1 & 0 & \cdots & 0 \\ 0 & 0 & 2 & \cdots & 0 \\ 0 & 1 & 1 & \cdots & 0 \\ & & & & \\ 1 & 1 & 0 & \cdots & 0 \end{bmatrix} \end{array}$$

- 建立过程的间接调用二维表。若过程 i 调用过程 j,过程 j 调用过程 k,则间接表的第 i 行 k 列是 1,否则是 0。
- 列出程序定义的全局变量和数据结构。对于复杂数据结构,画出数据结构图更好理解。

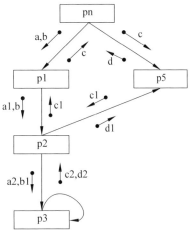

图 13-2　程序结构图

(3) 分析程序结构。根据上一步列出的过程调用表画出软件结构图。在这个图上反映了过程之间的调用关系和调用参数。如图 13-2 所示,图中的箭头线表示过程之间的调用关系,带尾的箭头线表示过程调用传递的参数。例如,p2 调用 p3,输入的参数是 a2、b1,返回的数据是 c2、d2。

(4) 画出软件的数据流程图。根据程序的信息处理流程画出数据流程图,可以获得相关数据在过程间的处理和传递方式,对于维护人员判断问题、理解程序特别有用。

(5) 分析程序中涉及的数据库表结构、数据文件结构,如果能够确定数据结构及数据项的含义就在此写出来。

(6) 仔细阅读源程序的每个过程。画出每个过程的处理流程图,分析过程定义的局部数据结构。同时,做一张过程引用全局数据结构的表,维护人员可以清晰地了解程序中对全局数据结构的访问情况。

(7) 跟踪每个文件的访问操作,每个文件做一张过程访问表,记录过程的读写、打开、关闭操作。

经过以上几步,就基本上能够理解源程序的功能和结构。下面可以对源程序进行修改了。

2. 修改源程序

在分析理解源程序的基础上,维护主管基本上可以确定源程序的修改工作量。对于一个较大的软件维护,应该首先制定修改计划,主要内容是分配修改任务和确定任务完成时间。修改过程中应注意如下几点。

(1) 程序员修改源程序前,要先做好源程序的备份工作,以便于将来的恢复和结果对照。另一个重要工作是将修改的部分以及受修改影响的部分与程序的其他部分隔离开来。

(2) 修改源程序时应该尽量保持原来程序的风格,在程序清单上标注改动的代码。也可以在修改程序时要求程序员先将原来的代码格式定义为统一的字体,将新修改的代码以加粗字体或其他颜色的字体显示。在修改模块的头部简单注明修改原因和日期。

(3) 在修改源程序时还要特别注意,不要使用程序中已经定义的临时变量或共享工作区。为了减少修改带来的副作用,修改者应该定义自己的变量,并且在源程序中适当地插入错误检测语句。

（4）建议程序员养成良好的软件开发工作习惯，做好修改记录。典型的修改记录包括下表所示的内容。

程序修改记录

软件名称： 源程序文件名： 备份源程序文件名： 相关文档列表：	修改任务描述：	

日 期	修 改 内 容	修 改 原 因	特 别 说 明

修改开始时间： 　　完成日期： 　　有修改注释：□有 　□无
增加代码行数： 　　删除代码行数： 　　修改代码行数：
相关文档修改否：□是 　□否

3．验证修改

修改后的程序应该进行测试，由于在修改过程中可能会引入新的错误，影响软件原来的功能，因此在修改后应该先对修改的部分进行测试，然后隔离修改部分，测试未修改部分，最后再对整个程序进行测试。另外，源程序修改后相应的文档应该修改。

13.3　提高软件的可维护性

提高软件可维护性是软件生命周期内各项工作的主要目标。软件可维护性是指改正软件中的错误、完善软件功能的容易程度。提高软件的可维护性可以降低维护成本，提高维护效率，延长软件的生存期。

为了提高软件的可维护性，在软件开发过程的各个阶段要充分考虑软件的可维护性因素。

（1）在需求分析阶段应该明确维护的范围和责任，检查每条需求，分析维护时这条需求可能需要的支持，对于那些可能会发生变化的需求要考虑系统的应变能力。

（2）在设计阶段应该做一些变更实验，检查系统的可维护性、灵活性和可移植性。设计时应该将今后可能变更的内容与其他部分分离开来，并且遵循高内聚、低耦合的原则。

（3）编码阶段要保持源程序与文档的一致性、源程序的可理解性和规范性。

（4）在测试阶段测试人员应该按照需求文档和设计文档测试软件的有效性和可用性，收集出错信息并进行分类统计，为今后的维护打下基础。

练习 13

1. 软件的可维护性是软件设计师最关注的性能,谈谈为了获得软件良好的可维护性,在设计时应该注意哪些问题?

2. 在软件文档中,你认为哪些文档对于软件的维护最重要?

3. 结合你的项目分析一下影响软件可维护性的主要因素。

4. 基于你的项目总结一下用户频繁变更的是哪些功能? 增加的是哪些功能?

5. 软件维护的策略有哪些?

6. 查阅文献,写一篇文章说明软件维护的成本如何估算。并且试着用面向过程和面向对象的方法分别编写一个学生基本信息查询软件,调试运行成功后,添加新的功能:学生选课信息管理和课程成绩查询。比较一下两种开发方法所需的维护工作量。

7. 提高程序可读性有哪些方法? 对你来讲比较有效的是哪些?

8. 写一个软件用于控制软件维护工作流程,包括维护申请、审批、检查计划、填写维护记录和源程序修改记录等内容。

9. 软件维护时的源程序修改策略是什么?

10. 软件维护的副作用是什么?

第 **14** 章

如何编写软件开发文档

    软件文档是软件产品的一部分。无论是订制开发软件还是购买软件产品,没有文档的软件是一个不完整的软件。在软件开发的早期,人们不重视软件文档,因为大部分软件都由程序员本人或者以开发者为中心的一个小团体使用,软件使用中的问题可以随时咨询更改。随着时间的流逝和不断接受新的软件开发任务,人们感觉到压力越来越大,软件的维护管理越来越困难,人们开始认识到文档的重要性。接着就有人开始规划和设计文档的种类、文档的内容和格式,于是出现了大量的软件开发文档规范。这些规范版本之多,内容之繁,让人生畏。而真正需要查找时,却发现文档与程序结构和代码完全不一致,如此说来,有文档还不如没有文档。

    那么,一个软件产品到底需要哪些文档? 文档的格式和内容需要遵从什么样的标准和规范? 如何保证程序和文档的一致性? 这些就成为软件工程领域研究的一个方向。本章将介绍软件文档的作用和种类,以及怎样写好软件文档等内容。

14.1 软件文档的作用和要求

    硬件产品在整个生产过程中都是有形可见的,而软件生产则有很大不同,软件的代码在整个软件组装之前无法观察它的形状是否满足要求。假设在需求分析阶段没有成型的文档,那么所有的结果就在分析人员的脑子里,无法衡量他的工作量和质量。没有文档的软件不能称为软件,更谈不到软件产品。软件文档的编制在软件开发工作中占有突出的地位和相当的工作量。高效率、高质量地开发、管理和维护文档,对于软件的开发、交付、维护和发挥软件产品的效益有着重要意义。

    一个软件从问题提出到交付使用,通常要经历几个阶段。每个阶段由不同的人员完成不同的工作,一个软件的完成有赖于许许多多设计思想和实现技术。在由多人组成的开发小组内,这些不可见的设计思想和实现技术必须形成可见的文档,才有可能成为编写程序代码的依据。从某种意义上来说,软件文档甚至比程序代码还重要,缺少必要的文档或文档不合格,将会给软件开发和维护带来许多困难和损失,严重时会导致整个开发失败。

    文档的作用可以概括为 5 点。

（1）文档增强软件开发的系统性。整个软件开发工作由多个阶段组成,各个阶段的工作既是相对独立的又有密切联系。各个阶段之间的沟通媒介主要是文档,文档说明软件要达到什么目的,满足哪些需求,如何满足需求。

（2）文档增强开发人员之间的相互沟通。没有文档,每个开发人员只能各自开发自己的软件部分,对其他人员的软件无法插手。因此,文档成为开发成员之间、开发成员与用户之间交流的桥梁。

（3）文档可供管理人员检查项目开发进度,管理软件开发过程。由于软件开发是以人为中心的智力活动,每个开发人员都有各自的工作方法、设计思路,技术水平和工作进度各不相同,这些智力活动过程常常是看不见的。软件文档可以将这些不可见的过程转化为可见的文字材料,从而使管理人员可以检查开发计划的实施情况,便于及时控制风险,使后续的开发工作有了依据。

（4）为用户使用软件提供帮助。文档说明软件安装、修改、运行的方法和步骤,便于软件的推广应用,使得软件能够在更大的范围内交流。

（5）文档反映软件开发人员在各个阶段的工作成果。

软件文档在软件生命周期中起着重要的作用,那么对软件文档应该有哪些基本要求呢? 软件文档至少应该说明下面几个问题。

- 软件要满足哪些需求,即回答"做什么?"
- 所开发的软件从哪里获得信息,即回答"从何处?"
- 软件开发工作在什么时间、在什么条件下由谁来完成,即回答"何时干?"和"谁来干?"
- 软件需求是怎么实现的,即说明"怎么干?"
- 软件是否满足了要求,即"测什么,怎么测?"

由于软件文档在软件开发和使用的整个过程中具有重要地位和作用,因此对文档的管理应该有严格的要求。

（1）首先,文档要求及时性。文档必须按计划完成,并且是最新版本。

（2）文档要求完整性。文档应该记录的内容不得擅自去掉。

（3）文档要求准确性。文档的描述应该简明,所用的词汇术语无二义,应尽量采用过程语言和形象易理解的图表。

（4）文档要求规范性。文档应该采用统一的格式书写,各个开发阶段的文档内容要具有连续性、一致性和可追溯性,防止出现前后矛盾。使用图表描述时,应该按照有关规定采用含义确定、无歧义的约定符号。

为了使软件文档有助于程序员编制程序,有助于管理人员监督和管理软件开发,有助于用户了解软件的工作和相应的操作,有助于维护人员进行有效的修改和扩充,文档的编制必须保证质量。影响软件文档质量的主要因素是不重视文档编写工作或对文档编写工作的安排不恰当。最常见到的情况是,软件开发过程中不能按进度、分阶段及时完成文档编制工作,通常是在编程工作完成以后把文档赶写出来。这样的做法不可能得到高质量的文档。

高质量的文档应当体现在以下一些方面。

（1）针对性。编写软件文档时要针对不同的读者。例如,管理文档主要是面向管理人员的,用户文档主要是面向用户的,这两类文档不应像技术文档那样过多地使用软件的专业术语。

（2）精确性。文档的描述应当十分确切,不能出现二义性描述。

（3）清晰性。文档编写应力求简明,可以配合适当的图表,以增强其清晰性。

（4）完整性。任何一个文档都应当是完整的。例如,前言部分应作一般性介绍,正文给出中心内容,必要时还有附录,列出参考资料等。同一课题的几个文档之间可能有些部分相同,这些重复是必要的。例如,同一项目的用户手册和操作手册中关于本项目功能、性能、使用环境等方面的描述是相同的,这时要在两个文档中都用相同的语句进行描述。避免在文档中出现"参见……"的情况,这将给读者带来许多不便。

（5）灵活性。各个不同的软件项目,其规模和复杂程度有着许多差别,编制文档时要根据具体的项目情况而定。大型项目或重要项目的文档一定要参照国家或行业软件开发文档规范编制。一般项目则需要根据项目的情况对国家或行业软件开发规范进行适当裁减。例如,可将用户手册和操作手册合并成用户操作手册,软件需求说明书和数据要求说明书可以合并在一起,概要设计说明书与详细设计说明书合并成软件设计说明书等。

（6）可追溯性。由于各开发阶段编制的文档与各阶段完成的工作有紧密关系,前后两个阶段生成的文档具有一定的关系,故一个项目各开发阶段之间提供的文档必定存在着可追溯的关系。例如,某一项软件需求在需求分析规格说明书中说明,必定在设计规格说明书、测试计划、用户手册中有所体现。

14.2 软件文档的种类和提供时机

在软件开发的不同时期应该提供不同的文档,表 14-1 列出了各个阶段应提供的文档。这些文档是理论上应该提供的,但实际工作中要根据具体的项目规模、软件的类型灵活掌握。

表 14-1　软件开发各阶段应提供的文档

文档名称	提交阶段	类　　型
可行性报告	研究和计划阶段	开发文档
项目开发计划	研究和计划阶段,需求分析阶段	开发文档,管理文档
软件需求分析规格说明书	需求分析	开发文档,用户文档
数据要求说明书	需求分析	开发文档
概要设计规格说明书	设计阶段	开发文档
详细设计规格说明书	设计阶段	开发文档
数据库设计规格说明书	设计阶段	开发文档
模块开发卷宗	实现阶段,测试阶段	开发文档

续表

文档名称	提交阶段	类　　型
用户手册	需求分析,实现阶段	用户文档
操作手册	设计阶段,实现阶段	用户文档
测试计划	需求分析,设计阶段	管理文档
测试分析报告	测试阶段	管理文档
开发进度月报	贯穿整个开发阶段	管理文档
项目开发结束报告	测试结束后	管理文档

一个文档的类型有时是不唯一的,例如需求分析规格说明书既是开发工作需要的重要文档,也是用户验收系统的文档。由于它完整地定义了软件要实现的功能和必须达到的性能指标,因此它是设计人员设计系统的基础,也是用户检验软件是否满足要求的重要依据。

14.3 软件文档的编写步骤

编写软件文档就是对软件开发过程的有关信息进行记录的过程。任何一个软件文档的编写过程都可以分为 4 个步骤:准备工作、确定写作内容、编写定稿、修改完善。第一个阶段是认识阶段,也是最关键的阶段,后三个阶段属于表现阶段,即如何表达出软件的所有有关信息。

14.3.1 准备工作

准备工作的中心内容是要准确地理解和掌握目标系统的相关细节,包括技术要求、功能要求、数据要求、用户需求以及文档的读者,然后对各种要求进行分析,为确定写作内容奠定基础。

1. 掌握软件开发的详细内容

在动手编写文档之前,必须明白当前工作的主要内容和要达到的目标。对于规模较小的项目,设计者通常是开发者,并且也是文档的作者。对于规模较大的项目,通常由数人进行系统分析、系统设计、编程、测试,各个阶段的软件文档可能由参加相应阶段的工作人员来写,也可能由未参加该阶段工作的其他人员来写,因此软件文档编写人员必须认真了解软件开发的具体情况。可以运用以下办法获取有关信息。

(1) 座谈讨论。相关人员在一起通过座谈形式了解软件的概貌,明确各个阶段的目标、任务和要求。

(2) 个别交谈。文档编制人员可以同项目负责人、系统分析员、软件设计员、程序员等个别交谈,深入了解有关的细节。

（3）阅读有关的材料。

（4）做好必要的记录。认真记录调研的信息,对于开发和文档工作都是重要的。

总之,在编写文档之前应该了解软件的目标是什么? 用户的需求是什么? 各个阶段的主要任务是什么? 除此之外,还要对软件的处理过程和处理对象有所了解。例如,软件的功能是什么? 需要哪些科学计算? 处理的数据是什么? 用什么方式进行输入和输出? 等等。问得越细就会对系统了解得越深,写文档时才会得心应手。

2. 了解文档使用者的要求

编写文档之前,必须了解谁是文档的使用者,以及他们对文档有何要求。通过调查,了解读者的文化素质、技术水平以及对计算机的熟悉程度等,可以决定文档所用的语言、涉及范围和描述的详细程度等问题。一般来说,管理人员、设计人员、开发人员、维护人员的技术水平是可以信赖的。但是,用户的计算机技术水平可能会存在较大的差异,因此,在为用户编写文档时要充分了解用户的文化程度、专业知识和计算机技术的程度,使编写的文档适合用户使用。

在明确了文档的使用者之后,就要考虑读者需要从文档中获得什么。例如,管理人员需要从文档中获得任务的完成情况、资源的使用情况,以便于控制成本,调整开发进度,保证按时完成任务。设计人员需要从文档中获得用户对软件的要求、用户业务的处理流程、业务数据的格式和内容、用户的操作水平等信息。开发人员需要从文档中了解软件的构架信息、实现软件的限制和条件、软件的设计蓝图、模块说明和数据结构说明等设计信息。维护人员需要从文档中了解软件如何修改、扩充和完善以及错误处理说明等信息。用户则需要从文档中了解软件的功能、性能、安装方法和操作步骤等信息。

当确信已经掌握了使用者的要求后,就可以规划文档的内容了。这里要注意文档的简洁性原则,不要将使用者不关心的内容都放入文档之中,否则就是制造垃圾。

14.3.2 确定写作内容

经过准备已经收集到了一手资料,接下来就要确定编写文档的种类、文档内容的组织和文档编写过程中应遵循的基本约定。

1. 确定文档的种类

软件项目的规模不同,文档的数量也不同。当今,随着软件工程的普及,研究软件开发过程的深入,文档的种类和数量也不断增加。有一种倾向,认为一个软件项目的文档越多越好。实际上,软件文档要与软件项目的规模相匹配,一个小项目提供大量的文档不仅增加了开发成本,而且会使人感觉厚厚的文档很空虚,没有多少实质性的内容,所以一个软件项目提供的文档要适度。

国家软件工程开发标准 2000 中提供了 14 种文档标准,2006 年国家增加和修正了 9 种计算机软件文档规范。在实际应用中,要根据软件的规模、复杂程度和风险程度来编制不同种类、不同详略程度的文档。软件规模和相应文档种类的参考表见表 14-2 所示。

表 14-2　不同规模软件的文档种类表

软件文档名称	特大规模	大规模软件	中等规模软件	小规模软件
可行性研究报告	√	√	√	项目开发计划
项目开发计划	√	√	√	
软件需求规格说明书	√	软件需求规格说明书	软件需求规格说明书	软件需求规格说明书
数据需求说明书	√			
测试计划	√	√	√	
概要设计规格说明书	√	√	√	软件设计说明书
详细设计说明书	√	√	详细设计说明书	
模块开发卷宗	√	√		
数据库设计说明书	√	√	√	
用户手册	√	√	用户操作手册	用户操作手册
操作手册	√	√		
测试分析报告	√	√	√	√
开发进度月报	√	√	√	√
项目开发总结报告	√	√	√	√

2．文档内容组织

软件开发工作是一项循序渐进的工作,各个阶段的工作之间关系密切,通常前一个阶段的工作是下个阶段工作的准备或依据,下一阶段的工作又是对前面工作的细化。各个阶段成果以文档的形式反映出来,因此要求各个阶段的文档内容必须要能够反映该阶段的工作内容。上面列出的 14 种文档就是在各个不同开发阶段产生的。那么每个文档中的具体内容是什么,如何组织？有些读者说,按照国家软件工程开发标准规范编写文档肯定是没错的。这只说对一半,国家软件工程开发标准和规范是一个指导性的文件,不能生搬硬套。不同的行业可能有行业软件工程开发标准规范。不管用什么标准和规范,在文档内容的组织上需要注意下面几点。

（1）文档内容和表达方式要适应特定的读者。

（2）各类文档要自成体系。

（3）文档内容可以灵活扩张缩并。

14.4　如何写好软件文档

编写优秀的软件文档没有公式化的方法,就本质来说,编写软件文档与编写一般文件并没有什么区别,只是由于软件文档写作目的的特殊性而有其独特的表达方式,形成了一种特殊的文体。

软件文档从文体角度讲属于应用文类,因此,要写好软件文档,首先应该具备应用文写作的基本知识和技能,除此之外,还需要通过大量的实践从过去的写作中发现问题,不断改进。

14.4.1 深入理解系统和用户

在编写软件文档之前首先应该调查了解系统和用户,收集有关的材料,做好准备工作。文档编写人员应该通过访谈用户、阅读相关资料理解目标系统,具体要了解的内容如下。

- 系统建设的背景资料。系统建设的历史,以前是否建设过类似的系统,目前的运行情况如何,目前系统建设的环境和条件是否成熟,系统建设的必要性。
- 系统的建设目标。建设此系统要达到的目标是什么。
- 系统的规模和范围。系统建设的规模描述可以说明预计的投资额度、设备规格、技术水准等。系统所涉及的范围主要指系统建设涉及的业务范围和应用范围。
- 用户需求。根据系统涉及的范围,对范围内的用户描述他们的业务活动和业务需求。
- 系统功能和性能要求。描述系统为满足用户需求而必须具有的功能和性能指标。
- 用户向系统提供什么信息。描述用户向系统提供的信息内容和信息格式,以及提供的手段。
- 用户需要系统提供什么信息。系统以什么方式向用户提供什么内容的信息。
- 系统的工作方式。

这些内容通常是编写软件文档时要写清楚的,但有时这些问题的答案甚至连用户自己也说不清楚,因此,编写文档时常常需要参考一些行业资料、书籍或相似的软件。只有丰富自己才能规划出好的系统,写出满意的文档。

另外,在编写文档时还要知道文档使用者的技术水平、使用目的。用户的技术水平不同,编写文档的立足点有很大差异。例如编写维护文档,必须了解维护者是谁、技术水平如何、对系统的了解程度如何? 如果维护人员是计算机专业人员,具有较高的技术水平,对系统比较了解,则软件文档可以写得更加专业化一些,否则就应该更通俗、更详细一些。

14.4.2 确定文档的组织方式

软件文档的组织方式直接影响到文档的使用效果,一个合适的组织方式将给使用者带来极大方便。文档编写人员必须重视文档的组织方式,并加以研究利用。

1. 标准与约定

编写的文档必须遵守国际、国家、行业的相关标准及有关规定,这是最基本的要求。同时,在编写的文档中可能要做些约定,这些约定的含义必须十分明确,符合有关的规范和习惯,并且在文档中每个需要的地方都遵守这些约定。标准和约定应该在编写文档之前都明确下来,对于与习惯用法不同的约定应着重指出。

2．确定表达方式

文档的表达方式对读者理解和使用文档将产生重大影响。文档的表达方式有直叙式、菜谱式、编号指令式、四步法等几种基本方式。

- 直叙式是按照文档中内容的上下文平铺直叙，这是一种通俗易懂的文体结构，但是这种方式可能会使某些信息散落在段落中而显得无重点。
- 菜谱式就是写成菜谱说明的文体形式，其语句的第一个词是动词，比直叙式用字要少很多，理解起来比较快。
- 编号指令式在文档编写过程中加入编号，这种表达方法使要说明的事非常明确，信息容易找到，但所占的篇幅较多。
- 四步法是指所编写的文档内容通过 4 个过程完成：用户需要做什么？ 它的动机是什么？ →当用户做事时会发生什么？ →为实现所要的效果，典型的步骤是什么？ →以一个例子说明前 3 步的描述。

3．文档的组织方式

文档的组织方式主要有下面几种。

- 按重要性顺序。先提出最重要的思想或项目，主要用在绪论中。
- 按需要顺序。先提出读者可能最常需要的信息，主要用在参考手册文档中。
- 按难易程度。先从最简单的概念入手，然后到较为复杂的概念，主要用于培训手册等。
- 按时间处理顺序。从第一步开始，逐步说明。操作手册说明可用此方法。
- 分析方法。把复杂问题分为若干简单问题进行说明。
- 专题法。按专题划分内容。此法适用于在线手册、操作手册。

通常这些方法配合使用，不同的文档或一个文档的不同位置可以选择不同的组织方式。但是选择组织方式的原则应该是使写出的文档易于读者理解，所以在说明的时候应该首先按需要顺序组织，然后在用户需要的内容中总结出最重要的内容先予交代。为了使交代的内容便于理解，可以按难易程度组织，先从简单的问题着手，必要时配合实例按照时间处理顺序，一步一步分别讲述。对于读者理解可能有困难的问题最好用分析法，将复杂问题化解为一系列易于理解的简单问题。

14.4.3 讲究文风

在规划软件文档时有一条重要的原则，就是要讲究文风。这里有几个误区：有些软件公司为了体现自己的工作多么认真，通常交付许多厚厚的文档，而用户真正需要的内容往往只有几页，也就是说，用户要从一大堆文档中找出需要的几页内容，就好比大海捞针，非常困难；另一种极端是提供的文档描述不清，使得用户读了之后难以理解，还得反复琢磨。

一个好的文档人员应该能够将复杂问题以一种比较简单、读者易于接受的方式描述出来。大多数用户对软件文档会感到恐惧，因为这个领域充满了新的技术名词、专业术语,有时文档中还经常夹带一些英文词。因此编写软件文档,特别是关于用户的文档时,使用读者能够接受的语言,配合实例一步一步分解讲述这样才会得到好的效果。这就要求文档编写人员注意下面三点。

- 对软件系统和使用者有较深入的了解。自己对所要描写的内容真正搞明白了,写起来就会比较从容,才有可能用实例来说明。如果自己都不能理解内容,怎么能写好呢?

- 表达要准确、到位。有许多工程师自己理解了,可就是不知如何表达?因此写作人员要多看相关的文档,积累表达经验,写出来的文档可以先在小范围内征求读者的意见,然后再予完善。

- 写作要遵从统一的规范或体系。现在大部分软件文档写作都是在计算机上完成,一个文档的内容应有层次,逐渐展开,全文的格式要一致,所用的目录标准应规范,标点符号应统一。例如:

1　表示第一章

1.1　表示第一章的第一节

1.1.1　表示第一章的第一节中的第一个问题。

对于同一个内容,在文档的前后描述中应该一致。例如前面把某个内容称做"指令",后面又叫做"函数",最后又称呼为"命令"。这种写法不可取,一个文档应该有统一的用词规范。

- 描述语句要简短。在文档中一般不使用太长的句子,有些译者未理解原文的思想,通常把原句直接翻译成中文,使得读者在阅读时常常很困惑,不理解译文的意思。另外,在软件文档中应该用主动语态进行描述。

- 软件文档中尽量不要用套话。软件文档中能够用一句话说清楚的问题决不要用两句话描述。如果问题确实难以说清,最有效的方法就是举例子。

- 编写文档时要以读者的观点来考虑问题。当编写完一个文档后,作者应该以读者的角度阅读该文档,看看原来设想的问题是否已经交代清楚了,是否存在上下文断层的情况,是否有不一致的地方。

- 有效地使用图表。图表是一种简明高效的表达方法,编写计算机文档应当充分发挥图表的作用。在引用图表的过程中应该注意这样几个问题。

  - 图表要与文字描述相结合,成为有机的整体。
  - 图表本身应该有一个含义准确的名字和统一的编号,以便于引用。
  - 图表中所用的符号一定是读者能够理解的,通常是标准和约定的符号。
  - 图表的位置应尽量靠近说明它们的文字。

- 文档中使用的符号必须经过明确的定义,每种符号在文档中的含义必须一致。

- 在文档中使用的引例要经典,不要用很普通的引例。另外,引例之间应该具有互补性,有时一个问题可能需要从多个方面理解,这时给出的引例可以从不同的角度帮助读者理解问题。

14.5　文档管理

软件文档的管理主要包括两个方面：一个是软件文档编写过程中的管理；另一个是软件文档使用过程中的管理。软件文档编写过程中的管理主要包括软件文档的编写计划、编写进度、编写规范和编写质量评估。文档使用过程中的管理包括文档变更控制、版本控制、文档发行等。

14.5.1　编写管理

在一个较大规模的软件开发过程中通常要产生若干文档，并且这些文档之间会有许多关联。例如，一个软件的需求规格说明书和设计规格说明书在许多内容上是相关的，设计是随着需求的变更而变化的。因此，在软件编写的过程中要有一个规划，通常项目负责人要根据项目的规模和软件的类型确定一个文档清单，并且对每个文档的内容进行细致的规划。事实上，每个文档都是软件开发过程中的中间产品，属于半成品，在以后的开发过程中需要不断修改和完善。项目负责人应该指定每个文档的负责人、审查人和批准人，明确完成文档的进度要求，明确每个文档的变更控制流程。

文档编写完成后，必须有人审查，审查通过后才可以发行。文档的审查主要看是否与规定的内容和格式相符，最重要的是要审查文档是否与开发情况相符。例如，软件的实际代码是否与详细设计说明书一致，比较容易犯的错误是源代码是近期编写的，而详细设计说明书是以前编写的，在编写代码的过程中发现了原来设计的问题，由于沟通不及时，没有对详细设计说明书进行更正，只是修改了源代码。所以，文档审查时应该注意文档的版本号是否为最新的。

文档的修改要特别慎重，通常需要确定一个修改的控制流程：修改意向申报→评议和审批→修改。尽管有这样的控制流程，可是在实际工作中却很难控制。例如，一个已经审查通过的文档，在开发过程中发现了问题，而大量的开发人员都在不同的岗位上工作，常见的做法就是发现问题的岗位为了不耽误工作进度，直接修改了自己手中的文档，其他部门文档却没有获得及时修改，仍在原来文档的基础上工作。最可怕的是这个修改被人遗忘了，等到最终进行系统集成测试时发现系统无法集成在一起，或出现莫名其妙的错误。这时可能出现混乱局面，众人都在查找问题，结果可能要花费大量的精力和时间才能找到问题。

目前控制文档修改的有效方法是依靠项目管理和文档管理工具相结合的方法，使得大家都遵循相同版本的文档，一旦某个岗位提出修改意见，就通过文档管理工具快速地反映到项目经理和文档管理者那里，确保在第一时间通知所有相关的开发人员"文档发生了变化"。

14.5.2　使用管理

在整个软件生存期中，文档是随着开发的深入而不断修改和完善的。例如，需求分析规格设计说明书在需求分析阶段提供,但是在设计阶段甚至到了编程阶段可能发现原来的需求有问题,需要修改或者需要补充新的需求,这种情况就要修改需求规格说明书。为了最终得到高质量的文档,必须加强对文档的使用管理。下面是文档管理的几条具体措施。

(1) 软件开发小组设一文档保管员,负责集中保管本项目已有的文档。

(2) 选择功能强大的文档管理工具。当文档发生变更时,可以跟踪变化,提示变化影响的范围。

(3) 软件开发小组成员手中的文档应该每天与主文档进行对照,及时发现变更。如果需要修改某个文档,应该先申请批准后,并且应先修改主文档。在新文档取代了旧文档时,管理人员应及时变更文档的版本。

(4) 开发人员只保存主文档中与本人工作相关的部分文档。

(5) 在文档内容有更动时,管理人员应随时修订主文档,使其及时反映更新了的内容。

(6) 项目开发结束时,文档管理人员应通知每个开发人员销毁个人手中的文档。

(7) 主文档的修改必须特别谨慎。修改以前要充分估计修改可能带来的影响,并且要按照申请、审核批准、实施这几个步骤严格控制。

14.6 软件工程标准

就一个软件项目来说,需要有许多层次不同、分工不同的人员相互配合;在项目的各个部分以及各个开发阶段之间也都存在着许多联系和衔接问题。如何把这些错综复杂的关系协调好,需要有一系列统一的约束和规定。为了提高软件开发的效率,保障软件产品的质量,软件工程领域中公布了许多标准,有国际标准、国家标准、行业标准、企业标准、项目规范,通常由低级到高级使用。例如,当一个项目制定了项目规范时,应该首先遵循项目规范,否则遵循企业标准,没有企业标准时依次遵循行业标准、国家标准、国际标准。软件工程的标准关系到许多方面,有规范开发过程的标准,有定义产品的标准,还有管理标准和表达符号的标准等。

14.6.1 软件工程标准的制定过程

软件工程标准的制定与推行通常要经历一个环状的生存期。最初,制定一项标准仅仅是初步设想,经发起后沿着环状生存期顺时针进行,要经历以下步骤,如图 14-1 所示。

(1) 建议,拟订初步的建议方案;

(2) 开发,制定标准的具体内容;

(3) 咨询,征求并吸收有关人员意见;

(4) 审批,由管理部门决定能否推出;

(5) 公布,公开发布,使标准生效;

(6) 培训,为推行标准准备人员条件;

（7）实施，投入使用，需经历相当期限；

（8）审核，检验实施效果，决定修订还是撤销；

（9）修订，修改其中不适当的部分，形成标准的新版本，进入新的周期。

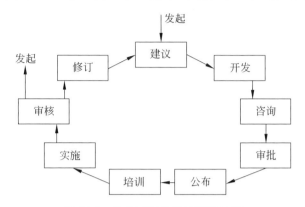

图 14-1　软件工程标准的制定过程

为使标准逐步成熟，可能在环状生存周期上循环若干圈，需要做大量的工作。事实上，软件工程标准在制定和推行过程中还会遇到许多实际问题，其中影响软件工程标准顺利实施的一些不利因素应当特别重视。这些因素可能如下。

（1）标准本身有缺陷，或存在不够合理、不够恰当的部分。

（2）标准文本有缺点，例如，文字叙述可读性差，难于理解，或缺少实例供读者参阅。

（3）主管部门未能坚持大力推行，在实施过程中遇到问题又未能及时加以解决。

（4）未能及时做好宣传、培训和实施指导。

（5）未能及时修订和更新。

14.6.2　软件工程标准的层次

由于标准化方向是无可置疑的，我们应该努力克服困难，排除各种障碍，坚定不移地推动软件工程标准化更快地发展。

根据制定的机构和标准适用的范围有所不同，软件工程标准可分为 5 个级别，即国际标准、国家标准、行业标准、企业（机构）标准及项目（课题）标准。以下分别对这 5 级标准的标识符及标准制定（或批准）机构作一简要说明。

1. 国际标准

这是由国际联合机构制定和公布而提供各国参考的标准。

国际标准化组织（International Standards Organization，ISO）这一国际机构有着广泛的代表性和权威性，它所公布的标准也有较大影响。20 世纪 60 年代初，该机构建立了"计算机与信息处理技术委员会"（ISO/TC97），专门负责与计算机有关的标准化工作。这类标准通常标有 ISO 字样，如 ISO 8631-86 Information processing—Program constructs and conventions for the representation（信息处理——程序构造及其表示法的约定），该标准现已被我国收入国家标准。

2．国家标准

由政府或国家级的机构制定或批准，适用于全国范围的标准。下面分别介绍几个国家标准的标识。

GB——中华人民共和国国家标准。国家技术监督局是我国的最高标准化机构，它所公布实施的标准简称为"国标"。现已批准了若干个软件工程标准。

ANSI(American National Standards Institute)——美国国家标准协会。这是美国一些民间标准化组织的领导机构，具有一定权威性。

FIPS(NBS)［Federal Information Processing Standards(Nation Bureau of Standards)］——美国商务部国家标准局联邦信息处理标准。它所公布的标准均冠有 FIPS 字样，如 1987 年发布的 FIPS PUB 132-87 Guideline for validation and verification plan of computer software（软件确认与验证计划指南）。

BS(British Standard)——英国国家标准。

JIS(Japanese Industrial Standard)——日本工业标准。

3．行业标准

由行业机构、学术团体或国防机构制定并适用于某个业务领域的标准。

- IEEE(Institute of Electrical and Electronics Engineers)——美电气和电子工程师学会。近年该学会专门成立了软件标准分技术委员会(SESS)，积极开展了软件标准化活动，取得了显著成果，受到软件界的关注。IEEE 通过的标准常常要报请 ANSI 审批，使其具有国家标准的性质。因此，我们看到 IEEE 公布的标准常冠有 ANSI 字头。例如，ANSI/IEEE Str 828-1983 软件配置管理计划标准。
- GJB——中华人民共和国国家军用标准。这是由我国国防科学技术工业委员会批准，适合于国防部门和军队使用的标准。例如，1988 年发布实施的 GJB 473-88 军用软件开发规范。
- DOD-STD(Department Of Defense-STanDards)——美国国防部标准。适用于美国国防部门。
- MIL-S(MILitary-Standards)——美国军用标准。适用于美军内部。

此外，近年来我国许多经济部门（例如，航天航空部、原国家机械工业委员会、对外经济贸易部、石油化学工业总公司等）也开展了软件标准化工作，制定和公布了一些适应于本部门工作需要的规范。这些规范大都参考了国际标准或国家标准，对各自行业所属企业的软件工程工作起到了有力的推动作用。

4．企业规范

一些大型企业或公司，由于软件工程工作的需要，制定适用于本部门的规范。例如，美国 IBM 公司通用产品部(General Products Division)1984 年制定的"程序设计开发指南"，仅供该公司内部使用。

5．项目规范

由某一科研生产项目组织制定，并且为该项任务专用的软件工程规范。例如，计算机集成制造系统(CIMS)的软件工程规范。

14.6.3 软件工程标准一览表

软件工程标准一览表如表 14-3 所示。

表 14-3 软件工程标准一览表

标 准 名 称	标 编 准 号	国际标准
软件工程术语标准	GB/T 11457-2006	
信息处理——数据流程图、程序流程图、系统流程图、程序流程图和系统资源图的文件编制符号及约定	GB 1526-89	ISO 5807-1985
软件工程标准分类法	GB/T 15538-1995	ANSI/IEEE 1002
信息处理——程序构造及其表示法的约定	GB 13502-92	ISO 8631
信息处理——单命中判定表规范	GB/T 15535-95	ISO 5806
信息处理系统——计算机系统配置图符号及其约定	GB/T 14085-93	ISO 8790
软件开发规范	GB 8566-88	
计算机软件单元测试	GB/T 15532-95	
信息处理——按记录组处理顺序文卷的程序流程		ISO 6593-85
软件维护指南	GB/T 14079-93	
信息技术 软件维护	GB/T 20157-2006	
软件产品开发文档编制指南	GB/T 8567-2006	
计算机软件需求规格说明编制指南	GB 9385-88	
计算机软件测试文件编制指南	GB 9386-88	ANSI/IEEE 829
软件测试文档编制规范	GB 9386-88	ANSI/IEEE 830
信息技术 软件生成周期过程 配置管理	GB/T 20158-2006	
计算机软件配置管理计划规范	GB/T 125050-90	IEEE 828
信息技术 软件产品评价 质量特征及其指南	GB/T 16260.1-2006	ISO/IEC 9126-1：2001
软件工程 产品质量 第 2 部分：外部度量	GB/T 16260.2-2006	
软件工程 产品质量 第 3 部分：内部度量	GB/T 16260.3-2006	
软件工程 产品质量 第 4 部分：使用质量的度量	GB/T 16260.4-2006	
计算机软件质量保证计划规范	GB/T 14394-93	
软件工程 软件生成周期过程 用于项目管理的指南	GB/Z 20156-2006	
质量管理和质量保证第 3 部分：GB/T 19001-ISO 90001 在软件开发、供应和维护中的使用指南	GB/T 19000.3-94	ISO 9000-3-93

14.7 几个常用软件文档的模板

14.7.1 可行性研究报告

可行性研究报告的主要内容包括说明该软件项目在技术、经济、实现、环境等方面是否可行;评述为了合理地达到开发目标而可能选择的各种方案;论证所选定的方案。

××××系统可行性研究

1 引言
  1.1 编写目的
  此处说明编写本文档的目的,并指明读者对象。
  1.2 背景
  1.3 定义
  1.4 参考资料
2 可行性研究的前提
  2.1 要求
  2.2 目标
  2.3 条件、假定和限制
  2.4 可行性研究方法
3 对现有系统的分析
  3.1 数据流程和处理流程
  3.2 工作负荷
  3.3 费用开支
  3.4 人员
  3.5 设备
  3.6 存在的主要问题
4 所建议的系统
  4.1 对所建议系统的说明
  4.2 数据流程
  4.3 处理流程
  4.4 改进之处
  4.5 影响
  4.6 局限性
  4.7 技术条件方面的可行性
5 可选择的其他系统方案

```
    5.1  可选择的系统方案 1
    5.2  可选择的系统方案 2
         ······
6  投资及收益分析
    6.1  支出
        6.1.1  基本建设投资
        6.1.2  其他一次性支出
        6.1.3  非一次性支出
    6.2  收益
        6.2.1  一次性收益
        6.2.2  非一次性收益
        6.2.3  不可定量的收益
    6.3  收益/投资比
    6.4  投资回收周期
    6.5  敏感性分析
7  社会因素方面的可行性
    7.1  法律方面的可行性
    7.2  使用方面的可行性
8  结论
```

14.7.2 项目开发计划

编制项目开发计划的目的是：用文件的形式，对开发过程中各项工作的负责人员、开发进度所需经费预算、所需软件和硬件条件等问题做出的安排记载下来，以便根据该计划开展和检查本项目的开发工作。编写内容要求如下。

××××系统开发计划

```
1  引言
    1.1  编写目的
    1.2  背景
    1.3  定义
    1.4  参考资料
2  项目概述
    2.1  工作内容
    2.2  主要参加人员
    2.3  产品及成果
```

2.3.1 程序

2.3.2 文件

2.3.3 服务

2.3.4 非移交产品

2.4 验收标准

2.5 完成项目的最迟期限

2.6 本计划的审查者与批准者

3 实施总计划

3.1 工作任务的分解

3.2 接口人员

3.3 进度

3.4 预算

3.5 关键问题

4 支持条件

4.1 计算机系统支持

4.2 需要用户承担的工作

4.3 需由外单位提供的条件

5 专题计划要点

14.7.3 软件需求说明书

软件需求说明书的编制是为了使用户和软件开发者双方对该软件要完成的任务有一个共同的认识,这是整个开发工作的基础。编写内容要求如下。

××××系统需求规格说明书

1. 引言——给出对本说明书的概述。

1.1 目的——编写本文档的目的。

1.2 文档约定——描述本文档的排版约定,解释各种符号的意义。

1.3 各类读者的阅读建议——对本文档各类读者的阅读建议。

1.4 软件的范围——描述软件的范围和目标。

1.5 参考文献——编写本文档所参考的资料清单。

2. 综合描述——描述软件的运行环境、用户和其他已知的限制、假设和依赖。

2.1 软件前景——软件产品的背景和前景。

2.2 软件的功能和优先级——概要描述软件的主要功能,详细功能描述在后面的章节中。在此给出一个功能列表或者功能方块图,对于理解软件的功能是有益处的。

2.3 用户类和特征——描述使用软件产品的不同用户类和相关特征、操作权限。

2.4 运行环境——描述软件产品的运行环境,包括硬件平台、操作系统、其他软件组件。如果本软件是一个较大系统的一部分,则在此简单描述这个大系统的组成和功能,特别要说明它的接口。

2.5 设计和实现上的限制——概要说明针对开发人员开发系统的各种限制,包括:软硬件限制,与其他应用软件的接口,并行操作,审查功能,控制功能,开发语言,通信协议,应用的临界点,安全和保密方面的限制。但是,此处不说明限制的理由。

2.6 假设和依赖——描述影响软件开发的假设条件,说明软件运行对外部因素的依赖情况。

3. 功能需求

3.1 引言——软件要达到的目标,实现功能所采用的方法和技术,系统的高层数据流程图。

3.2 功能说明——以细化的数据流程图为核心,详细描述其中的各个功能需要的输入信息,加工步骤,出现异常的响应等。

4. 数据要求——描述与功能有关的数据定义和数据关系。

4.1 数据实体关系——可以用 E-R 图描述数据实体之间的关系。

4.2 数据项或数据结构——用数据字典对数据流程图中的数据流和数据存储或其他有关的数据项进行详细的说明。

4.3 数据库——描述对数据库的要求,特别是完备性、安全性和效率等指标。

5. 性能需求——产品的性能指标,包括产品响应时间、容量要求、用户数要求。例如:支持的终端用户数,系统允许并发操作的用户数,系统可处理的最大文件数和记录数,欲处理的事务和任务数量,在正常情况下和峰值情况下的事务处理能力。

6. 外部接口——所有与外部接口有关的需求都应该在这部分说明。

6.1 用户界面——描述软件用户界面的标准和风格,不包括详细的界面布局设计。

6.2 硬件接口——系统运行环境中各硬件的接口。

6.3 软件接口——描述软件与其他外部组件的连接,包括数据库、软件库、中间件等。

6.4 通信接口——描述软件与通信有关的需求,如信息格式、通信安全、速率、通信协议等。

7. 设计约束——说明对设计的约束及其原因。

7.1 硬件限制——硬件配置的特点。

7.2 软件限制——指定软件运行环境,描述与其他软件的接口。

7.3 其他约束——约束和原因,例如,用户要求的报表风格,要求遵守的数据命名规范等。

> 8. 软件质量属性——描述软件要求的质量特性。
>
> 9. 其他需求——描述所有在说明书其他部分未能体现的需求。
>
>   9.1　产品操作需求——用户要求的常规操作和特殊操作。
>
>   9.2　场合适应性需求——指出在特定场合和操作方式下的特殊需求。
>
> 附录1：词汇表——定义所有必要的术语，以便读者可以正确理解本文档的内容。
>
> 附录2：待定问题列表——本说明书中所有待定问题的清单。

14.7.4　数据需求说明书

数据需求说明书的编制目的是为了提供关于处理数据的描述和数据采集要求的技术信息。编写内容要求如下。

> 1　引言
>
>   1.1　编写目的
>
>   1.2　背景
>
>   1.3　定义
>
>   1.4　参考资料
>
> 2　数据的逻辑描述
>
>   2.1　静态数据
>
>   2.2　动态输入数据
>
>   2.3　动态输出数据
>
>   2.4　内部生成数据
>
>   2.5　数据约定
>
> 3　数据的采集
>
>   3.1　要求和范围
>
>   3.2　输入的承担者
>
>   3.3　处理
>
>   3.4　影响

14.7.5　概要设计说明书

概要设计说明书也叫做系统设计说明书，编制的目的是为了说明软件体系结构，包括系统的基本处理流程、系统的组织结构、模块划分、功能分配、接口设计、运行设计、数据结构设计和出错处理设计等，为程序的详细设计提供基础。编写内容要求如下。

××××概要设计说明书

1 引言
  1.1 编写目的
  1.2 背景
  1.3 定义
  1.4 参考资料
2 总体设计
  2.1 需求规定
  2.2 运行环境
  2.3 基本设计概念和处理流程
  2.4 结构
  2.5 功能需求与程序的关系
  2.6 人工处理过程
  2.7 尚未解决的问题
3 接口设计
  3.1 用户接口
  3.2 内部接口
  3.3 外部接口
4 运行设计
  4.1 运行模块组合
  4.2 运行控制
  4.3 运行时间
5 系统数据结构设计
  5.1 逻辑结构设计要点
  5.2 物理结构设计要点
  5.3 数据结构与程序的关系
6 系统出错处理设计
  6.1 出错信息
  6.2 补救措施
  6.3 系统维护设计

14.7.6 详细设计说明书

详细设计说明书也叫做程序设计说明书。编制目的是说明一个系统各个层次中每一个程序(模块或子程序)的设计考虑。如果一个系统比较简单,层次很少,可以将有关内容合并到概要设计说明书中。详细设计说明书的内容如下。

××××详细设计说明书

1 引言
    1.1 编写目的
    1.2 背景
    1.3 定义
    1.4 参考资料
2 程序系统的组织结构
3 程序1(标识符)设计说明
    3.1 程序描述
    3.2 功能
    3.3 性能
    3.4 输入项
    3.5 输出项
    3.6 算法
    3.7 流程逻辑
    3.8 接口
    3.9 存储分配
    3.10 注释设计
    3.11 限制条件
    3.12 测试计划
    3.13 尚未解决的问题
4 程序2(标识符)设计说明
...

14.7.7 数据库设计说明书

数据库设计说明书的编制目的是对数据库中使用的所有标识、逻辑结构和物理结构做出具体的设计规定。其内容要求如下。

××××数据库设计说明书

1 引言
    1.1 编写目的
    1.2 背景
    1.3 定义
    1.4 参考资料

```
2   外部设计
    2.1   标识符和状态
    2.2   使用它的程序
    2.3   约定
    2.4   专门指导
    2.5   支持软件
3   结构设计
    3.1   概念结构设计
    3.2   逻辑结构设计
    3.3   物理结构设计
4   其他设计
    4.1   数据字典设计
    4.2   安全保密设计
```

14.7.8   用户手册

用户手册的编制是用非专业术语清晰地描述系统所具有的功能及基本使用方法,使用户(或潜在用户)通过本手册能够了解该系统的用途,并且能够确定如何使用它。具体内容要求如下。

```
            ××××系统用户手册

1   引言
    1.1  编写目的
    1.2  背景
    1.3  定义
    1.4  参考资料
2   用途
    2.1  功能
    2.2  性能
         2.2.1  精度
         2.2.2  时间特性
         2.2.3  灵活性
    2.3  安全保密
3   运行环境
    3.1  硬设备
    3.2  支撑软件
    3.3  数据结构
```

```
4   使用过程
    4.1   安装与初始化
    4.2   输入
          4.2.1   输入数据的现实背景
          4.2.2   输入格式
          4.2.3   输入举例
    4.3   输出
          4.3.1   输出数据的现实背景
          4.3.2   输出格式
          4.3.3   输出举例
    4.4   文档查询
    4.5   出错处理与恢复
    4.6   终端操作
```

14.7.9   操作手册

操作手册的编制是为了向操作人员提供该系统中每一个运行的具体过程和有关知识,包括操作方法的细节。具体内容要求如下。

```
            ××××系统操作手册

1   引言
    1.1   编写目的
    1.2   背景
    1.3   定义
    1.4   参考资料
2   软件概述
    2.1   软件的结构
    2.2   程序表
    2.3   文档表
3   安装与初始化
4   运行说明
    4.1   运行表
    4.2   运行步骤
    4.3   运行1(标识符)说明
          4.3.1   运行控制
          4.3.2   操作信息
```

```
            4.3.3  输入输出文信息
            4.3.4  输出信息
        4.4  运行 2(标识符)说明
            ...
    5  非常规过程
    6  远程操作
```

14.7.10　模块开发卷宗

　　模块开发卷宗是在模块开发过程中逐步编写的,每完成一个模块编写一份,应该把所有的模块开发卷宗汇集在一起。编写的目的是记录和汇总开发的进度和结果,以便于对整个模块开发工作的管理和复审,并为将来的维护提供非常有用的技术信息。具体内容要求如下。

```
            ××××模块开发卷宗

    1  模块名称
    2  模块开发情况表
    3  功能说明
    4  设计说明
    5  源代码清单
    6  测试说明
    7  复审的结论
```

14.7.11　测试计划

```
            ××××系统测试计划

    1  引言
        1.1  编写目的
        1.2  背景
        1.3  定义
        1.4  参考资料
    2  计划
        2.1  软件说明
        2.2  测试内容
        2.3  测试 1(标识符)
```

```
        2.3.1  进度安排
        2.3.2  条件
        2.3.3  测试资料
        2.3.4  测试培训
     2.4  测试2(标识符)
        ...
  3  测试设计说明
     3.1  测试1(标识符)
        3.1.1  控制
        3.1.2  输入
        3.1.3  输出
        3.1.4  过程
     3.2  测试2(标识符)
        ...
  4  评价准则
     4.1  范围
     4.2  数据整理
     4.3  尺度
```

14.7.12 测试分析报告

测试分析报告是为了把组装测试和确认测试的结果、发现的问题及问题分析编写成文件,为开发、维修人员修改维护系统服务。具体编写内容要求如下。

××××系统测试分析报告

```
  1  引言
     1.1  编写目的
     1.2  背景
     1.3  定义
     1.4  参考资料
  2  测试概要
  3  测试结果及发现的问题
     3.1  测试1(标识符)
     3.2  测试2(标识符)
        ...
  4  对软件功能的结论
```

```
        4.1  功能 1(标识符)
            4.1.1  能力
            4.1.2  限制
        4.2  功能 2(标识符)
                ...
    5  分析摘要
    5.1  能力
    5.2  缺陷和限制
    5.3  建议
    5.4  评价
  6  测试资源消耗
```

14.7.13 开发进度月报

开发进度月报的编制目的是及时向有关管理部门汇报项目开发的进展和情况,以便及时发现和处理开发过程中出现的问题。一般地,开发进度月报是以项目组为单位每月编写。如果被开发的软件系统规模比较大,整个工程项目被划分给若干个分项目组承担,开发进度月报将以分项目组为单位按月编写。具体内容要求如下。

××××系统开发进度月报

```
1  标题
2  工程进度与状态
    2.1  进度
    2.2  状态
3  资源耗用与状态
    3.1  资源耗用
        3.1.1  工时
        3.1.2  机时
    3.2  状态
4  经费支出与状态
    4.1  经费支出
        4.1.1  支持性费用
        4.1.2  设备购置费
    4.2  状态
5  下个月的工作计划
6  建议
```

14.7.14 项目开发总结报告

项目开发总结报告的编制是为了总结本项目开发工作的经验,说明实际取得的开发成果以及对整个开发工作各个方面的评价。具体内容要求如下。

××××项目开发总结报告

1 引言
    1.1 编写目的
    1.2 背景
    1.3 定义
    1.4 参考资料
2 实际开发结果
    2.1 产品
    2.2 主要功能和性能
    2.3 基本流程
    2.4 进度
    2.5 费用
3 开发工作评价
    3.1 对生产效率的评价
    3.2 对产品质量的评价
    3.3 对技术方法的评价
    3.4 出错原因分析
4 经验与教训

练习 14

1. 编写软件文档的基本要求是什么?

2. 软件文档的作用和可能带来的副作用有哪些? 如何避免副作用?

3. 写好软件文档的关键因素是什么?

4. 软件测试文档有哪些? 在什么时候提交?

5. 软件文档管理重要性是什么?

6. 在进行图书馆信息管理系统的开发过程中,你提交了哪些文档? 如何保证这些文档与你的代码相一致?

7. 请分析软件工程国家标准 GB/T 8567-2006,对其中的《软件需求规格说明书》进行裁剪,使其适用于小型软件项目的开发。

8. 试分析软件文档管理员的职责。

9. 高质量的文档体现在哪些方面?

10. 有哪些主要的软件文档?分别在什么阶段提交?

11. 软件开发的管理者需要什么文档?文档应该包括什么内容?

12. 以图书馆图书信息管理系统为例,写一个用户操作手册的文档。

13. 编写软件文档的准备工作有哪些?

14. 编写软件文档时通常采用哪些文体结构?它们有什么特点?

15. 软件文档的组织方式有哪些?分别适用于什么类型的文档?

参 考 文 献

1. ［美］Martin Fowler 著. 重构改善既有代码的设计. 熊节译. 北京：人民邮电出版社,2010.

2. 吴洁明 主编. 软件工程. 北京：中央广播电视大学出版社,2009.

3. ［美］Matt Weisfeld 著. 写给大家的面向对象编程书（第 3 版）. 张雷生,刘晓兵等译. 北京：人民邮电出版社,2009.

4. ［美］Roger S Pressman 著. 软件工程：实践者的研究方法（第 6 版）. 郑人杰等译. 北京：机械工业出版社,2008.

5. 董越著. 未雨绸缪：理解软件配置管理. 北京：电子工业出版社,2008.

6. 胡飞等编著. 软件工程基础. 北京：高等教育出版社,2008.

7. ［美］Curtis HK Tsang,Clarence SW Lau,Ying Leung 著. 面向对象技术——使用 VP-UML 实现图到代码的转换. 杨明军译. 北京：清华大学出版社,2007 .

8. 李代平等编著. 软件工程习题与解答. 北京：清华大学出版社,2007.

9. ［英］Ian Sommerville 著. 软件工程（原书第 8 版）. 程成,陈霞译. 北京：机械工业出版社,2007.

10. 吴洁明编著. 软件工程基础实践教程. 北京：清华大学出版社,2007.

11. 钱乐秋,赵文耘,牛军钰. 软件工程. 清华大学出版社,2007.

12. 韩万江编著. 软件工程案例教程. 北京：机械工业出版社,2007.

13. ［美］Bernd Bruegge,Allen H. Dutoit 著. 面向对象软件工程. 叶俊民,汪望珠译. 北京：清华大学出版社,2006.

14. 张海藩编著. 软件工程（第二版）. 北京：人民邮电出版社,2006.

15. ［美］Martin Fowler Kendall Scott 著. UML 精粹:标准对象建模语言简明指南（第 3 版）. 徐家福等译. 北京：清华大学出版社,2005.

16. 张效祥 主编. 计算机科学技术百科全书（第 2 版）. 北京：清华大学出版社,2005.

17. ［美］Boehm. B. W. 等著. 软件成本估算：COCOMOII 模型方法. 李师贤等译. 北京：机械工业出版社,2005.

18. 齐志昌,谭庆平,宁洪编著. 软件工程（第 2 版）. 北京：高等教育出版社,2004.

19. ［美］Paul C. Jorgensen 著. 软件测试（原书第 2 版）. 韩柯,杜旭涛译. 北京：机械工业出版社,2003.

20. 程杰著. 大话设计模式. 北京：清华大学出版社,2003.

21. ［美］Ivar Jacobson,Grady Booch,James Rumbaugh 著. 统一开发软件工程 . 周伯生,冯学民,樊东平译. 北京：机械工业出版社,2002.

22. ［美］Philippe Kruchten 著. Rational 统一过程引论. 第 2 版 . 周伯生,吴超英,王佳丽译. 北京：机械工业出版社,2002.

23. 卡耐基·梅隆大学软件工程研究所编著. 能力成熟度模型（CMM）：软件过程改进指南. 刘孟仁等译. 北京：电子工业出版社,2001.

24. ［美］Grady Booch,James Raumbaugh,Ivar Jacobson 著. UML 用户指南（第 2 版）. 邵维忠等译. 北京：机械工业出版社,2001.

25. 何新贵等编. 软件能力成熟度模型. 北京：清华大学出版社,2000.

26. ［美］R. J. Torres 著. 用户界面设计与开发精要. 张林刚,梁海华译. 北京：清华大学出版社,2002.

27. 当当网. www.dangdang.com

28. 中国网新闻网站. www. china. com. cn

29. MSN 网. cn. msn. com